Jetzt helfe ich mir selbst

Motor
buch
Verlag

Einbandgestaltung: Anita Ament

Bilder/Zeichnungen: frisch CONSULTING; Friedrich Schröder; Sven Schröder; Motor-Presse Stuttgart; Bosch; BMW; Bridgestone; Continental Teves AG; Dunlop; Hella.

Alle Angaben und Tipps in diesem Ratgeber wurden nach bestem Wissen und Gewissen erteilt. Eine Haftung der Autoren, des Verlags und seiner Beauftragten für Personen-, Sach- und Vermögensschäden ist ausgeschlossen.

Der Inhalt dieses Bands entspricht dem Kenntnisstand zum Zeitpunkt der Drucklegung. Abweichungen durch Weiterentwicklung der beschriebenen Fahrzeuge, geänderte Anweisungen des Fahrzeugherstellers bzw. neue gesetzliche Bestimmungen sind möglich.

ISBN 3-613-02611-2
978-3-613-02611-7

Sie finden uns im Internet unter
www.motorbuch-verlag.de

Auflage 101 6004

Herstellung: TEBITRON GmbH, 70839 Gerlingen
Druck + Bindung: Druck + Verlag Südwest, 76131 Karlsruhe
Printed in Germany

Friedrich Schröder / Sven Schröder

BMW Einser

Ottomotoren:

1,6-Liter Vierzylinder	N45	85 kW/115 PS
2,0-Liter Vierzylinder	N46B20	95 kW/129 PS
2,0-Liter Vierzylinder	N46	110 kW/150 PS
3,0-Liter Sechszylinder	N52B30	195 kW/265 PS

Dieselmotoren:

2,0-Liter Vierzylinder	M47TÜ2	90 kW/122 PS
2,0-Liter Vierzylinder	M47TÜ2OL	120 kW/163 PS

ab Modelljahr 2004

Inhaltsverzeichnis

Das Fahrwerk

Die Bremsanlage

Die Fahrzeugelektrik

Der Innenraum

Die Karosserie

Technische Daten

Stichwortverzeichnis

Störungsbeistände

Schnelle Hilfe – was tun bei Störungen

Ein Ratgeber stellt sich vor

»Jetzt helfe ich mir selbst« ist ein Ratgeber rund ums Auto. Er beschreibt technische Zusammenhänge und gibt Ihnen detaillierte Pflege- und Wartungstipps. Bereits während kleinerer Arbeiten merken Sie schnell, der vorliegende Band »entzaubert« Expertenwissen und entlastet Ihren Geldbeutel: Praxisgerechter Beistand wischt manches Problem beiseite – denn oft reichen bereits wenige Handgriffe, um ein malades Auto wieder »zu beleben«.

Ein Ratgeber mit System

Jedes Ratgeberkapitel gliedert sich in die Abschnitte Theorie, Wartung, Störungsbeistand und Reparatur.

Theorie: Hier gibt's allgemeine Technikinformationen und Funktionsbeschreibungen. Neben grundsätzlichen Beschreibungen bekommen Sie zudem **Techniklexika** mit speziellem Hintergrundwissen angeboten.

Wartung: Step by Step begleiten Sie praxisgerechte Anleitungen zu allen Arbeiten. **Arbeitssymbole** verdeutlichen Ihnen den voraussichtlichen Zeitaufwand, den Schwierigkeitsgrad sowie mögliche Sicherheits- und Umweltgefahren. Detaillierte **Illustrationen** veranschaulichen die Arbeitsabläufe und Probleme.

Reparatur: Hier folgen wir dem gleichen Muster wie bei den Wartungsarbeiten.

Praxistipps erleichtern Ihnen die Arbeit und »entschärfen« so manches Problem. Der Reparaturteil beinhaltet mitunter auch **Störungsbeistände**, die mögliche Störungen, deren Ursachen und Abhilfen auflisten. Technikthemen und Störungsbeistände erschließen Sie gleichermaßen in der Inhaltsübersicht und dem Stichwortverzeichnis. Das Inhaltsverzeichnis enthält zudem Hinweise auf Wartungs- und Reparaturarbeiten der verschiedenen Baugruppen: Jeweils zu Beginn eines neuen Kapitels finden Sie eine Übersicht zu allen Wartungs- und Reparaturarbeiten. Die entsprechenden Seitenangaben entbinden Sie von lästiger Sucherei.

Wartung

Motor durchdrehen XX
Ventilspiel prüfen XX
Ventile einstellen XX
Kompressionsdruck messen XX

Reparatur

Zahnriemenzustand prüfen XX
Zahnriemenspannung behelfsmäßig prüfen XX

Jeweils zu Beginn eines neuen Kapitels: Übersicht der Wartungs- und Reparaturarbeiten. Die Seitenangaben führen direkt zu den Arbeitsschritten.

Die Bauteile des Motors — **Technik-lexikon**

Motorblock. Hier sind die beweglichen Teile gelagert. Er besteht bei vielen Motoren aus Grauguss. Der Motorblock trägt auch Aggregate wie Lichtmaschine, Anlasser und Zündanlage.

Zylinderkopf. Schließt den Zylinder nach oben ab. Er enthält Kanäle für Frisch- und Abgas, Ventilsitze, Lager und Führungen für Teile der Ventilsteuerung, Zündkerzengewinde, Wasserkanäle und Brennraum.

Technik populär auf den Punkt gebracht: Jedes Techniklexikon greift knappe und präzise Infos zu Begriffen, Funktionen und Zusammenhängen auf.

Arbeitsschritte | **30.000 km 2 Jahre**

1 Ansauggeräuschdämpfer abbauen. Beim Diesel: Luftansaugleitung abbauen. Bei allen Motoren: elektrische Steckverbindungen lösen.

2 Sechs Schrauben der Zylinderkopfhaube lösen und Haube vorsichtig abnehmen. Sitzt der Deckel fest, lösen Sie ihn durch Schläge mit Handballen oder Hammerstiel.

3 Für die Messung von Ein- und Auslassventil eines Zylinders müssen beide Ventile entlastet sein. Dazu den Motor durchdrehen, bis an der Nockenwelle die Spitzen beider Nocken von Zylinder 1 (in Fahrtrichtung rechts) symmetrisch nach links und rechts oben zeigen (OT-Markierung beachten). Diese Position entspricht dem Oberen Totpunkt.

Step by Step zum Erfolg: In den »Arbeitsschritten« erfahren Sie, wie und wo Sie »den Hebel anzusetzen haben« und was zu berücksichtigen ist.

Kühlsystem

Störungsbeistand

Störung	*Ursache*	*Abhilfe*
A Temperatur-Anzeigenadel steht im roten Bereich	**1** Keilrippenriemen zu schwach gespannt oder gerissen	Riemenspannung kontrollieren oder Riemen ersetzen
	2 Zu wenig Flüssigkeit im Kühlsystem	Auffüllen, notfalls aus der Scheibenwaschanlage
	3 Kabel zur Temperaturanzeige hat Masseschluss	Kabel am Temperaturgeber abziehen, Zeiger muss zurückgehen, sonst Masseschluss; Kabelverlauf kontrollieren

Der ideale Pannenführer: Der »Störungsbeistand« unterstützt Sie, um Fehler und Fehlfunktionen systematisch einkreisen zu können. Außerdem liefern wir Ihnen hier Tipps, wie Sie mögliche Störungen beheben.

Praxistipp

Kompressions-druckluft strömt aus

Wenn Kompressionsdruckluft an einer der folgenden Stellen ausströmt, hat dies meist diese Ursachen:

- Ansaugkrümmer oder Luftfiltergehäuse: defektes Einlassventil.
- Geöffneter Kühler oder Kühlmittel-Ausgleichsbehälter: defekte Zylinderkopfdichtung.

Praxistipps für Schrauber: Hier benennen wir kurz und knapp mögliche Fehler und deren Beseitigung.

Kein Do it yourself innerhalb der Garantiezeit

Wenn Sie ein neues Auto fahren, halten Sie unbedingt die Hersteller-Wartungsintervalle innerhalb der Gewährleistungszeit ein. Verzichten Sie währenddessen weitgehend aufs Do it yourself: Erfahrungsgemäß erfüllt BMW Ihre Gewährleistungsansprüche nur dann, wenn eine autorisierte Vertragswerkstatt die Wartungsarbeiten regelmäßig und rechtzeitig erledigt hat. Das gilt übrigens auch für Beanstandungen an Austauschaggregaten wie beispielsweise Motor oder Getriebe.

Ratgeberservice: Checklisten

Auf der vorderen und hinteren Umschlaginnenseite »finden« Sie diverse Checklisten, um Ihr Auto im Alltag, für den Winter oder die TÜV-/DEKRA-Hauptuntersuchung fit zu machen und zu halten. Die einzelnen Checks sind mit den Seitenangaben der entsprechenden Arbeitsanleitungen ergänzt. Bevor Sie also »loslegen«, kopieren Sie als Arbeitsunterlage einfach die entsprechende Liste und haken die Arbeiten darauf ab.

Die Arbeitssymbole

Mit dem Umweltbaum sensibilisieren wir Sie hinsichtlich Umweltschutz. Sie finden das Symbol in schöner Regelmäßigkeit, wenn Arbeiten oder dabei anfallende »Abfälle« problematisch für die Umwelt sind.

Die Zahl der Schraubenschlüssel signalisiert den Schwierigkeitsgrad: 1 Schlüssel = leichte Arbeit; 2 Schlüssel = anspruchsvolle Arbeit; 3 Schlüssel = schwierige Arbeit.

Das Uhrensymbol berücksichtigt den Zeitaufwand für durchschnittlich begabte Hobbyschrauber. Die Angaben beziehen selbstverständlich fehlende Routine und mitunter nicht »greifbares« Spezialwerkzeug ein.

Ausrufezeichen markieren grundsätzlich jene Arbeiten, die Einfluss auf die Betriebssicherheit Ihres Autos haben. Sollten Sie dabei nicht jeden Schritt aus dem Effeff beherrschen: Hände weg! Solche Arbeiten sind **IMMER** ein Fall für die Werkstatt.

Die Prüfplakette beziffert Vorsorgearbeiten zur Hauptuntersuchung. Wenn Sie die markierten Wartungs- und Prüfarbeiten jeweils vor der HU selbst durchführen, sparen Sie so manchen Euro und mitunter eine Menge an Zeit.

Die Wartungsplakette kennzeichnet jene Arbeiten, die auch Vertragswerkstätten beim kleinen und großen Kundendienst an Ihrem Auto erledigen. Die Punkte entsprechen dem offiziellen Wartungsplan.

DER Einser-BMW

Ein echter BMW: Heckantrieb, längs montierte Frontmotoren, längster Radstand seiner Klasse – der Einser nimmt in der Golf-Klasse zweifellos eine Sonderstellung ein. Die aufwändig konstruierten Vorder- und Hinterachsen tragen das Gewicht jeweils zur Hälfte. Nicht nur die Achslastverteilung von 50 : 50 macht den kompakten BMW zu einem besonders fahraktiven Auto, der Heckantrieb befreit die Vorderachse zudem von Antriebseinflüssen. Handlich, zielgenau und mit guter Traktion gesegnet ist der Einser der König der Landstraße.

Als Nachfolger des noch vom frühen Dreier abgeleiteten Compact geht auch der Einser konsequent eigene Wege. Denn anders als Golf & Co. setzt auch der 1er wieder bewusst auf Heckantrieb und längs montierte Frontmotoren. Der bajuwarische Eigensinn bringt zwar Nachteile beim Raumangebot, doch Vorteile bei der Gewichtsverteilung zwischen den Achsen: 50 Prozent tragen die Vorder- und 50 Prozent die Hinterräder.

Die Grundvoraussetzung für das spezielle BMW-Handling ist damit gegeben. Da dürfen entsprechende Triebwerke natürlich nicht fehlen: Das Angebot eröffnet der 116i mit 1.596 cm³ und 85 kW (115 PS), gefolgt vom 118i mit 1.995 cm³ und 95 kW (129 PS). Der dritte BMW 1er trägt die Bezeichnung 120i. Als vorerst leistungsstärkster Vierzylinder mobilisiert er aus 1.995 cm³ stramme 110 kW (150 PS). Als »Kraftmeier« trumpft der jüngste 1er mit 195 kW (265 PS) auf, er nennt sich schlicht 130i und bietet 2.996 cm³ Hubraum – verteilt auf sechs Zylinder.

Soweit das Ottoquartett: Sympathisanten der Selbstzünderfraktion haben die Wahl zwischen zwei aufgeladenen Common-Rail Direkteinspritzern mit 1.995 cm³ Hubraum aus vier Zylindern. Der 118d macht daraus 90 kW (122 PS), mit 120 kW (163 PS) liegt der 120d die Messlatte noch einmal deutlich höher auf.

In nur zwei Jahre nach dem Verkaufsstart brachte BMW schon 150.000 Einser unters autofahrende Volk – allein in Deutschland sind seither etwa 75.000 registriert. Die wichtigsten Exportmärkte sind England, gefolgt von Frankreich und Italien.

Mit hohem Spaßfaktor – das Fahrwerk

Autos der »Golfklasse« bieten wegen ihres relativ geringen Gewichts und ihrer vergleichsweise kompakten »Konfektionsgröße« ohnehin schon eine Menge an Fahrvergnügen. Der 1er legt die Messlatte noch einmal deutlich höher auf. Nicht allein seine aufwendig geführten Räder und die optimale Gewichtsverteilung zwischen den Achsen machen den Unterschied, es sind außerdem die überschaubaren Außenmaße (4.227 mm/1.751 mm/1.430 mm – Länge/Breite/Höhe) mit extrem knappen Karosserieüberhängen und der längste Radstand seiner Klasse (2.660 mm). Hinzu kommt die vergleichsweise breite Spur von 1.484 mm vorne und 1.497 mm hinten.

Dieser »Bodyindex« ist geradezu prädestiniert für Bestwerte auf Handlingkursen, in Pylonengassen und beim Bremsen. So verwundert es nicht weiter, dass der 1er exakt dort den meisten seiner etablierten Konkurrenten entweder gehörig um die Stoßfänger oder zumindest ganz vorne mitfährt. Der 1er folgt Lenk- und Gaspedalbewegungen mit einem Höchstmaß an Präzision. In jeder »Biege«, über jedem Kanaldeckel und vor jedem Hindernis kommt der konstruktive Fahrwerksaufwand voll zur Geltung: Der technische Unterbau setzt, innerhalb der etablierten Kompaktklasse, extrem hohe Standards: Aluminium-Doppelgelenk-Zugstrebenachse vorne, Fünflenker-Hinterachse in Stahlleichtbauweise, dynamische Stabilitätskontrolle (**DSC**) inklusive dynamischer Traktionskontrolle (**DTC**), dynamische Bremsenkontrolle (**DBC**), Antiblockiersystem (**ABS**), Kurvenbremsregelung (**CBC**), elektronische Bremskraftverteilung (**EBV**). Fahrer des 130i kommen gar in den Genuss einer Fahrdynamikregelung mit erweiterten Umfängen.

Schalten oder Schalten lassen?

Serienmäßig schalten 1er-Fahrer fünf Gänge per Hand – zumindest dann, wenn sie im 116i oder 118i unterwegs sind. Ab 120i sind's dann schon sechs Gänge. Im 118i, 120i und 120d gibt es auf Wunsch und gegen Cash auch eine Automatik. Der aus der 5er Baureihe bekannte Automat schaltet ausgesprochen harmonisch. Der sechste Gang ist – typisch BMW – als Fahrgang ausgelegt, der 1er erreicht damit auch seine Höchstgeschwindigkeit. Wie im Fünfer-BMW reagiert der Automat auch hier auf manuelle Schaltimpulse (Steptronic-Funktion). Sobald der Wählhebel in der dafür vorgesehenen Schaltgasse steht, reicht ein kurzer Druck, um die Fahrstufen zu wechseln. Über die aktuelle Gangstufe informiert dann eine Anzeige im Kombiinstrument.

Gut abgestimmt: die Sechsgangautomatik.

Gut geführt: Sechsgangschalthebel im 1er.

Auf »Sparflamme« gesetzt – Serviceumfänge am Antriebsstrang

Egal welcher Motor und welches Getriebe, hinsichtlich der Wartungsarbeiten ist der 1er relativ anspruchslos: Der Ventiltrieb arbeitet wartungsfrei. Hydraulische Ausgleichselemente halten das erforderliche Ventilspiel ein Motorleben lang korrekt auf Distanz und auch die Steuerkette bedarf in der Zeit keiner besonderen Zuwendung. Die Getriebe sind mit einer Dauerölfüllung befüllt.

Bis auf Motoröl und Filterwechsel fallen fast keine Wartungsarbeiten mehr an. Abhängig von der individuellen Beanspruchung hält der Schmierstoff im Motor bis zu 30.000 Kilometer. Wie lange genau, ermittelt die obligatorische BMW-Serviceintervallanzeige. Zudem erfährt der Fahrer dort auf Knopfdruck die noch verbleibende Laufleistung wichtiger Verschleißteile. Der Servicerechner ermittelt anhand des individuellen Fahrstils die noch verbleibenden Restlaufzeiten. Praktisch, denn das erspart, beispielsweise vor langen Urlaubsfahrten, den obligatorischen Technikcheck und senkt natürlich die Unterhaltskosten.

Auf einen Blick – das 1er-Sextett

Gemessen an der Grundausstattung sind die einzelnen Leistungsvarianten beileibe keine asketischen Sparmobile: Ihre Käufer outen sich keinesfalls als kompromisslose Centfuchser mit »Verzichtpotenzial um jeden Preis«. Eine durchaus gesunde Einstellung zu Preis und Leistung ist dem 116i-Kunden freilich nicht fremd. Denn abgesehen von 399 cm³ Hubraum und zehn Kilowatt Leistung übt er keinerlei Verzicht gegenüber dem 118i-Eigner. Mit 1.995 cm³ Hubraum macht der 120i zwar keinen Unterschied zum 118i, doch in seinem Sechsganggetriebe kommen immerhin 110 kW (150 PS) an. 2.996 cm³ Hubraum versteuert der 130i-Eigner, er bekommt dafür aus sechs Zylindern 195 kW (265 PS) angeliefert. Dieselfahrer setzen auf 1.995 cm³ und 90 kW (122 PS) im 118d bzw. 120 kW (163 PS) im 120d.

Damit sind dann auch schon die gravierendsten Unterschiede innerhalb des Einser-Sextetts genannt. Denn gängige Sicherheitsfeatures wie DSC, DTC, ABS, DBC, CBC und EBV gehören bereits ab Werk dazu. Übrigens auch zweistufige Fahrer- und Beifahrerairbags, Kopfairbags vorne und hinten sowie Seitenairbags auf den vorderen Rängen. Gleichfalls fehlen nicht jene »Beigaben«, die erst auf längeren Ausflügen ein angenehmes Bordklima schaffen. So zum Beispiel Ablagefächer in den Türverkleidungen, der Bordcomputer, eine im Verhältnis 60:40 teilbare Rücksitzbank, elektrische Fensterheber in den vorderen Türen, eine Kindersitzbefestigung (ISOFIX) im Fond, Gepäckverzurrösen, Wärmeschutzverglasung oder eine Zentralverriegelung.

Natürlich gibt es unter den Rubriken »Sonderausstattungen« noch jede Menge Möglichkeiten individuell nachzuwürzen. Auch in Form von Paketen, zur Wahl stehen »Advantage-, Dynamic- oder Komfortpaket«. Keine Frage, die BMW-Preisliste bietet für jeden etwas. Bei aller Vielfalt in Sachen Sonderausstattung – als waschechtes Alternativangebot zu Golf & Co. schöpft der bayerische Kompaktklässler seine theoretischen Möglichkeiten bei weitem nicht aus: Den 1er gibt's als viertürige Limousine mit Heckklappe – basta. Hier die einzelnen Varianten:

- BMW 116i – die »Basis-Variante«
- BMW 118i – die »Brot und Butter-Variante«
- BMW 120i – die »Allround-Variante«
- BMW 130i – die »Power-Variante«
- BMW 118d – die »Ökonomische-Variante«
- BMW 120d – die »Zug-Variante«

Die Abmessungen

Den 1er-BMW schmückt ein »weiches« Steilheck – inklusive praktischer Heckklappe. Mit 4.227 Millimetern Länge passt der kleine BMW komfortabel in die Kompaktklasse. Optisch steht er zwar gestreckter als die meisten seiner Mitbewerber auf den Rädern, doch der Eindruck täuscht. Ein extrem langer Radstand (2.660 mm), kurze Karosserieüberhänge (vorne 737 mm, hinten 830 mm) sowie die lichte Höhe von 1.430 Millimeter täuschen das Auge perfekt. Zumal auch die Breite mit 1.933 Millimetern eher »schlank« ausfällt. In dem Fall sogar mit ausgeklappten Außenspiegeln – ansonsten sind's nur 1.751 mm. Und da die Spurweiten (1.484 mm vorne, 1.497 mm hinten) gleichfalls nicht auf »pummelig« machen, bleibt der Eindruck von Größe voll erhalten. Im 1er-BMW finden fünf erwachsene Mitteleuropäer ausreichend Platz. Die vorne Sitzenden trennen in Ellbogenhöhe 1.407 Millimeter von Tür zu Tür, bis zu drei Hinterbänkler müssen mit 1.414 Millimeter vorlieb nehmen. Da wird's dann schon mal »kompakt«, doch auf Kurzstrecken reicht der Platz allemal – auch mit Gepäck. Als Zweisitzer schluckt der 1er mit umgelegten Rücklehnen nach DIN maximal 1.150 Liter, ansonsten passen 330 Liter hinter die Rücksitze.

1er-Telegramm (2004 – 2005)

Markteinführung

2004 – September

116i mit 85 kW (115 PS), 120i mit 110 kW (150 PS), 118d mit 90 kW (122 PS), 120d mit 120 kW (163 PS). Alle Modelle viertürig mit Steilheck und Heckklappe.

2004 – Dezember

118i mit 95 kW (129 PS). Viertürige Variante mit Steilheck und Heckklappe.

2005 – September

130i mit 195 kW (265 PS). Viertürige Variante mit Steilheck und Heckklappe.

Modifikationen

2005 – Juli

Optionaler Dieselpartikelfilter für 118d, 120d. Nachrüstmöglichkeit für vorverkabelte Diesel-1er ab März 2005.

Design/Sonstiges

2005 – September

M Sportpaket für alle BMW 1er verfügbar.

2005 – September

BMW Assist, Online-Plattform, Connected Service.

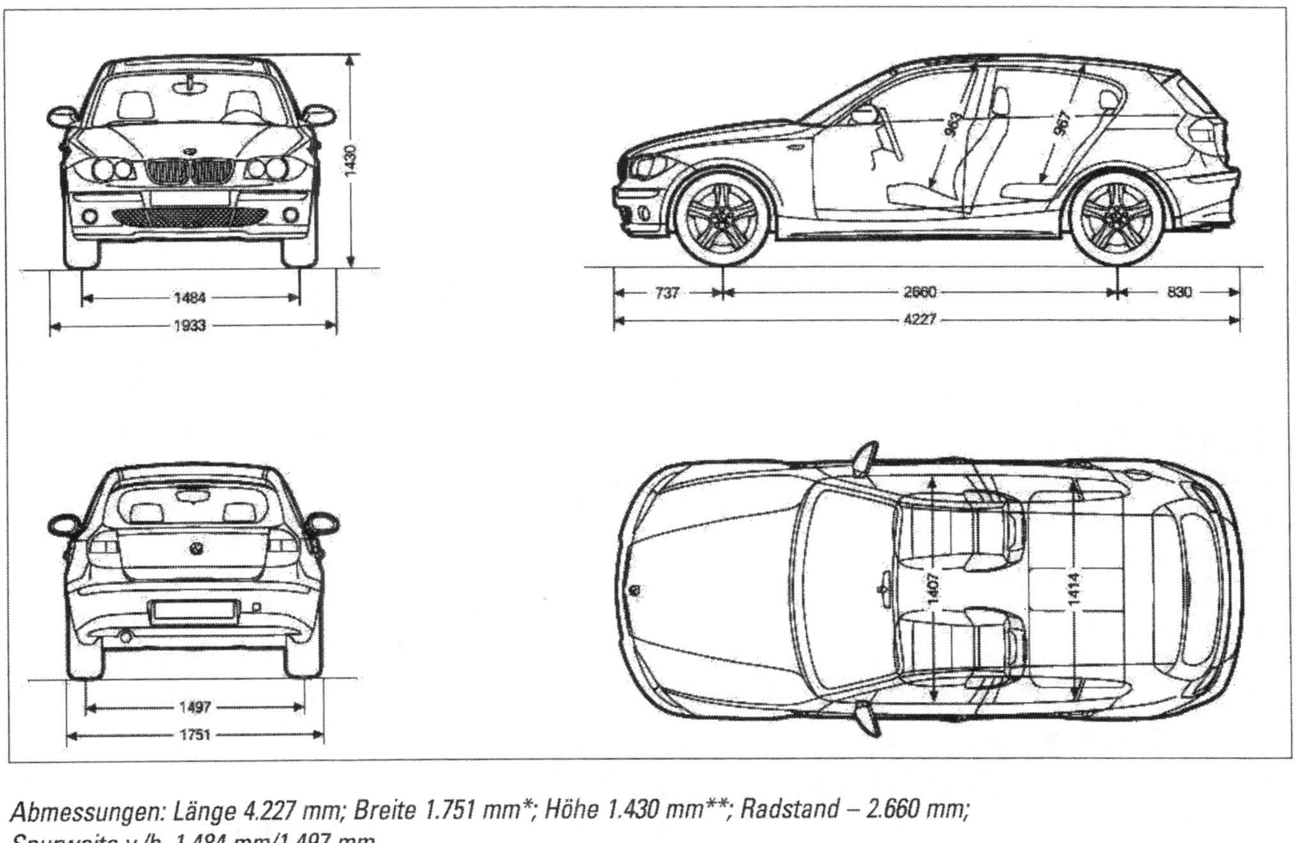

Abmessungen: Länge 4.227 mm; Breite 1.751 mm; Höhe 1.430 mm**; Radstand – 2.660 mm; Spurweite v./h. 1.484 mm/1.497 mm.*
** mit eingeklappten Außenspiegeln, * * bei Leergewicht mit Normalbereifung*

Hightech-Fahrmaschine: *Die neue Sachlichkeit im Design und die typischen Bedienelemente der großen BMW finden sich auch im Einser-Cockpit wieder. Umsteiger werden sich hier sofort zu Hause fühlen. Nettes Detail am Rande: Die Triebwerke werden per Druckknopf gezündet – da kommt Rennsport-Feeling auf.*

Mehr sportlich als praktisch: *Obwohl der Einser mit vier Türen und steiler Heckklappe durchaus als Familienwagen taugt, liegt sein Schwerpunkt doch beim Fahren. Die Ladekante ist hoch, der Ausschnitt schmal und der Kofferraum relativ klein. Das ist gut für die Karosseriesteifigkeit, aber weniger gut für den Großeinkauf.*

DIE AUSRÜSTUNG

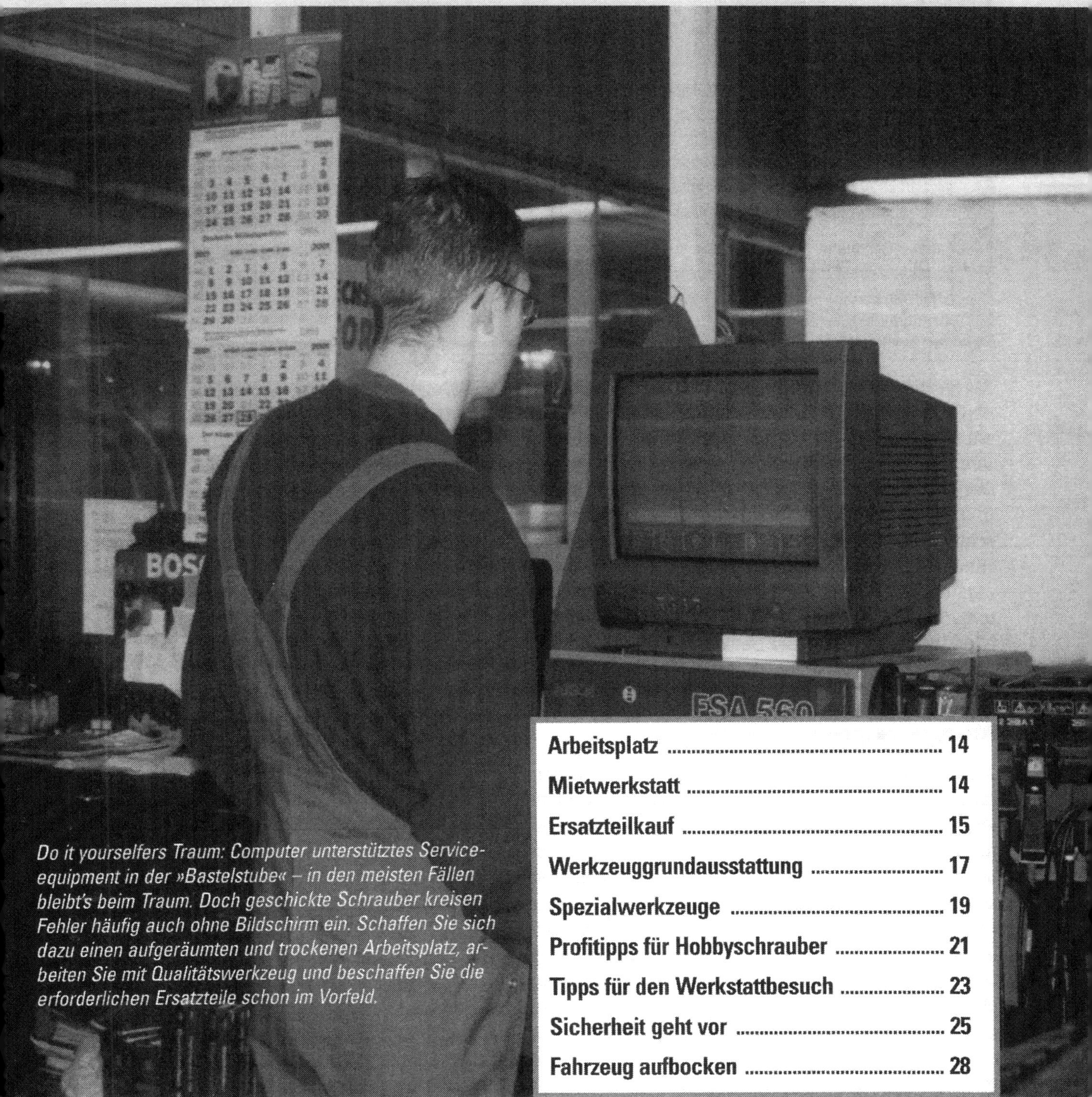

Do it yourselfers Traum: Computer unterstütztes Service-equipment in der »Bastelstube« – in den meisten Fällen bleibt's beim Traum. Doch geschickte Schrauber kreisen Fehler häufig auch ohne Bildschirm ein. Schaffen Sie sich dazu einen aufgeräumten und trockenen Arbeitsplatz, arbeiten Sie mit Qualitätswerkzeug und beschaffen Sie die erforderlichen Ersatzteile schon im Vorfeld.

So arbeiten Sie effektiv

Praxistipp

- Damit Sie erst gar nicht in Versuchung kommen, Ihrem 1er eventuell »falsche« Ersatzteile unterzujubeln, befreien Sie vorab den Arbeitsplatz von »alten Hinterlassenschaften«.
- Versuchen Sie, demontierte Teile grundsätzlich in der Ausbaureihenfolge abzulegen. Das ist während der späteren Montage mehr als die halbe »Miete«.
- Deponieren Sie Kleinteile in separaten Schachteln oder anderen Behältnissen. Drehen Sie Schrauben gleich nach dem Ausbau wieder in das entsprechende Gewinde ein. In dem Fall zumindest sind Sie sicher – ALLES sitzt an seinem angestammten Platz und das »nervende« Schraubenpuzzle findet an Ihrem Arbeitsplatz nicht statt.
- Falls in der Nähe Ihres »Tatorts« ein Gully- oder Ölabscheiderdeckel installiert ist, decken Sie das Gitter ab: Gitterroste üben auf Kleinteile nämlich eine »magische Anziehungskraft« aus!
- Studieren Sie Reparatur- oder Montageunterlagen tunlichst vor Arbeitsbeginn. Halten Sie die Beschreibungen auch während der Arbeit immer in Reichweite.
- Im Verlauf umfangreicher Arbeiten skizzieren Sie sich entscheidende Montageschritte. Das vereinfacht die Montage und erleichtert Ihnen die Fehlersuche.
- Legen Sie sich zu Arbeiten in den Radkästen, an den Stoßfängern oder unter dem Wagen nicht unüberlegt auf den nackten Boden: Eine alte Decke hält kurzzeitig die Bodenkälte von Ihren Nieren fern. Und damit auch Öl oder Feuchtigkeit wenig Chancen bekommen, isolieren Sie die Unterlage zusätzlich noch mit einer Plastikfolie.
- Sollten nach der Arbeit hässliche Ölspuren auf dem Boden »glänzen«, versuchen Sie die Flecken fürs Erste mit einem scharfen Haushaltsreiniger oder Geschirrspülmittel zu neutralisieren. Besser sind freilich spezielle Ölfleckentferner aus dem Zubehörhandel.

Als versierter Hobbyschrauber richten Sie zunächst einen möglichst hellen und freundlichen Arbeitsplatz ein – schließlich sollen ja Ihre Schraub- und nicht etwa Ihre Improvisationstalente im Vordergrund stehen. Der naheliegendste »Tatort«: eine ausreichend breite und hell beleuchtete Garage mit eigenem Stromanschluss. Bei gutem Wetter schraubt sich's unter freiem Himmel natürlich auch perfekt, doch achten Sie darauf, dass Ihr Auto auf einer ebenen und möglichst betonierten Fläche parkt. Außerdem – handeln Sie unter allen Umständen nach der Devise: Safety first.

Do it yourself unter Aufsicht – in Mietwerkstätten möglich

Für Do it yourselfer mit überschaubarem Werkzeugsortiment sind Mietwerkstätten die wohl sinnvollste Empfehlung. Neben Hebebühnen und einer mehr oder weniger umfangreichen Spezialwerkzeugausstattung assistieren deren Betreiber ihren »Gästen« häufig auch mit kompetenter Hilfestellung und fundierten Praxistipps: Probleme sind unter fachkundiger Anleitung ohnehin leichter lösbar – egal ob es beim Schrauben klemmt oder am technischen Grundwissen fehlt. Die meisten Mietwerkstätten bieten zwar mehrere Arbeitsplätze, doch mit freien Hebebühnen ist in der Woche eher zu rechnen als am Wochenende: Dann nämlich greifen Hobbyschrauber besonders gern zum Schraubenschlüssel.

Mietwerkstätten rechnen meistens volle Arbeitsstunden ab, erfahrungsgemäß zwischen 18 bis 23 Euro, inklusive Werkzeug. Annehmbar? Dann stöbern Sie einfach mal in den gelben Seiten des Telefonbuchs, im Kleinanzeigenteil Ihrer Tageszeitung, in Anzeigenblättern oder im Internet, dort finden Sie einschlägige Adressen in Reichweite. Mitunter gibt Ihnen sogar Ihr Tankwart einen aktuellen Tipp zur »neuesten« Hobbywerkstatt in nächster Umgebung.

Gut vorbereiten – den Werkstattbesuch

Do it yourself in Mietwerkstätten lohnt freilich nur, wenn Reparaturen möglichst flott über die Bühne gehen. Denn schon kleinere Arbeiten, die Sie dort »blauäugig« erledigen möchten, können locker den Arbeitspreis von Fach- bzw. Vertragswerkstätten übersteigen – time is money und Erfahrungen sind bares Geld. Umso mehr bei umfangreichen Reparaturen, die Sie erstmalig selbst angehen. Allein dieser Umstand zwingt Sie förmlich zu akribischer Vorplanung am grünen Tisch. Schließlich soll Ihr Wagen ja nicht nutzlos auf einer kostspieligen Hebebühne parken, derweil Sie Ersatzteile oder erforderliches Spezialwerkzeug beschaffen. Dazu kommt in Mietwerkstätten der Zeitdruck derer, die missmutig auf »Ihre« Hebebühne warten: Denken Sie also schon vor der Reparatur daran, sobald Ihr Auto in einer Mietwerkstatt

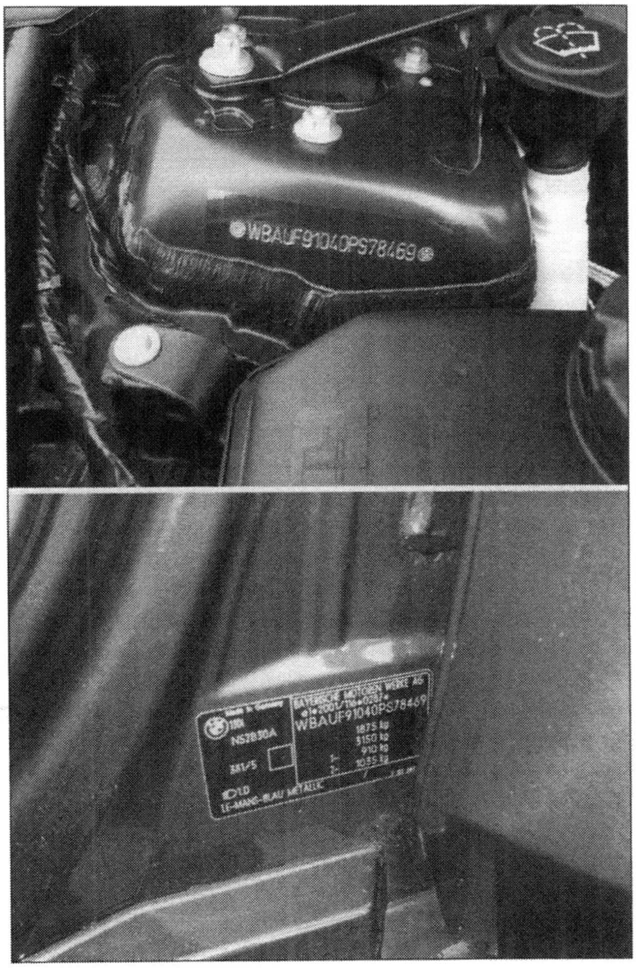

Die »Geburtsurkunde«: Seinen »eingestanzten Stammbaum« trägt der 1er vorne rechts auf dem Federbeindom. Die Identifizierungsnummer dokumentiert das Produktionsdatum, den Fahrzeugtyp, das Gewicht sowie die Art und Herkunft der montierten Aggregate.

zur »Immobilie« wird, kostet Sie das Nerven und reichlich Bares allemal …

Rechtzeitig beschaffen – die Ersatzteile

Vor Arbeitsbeginn sollten sämtliche Ersatzteile »greifbar« sein. Stellen Sie die Ersatzteilliste darum rechtzeitig zusammen, und denken währenddessen nicht nur an ohnehin betroffene Teile, sondern berücksichtigen auch jene Dinge (Dichtungen, Sicherungsringe, Radialwellendichtringe, selbstsichernde Muttern, Fett, flüssiges Dichtmittel, etc.), die zur Reparaturperipherie gehören. Falls Ihnen am grünen Tisch der Durchblick fehlt, fragen Sie einen Ersatzteilverkäufer – er kennt die meisten Arbeitsabläufe und stellt Ihnen ein »passendes« Reparaturset zusammen. Sollten Sie vorab die Reparatur nicht genau abschätzen können, legen Sie den Arbeitstermin so, dass Ihnen noch genügend Zeit für einen außerplanmäßigen Besuch beim Zubehör- oder Ihrem BMW-Händler verbleibt. Gehen Sie übrigens niemals davon aus, dass Vertragswerkstätten ständig alle Ersatzteile bevorraten – kalkulieren Sie Bestellzeiten ein.

Abhängig vom Nummerncode – das »richtige« Ersatzteil

Im Laufe der Produktionszeit ändert sich so manches Detail der Serienausstattung, ohne dass daraus nun gleich ein »neues Auto« entstünde. Für Do it yourselfer wichtig zu wissen: Denn häufig entscheidet nicht nur das Baujahr über das passende Ersatzteil, sondern sogar der Produktionsmonat Ihres Autos. Folglich erleichtern Sie sich und dem Ersatzteilverkäufer die Arbeit, wenn Sie von vornherein den Fahrzeugschein oder die Daten des Typenschilds parat haben. Ein geschulter Ersatzteilverkäufer erkennt aus den Nummerncodes mühelos das richtige Teil. Und wenn Sie als »erfahrener Zweifler« ganz auf Nummer Sicher gehen möchten, bringen Sie halt einfach das gereinigte Altteil mit.

Safety first – vergleichen Sie Original- und Fremdteile

Ersatzteile erhalten Sie grundsätzlich bei Ihrem Vertragshändler. Doch längst nicht ALLES müssen Sie dort ordern: Der solide Zubehörhandel ist nämlich gleichfalls gut sortiert. Mitunter gibt's dort sogar Teile von Herstellern, die BMW auch in der Erstausrüstung beliefern. Vergleichen Sie also die Preise – vorausgesetzt Service, Qualität und Lieferfähigkeit sind tatsächlich vergleichbar. Doch bei allem »Geiz ist geil Gehabe«, gehen Sie niemals Risiken mit No-Name-Produkten ein. Die gesparten Beträge sind oftmals nur gering und gleichen das Sicherheitsmanko keinesfalls aus. Sicher im Sinne von **SICHER** fahren Sie nur mit Ersatzteilen im Qualitätsmaßstab des Erstausrüsters.

Einleuchtend – billig ist nicht preisgünstig

Mit »Sicherheit« ist »knausern« bei sicherheitsrelevanten Ersatzteilen fahrlässig: Bremsbeläge, Bremsscheiben, Bremsschläuche und -leitungen, Öl- und Luftfilter, gleichfalls Antriebswellen wie -gelenke oder Zündkerzen sollten Sie grundsätzlich **NUR** in Erstausrüster- oder Originalqualität kaufen. Die meisten Billigprodukte sind meilenweit davon entfernt. Spätestens dann laufen Ihre »Geiz ist geil Ambitionen« auf ein Vabanquespiel mit Ihrer und der Sicherheit anderer hinaus. Was etwa sparen Sie an Öl- bzw. Luftfiltern oder Zündkerzen, die nicht exakt zu Ihrem Motor passen und demzufolge erhöhten Verschleiß mit teuren Folgeschäden begünstigen? Was nutzen Ihnen billige Bremsscheiben aus undurchsichtigen Herkunftsquellen, die unrund laufen und teure Folgereparaturen initiieren oder – schlimmer noch – bei einer plötzlichen Vollbremsung stante pede »verglühen«?

BMW stimmt im 1er die Konsistenz der Originalbremssegmente auf die Motorleistung, das höchstzulässige Fahrzeuggewicht und die Materialbeschaffenheit der Bremsscheiben ab. Gehen Sie beruhigt davon aus, dass Originalbeläge anlässlich einer Vollbremsung nicht abfackeln. Die Codenummer(n) der Originalteile sind in der »Allgemeinen Betriebserlaubnis« (ABE) notiert, der Gesetzgeber schreibt das hierzulande vor. Sollte, zum Beispiel nach einem Unfall, ein Gutachter an Ihrem Auto Bremsbeläge oder -scheiben ohne ABE Prüfnummer entdecken, macht Ihre Kfz-Versicherung den größten Stress. Schauen Sie also nicht »Geiz geil« auf den Preis – Ihre Sicherheit und auch die der ANDEREN sollte Ihnen das WERT sein. Ansonsten wären Sie tatsächlich »blöd« …

Austauschteile – eine preiswerte Alternative

Secondhand lohnt bei einer Reihe von Ersatzteilen. Original-1er-Austauschteile haben die gleiche Qualität wie ein Neuteil, sind allerdings deutlich preisgünstiger. Auch der Zubehörhandel bietet zahlreiche Austauschteile an. Bosch beispielsweise vertreibt über autorisierte Car-Service-Werkstätten runderneuerte Elektrik-, Brems- und Gemischaufbereitungsaggregate.

Doch wenn Sie mit ganz spitzem Bleistift rechnen, sind solide Autoverwerter mitunter auch eine gute Adresse. Das gilt zum Beispiel für Karosseriebauteile wie Türen, Stoßfänger und Motorhauben oder Scheinwerfer und Rückleuchten. Der Kauf gebrauchter Verschleißteile lohnt allerdings nur dann, wenn sie deutlich besser als Ihre Altteile sind.

Denken Sie außerdem daran: Bei den meisten Verwertern müssen Sie das Ersatzteil häufig selbst demontieren. In dem Fall klären Sie, bevor Sie den ersten Finger krümmen, auf jeden Fall den Preis ab: Das gebrauchte Teil darf allerhöchstens halb so teuer sein wie ein entsprechendes Neuteil. Für Verschleißteile sollten Sie niemals mehr als ein Viertel des ursprünglichen Neupreises »berappen«.

Teileeinkauf

Original-/Fremdteile	Zündkabel
Anlasser	Bremsscheiben / -trommeln
Bremsschläuche	/ -servo
Farben / Lack	Gelenkwellen
Glühlampen	Bremsleitungen
Antriebsriemen	**Austauschteile**
Keilriemen	Anlasser
Generator	Antriebs- / Gelenkwellen
Ölfilter	Getriebe
Radbremszylinder / -zangen	Generator
Scheinwerfer	Kupplungsmitnehmerscheibe
Stoßdämpfer	Kupplungsdruckplatte
Motordichtungen	Kurbelwelle / -nlager
Reparaturbleche	Motorblock mit Kurbeltrieb
Kupplung	Scheibenbremssättel
Zündkerzenstecker	Schwungscheibe
Hauptbremszylinder	Teilmotor ohne Zylinderkopf
Zündkerzen	Zylinderkopf

Mit »spitzem« Bleistift rechnen – Teil- oder Austauschmotor?

Bei kapitalen Schäden an Kurbeltrieb, Kolben und Motorblock ist der Teilmotor eine wirtschaftliche Alternative zum AT-Motor. Schließlich können Sie fast sämtliche Aggregate Ihres alten Motors an den neuen Block transplantieren. Bei jüngeren und gut erhaltenen Autos machen Austauschmotoren dagegen Sinn. Doch bevor Sie sich entscheiden, fragen Sie Ihrer BMW-Händler: Mitunter »schlummert« bei ihm ja ein passendes »Schätzchen« aus einem neuwertigen Unfalltotalschaden. Außerdem gibt's eine Reihe spezialisierter Firmen, die Ihnen komplett- oder teilüberholte Motoren anbieten – bei Rückgabe Ihres ausrangierten Motors häufig sogar mit Preisnachlass. Solide Instandsetzer arbeiten selbstverständlich nach strengen Qualitätsrichtlinien und unterfüttern ihre Arbeit mit Garantieleistungen ähnlich der Hersteller Austauschteilegarantie. Ein Anschriftenverzeichnis entsprechender Betriebe erhalten Sie beim Verband der Motoren-

Instandsetzungsbetriebe e.V., Christinenstraße 3, 40880 Ratingen; Telefon: 02102/44 72 22. Oder Sie laden sich die Anschriftenverzeichnisse, nach Firmen und Postleitzahlen geordnet, gleich aus dem Internet (www.vmi-ev.de) auf Ihren Rechner.

Das Werkzeug

Obwohl es auf der Hand liegt, sprechen wir es hier an: Gute Arbeitsergebnisse setzen einen weitgehend vollständigen und gepflegten Werkzeugsatz voraus. Überprüfen Sie Ihre Ausrüstung daher vor Arbeitsbeginn: Schlechtes Werkzeug schafft Probleme und verdirbt Ihnen die Lust und Laune an der Arbeit. Achten Sie also beim Werkzeugkauf strikt auch auf die Qualität – gutes Werkzeug hat seinen Preis, Sie finden es höchst selten auf Baumarkt- oder Kaufhauswühltischen. Beehren Sie also den Fachhandel und fordern Qualitätsware. Sobald Sie nur gelegentlich selbst Hand anlegen, reicht Ihnen die folgende Grundausstattung allemal:

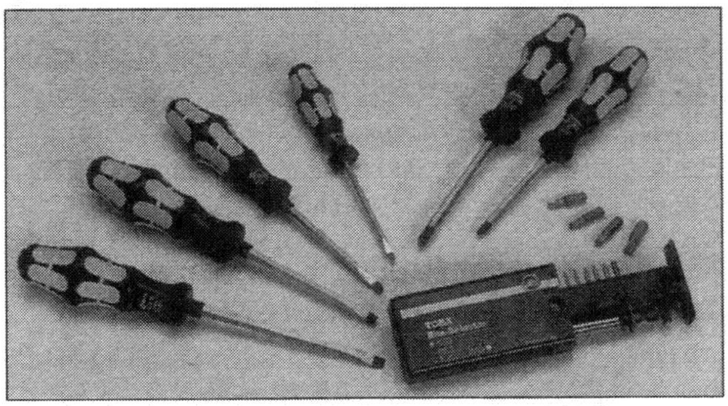

Der Griff muss »griffig sein: An guten Schraubendrehern. Beschaffen Sie sich ein stabiles Sortiment für Schlitz-, Kreuzschlitz- und Torxschrauben.

Qualität erspart Frust: Inbusschlüssel sind bei minderwertiger Qualität »ruck zuck« rund gedreht. Praktische Schlüsselsätze gibt's am Ring oder in einer Kunststoffbox.

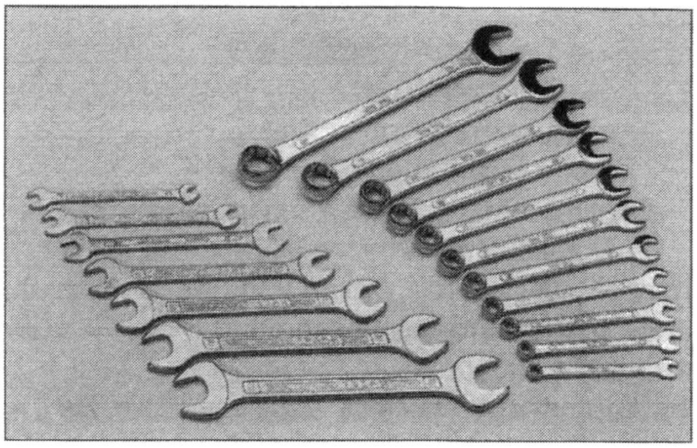

Im Doppelpack ratsam: Ein Satz Gabel- und Ringschlüssel. Sinnvoll sind Maulweiten zwischen sechs und 19 Millimetern. Zusätzlich sollten Sie Ring-/Gabelschlüssel mit den Schlüsselweiten 10, 13, 17 und 19 Millimeter anschaffen.

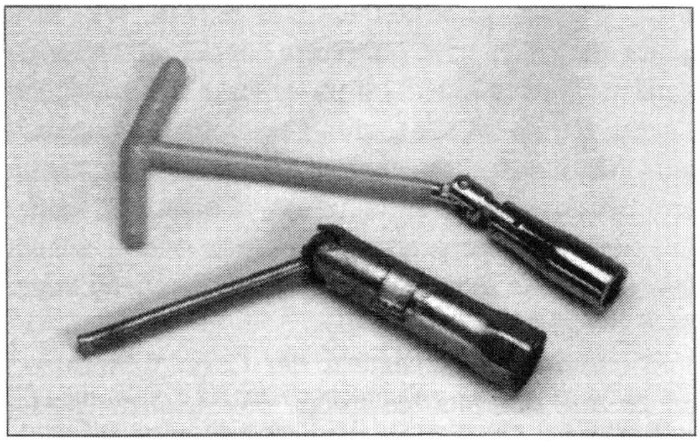

Für Do it yourselfer ein »Muss«: Ein spezieller Zündkerzenschlüssel mit Gummieinsatz und Gelenkschaft. Für »Vielschrauber« auch als Kerzennuss zu empfehlen.

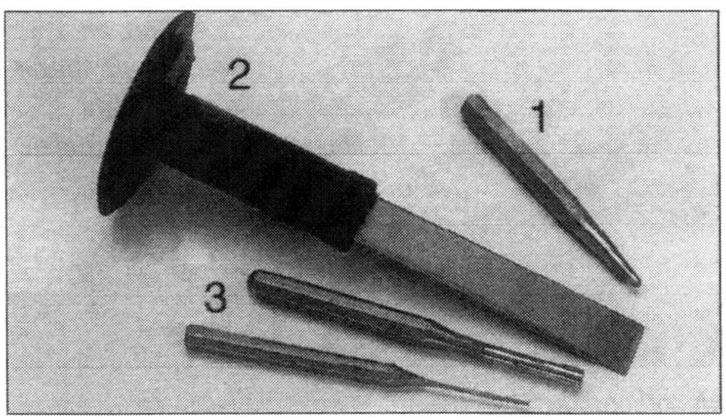

Schlaghilfen: Mit einem Körner (1) schlagen Sie Bohrlöcher an. Ein Flachmeißel (2) »sprengt« verrostete Muttern oder trennt Schweißpunkte. Bei Durchschlägen (3) empfehlen wir die Stärken drei und sechs Millimeter.

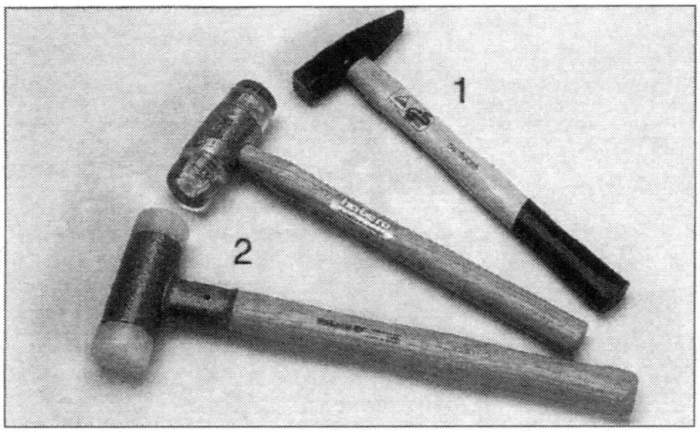

Schlägertrio: Ein Schlosserhammer (1) (ca. 300 Gramm) löst viele Probleme. Diffizile Dinge wie Lagerringe, gegossene oder gehärtete Teile bearbeiten Sie besser mit einem Kunststoff- oder Gummihammer (2).

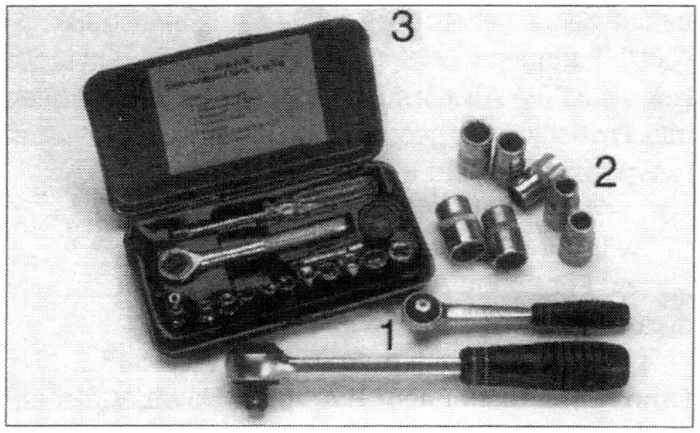

Ohne sind Sie aufgeschmissen: Arbeiten im Motorraum, unter dem Auto, am Fahrwerk sowie an den meisten Nebenaggregaten erledigen Sie am besten mit einer Umschaltknarre (1) (1/2-Zoll-Antrieb) und den entsprechenden Schlüsselaufsätzen (2) (Nüsse). Achten Sie hier besonders auf gute Qualität. Ein kompletter »Knarrenkasten« (3) besteht aus Nüssen von 10–32 Millimeter, Gelenkstück, lange/kurze Verlängerung und Knebel. Für Arbeiten im Innenraum ist ebenfalls ein »Knarrenkasten« sinnvoll, allerdings in der kompakten 1/4-Zoll-Ausführung. Neben Kreuz-, Torx-, Schlitzschrauben und Kunststoffclips stoßen Sie hier überwiegend auf Schlüsselweiten (SW) von 6 bis 13 Millimeter.

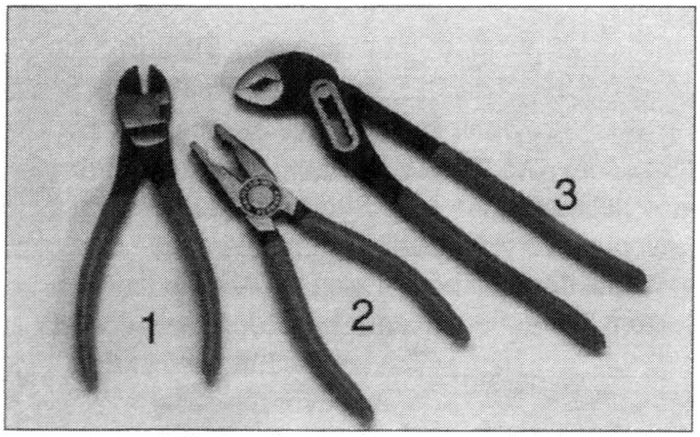

Vielseitig verwendbar: Seitenschneider (1), Kombizange (2) und Wasserpumpenzange (3) (Länge mindestens 240 mm) sind Universal-Genies. Damit biegen, fixieren, drehen und trennen Sie fast alle Materialien an Ihrem Auto.

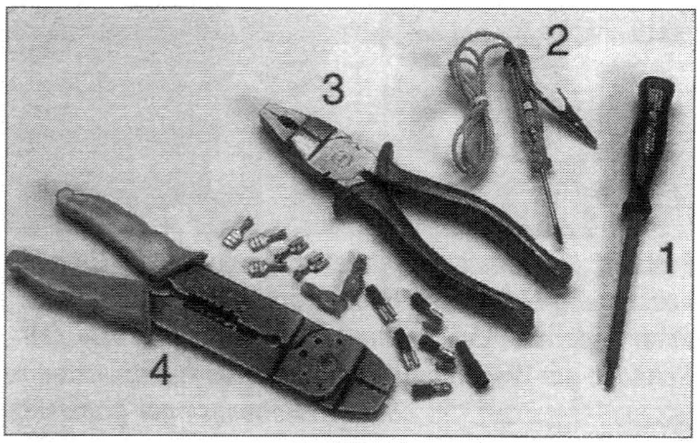

Unentbehrlich für Strippenzieher: je ein isolierter Kreuz- und Schlitzschraubendreher (1) (in den Größen 1, 2, 3), eine Prüflampe (2) sowie eine isolierte Kombi- (3) und Quetschzange (4). Dazu ein paar Quetschverbinder.

Praxistipp

Bordwerkzeug komplett?

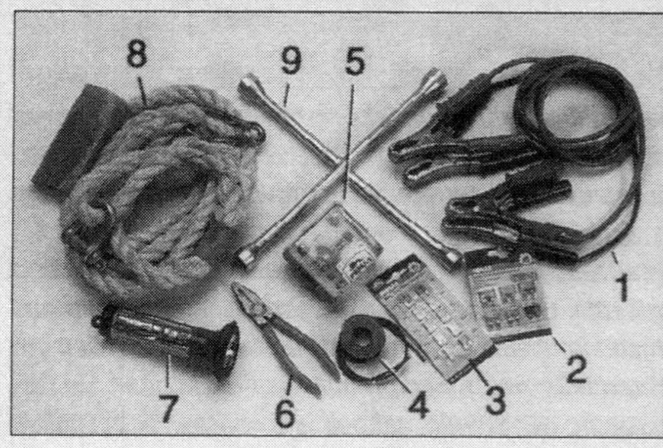

Checken Sie das Bordwerkzeug Ihres Autos möglichst vor einer Havarie. Denn wenn Ihnen bei einer Panne irgendwo am Straßenrand die passenden Werkzeuge fehlen, ist die beste Grundausstattung in der Garage völlig für die Katz. Wir empfehlen Ihnen auch beim Mini zusätzlich ein Starthilfekabel (1), Ersatzsicherungen (2), (3), rund ein Meter Kupferkabel (1,5 mm²) (4), ein Ersatzlampenset (5), eine Kombizange (6), eine Taschenlampe (7), ein Abschleppseil (8) und ein solides Radkreuz (9). Auch dieses Reparaturhandbuch ist selbstverständlich an Bord viel besser aufgehoben, als Zuhause im Bücherregal.

Erleichtern die Arbeit – Spezialwerkzeuge

Mit einer soliden Werkzeuggrundausstattung haben Sie im, unter und am Auto bereits einen »Platz an der Sonne«. Für einige Arbeiten brauchen Sie jedoch spezielles Werkzeug. Mit seiner Beschaffung sind Sie beim Fachhandel gut aufgehoben. Was sollte nicht fehlen – was ist sinnvoll? Hier unser Vorschlag:

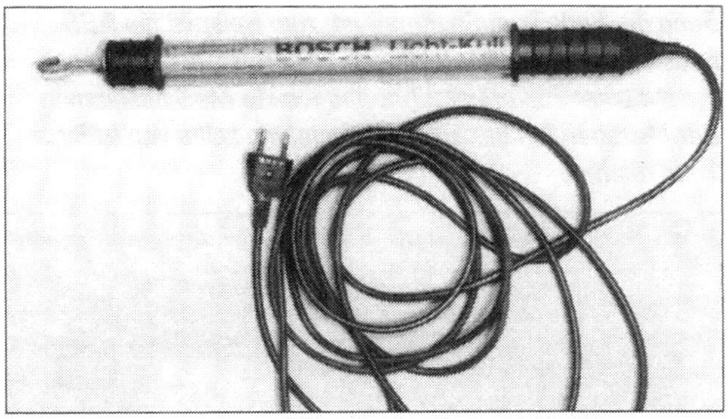

Es werde Licht: Mit gutem Licht gehen die meisten Arbeiten schneller von der Hand. Doch längst nicht jede Lichtquelle ist gleichermaßen geeignet. Eine praktische Handstablampe – im ölresistenten und schlagsicheren Gehäuse – leistet erfahrungsgemäß die besten Dienste, erst recht, wenn Sie zu Überkopfarbeiten eine blendfreie Beleuchtung benötigen.

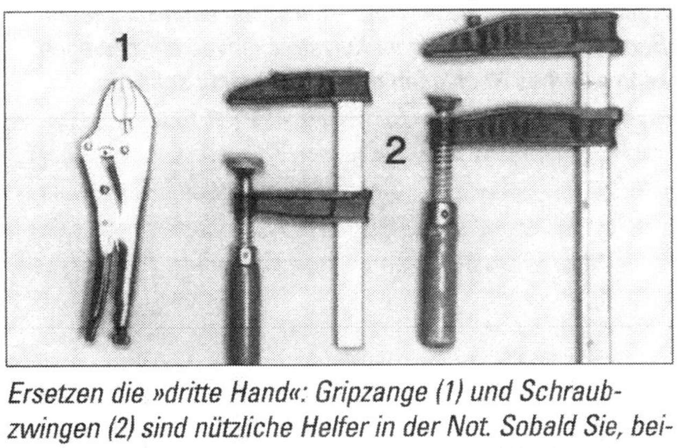

Ersetzen die »dritte Hand«: Gripzange (1) und Schraubzwingen (2) sind nützliche Helfer in der Not. Sobald Sie, beispielsweise zu Karosseriearbeiten, größere Bleche oder Formteile provisorisch fixieren müssen, sind besagte Klammerhilfen nahezu unentbehrlich. Schraubzwingen gibt's in allen erdenklichen Größen und Qualitäten. Gripzangen sind besonders hilfreich zum Ausrichten von kleineren Reparaturblechen, Seitenteilen oder Ersatzkotflügeln. Je nach Materialstärke können Sie die Maulweite per Spindel schnell und passend einstellen.

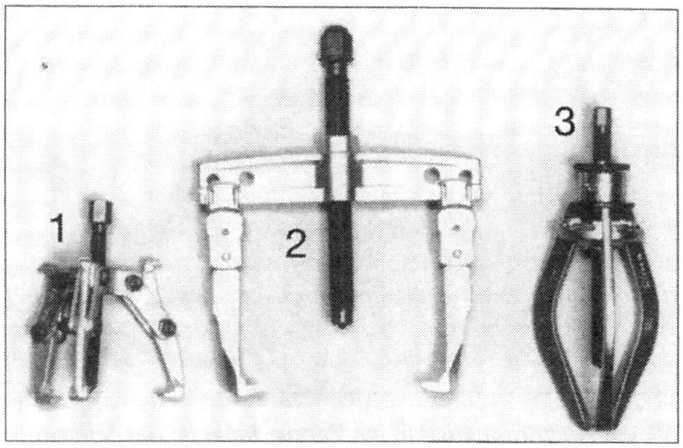

Da widerstehen weder Lager noch Naben: Abzieher in diversen Formen und unterschiedlichen Funktionen. Wenn Sie Radlager, Achsnaben oder Spurstangenköpfe von ihrer »Umgebung« befreien müssen, kommen Sie, ohne größere Schäden an besagten Teilen anrichten zu wollen, an einem Satz Universalabzieher nicht vorbei. In ganz speziellen Fällen sind sogar Spezialabzieher die erste Wahl. (1) Dreiklauenabzieher, (2) verstellbarer Zweiklauenabzieher, (3) Innenabzieher. Auch hier ist die Qualität von entscheidender Bedeutung, denn sonst fliegen Ihnen nur die Brocken um die Ohren.

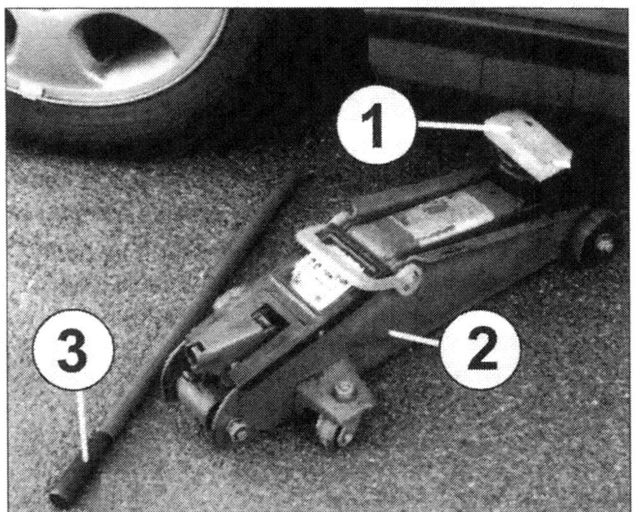

Mobillift: Ein Rangierwagenheber bereichert die Grundausstattung einer jeden Hobbywerkstatt. Er realisiert unter anderem »kleine Rangiermanöver unter Last«. Um Schäden am Wagenboden oder anderen Hebepunkten zu vermeiden, unterfüttern Sie den Hebeausleger grundsätzlich mit einem lastverteilenden Hartholz (1). Achten Sie gleichfalls darauf, dass der Heber (2) möglichst waagerecht unter dem Anhebepunkt steht und die »Liftstange« (3) nicht zwischendurch als »Montierhebel« oder »verlängerter Hammer« missbraucht wird.

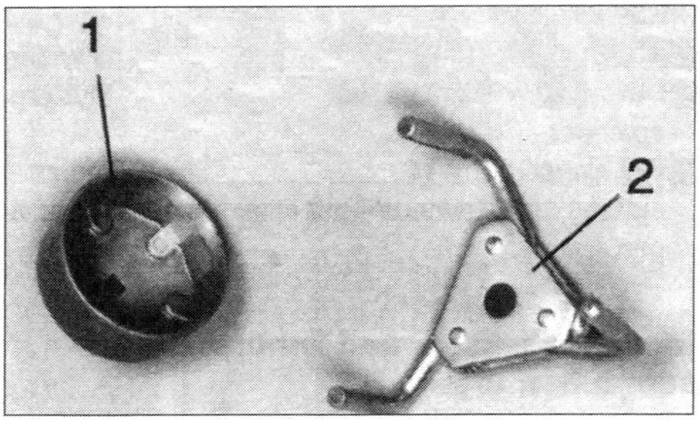

Nimmt Ölfiltergehäuse in die Zange: Ideal ist der Spezialschlüssel (1), der leider immer nur auf einen Filtertyp passt. Die drei Greifklauen des Universalschlüssels (2) »fesseln« dagegen unterschiedliche Filtergehäuse. Einfach den Abzieher überstülpen und per Maul-, Steck- oder Inbusschlüssel losdrehen.

Vermisst Zwischenräume: Immer dann, wenn in diesem Band die Rede vom Spaltmaß ist, zum Beispiel bei ABS-Radsensoren oder kontaktlosen Geberelementen, können Sie mit einer Fühlerblattlehre das exakte Maß bestimmen. Der Messbereich der Lehren-Sammlung sollte von 0,05 bis 1 mm reichen.

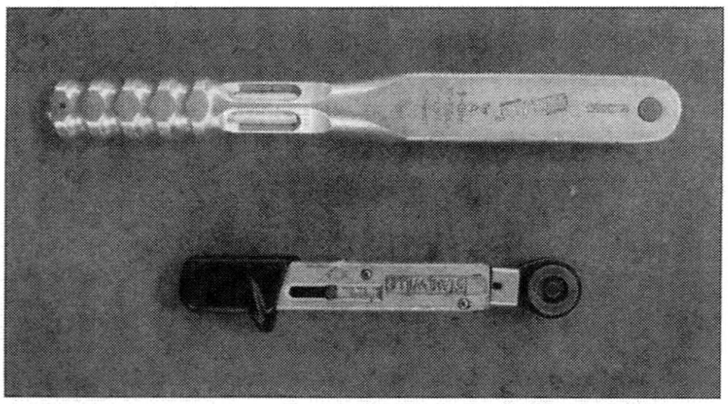

»Knackt oder verbiegt sich« programmgemäß: Drehmomentschlüssel. Je nach Drehmomentbereichen gibt es unterschiedliche Ausführungen. Wir raten Ihnen zum Kauf eines Schlüssels mit integriertem Ratscheneinsatz und ½ Zoll Anschlussvierkant.

Macht müde Batterien munter: Besonders in der kalten Jahreszeit und an stillgelegten Autos leistet ein Batterieladegerät mit automatischer Ladestromregelung wertvolle Hilfe. Aber auch wenn Sie Ihr Auto – mit vielen eingeschalteten Bordverbrauchern – nur im Kurzstreckenverkehr bewegen, kann externes Nachladen der Batterie nicht schaden.

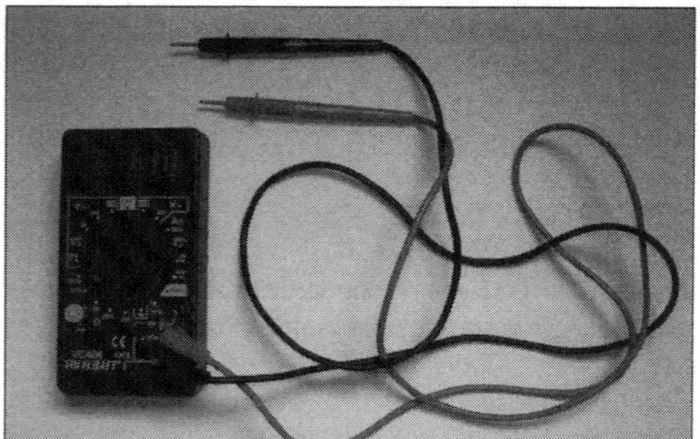

Für elektronische Bauteile unverzichtbar: Multimeter. Ambitionierte Schrauber kommen nicht ohne Multimeter aus. Erst recht nicht, wenn sie elektronische Bauteile oder widerstandsgesteuerte Schalter inspizieren müssen.

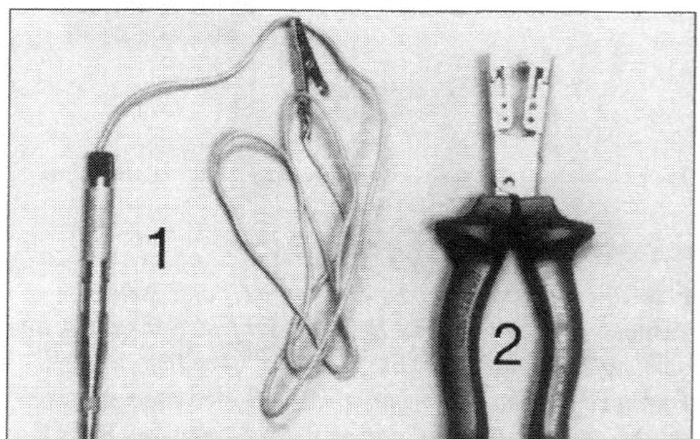

»Strippt« Kabelisolationen und signalisiert »Ströme«: Prüflampe (Durchgangsprüfer) (1) führ den schnellen Check und eine ordentliche Abisolierzange (2). Ein »Muss« in herkömmlichen Bordnetzen und konventionellen Kabelbäumen.

Erfahrungssache – Profitipps für Hobbyschrauber

So manchem Do it yourselfer haben unlösbare oder abgerissene Schrauben die Laune schon gründlich vermasselt. Damit Sie nicht zu den Frustrierten gehören, verraten wir ihnen an dieser Stelle ein paar Tipps und Kniffe der Profis.

Verrostete Schraubverbindungen lösen

Bevor Sie eine fest gerostete Mutter bzw. Schraube lösen, befreien Sie die überstehenden Gewindegänge von Schmutz und Rost. Andernfalls wird nämlich die Reibung auf den Gewindeflanken so groß, dass Sie die Mutter regelrecht abwürgen müssen oder Ihnen kurzerhand der Gewindebolzen abschert.

- Säubern Sie das überstehende Gewinde mit einer Drahtbürste und sprühen es anschließend mit Rostlöser ein.
- Bei Schnellrostlösern drehen Sie die Mutter sofort los, ...
- ... andere Rostlöser (Öl, Petroleum, Diesel, Cola, etc.) lassen Sie erst einige Zeit einwirken.

Praxistipp

Umgang mit selbstsichernden Muttern

Selbstsichernde Muttern klemmen satt auf dem Gewinde und vibrieren auch nicht los. Die Kunststoffeinlage oder eine leicht verschränkte Gewindepassage hindert sie daran. Sie sollten selbstsichernde Muttern grundsätzlich nur einmal verwenden, denn ihre Sperrwirkung lässt bei mehrfachem Gebrauch nach.

Beschädigte Muttern lösen

Wenn Sie mit dem Gabelschlüssel eine Sechskantmutter rund gedreht haben oder die Anlageflächen bereits vom Rost zerfressen sind, ist Gewalt häufig das letzte Mittel.

- Bei kleineren Muttern hilft ab und an noch eine stabile Gripzange. Häufig »greifen« Sie damit noch den angefressenen Sechskant und lösen die Mutter dann per Zange.
- Hilft das nicht weiter, sprengen Sie die Mutter mit einem scharfen Meißel. Werkstätten »killen« widerspenstige Exemplare häufig mit einem Muttern-sprenger.
- Gut zugängliche Muttern können Sie außerdem – entlang des Gewindes – mit einer Metallsäge aufsägen.

Innensechskant- und Innenvielzahnschrauben lösen

- Ehe Sie ein Werkzeug ansetzen, befreien Sie das Sackloch auf dem Schraubenkopf von jeglichem Schmutz.
- Zum Lösen solcher Schrauben eignen sich am besten Steckeinsätze mit langem Sechskant bzw. Vielzahn.
- Im Gegensatz zu gebräuchlichen Winkelschlüsseln (bei denen die Kraft immer schräg ansetzt) vertragen Steckeinsätze auf der Adapterseite auch einen Hammerschlag. Der Schlag – im Notfall sogar direkt auf den Schraubenkopf – lockert meistens die Schraube ein wenig und erleichtert das Lösen.

Praxistipp

Schraube fällt aus dem Werkzeug

Müssen Sie eine Schraube oder Mutter an einer schwer zugänglichen Stelle ansetzen, fixieren Sie vorher mit etwas Karosseriekitt, zähem Schmierfett oder einem Klebestreifen den Kopf im bzw. am Werkzeug. Dieser einfache Trick ist durchaus Nerven schonend.

Schlitz- und Kreuzschlitzschrauben lösen

- Schon nach relativ kurzer Zeit können Schrauben so fest sitzen, dass Sie einen normalen Schraubendreher damit schlichtweg überfordern. Bei Kreuzschlitzschrauben kommt erschwerend hinzu, dass der Schraubendreher auch bei starkem Gegendruck aus dem Kreuzschlitz »desertiert«. Folge: Schon nach wenigen Versuchen ist der Schraubenkopf vermurkst und die Schraube wird »Ihr Problem«.
- »Festgebackene« Schrauben versuchen Sie zunächst mit einem knackigen Hammerschlag auf den Schraubenkopf zu »bewegen«. Wenn Sie den Schraubenkopf nicht direkt mit dem Hammer erreichen, setzen Sie einen passenden Schraubendreher

mit stabilem Griff an und traktieren die Verbindung mit Schlägen auf den Griff.

- Häufig reicht das schon und die oft nur am Kopf korrodierte Schraube bricht los und lässt sich dann normal lösen.
- Bleiben Sie erfolglos, versuchen Sie Ihr Glück mit einem Schlagschrauber und dem passenden Einsatz. Schlagschrauber setzen jeden Hammerschlag an der Schraube in eine Drehbewegung um – dem widersteht praktisch keine Schraube.

Blechschrauben ausbohren

- Können Sie in einem »verhudelten« Schraubenkopf kein Werkzeug mehr ansetzen, bohren Sie die Schraube eben aus.
- Bohren Sie den Schraubenkopf zunächst mit einem entsprechend großen Bohrer ab. Großen Schraubenköpfen gehen Sie im ersten Gang mit einem kleineren Bohrer auf den »Nerv« und vollenden Ihr Werk erst dann mit einem passenden Bohrereinsatz.
- »Kopflose« Schrauben treiben Sie entweder mit einem Durchschlag aus dem Bohrloch oder drehen sie von der Rückseite mit einer Gripzange heraus.
- In besonders hartnäckigen Fällen müssen Sie freilich den gesamten Gewindebolzen mit einem Bohrer »ausschälen«. Wählen Sie den Bohrer möglichst klein, ansonsten zerstören Sie das Gewinde und das Schraubenloch wird zu groß.

Umgang mit Stehbolzen

- Stehbolzen (Gewindestange) bieten einem Schraubenschlüssel meist keine Anlagefläche. Sollten Sie keinen Stehbolzenausdreher haben, schaffen Sie auf dem Stehbolzen eine provisorische Schraubmöglichkeit.
- Schweißen Sie zum Lösen eine Mutter auf dem überstehenden Bolzengewinde fest oder Sie kontern zwei Muttern gegeneinander. Zum Lösen gekonterter Muttern setzen Sie den Schraubenschlüssel immer an der unteren Mutter an. Zum Festziehen nutzen Sie grundsätzlich die obere Mutter.

Abgerissene Schrauben ausbohren

Wichtig: Schonen Sie möglichst das Außengewinde.

- Geben Sie zunächst einen Körnerschlag exakt in die Mitte des Schraubenstumpfs und …
- … bohren ihn dann an: Bis Schraubengröße M 8 schafft das ein so genannter Kernlochbohrer. Als Kernloch wird der Durchmesser einer »rasierten« Schraube, also der Durchmesser ohne Gewindeflanken, bezeichnet. Bis zur Schraubengröße M 6 gilt die Faustregel: Gewindedurchmesser multipliziert mit 0,8. Beispiel: Verschraubung M 6 x 0,8 = Kernlochdurchmesser 4,8. Ab Schrauben > M 8 sollten Sie mit einem dünneren Bohrer vorbohren.
- Die in den Gewindegängen verbliebenen Metallreste können Sie bisweilen mit einer Reißnadel oder Stabmagneten entfernen. Falls nicht, schneiden Sie das Gewinde eben nach.

Gewinde schneiden

Leichtmetall hat eine geringere Festigkeit als etwa Stahl, demzufolge reißen Gewinde hier besonders leicht aus. Solange um das alte Gewinde herum noch genügend Materialsubstanz vorhanden ist, können Sie ein größeres Gewinde einschneiden. Andernfalls lassen Sie in der Fachwerkstatt eine Gewindebuchse (z. B. Heli-Coil) einsetzen. Neue Gewinde schneiden Sie in drei Stufen. Die entsprechenden Gewindeschneider heißen daher Vorschneider (ein Ring am Schaft), Mittelschneider (zwei Ringe am Schaft) und Fertigschneider (ohne bzw. drei Ringe am Schaft).

- Drehen Sie die Gewindeschneider unter ständigem Ölen nacheinander in das vorgebohrte Kernloch ein und aus.
- Um die Schneider nicht abzureißen, nehmen Sie immer nur kleine Vorwärtsdrehungen (max. 1/8 des Umfangs) vor. Drehen Sie danach den Schneider immer so weit zurück, bis die Schneidspäne abbrechen und der Schneider nicht mehr klemmt.

Schraubengröße und Drehmoment

Technik-lexikon

Normalen Schrauben und Muttern reichen Standarddrehmomente. Versierte Hobbyschrauber haben bei einfachen Verschraubungen das Drehmoment im »Handgelenk«. Falls Sie jedoch Ihrem Handgelenk misstrauen, werkeln Sie mit einem Drehmomentschlüssel immer auf der sicheren Seite. Für die gebräuchlichsten Schraubverbindungen gelten folgende Drehmomente:

Gewindedurchmesser (mm)	6	8	10	12	14
Drehmoment (Nm)*	10	25	49	85	135

*Die genannten Drehmomente gelten nicht für Sonderschrauben und Schrauben in Leichtmetall.

Praxistipp

Wartung und Gewährleistung

- Jeder 1er hat serienmäßig eine kilometerunabhängige Service-Intervall-Anzeige an Bord. Anlässlich eines Kundendienstes checken Werkstätten in erster Linie den Zustand und die Funktion jener Baugruppen, die der Zuverlässigkeit und Sicherheit Ihres Autos dienlich sind. Falls nötig werden im Rahmen des Services natürlich auch Verschleißteile ersetzt.
- Unter widrigen Umständen kann an Bremsanlagen, Radaufhängungen, Reifen und Lenkung schon nach einer Laufzeit von rund 20.000 Kilometern deutlicher Verschleiß auftreten. Mit regelmäßigen Checks halten Sie Ihr Auto also nicht nur fit, sondern steigern vor allem auch Ihre eigene Sicherheit.
- Vorausgesetzt Sie »schmieren« Ihren 1er mit Longlifeölen, fordert er keine starren Technikchecks – der Wartungsrhythmus ist dann »belastungsabhängig«. Damit Sie die nötigen Intervalle nicht maßlos überziehen, hält Sie die Service-Intervall-Anzeige (»Schraubenampel«) im Armaturenbrett auf dem Laufenden. Der erste Motorölwechsel wird erfahrungsgemäß zwischen 25.000 – 30.000 Kilometer fällig. Die einzelnen Services haben mitunter bis zu 60.000 Kilometer Zeit.
- Als Wenigfahrer (< 10.000 km/Jahr) sollten Sie dennoch binnen 24 Monaten einen Motorölwechsel vornehmen. In diesem Zeitraum ist die Schmierfähigkeit eines Longlifemotoröls nahezu erschöpft. Normale Schmierstoffe altern in der Ölwanne erfahrungsgemäß binnen Jahresfrist – unabhängig von der Laufleistung.
- Sollten Sie einen noch relativ »jungen« Wagen fahren oder Ihren »alten« gerade mit einem Austauschmotor »reanimiert« haben, halten Sie die vorgeschriebenen Wartungsintervalle unbedingt ein und verzichten aufs Do it yourself. Berechtigte Gewährleistungsansprüche erfüllt BMW an Ihrem 1er nur dann, wenn eine Vertragswerkstatt die anfallenden Wartungsarbeiten erledigt hat.

Anders gesagt, auch Ihr 1er kommt an der Vertragswerkstatt nicht gänzlich vorbei – zum Beispiel anlässlich der Wartungsintervalle. Auf jeden Fall jedoch so lange, wie die Gewährleistungszeit besteht, bzw. die 2-jährige Händlergewährleistung noch greift. Mit Ausnahme von Verschleißteilen beträgt die Kulanz der Handelsorganisation für Neuwagen 24 Monate, »verfaulten« Karosserieblechen nehmen sich die Händler über zwölf Jahre an. Auf den Lack besteht eine Gewährleistung von drei Jahren – sachgemäße Behandlung und keine umweltbedingten Einflüsse vorausgesetzt.

Sollten Sie den »Sorgloszeitraum« strecken wollen, bieten Ihnen BMW-Händler eine Anschlussgewährleistung für jeweils ein weiteres Jahr an. Bedingung: Ihr BMW steht zum Service regelmäßig auf einer »offiziellen BMW-Hebebühne«.

Tipps für den Werkstattbesuch

Nicht vergessen – Werkstattauftrag präzise erteilen

Um vermeidbaren Werkstattärger zu umgehen, oder wenn Ihnen einfach mal die Zeit fürs Do it yourself, die nötige Erfahrung oder teures Spezialwerkzeug fehlen, kommen Sie an der Werkstatt ohnehin nicht vorbei. In jenen Fällen haben Sie allerdings selbst großen Einfluss darauf, ob die professionelle Hilfe Ihren Vorstellungen entspricht und Sie zufrieden vom Hof fahren. Beachten Sie darum bei jedem Werkstattbesuch folgende Umgangsregeln und Tipps.

Wohin mit dem Auto – Vertrags- oder freie Werkstatt?

- Wo Sie Ihren Wagen instand setzen lassen, steht Ihnen grundsätzlich frei. Neben Ihrer Vertragswerkstatt können durchaus auch freie Werkstätten eine gute Adresse sein. Viele Reparaturen führen »Freie« mit vergleichbarer Kompetenz wie Vertragswerkstätten aus. Ölwechsel, neue Bremsbeläge, Bremsscheiben, Reifen und Stoßdämpfer sind häufig dort sogar günstiger zu bekommen. Achten Sie jedoch grundsätzlich darauf, dass die Werkstatt ein der Kfz-Innung angeschlossener Meisterbetrieb ist.
- Weil wir hier ein ganz brisantes Thema fokussieren, wiederholen wir uns ganz bewusst: Innerhalb der Neuwagenkulanz ist Ihr Auto grundsätzlich ein Fall für die Vertragswerkstatt. Das gilt gleichermaßen für Inspektionen wie die meisten Reparaturen. Nicht so für einfache Blech- oder Lackschäden – die können Sie durchaus in der eigenen Garage »bügeln« oder von einer freien Werkstatt erledigen lassen. Bei späteren Kulanzleistungen könnte es dann allerdings kritisch werden, zumindest dann, wenn Ihre vorausgegangene Selbsthilfe die Arbeit in der Vertragswerkstatt behindert.

Schriftlich formulieren – Reparaturauftrag

- Stellen Sie, bevor Sie den Auftrag erteilen, eine Mängelliste zusammen. Exakt diese Liste arbeiten Sie Punkt für Punkt mit dem Werkstattmeister oder seinem Vertreter ab. Sollte Ihnen währenddessen etwas unklar bleiben, fragen Sie nach – so lange bis Sie »durchblicken«.
- Formulieren Sie präzise Reparaturaufträge: Pauschalaufträge, wie »TÜV-fertig machen« oder »für den Urlaub herrichten«, programmieren späteren Ärger. Etwa dann, wenn Sie für Arbeiten zur Kasse gebeten werden sollen, die Ihrer Meinung nach unnötig waren.
- Erteilen Sie Reparaturaufträge stets schriftlich. Der Auftrag muss auszuführende Arbeiten möglichst genau umreißen. Lassen Sie sich von der Werkstatt immer eine Auftragsbestätigung aushändigen.

Damit an der Kasse nicht die Knie »schlottern« – sprechen Sie vorher über die möglichen Reparaturkosten

- Bevor Sie einen Reparaturauftrag erteilen, lassen Sie sich die voraussichtlichen Lohn- und Materialkosten splitten. Reglementieren Sie preislich eventuell erforderliche Zusatzarbeiten. Sollte der Arbeitsumfang vorab nur vage zu bestimmen sein, tragen Sie der Werkstatt ein Reparaturkostenlimit auf.
- Begrenzen Sie gleichfalls die voraussichtlichen Diagnosekosten. Denn wenn Ihr Auto zum Beispiel zu viel Kraftstoff verbraucht oder schlecht anspringt, wenn der Motor stottert oder die Räder merkwürdige Geräusche verursachen, ist die Diagnose häufig teurer als die eigentliche Reparatur.
- Damit die Werkstatt eventuelle Rückfragen vornehmen kann, ergänzen Sie den Auftrag mit Ihrer Telefonnummer (Handy). Ein Rückruf ist grundsätzlich dann gegeben, wenn die Reparatur wesentlich umfangreicher oder teurer als vorab vereinbart wird. Lassen Sie auch zusätzliche Absprachen schriftlich auf dem Werkstattauftrag festhalten.
- Bitten Sie bei umfangreichen Reparaturen die Werkstatt um einen schriftlichen Kostenvoranschlag. Solide Werkstätten berechnen den Service zu recht nur dann, wenn Sie die erforderliche Reparatur nicht in Auftrag geben. Bei unvorhersehbaren Arbeiten darf die Rechnung den Kostenvoranschlag um maximal 15 – 20 Prozent überschreiten.

Bis zu 30 Prozent günstiger – spezielle Teile- und Serviceangebote

- Sobald Ihr Auto in die Jahre kommt, lohnt es sich, nach speziellen Teile- und Serviceangeboten zu fragen. Nicht nur 1er-Vertragswerkstätten bieten oft Servicepakete inklusive preisgünstiger Originalteile an – Sie können hier locker bis zu 30 Prozent sparen. Fragen Sie Ihren 1er-Händler einfach mal nach seinen aktuellen Serviceangeboten.
- Neuteile sind nicht grundsätzlich erste Wahl: Erkundigen Sie sich nach aufbereiteten und geprüften Austauschteilen. Damit sparen Sie mitunter 'ne Menge Euro – natürlich bei vergleichbarer Qualität. Prädestinierte Austauschteile sind Motor, Kraftstoffeinspritzanlage, Getriebe, Kupplung, Lichtmaschine, Anlasser, Klimaanlage und die Wasserpumpe.
- Ein in Auftrag gegebener Ölwechsel geht ins Geld: Erst recht, wenn professionelle Schmiermaxen Ihrem Auto nur den teuersten Saft spendieren, um damit den eigenen Umsatz zu maximieren. Darauf müssen Sie nicht eingehen. Fragen Sie nach preisgünstigeren Ölsorten mit der gleichen Spezifikation – erfahrungsgemäß läuft Ihr 1er damit nämlich nicht schlechter.

Mit dem Werkstattmeister checken – die Reparaturrechnung

- Checken Sie die Werkstattrechnung nach der Reparatur zusammen mit dem Meister oder Kundendienstberater. Lassen Sie sich unverständliche Abkürzungen und Fachbegriffe erklären.
- Auf der Rechnung sollten Posten wie Arbeitslohn, Material und Mehrwertsteuer separat aufgeschlüsselt sein. Fehlerhafte Rechnungen können Sie binnen sechs Wochen nach Erhalt noch reklamieren.

Rechtzeitig reklamieren – mangelhafte Reparaturen

- Mangelhafte Reparaturen sollten Sie umgehend monieren. Der Kfz-Innung angeschlossene Meisterbetriebe stehen für ihre Arbeit sechs Monate gerade (Gewährleistung). Für Folgeschäden, hervorgerufen durch unsachgemäße Reparaturen, haften autorisierte Werkstätten natürlich auch.
- Obwohl Ihnen erste Mängel schon bei der Fahrzeugübernahme auffallen, darf Ihnen die Werkstatt den vollen Reparaturumfang berechnen. Wie können Sie sich dann absichern? Vermerken Sie auf der Rechnung, dass Ihre Zahlung ausschließlich unter Vorbehalt und nach Aufforderung erfolgte.

- Tragen Sie Ihre Reklamationen dem Werkstattmeister in einem sachlichen »Ton« vor. Falls das erfolglos bleibt, helfen Ihnen Schiedsstellen der Kfz-Innung kostenlos weiter – vorausgesetzt, Ihre Werkstatt ist Innungsmitglied. Adressen von Kfz-Schiedsstellen führen beispielsweise die Zentrale für Verbraucherberatung, Ihr Automobilklub oder der ZDK e.V., Franz-Lohe-Str. 21, 53129 Bonn.

Safety first – oberstes Gebot für Do it yourselfer

Wir haben es bereits mehrfach erwähnt und wiederholen uns ganz bewusst: Räumen Sie der Sicherheit – erst recht als Do it yourselfer – absolute Priorität ein. Gehen Sie nur Arbeiten an, die ihnen wirklich »aus den Händen laufen«. Handwerkliche Tätigkeiten, mit denen Sie in der Praxis bislang wenig oder gar keine Erfahrung hatten, nehmen Sie bitte niemals auf die leichte Schulter. Im öffentlichen Straßenverkehr rächen sich unsachgemäß ausgeführte Reparaturen – früher oder später. Übrigens nicht nur für Sie, sondern gleichermaßen auch für unbeteiligte Dritte.

Im eigenen Interesse: Zu Blecharbeiten mit Winkelschleifer und Co. schützen Sie Ihre Trommelfelle besser mit Ohrenschützern.

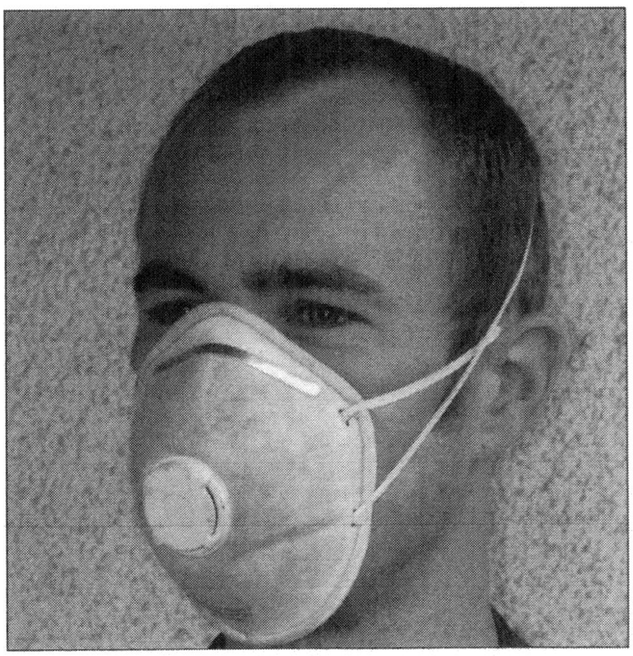

»Dreckbremse«: Bei Arbeiten oder Tätigkeiten mit atemgängigen Stäuben (Bremse, Kupplung, Karosserie) tragen Sie generell eine Atemschutzmaske mit auswechselbaren Filterelementen. Für gelegentliche Anlässe reichen Wegwerfmasken völlig aus. Sobald die Filterelemente verfärbt oder verklebt sind, sorgen Sie für Ersatz. Verdreckte Filter sind übrigens Sondermüll.

Immer tragen: eine Schutzbrille. Besonders beim Bohren, Schleifen und Meißeln ist sonst das Augenlicht in Gefahr. Der Augenschutz ist auch dann Pflicht, wenn Sie unter dem Fahrzeug an der Kraftstoffanlage arbeiten oder den Unterboden säubern. Bei Schweißarbeiten müssen Sie natürlich eine spezielle Schweißbrille oder Maske mit abgedunkelten Gläsern aufsetzen.

Frischluft Marsch: Sobald Sie Ihrem Auto von einer Grube aus zu Leibe rücken, sorgen Sie für reichlich Frischluft in der Montagegrube und/oder Bastelstube. Ansonsten besteht akute Erstickungsgefahr. Die »schweren« Benzin- oder Auspuffdämpfe sammeln sich in der Grube und können am kleinsten Funken explosionsartig entzünden oder im Falle ungereinigter Auspuffgase zum Erstickungstod führen.

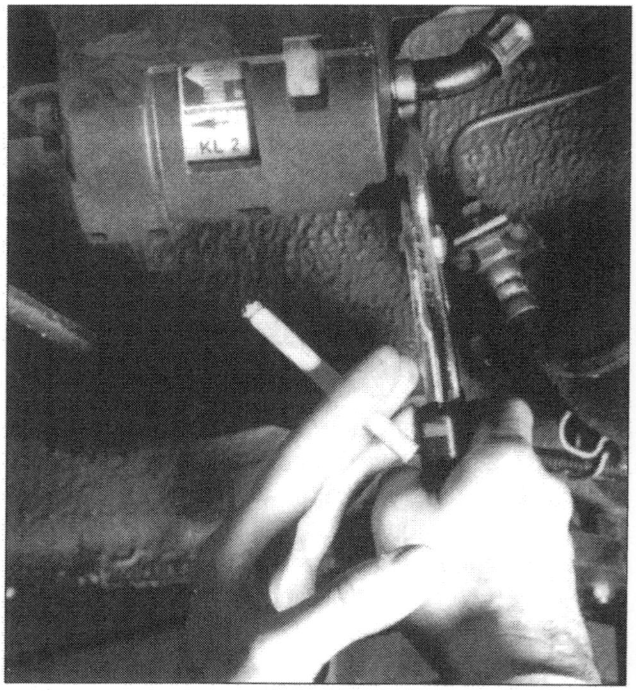

So nicht: Lassen Sie den Glimmstängel bei Wartungs- und Reparaturarbeiten besser in der Schachtel. Ansonsten gefährden Sie sich und »Ihre Werkstatt«. Das ist oberstes Gebot wenn Sie an der Kraftstoffanlage arbeiten, aber auch Lacke und Reiniger sind leicht entzündlich. Machen Sie als Raucher lieber eine kleine Pause und gehen Sie vor die Tür.

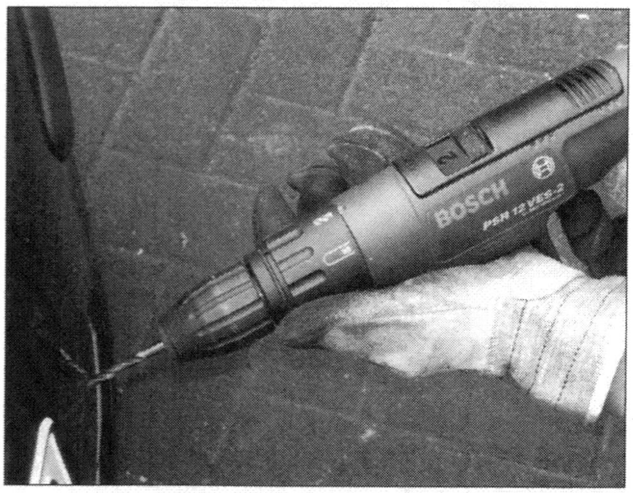

Alles zu seiner Zeit: Auf das Für und Wider von Arbeitshandschuhen lassen wir uns nicht weiter ein – entscheiden Sie das von Fall zu Fall. Doch wenn Sie mit Bohrmaschinen oder anderen drehenden Elektrowerkzeugen hantieren, lassen Sie klobige Arbeitshandschuhe besser auf der Werkbank. Das Bohrfutter oder die Spindel könnte sich sonst darin verfangen und Ihnen schwere Verletzungen zufügen.

Sondermüll entsorgen: Leere Sprühdosen, Altöl, Bremsflüssigkeit, Farbdosen, verschlissene Bremssegmente, Öl- oder alte Kraftstofffilter gehören natürlich nicht in den Hausmüll. Selbst der Putzlumpen ist streng genommen Sondermüll. Erkundigen Sie sich deshalb rechtzeitig nach Abgabestellen in Ihrer Gemeinde und entsorgen Sie dort alles auf einen Schwung.

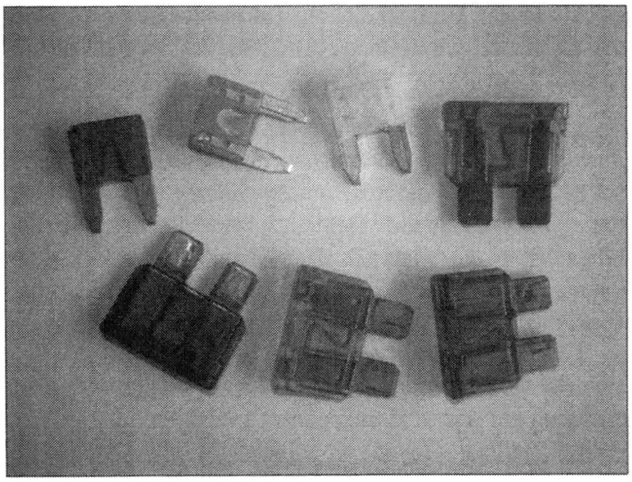

Auf Nummer Sicher: »Flicken« Sie niemals durchgebrannte Sicherungen mit Alufolie, Büroklammern oder etwa Schweißdraht. Es sei denn, Sie wollen den Kabelbaum oder die angeschlossene Bauteile komplett ruinieren. Sicherungen sollten daher auch grundsätzlich nur durch Sicherungen mit gleicher Amperezahl ersetzt werden.

Finger weg von Hochspannung: Lassen Sie bei laufendem Motor oder eingeschalteter Zündung Ihre »blanken« Finger von Zündkerzensteckern, Zündkabeln oder gar Zündkerzen. Wenn überhaupt, müssen Sie isolierte Schutzhandschuhe oder geschützte Greifzangen benutzen. Moderne Zündanlagen sorgen für Spannungsspitzen von mehr als 30.000 Volt – das reicht für schwere gesundheitliche Schäden.

Praktisch zum Liften – ein Wagenheber

Die meisten Autos haben serienmäßig einen Spindelwagenheber an Bord. Ihr 1er macht da eine Ausnahme. Er rollt auf »Runflatreifen«, die auch ohne Luft noch bis zur nächsten Werkstatt, nicht aber weiter als 80 Kilometer, rollen: vorausgesetzt, Sie zügeln Ihren Gasfuß. Unter dem Strich ein verlockendes Angebot, denn besser piano gefahren, als irgendwo am »zugigen« Straßenrand ein »plattes Rad« gewechselt. Sollten Sie Ihren Wagen dennoch liften wollen oder müssen, nutzen Sie ausschließlich die dafür präparierten Stellen unter den Türschwellern. Die richtigen »Hebepunkte« sind vorne und hinten in die Schweller eingeprägt. Für die meisten kleineren Arbeiten reicht die Hubhöhe, beispielsweise eines preiswerten Hydraulikhebers völlig aus. Mit einer stabilen Unterlage zwischen Wagenheberfuß und Standfläche können Sie die Hubhöhe, falls erforderlich, auch geringfügig variieren. Ein kleines Brett sollten Sie übrigens grundsätzlich unterlegen. Der Wagenheberfuß steht dann stabiler, er drückt sich nicht in den Untergrund ein. Doch Vorsicht, ein Wagenheber ist – wie der Name schon sagt – ausschließlich dazu da, den Wagen kurzfristig anzuheben: Verwechseln Sie ihn niemals mit einer stabilen und rüttelsicheren »Arbeitsbühne«.

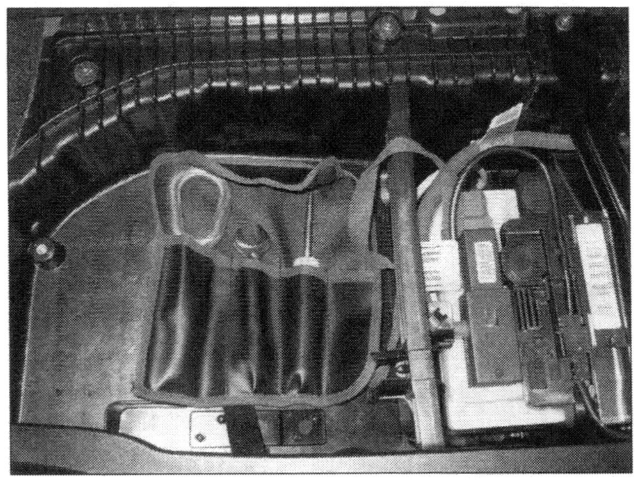

Platz sparend im Laderaum verpackt: das 1er Mobilitysystem.

Zur eigenen Sicherheit – stabile Unterstellböcke

Stützen Sie daher, auch in größter Eile, Ihren Wagen bei Arbeiten unter dem Auto niemals allein mit dem Wagenheber ab: Schlimmstenfalls »kostet« Sie Ihr Mut »das« Leben. Auf Nummer sicher gehen Sie mit Unterstellböcken, die der Zubehörhandel in verschiedenen Größen und Ausführungen anbietet. Zwei Böcke reichen für die meisten Reparaturen völlig aus. Entscheiden Sie sich für praktische Dreibeinböcke mit einklappbaren Füßen, sie nehmen ungenutzt weniger Platz in Ihrer Werkstatt ein. Achten Sie zudem auf das GS-Prüfzeichen und auf eine für Ihren Wagen adäquate Traglast.

Auf die richtige Stellung kommt's an: Setzen Sie den Unterstellbock (1) an einer »tragfähigen« Stelle unter den Wagenboden. Ziehen den Sicherungsbolzen (2) aus der Bohrung im Stativ und dann das Distanzrohr (3) möglichst weit aus dem Dreibeingestell. In die nächst erreichbare Bohrung stecken Sie dann den Sicherungsbolzen. Achten Sie bitte darauf, dass der abgesenkte Wagen den Bock nicht »verspannt« – die Stativfüße müssen stabil auf dem Boden stehen.

Ohne WENN und ABER – bocken Sie Ihr Auto SICHER auf

Arbeits-schritte

[1] Weitgehend sicher bocken Sie Ihr Auto nur auf einem tragfähigen Untergrund auf. Entfernen Sie vorab schwere Gegenstände aus dem Innen- und Kofferraum.

[2] Ziehen Sie, bevor Sie Ihren Wagen liften, die Handbremse an. Doch die Handbremse allein bietet keine ausreichende Standsicherheit – bei manchen Arbeiten muss sie sogar gelöst bleiben. Deshalb sichern Sie mindestens ein bodenständiges Rad per Unterlegkeil. Haben Sie nicht? Notfalls reicht ein Ziegelstein.

[3] Bevor Sie den Wagenheber ansetzen, liften Sie seinen Ausleger bis unterhalb Schwellerniveau an. Sie sollten generell darauf achten, dass der Ausleger immer möglichst senkrecht zur Karosserie steht. Wichtig: Setzen Sie den Wagenheber nur unterhalb der Aufnahmepunkte an. Einen Rangierwagenheber können Sie auch mittig unter den Türschweller oder einen anderen stabilen Aufnahmepunkt (z. B. Traverse) ansetzen. Vergessen Sie dann allerdings niemals die Fahrzeuglast auf einem passenden Kantholz zwischen Ausleger und Hebepunkt zu verteilen.

[4] Bringen Sie den Wagenheber auf die gewünschte Arbeitshöhe und stützen die Karosserie an geeigneter Stelle des Unterbodens mit einem Unterstellbock ab. Verwenden Sie auch die Unterstellböcke nur mit lastverteilender Zwischenauflage (z. B. Hartgummi, Kantholz).

[5] Bevor Sie die Unterstellböcke ansetzen, inspizieren Sie die Abstützstelle genau: Sind evtl. Blechfalze, Kabelbäume, Kraftstoff- oder gar die Bremsleitungen im Weg?

[6] Dreibein-Unterstellböcke stehen am sichersten, wenn eines der Austellbeine nach außen und die beiden anderen zur Wagenmitte hin zeigen. Achten Sie unbedingt auf die Stellung, besonders wenn Sie mehrere Böcke verwenden. Ansonsten kann es passieren, dass Ihnen der bereits angesetzte Unterstellbock beim Anheben seitlich wegkippt.

So steht Ihr 1er rüttelsicher: Die prädestinierten Anhebepunkte (Pfeile) sind vorne und hinten unter den Seitenschwellern »versteckt«. Hier können Sie den Wagen zum Radwechsel unbesorgt liften, bzw. standsicher aufbocken.

DIE WAGENPFLEGE

Werterhaltend: regelmäßige Wagenpflege – für einen »waschfesten« Do it yourselfer die allwöchentliche Kür. Spätestens beim Wiederverkauf »entlockt« ein gepflegtes Auto dem Käufer dann noch ein paar zusätzliche Euro. Unabhängig davon hebt ein sauberer Wagen natürlich auch die eigene, gleichwie die Stimmung anderer Mitfahrer …

Wartung

Reparatur

Praxistipp

Pflegemittel für den Innenraum

Kunststoffreiniger: Reinigen Kunststoffflächen und frischen Farben auf. Solide Produkte sorgen nicht nur für neuen Glanz, sondern wirken zudem antistatisch: Die Oberflächen sind somit für längere Zeit gegen Schmutz- und Staubbefall geschützt.

Textilreiniger: Reinigen Polster, Teppiche, Tür- und Innenverkleidungen. Sie lösen zuverlässig Staub und Schmutz, verblasste Polsterfarben bekommen dadurch neue Frische. Gute Reiniger entfernen zudem auch hartnäckige Flecken.

Glasreiniger (auch als Schaumreiniger erhältlich): Reinigen alle Glasflächen und lösen selbst hartnäckige Verschmutzungen: so zum Beispiel Insektenreste, Nikotin, Kunststoffausdünstungen und Ölablagerungen (ungeeignet für lackierte Flächen).

Gummipflegemittel: Reinigen und pflegen Tür-, Fenster- und Kofferraumdichtungen sowie Fußmatten. Ihr hoher Silikonanteil hält das Gummi über Jahre geschmeidig – Silikon verhindert Festfrieren an der Karosserie und frischt Farben auf.

Antibeschlagspray: Konserviert, je nach Witterung, für einige Tage oder Wochen die Glasflächen im Innenraum. Auf die Scheibe gesprüht, bildet sich nach kurzer Zeit ein Schaumbelag, den Sie mit einem trockenen Küchenpapier abreiben können. Antibeschlagtücher oder Fensterschwämme sind dagegen nur ein Notbehelf.

In einem gepflegten Auto reisen Sie – mitsamt Ihren Bordgästen – entspannter als in einem schmuddeligen Vehikel. Und beim Wiederverkauf polstert aufmerksame Pflege Ihr Bankkonto mit dem einen oder anderen spontanen Euro des Käufers auf – »Kleider machen Leute«. Auch die Prüfer von TÜV und DEKRA dekorieren propere Autos bereitwilliger mit ihrem Prüfsiegel als verdreckte Altwagen: Betrachten Sie daher jeden Waschgang als willkommene Gelegenheit das »heilix Blechle« auf Hochglanz zu bringen und seinen Zeitwert zu stabilisieren.

Doch vor der Kür steht die Pflicht – und die beginnt im Innenraum. Bleiben Sie auch hinter den Fenstern regelmäßig am Ball. Ansonsten verschleiern Staubwölkchen aus Polstern und Fußmatten die behagliche Atmosphäre, klebrige Kunststoffausdünstungen oder Nikotinablagerungen tönen außerdem die Scheiben ein: Der »Schmierfilm« irritiert bei Nacht und trübt generell den Durchblick auf die Straße.

Spezielle Pflegemittel – erste Wahl gegen den »Gilb«

Zum regelmäßigen Innenraum-Make-up sind spezielle Autopflegemittel erste Wahl – sie bremsen den Gilb über Jahre. Vergessen Sie also Seifenlauge, Haushaltsreiniger und Putzeimer, es, geht hier um mehr als die Grundreinigung – wir beschreiben die schonende Pflege. Scheiben, Polster sowie alle Kunststoffe sind tagtäglich extremen Belastungen ausgesetzt, denn Sonne, Staub, Schmutz und Feuchtigkeit setzen ihnen unerbittlich zu. Da ist es einfach vorteilhaft, professionell gemischte Pflegesubstanzen herzunehmen. Gute »Saubermänner« werden freilich nicht verramscht – über die Zeit sind gute Mixturen jedoch allemal ihr Geld wert.

Innenreinigung – so besiegen Sie den Dreck

Zur gründlichen Innenreinigung empfehlen wir Ihnen:

- Lappen (nicht flusend) zum feuchten und trockenen Ab- und Auswischen
- Kleider- oder Polsterbürste
- Staubsauger mit Polster- und Teppichdüse
- Handfeger und Kehrschaufel
- Schwamm
- Fensterleder

Arbeitsschritte

1 Bevor Sie loslegen, befreien Sie den Innenraum von herumliegendem Krimskrams. Bei dieser Gelegenheit leeren Sie gleich den Ascher – falls überhaupt noch vorhanden – und waschen ihn mit einer Spülmittellösung aus.

2 Die Fußmatten legen Sie nach innen zusammen, nehmen sie vorsichtig aus dem Wagen und klopfen Sie gegen eine Wand aus oder saugen sie ab.

3 Bei Gummimatten reicht eine nasse Dusche und zum Trocknen außerhalb des Autos ein »Platz an der Sonne«. Lassen Sie den Dreckfängern ausreichend Zeit, denn im Auto forcieren feuchte Matten üble Gerüche, Schimmelpilze und Stockflecken im Textilbelag.

4 Grobschmutz im Innenraum entfernen Sie mit einem Staubsauger. An weichen Textilbelägen verwenden Sie starre Düsenaufsätze, harte Kunststoffoberflächen säubern Sie mit Borstendüsen. Glatter Gummibelag wird häufig schon mit einem feuchten Lappen wieder »clean«.

5 Sitzpolster bürsten Sie aus oder saugen Sie ab. Mit einem geeigneten Pinsel »vertreiben« Sie den Staub aus unzugänglichen Ecken und Falzen.

[6] Bürsten Sie die Sicherheitsgurte trocken ab. Bei starker Verschmutzung wenden Sie eventuell eine milde Seifenlösung an. Lassen Sie das jedoch nicht zur Dauerlösung werden.

[7] Normal verschmutzte Kunststoffflächen wischen Sie einfach mit einem feuchten Leder ab. Stärker verdreckte Partien reinigen Sie mit einem Kunststoffpflegemittel. Wenn Sie auf Kunststoffoberflächen hässliche Flecken vermeiden wollen, dann verwenden Sie niemals Benzin oder andere Lösungsmittel. Sie bleichen die Oberflächen aus und vertreiben zudem die Weichmacher aus dem Kunststoff.

[8] Die behandelten Flächen neutralisieren Sie – nach der Einwirkzeit – mit klarem Wasser und trocknen sie mit einem weichen Tuch.

Immer sparsam dosieren: Kunststoffpflegemittel. Sprühen Sie den Reiniger auf die Oberfläche auf und verteilen ihn dann mit einem leicht angefeuchteten Tuch in kreisenden Bewegungen.

Immer großflächig reinigen – Dachhimmel

[9] Reinigen Sie den Dachhimmel niemals nur punktuell. Gehen Sie davon aus: Je kleiner der Arbeitsplatz, um so größer die Gefahr, hässliche Flecken mit dunklen Rändern zu provozieren.

[10] Wenn der Himmel »dunkel« ist, frischen Sie ihn besser großflächig mit einem handelsüblichen Textilreiniger oder einer satten Seifenlösung auf. Zum Nachwischen leisten Ihnen Schwamm und Frottierhandtuch gute Dienste. Auf stark »verschmutzten« Flächen müssen Sie die Behandlung eventuell wiederholen.

[11] Behandeln Sie Sitzpolster und Textileinsätze in Seitenteilen wie Innenverkleidungen mit Polsterschaumreiniger. Die Polster saugen Sie – solange sie noch feucht sind – gründlich ab, so löst sich der Schmutz am besten.

Sitz-Make-up: Polsterreiniger beseitigt nicht nur Feinschmutz, Staub und frische Flecken, auf »versessene« Polsterstoffe wirkt er außerdem wie ein Make-up. Den Reinigungsschaum sprühen Sie einfach auf und verteilen ihn gleichmäßig mit einem feuchten Schwamm über die Fläche. Beachten Sie unbedingt die Gebrauchsanweisung auf der Dose. Es muss übrigens nicht immer »Polsterschaum« sein: In der Regel tut's ein preisgünstigerer Teppichschaum ebenso gut.

Halten das Leder geschmeidig und die Nähte flexibel – spezielle Lederpflegemittel

[12] Lederausstattungen pflegen Sie ausschließlich mit speziellen Mixturen (Lederspray, Lederfett). Zumindest hochwertige Pflegemittel halten das Leder geschmeidig und die Nähte über die Jahre hinweg flexibel. Außerdem frischen die meisten Produkte auch den Farbton auf.

[13] Fensterinnenseiten reinigen Sie mit einem feuchten Fensterleder vor und sprühen dann Glasreiniger auf. Mit trockenem Küchen- oder Zeitungspapier polieren Sie anschließend die Scheibe blitzblank.

[14] Lackflächen in Raucherautos nerven nach dem »Hausputz« oft noch mit Schlieren und Graubelag. Polieren Sie die Flächen mit einer sanften Lackpolitur – lassen Sie das Mittelchen allerdings nicht auf unversiegelte Kunststoffoberflächen tropfen, eventuell handeln Sie sich damit hässliche und dauerhafte Flecken ein.

[15] Wenn Ihnen festgefrorene Türen lästig sind, dann sprühen Sie jeweils zum Frühjahr und Winter die Türdichtungen mit silikonhaltigem Gummipflegemittel ein. Das macht den Gummi weitgehend immun gegen Wasser und hält ihn auch flexibel.

Vorbeugen ist besser als »heilen«: Spendieren Sie den Dichtgummis zum Frühjahr und Winter ein silikonhaltiges Gummipflegemittel. Das verlängert nicht nur die Lebensdauer der Dichtungen, sondern hindert die Gummis auch daran, bei Minustemperaturen an die Karosserie zu frieren. Das Gleiche gilt übrigens für die Schließzylinder: In »Silikonschlössern« gleitet der Schlüssel besser, und Kondenswasser bleibt dem Schlossmechanismus fern.

Mitunter nicht erlaubt – Autowäsche vor der Haustür

Vielen Stadt- und Gemeindevätern ist die Autowäsche vor der Haustür geradezu ein Dorn im Auge – sie sprechen dagegen häufig sogar Verbote aus. Und das hat gute Gründe: Mit dem Schmutzwasser gelangen Ölrückstände und andere umweltschädigende Substanzen in die Kanalisation. Als umweltbewusster Do it yourselfer vertrauen Sie Ihren Wagen ohnehin einer automatischen Waschanlage an. In modernen Anlagen sind die Waschwassermengen ausreichend bemessen – jeder Tropfen wird gleich mehrfach genutzt: Effiziente Aufbereitungsanlagen entziehen dem Waschwasser nicht nur aufgelösten Straßendreck sondern auch fett- und ölhaltige Ballaststoffe. Das entlastet die Umwelt und schont Ressourcen. Neuere Waschanlagen arbeiten übrigens mit individuellen Reinigungs- und Pflegeprogrammen – ihr Spektrum reicht von »Katzenwäsche« über Vor-, Haupt- und Unterwäsche bis hin zu »Heißwachs-Make-up« für matte Lackoberflächen.

Nach der Waschanlage nicht vergessen – Feinputz an Ecken und Kanten

Sollte Ihre Waschanlage zum »schnellen Vorputz« keinen Hochdruckreiniger parat haben, reinigen Sie Ihr Auto eben nach dem maschinellen Waschgang entsprechend nach. Denn Waschbürsten behandeln Radhäuser, Radläufe und Türschweller immer gleich, egal ob sie vor angetrocknetem Dreck erstarren oder nur leicht eingestaubt sind. Auch an Türrahmen und Karosseriefalzen ist bisweilen nachträgliche Handarbeit mit Schwamm und Putztuch angesagt.
Im Winter, wenn Streusalz dem Lack, den Innenseiten der Kotflügel und dem Unterboden übel zusetzt, sollten Sie öfter in der Waschanlage vorfahren. Ihr Auto ist zwar nach kurzer Zeit wieder schmutzig, der Rost nistet sich an kritischen Stellen jedoch weit weniger erfolgreich ein.

Alternativangebot – Waschplatz oder Selbstwaschanlage

Sollten Ihnen – trotzt aller Vorteile – Waschanlagen nicht geheuer oder zu oberflächlich sein, fragen Sie Ihren Tankwart nach einem Handwaschplatz. Professionell betriebene Selbstwaschplätze sind eine gute Alternative zu rotierenden Bürsten: Serviceorientierte Anlagenbetreiber bieten Ihnen, vom Hochdruckreiniger bis hin zum Staubsauger, alle modernen Hilfsmittel. Doch checken Sie auf jeden Fall, bevor Sie mit der Wäsche starten, zunächst die Waschbürsten. Möglicherweise hat Ihr Vorgänger nämlich gerade damit den

Praxistipp

Bremsen trockenfahren – nach jeder Wagenwäsche

Machen Sie nach jeder Wagenwäsche eine kurze Bremsprobe. Dabei verdampft der Wasserfilm, der während der Wäsche auf die Bremsscheiben bzw. in die Bremstrommeln gelangt ist. Auch nach längeren Regenfahrten oder über winterliche Streusalzstraßen, sollten Sie, bevor Sie Ihr Auto über längere Zeit abstellen, immer erst die Bremsen trocken fahren.
Dazu reicht es völlig aus, kurz vor dem Ziel das Bremspedal piano zu treten und die Bremssegmente kurzzeitig an den Bremsscheiben »schleifen« zu lassen. Sie halten damit die Bremsen fit, denn der feuchte Schmutzschleier, der ansonsten die Bremsscheiben und Bremstrommeln belegt, »verdampft« kurzerhand. Im Ernstfall reagieren Ihre Bremsen jetzt auch besser.

Unterboden oder die Radläufe seines Vehikels gereinigt. Die »schmirgelnden« Rückstände könnten Ihren Wagen dann mit unschönen Kratzern verunstalten.

Generell vermeiden – Wagenwäsche in praller Sonne

Waschen Sie Ihr Auto niemals im prallen Sonnenlicht. Die kleinen Wassertropfen wirken wie Brenngläser – unter denen Staubteilchen und Kalk eine »innige Verbindung« mit der Lackoberfläche eingehen.

Do it yourself Wäsche – so werden Sie zum perfekten »Saubermann«

- Wenn Sie mit Wasser geizen, zahlen Sie am Ende drauf – Sie ruinieren nämlich die Lackoberfläche. Grund: In »trockenen« Waschschwämmen wirken feine Staub- und Sandkörnchen wie Schmirgelpapier das mikroskopisch kleine, spinnwebartige Kratzer hinterlässt.
- Nutzen Sie einen Gartenschlauch, möglichst mit Sprühdosierdüse. Ohne fließendes Wasser kalkulieren Sie mindestens zwei Wassereimer zur Grundreinigung.
- Am schonendsten waschen Sie mit einer Schlauchbürste, die den Schmutz mit fließendem Wasser von der Lackoberfläche wegschwemmt.
- Es geht natürlich auch mit einem Waschhandschuh oder Schwamm. Halten Sie die Sprühdosierdüse möglichst nah an die Waschfläche, Schmutzpartikel haben dann erst gar keine Zeit sich »festzukrallen«. Falls Sie mit Eimer waschen, spülen Sie den Waschhandschuh oder Schwamm grundsätzlich nach jedem zweiten oder dritten Waschstrich im Eimer aus.
- Für Felgen und Radkästen eignet sich besonders eine langstielige Waschbürste, ein großporiger Viskoseschwamm ist ideal für große Flächen.
- Insektenrückstände beseitigen Sie »zielsicher« mit einem Fliegenschwamm.
- Die Scheiben- und Lackoberfläche trocknen Sie schlierenfrei mit einem Fensterleder.
- Wassereimer – praktisch zur Shampoowäsche sowie zur Reinigung von Schwamm, Waschhandschuh und Fensterleder.

Außenwäsche

Arbeitsschritte

1. Schließen Sie alle Türen und Fenster. Ansonsten sitzen Sie die nächsten Tage auf quietschnassen Polstern und »genießen« ein subtropisches Klima.
2. Säubern Sie zuerst die Radhäuser, Felgen und Türschweller. Vorteil: Danach können Sie die Karosserie in »einem Rutsch« abspülen.

Praxistipp

Vorsichtig hantieren – mit dem Hochdruckreiniger

- Vorsicht: Hochdruckreiniger »fluten« Ihnen mitunter die Motorelektronik oder den Luftfilter. Hernach könnte die Elektronik streiken und – schlimmer noch – pudelnasse Luftfilter provozieren mechanische Motorschäden. Gehen Sie also mit Augenmaß an die Arbeit und ...
- ... vermeiden in Heißwasserhochdruckreinigern grundsätzlich auch Wassertemperaturen oberhalb 60 °C. Heißes Wasser greift alle Gummis und den Unterbodenschutz an.
- Stellen Sie den Druckregler auf maximal 30 bar ein und distanzieren die Spritzdüse wenigstens 60 bis 80 Zentimeter weit vom Auto. Falls Sie den Tipp missachten, kann in Ecken und Falzen der Lack Ihres Auto »hochgehen«.
- Reinigen Sie Reifen niemals mit der Rundstrahldüse. Selbst bei relativ großem Spritzabstand und kurzer Einwirkzeit können schon Schäden auftreten – Schäden, die auf den ersten Blick nicht erkennbar sind.

Immer auf Distanz halten: Hochdruckreinigungsstrahl. Mindestens 60 cm zwischen Lackfläche und Spritzdüse.

Make-up aus der Flasche – das pflegt den Body

Technik-lexikon

Autoshampoo: Reinigt den Lack und entfernt ölige Rückstände.
Waschwachs: Ähnlich wie Autoshampoo – trägt in einem Arbeitsgang eine dünne Waschschicht auf den Lack auf. Waschwachs kann den Zeitraum bis zur nächsten Politur verlängern.
Felgenreiniger: Lösen auf chemischer Basis festgebackenen Bremsstaub und Straßenschmutz.
Kunststoffpflegemittel: Enthalten außer Pflegesubstanzen auch Farbstoffe. Frischen beispielsweise verblasste Kunststoffstoßfänger wieder auf.

[3] Im Winter sollten Sie mit jeder zweiten Wagenwäsche auch den Bauch Ihres Auto reinigen. Nutzen Sie dazu einen Hochdruckreiniger oder »scharfen« Wasserstrahl. Checken Sie bei gleicher Gelegenheit auch den Unterbodenschutz. Nach den Wintermonaten und im Herbst sollten Sie den Autobauch ohnehin gründlich inspizieren. Nehmen Sie sich dazu die nötige Zeit und halten die Augen besonders in Ecken und an Kanten auf.

[4] An der Vorderachse entsteht bei jedem Bremsvorgang mehr Belagstaub als an der Hinterhand. Folge: Die vorderen Felgen verschmutzen wesentlich schneller. Berücksichtigen Sie das in Ihrem Pflegeplan und säubern die Vorderräder einfach häufiger mit Felgenreiniger. Doch achten Sie beim Kauf des »Sauberwassers« unbedingt auf umweltverträgliche Produkte. »Studieren« Sie, bevor Sie loslegen, unbedingt die Gebrauchsanweisung und spülen nach der Wäsche die Räder gründlich mit sauberem Wasser nach.

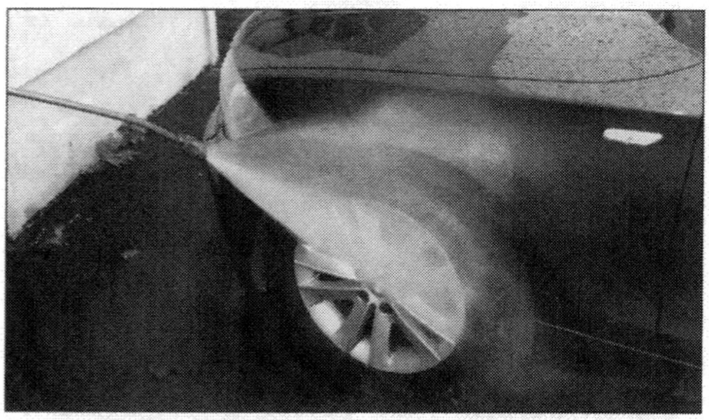

Geduldig oder mit Hochdruck: Filigrane Leichtmetallfelgen säubern Sie am schnellsten mit einem Hochdruckreiniger. Bei glattflächigen Stahlfelgen und Kunststoffabdeckungen reicht meistens eine Shampoowäsche.

[5] Filigrane Leichtmetallfelgen »putzen« Sie sinnvollerweise mit einem Hochdruckreiniger. Gehen Sie jedoch auf jeden Fall vorsichtig mit chemischen Felgenreinigern um: Auf aggressive Produkte reagieren Leichtmetallfelgen, mitunter bis in die Materialstruktur, sehr empfindlich.

[6] Falls Sie keinen Hochdruckreiniger nutzen, säubern Sie Ecken und Falzen mit einer Zahnbürste. Um das Putzergebnis länger genießen zu können, versiegeln Sie die Oberfläche mit klarem Sprühwachs. Bremsenabrieb und Straßenschmutz lagern dann auf der Wachsschicht und eben nicht direkt auf der Felgenoberfläche ab. Vorsicht: Halten Sie das Sprühwachs von den Bremsscheiben und -belägen fern.

Gut einweichen – Straßenschmutz

[7] »Weichen« Sie den Straßenschmutz mit einem weichen Wasserstrahl gut ein. In Selbstwaschanlagen mit Hochdruckreiniger arbeiten Sie im Programm »Spülen«.

[8] Waschen Sie per »Hand« immer nur ganze Flächen. Erst nachdem Sie Radhäuser, Felgen und Türschweller »vorgewaschen« haben, »putzen« Sie sich vom Dach nach unten vor.

Immer im Kreis herum: Dosieren Sie das Pflegemittel anhand der Gebrauchsanweisung und lassen dann den triefend nassen Schwamm über die Lackoberfläche kreisen.

Besonders pflegefreundlich: Wagenwäschen mit Waschbürstenaufsatz. Dabei wird stets genügend Wasser nachgeschoben. »Saubere« Waschbürsten erhalten Sie auch in gut ausstaffierten Waschcentern.

[9] Verteilen Sie den Reinigungsschaum unter geringem Druck mit kreisenden Bewegungen und lassen ihn kurz einwirken.

[10] Die Schmutzbrühe spülen Sie mit einem Wasserschlauch ab. In der Selbstwaschanlage wählen Sie das Programm »Spülen«.

[11] Im letzten Waschgang reinigen Sie die Räder mit Waschbürste und Schlauch.

[12] Nach der Wäsche ledern Sie den Wagen sofort ab. An der Luft getrocknete Wassertropfen hinterlassen ansonsten einen grauen Kalkbelag, der dem Lack schaden kann.

[13] Spülen Sie das Fensterleder vor Gebrauch gut in sauberem Wasser und wringen es danach aus. Legen Sie den »Fetzen« dann möglichst großflächig auf die Karosserie und ziehen ihn langsam zu sich heran.

Entfernt Wassertropfen schnell und schonend: Fensterleder. Nur gut gewässerte und saubere Leder hinterlassen keine Kratzspuren auf der Lackoberfläche. Deshalb niemals das Leder für etwas anderes missbrauchen.

[14] Spülen Sie das Leder vor dem Auswringen immer durch. Schonen Sie Ihr gutes Leder, Schmutzrückstände würden es schnell ruinieren. Darum schlecht zugängliche Ecken (etwa am Radkasten) mit Baumwolllappen oder altem Trockenleder pflegen.

Keine Frage – auf den Durchblick kommt's an

[15] Zum Schluss »knöpfen« Sie sich die Autoscheiben vor. Verfahren Sie wie bei der Innenreinigung. Kontrollieren Sie dabei die Frontscheibe auf Steinschläge, Kratzer und Risse.

[16] Wischerblätter reinigen Sie mit einem Schwamm oder Trockenleder. Prüfen Sie die Gummilippen auf Beschädigungen und Elastizität – verhärtete Gummis erneuern Sie besser. Das ist preisgünstiger als eine zerkratzte Scheibe.

[17] Nach der Wäsche checken Sie den Lack, die Scheinwerfergläser und den Frontstoßfänger auf hartnäckigen Schmutz: Insektenreste, Vogelkot, Blütenpollenrückstände und Teerspritzer wirken aggressiv und sollten daher mit Spezialreiniger oder Essig entfernt werden.

[18] Verwenden Sie Teerentferner nicht auf frischen oder frisch ausgebesserten Lacken – darin enthaltene Lösungsmittel können die Lackoberfläche angreifen.

Die Motorwäsche

Mit der Zeit verunstalten Öl, Staub und Insekten den Motorraum Ihres Autos mit einem schmierigen Film. Er überzieht ungefragt nicht nur den Motor und andere Aggregate, sondern hindert auf Dauer auch den Fahrtwind daran, das Kühlernetz genügend schnell zu durchströmen. Ganz nebenbei: Ein durchfahrener Winter mit reichlich Streusalz und Straßendreck geht auch nicht spurlos am Motorraum und seinen Innereien vorüber. Machen Sie es sich darum zur Gewohnheit und starten den Frühjahrsputz mit einer gründli-

Praxistipp

Gutes Licht – nur mit sauberen Scheinwerfern möglich

Waschen Sie, besonders in der schmuddeligen Jahreszeit, die Scheinwerfer häufiger als die Karosserie. Denn Schmutzpartikel auf den Abdeckgläsern »fressen« die Lichtstrahlen oder leiten sie in die Irre. Folge: geringere Sichtweite, unkontrolliertes Streulicht, starke Blendung – vornehmlich bei Nebel. Schon nach einer etwa halbstündigen Fahrt auf feuchter Straße können die Scheinwerfer Ihres Auto zu über 60 Prozent verschmutzt sein. Entsprechend »funzelig« ist dann die Lichtausbeute – ein Gefahrenpotenzial für Sie und andere Verkehrsteilnehmer.

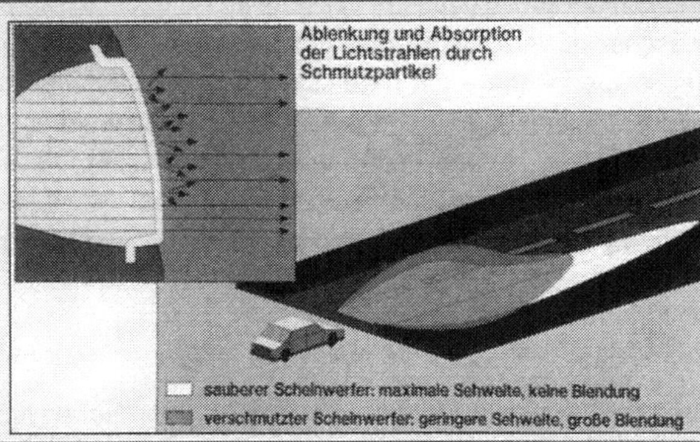

chen Motorwäsche. Suchen Sie sich dazu in einer Selbstwaschanlage einem Waschplatz mit Ölabscheider aus, oder betrauen damit Ihre Fachwerkstatt bzw. Ihren Tankwart. Der Waschgang beseitigt übrigens nicht nur ästhetische Probleme sondern beugt auch technischen Wehwehchen vor: Denn ein verdrecktes Kühlernetz ist häufig der Grund für kapitale Motorschäden – es bringt die Kühlflüssigkeit zum »Kochen« und schlimmstenfalls sogar die Zylinderkopfdichtung in den »Himmel«.

Beschleunigen Rostfraß - Salzkrusten

Streusalz bekämpft nicht nur erfolgreich Eis und Schnee, sondern gleichfalls auch die Motorrauminnereien Ihres Autos. Durch Ritzen und Schächte dringt es tief ins »Allerheiligste« und lagert sich an Kühler, Karosseriefalzen und Kanten sowie an Kabelbäumen, Elektroantrieben und Steckverbindern ab. Salzkrusten haben übrigens die Unart Feuchtigkeit zu binden und somit metallene Oberflächen dauerhaft zu zerstören.

Arbeitsschritte

1 Stellen Sie den Motor ab und schalten die Zündung aus.

2 Der Motor sollte möglichst kalt sein – sonst verdampft die Reinigungslösung, bevor sie überhaupt einwirken kann.

3 Empfindliche Bauteile wie Zündanlage, Lichtmaschine und Kraftstoffsystem schützen Sie sinnvollerweise mit Plastiktüten oder Putzlappen vor Spritzwasser. Ansonsten programmieren Sie Störungen an Zündung und Bordelektrik geradezu vor.

4 Stärker verschmutzte Bereiche sprühen Sie mit einem Kaltreiniger ein und lassen das Mittelchen etwa fünf Minuten einwirken. Dann spülen Sie den gelösten Dreck mit einem scharfen Wasserstrahl ab.

5 Jetzt nehmen Sie sich die Innenseite der Motorhaube vor. Weichen Sie die Oberfläche mit viel Wasser ein und reinigen sie per Schwamm mit einer Shampoolösung. Vergessen Sie auch nicht die Kanten an den Doppelprofilen, Schmutznester sind dort immer vorhanden. Die vorgereinigte Haube spritzen Sie einfach mit Wasser ab.

6 Das Kühlernetz spülen Sie mit reichlich Wasser aus Richtung Motorraum nach außen durch. Vorher weichen Sie die Insektenreste mit einem Eiweiß und Kalk lösenden Mittel (z.B. Geschirrspülmittel, Haushaltsessig) ein. Vorsicht: Behandeln Sie die Lamellen nicht mit harten Bürsten – deformierte Netze vermindern die Kühlleistung.

7 Duschen Sie den Motorraum an allen Falzen, Trägern und ungeschützten Stellen mit Wasser ab.

8 Anschließend trocknen Sie den Motorraum, Motor und sämtliche Nebenaggregate vorsichtig mit Druckluft. An Selbstwaschanlagen oder autorisierten Waschplätzen sind meistens Druckluftnetze vorhanden. Auch die Druckluftpistolen bekommen Sie vor Ort.

9 Nach der Motorwäsche müssen Sie unbedingt sicherstellen, dass kein bewegliches Teil unter der Motorhaube (Gas-, Kupplungszug, Stellmotoren, Umlenkhebel, etc.) trocken läuft. Helfen Sie überall dort, wo Sie den Schmierfilm an beweglichen Teilen »weggeputzt« haben, mit einem Ölkännchen, etwas Schmierfett oder Silikonspray maßvoll nach.

Damit alles in Bewegung bleibt - Schmierdienst

Wer gut schmiert, der gut fährt – ein Tröpfchen Öl, eine wohl dosierte Prise Fett oder ein Spritzer Silikon wirken manchmal Wunder: Leichtgängig bleibt, was sonst quietscht, klemmt, reißt oder rostet. Folgende

Praxistipp

Versiegelt die Oberfläche - Motorschutzlack

Denken Sie schon nach der Wäsche an die nächste Motorwäsche und versiegeln darum den trockenen Motor – nebst Technikperipherie – mit hitzefestem Motorschutzlack. Der nächste Schmutzfilm haftet dann mit Sicherheit weniger intensiv als der gerade entfernte. In Motorräumen, die ein »Kunststoffsarkophag« dominiert, reicht dem sichtbaren Beiwerk ein ordinäres Konservierungsspray oder Konservierungswachs völlig aus.

Make-up unter der Motorhaube: Hält die Oberflächen fit.

Faustregel sollten Sie beherzigen: Überall dort, so zum Beispiel an stramm gepassten Scharnieren und Gelenken, wo kein Fett eindringen kann, ist Kriechöl, Schmier- oder Siliconspray erste Wahl. Gegeneinander reibende Flächen fetten Sie dagegen besser mit einer Schmierpaste oder einem Silikongleitmittel.

- Die Scharniere an **Türen**, **Motorhaube** und **Heckklappe** vertragen ab und an einen Spritzer Öl.
- Die **Türfeststeller** bleiben mit etwas Mehrzweckfett geräuschlos in Form.
- **Schlossfallen an Türen, Motorhaube** und **Heckklappe** behandeln Sie zweckmäßigerweise mit Sprühfett oder Gleitpaste. Dort, wo Seilzüge sichtbar sind, zum Beispiel an der Motorhaubenschlossplatte, tragen Sie etwas Fett auf und »ziehen« es mit mehrmaligen Hebelbewegungen in die Außenhülle.
- Bereiten Sie die **Schließzylinder** inklusive der **Schlüsselschächte** spätestens zu Beginn der kalten Jahreszeit mit Silikonspray auf den Winter vor: Silikon schmiert, verdrängt Feuchtigkeit und schützt vor Rost. Der Frost hat somit keine Chance das Schloss zu blockieren.
- Schmieren Sie an der **Motorhaube** die unteren Lagerbolzen der **Arretierbügel** mit Öl.
- Ölen Sie die **Motorhaubenscharniere** ein oder benetzen sie mit Silikonspray.

Wert erhalten – lieber jetzt als später

Regelmäßige Lackpflege ist eine lohnende Arbeit. Denn stumpfe, verwitterte Lackoberflächen lassen Ihren 1er schmuddelig dastehen: Spätestens beim Wiederverkauf mindert ein angegammelter Lack den Verkaufspreis schnell um ein paar hundert Euro. Neue Lacke sind pflegeleicht. Regelmäßiges Waschen reicht so lange aus, bis Wassertropfen auf dem frisch gewaschenen Auto »große Pfützen« bilden. Sonne, Regen, Streusalz, Schmutz und andere Umweltgifte haben dann die natürliche Schutzschicht der Lackoberfläche zerstört. Jetzt ist eine gründliche Lackpflege angeraten. Bessern Sie dann auch gleich alle Steinschlagschäden mit einem Lackstift aus und beseitigen Teerflecken wie Insektenreste mit speziellen Sprühkonzentraten.

Wirkt häufig Wunder – Lackreiniger

Welches Lackpflegemittel für Ihren 1er das Richtige ist, hängt von seinem äußeren Zustand ab: Was für neue Lacke eher »pures« Gift ist, sorgt an alten und verwitterten Lacken für glänzende Ergebnisse – scharfe Lackreiniger und anschließender Wachsauftrag.

Einen neuwertigen, noch gut erhaltenen Lack pflegen Sie besser mit einer milden Politur. Moderne »Mittelchen« enthalten Komponenten, die das Blechkleid in einem Arbeitsgang glätten und konservieren.

Immer einen Versuch wert – gründliche Lackpflege

Die Wirkweise eines Lackreinigers unterscheidet sich nur unwesentlich von der einer Politur. Seine Mixtur enthält jedoch »schärfere« Schleif- und Lösungsmittel, die auf der Lackoberfläche verwitterte Berg- und Kraterlandschaften kurzerhand abtragen: Chemische Ablagerungen werden angelöst und mechanische Vertiefungen geglättet.

Bevor Sie Ihrem verwitterten Auto also freiwillig eine Neulackierung spendieren, sollten Sie es zunächst mit einem guten Lackreiniger versuchen: Zur Lackpflege ist es nie zu spät. Konservierende Komponenten enthalten Lackreiniger in der Regel allerdings keine. Daher müssen Sie in einem zweiten Arbeitsgang den aufbereiteten Lack mit Hart- oder Heißwachs versiegeln.

»Gift« für den Lack – pralles Sonnenlicht

Frischen Sie bei neuen oder aufbereiteten Lacken die Konservierung übrigens erst nach rund einem Jahr auf. Verwitterte oder ältere Lackoberflächen »versiegeln« Sie dagegen ruhig zwei- oder dreimal jährlich. Das erhält den Glanz, optimiert den Langzeitschutz und hält den Lack »jung«. Meiden Sie währenddessen allerdings pralles Sonnenlicht, die meisten Polituren und Lackreiniger wirken unter Sonneneinstrahlung ziemlich aggressiv. »Werkeln« Sie also lieber im Schatten oder unter einem Garagendach, dort haben die chemischen Politursubstanzen keine Chance, die »Autohaut« über Gebühr anzugreifen. Sobald Sie Ihrem Wagen in geschlossenen Räumen pfleglich auf den »Leib« rücken, sorgen Sie für eine gute Be- und Entlüftung – die Ausdünstungen des Pflegemittels könnten gesundheitsschädlich sein. Und wenn Sie sich die Arbeit wesentlich erleichtern möchten, nutzen Sie anstelle des »Wattebauschs« eine handliche Poliermaschine. Der Fachhandel bietet gute Maschinen schon unterhalb 20 Euro an.

Lackpflege

Arbeitsschritte

1 Bevor Sie loslegen, waschen und trocknen Sie Ihr Auto gründlich.

2 Prüfen Sie zuerst an einer relativ unauffälligen Stelle, ob der Lack auch das Politurmittel »verträgt«. Vorsicht bei Lackreinigern: Tragen Sie in kreisförmigen Bewegungen immer nur dünne Schichten auf – zu viel Lackreiniger »schleift« mehr Decklack ab, als nötig. Reinigen Sie Ihren Wagen lieber in mehreren Durchgängen.

3 Politur oder Lackreiniger tragen Sie in kreisförmigen Bewegungen unter sanftem Druck mit handballengroßen »Fetzen« Polierwatte oder einem weichen Tuch (kein Kunstfaserlappen) auf. Behandeln Sie immer nur überschaubare Flächen.

4 Schon nach kurzer Einwirkzeit bildet sich ein trockener weißer Belag, den Sie mit einem sauberen Wattebausch in kreisenden Bewegungen auspolieren. Bei stark verwittertem Lack ist Vorsicht an Kanten geboten: Bearbeiten Sie die gleiche Stelle nicht zu lange, Sie könnten sonst den Lack bis auf die Grundierung abtragen.

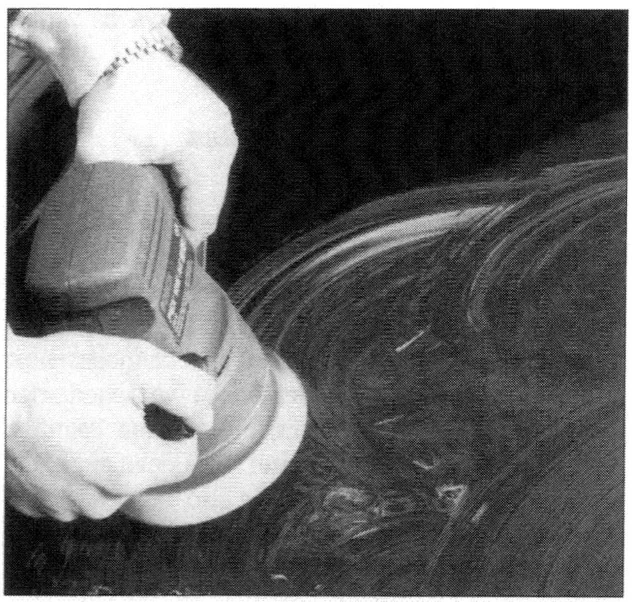

Strategisch vorgehen: Stark verwitterte Lackoberflächen »schleifen« Sie vor der eigentlichen Politur mit einem Lackreiniger an. Gut ausstaffierte Do it yourselfer erledigen den Job mit einem Exzenterschleifer inklusive angefeuchteter Schaumstoffscheibe. Lassen Sie die Scheibe nur mit »gebremster« Energie über die Lackoberfläche rotieren – mit voller Power könnte Ihnen sonst der Lack verschmoren. Teilen Sie sich zudem immer nur überschaubare Karosserieflächen ein.

5 Wenden oder erneuern Sie den Watteballen regelmäßig – seine Oberfläche setzt sich nach geraumer Zeit mit Wachs- und Pflegemittelpartikeln zu.

6 Um Poliermittel- und Watteflusenresten den Garaus zu machen, reiben Sie abschießend die polierte Lackoberfläche mit einem sauberen Baumwolllappen ab.

Immer großflächig auspolieren: Am schnellsten und leichtesten klappt's natürlich auch hier mit einer Poliermaschine. Vor der rotierenden Lammfellhaube »kapituliert« der abgetrocknete Politurschleier im Nu. Natürlich nur solange das Fell sauber und trocken ist. Vergessen Sie daher bitte nicht, die Politurscheibe oder den Wattebausch regelmäßig auszuklopfen. Ansonsten gibt's Schlieren auf der so mühsam geglätteten Fläche.

Basis für brillanten Tiefenglanz – Lackkonservierer

7 Den Konservierer tragen Sie unter sanftem Druck mit handballengroßen »Fetzen« Polierwatte oder einem weichen Tuch (kein Kunstfaserlappen) in kreisförmigen Bewegungen auf. Behandeln Sie immer nur überschaubare Flächen, das steigert den Tiefenglanz.

8 Die Watte muss mit wenig Widerstand leicht über den Lack gleiten. Deshalb wenden Sie den »Fetzen« häufig und nehmen rechtzeitig einen neuen Wattebausch in die Hand.

9 Erkennen Sie danach noch Streifen oder Wolken auf dem Lack, liegt das meist an verschmierten Farbpartikeln – »Hinterlassenschaften« einer vorhergehenden Politur. Wiederholen Sie den Vorgang an den schlierigen Stellen.

Schlierenfreier Hochglanz: Brillanz kommt auf den aufgefrischten Lack, wenn Sie im letzten Arbeitsgang die Lackoberfläche noch einmal mit einem großen Wattebausch oder blitzsauberer Lammfellhaube »streicheln«, um auch die hartnäckigsten Politurreste zu entfernen.

Wertmindernd – hässliche Lackschäden

Während der Fahrt unterliegt Ihr Auto einem »Dauerbeschuss« diverser Fremdkörper: Kleine aufwirbelnde Steinchen, selbst winzige Sandkörner, werden bei hohen Tempi zu Geschossen, die wie Meteoriten auf dem Lack einschlagen. Auf winterlichen Straßen sind vor allem Frontpartien und Motorhauben stark gefährdet – feste Streumittelbestandteile prasseln dann hörbar gegen die Karosserie. Steinschlagschäden sind jedoch kein Drama. Auch ein leichter Parkrempler mit Kratzern und Schrammen bietet keinen Anlass zur Panik. Solche Stellen lassen sich, ebenso wie »gegnerischer« Fremdlack, meistens einfach mit Lackreiniger oder einer speziellen Schleifpolitur auspolieren.

Praktisch nach Steinschlägen – Lack-Reparaturset

Die meisten Hersteller bieten »gegen kleine« Steinschlagschäden praktische Reparatursets an. Sie lassen sich ähnlich leicht handhaben wie Nagellack. Eine gebräuchliche Alternative ist Tupflack, mit dem Sie Steinschlagkrater in mehreren Lackschichten auffüllen können. Bei normalen Lacken und kleinen Beschädigungen helfen übrigens auch Wachsstifte in Wagenfarbe. Das Reparaturwachs hält freilich nur einige Wagenwäschen lang und muss danach wieder erneuert werden. Sollten Sie die Lackbezeichnung und den Code der Wagenfarbe vergessen haben, kein Problem: Ihr Vertragshändler entschlüsselt anhand des Nummerncodes die Angaben im Kfz-Schein.

Umgehend beseitigen – frische Lackblessuren

Ignorieren Sie auch winzige Macken im Lack nicht: Rost leistet in kurzer Zeit ganze Arbeit – bei ungünstigen Bedingungen (Nässe, Wärme oder unter Salzeinfluss) sogar schon in wenigen Tagen – auch an verzinkten Karosserieblechen. Lassen Sie dem Rost gar über Monate oder Jahre ungehinderten Freiraum, sind große Krater das traurige Resultat. In diesem Fall helfen nur noch aufwendige Restaurierungsarbeiten.
Die können wir Ihnen in diesem Umfeld freilich ebenso wenig vorstellen, wie die Reparatur eines Unfall- oder Blechschadens. Dazu empfehlen wir Ihnen Ihre Vertragswerkstatt oder den Band 175 aus der Reihe »Jetzt helfe ich mir selbst«. Fachleute bringen Ihnen darin diverse »Geheimnisse« rund ums »heilix Blechle« näher.

Damit klappt's – das richtige Material

- Abklebeband (verwenden Sie nur Profiqualitäten)
- Zeitungen oder Folie zum Abkleben
- Für flächiges Schleifen einen Schleifklotz aus Holz oder Kork
- Nass- und Trockenschleifpapier in verschiedenen Körnungen
- Spachtel, Spachtelmasse und Härter. Spritzspachtel zum Ausgleich kleinerer Unebenheiten
- Haftgrund, als Grundlage für den neuen Lackaufbau
- Decklack
- Lackreiniger, Konservierer, Politur

Steinschlagschäden ausbessern

Arbeitsschritte

[1] Beseitigen Sie abstehende Ränder rund um den Lackkrater vorsichtig mit einer feinen Nadel oder einem Uhrmacherschraubendreher.

[2] »Rostschuppen« kratzen Sie mit einem spitzen Messerchen vorsichtig aus. Danach träufeln Sie einen Tropfen Rostumwandler auf die Stelle und lassen ihn etwa eine Stunde einwirken.

[3] Jetzt waschen Sie die Schadstelle gründlich mit Lackverdünner aus und trocknen sie mit einem Haarfön.

[4] Spritzen Sie jetzt etwas Haftgrund in den Sprühdosendeckel und tragen ihn dann mit einem Tupfpinsel oder Ihrer »sauberen« Fingerkuppe dünn auf die Schadstelle auf. Den Haftgrund lassen Sie gut austrocknen.

[5] Drücken Sie, bündig zur umgebenden Lackfläche, mit Ihrer Fingerkuppe oder einem kleinen Kunststoffmesser ein wenig Spachtel in den Krater. Lassen Sie die Masse gut austrocknen. »Ungebetene« Spachtelflecken wischen Sie dagegen umgehend mit einem in Lackverdünnung getränkten Lappen ab.

[6] Überflüssige Spachtelmasse schleifen Sie mit feinem Schleifpapier vorsichtig aus. Umwickeln Sie dazu ein Bleistiftende mit einem schmalen Streifen, den Bleistift drehen Sie zum Schleifen zwischen den Handflächen.

[7] Spritzen Sie Decklack in den Dosendeckel und lassen ihn circa eine Minute ablüften. Tragen Sie dann den verdickten Lack mit Ihrer Fingerkuppe oder einem spitzen Pinsel dünn auf.

[8] Um das Ergebnis zu toppen, polieren Sie die Übergänge des vollständig ausgetrockneten Lacks (im Sommer nach etwa zwei, im Winter nach rund fünf Tagen) mit Politur bzw. Lackreiniger großflächig bei.

Großflächig auspolieren – kleine Kratzer und Schrammen

Arbeitsschritte

[1] Reinigen Sie die Schadstelle gründlich mit Waschbenzin oder Verdünner und …

[2] … polieren dann die Fremdfarbe (falls vorhanden) in mehreren Arbeitsgängen mit Polierwatte, Schleifpolitur oder Lackreiniger aus dem Decklack. Legen Sie die Polierfläche möglichst großzügig an.

[3] »Ausgerissene« Schrammenränder schleifen Sie zunächst mit einem kleinen Streifen Wasserschleifpapier (mindestens Körnung 800) behutsam glatt. Wässern Sie ständig das Schleifpapier in einem Wassereimer und spülen gleichfalls die Schleifstelle. Vorsicht: Durchschleifen Sie nicht die Decklackschicht.

[4] Polieren Sie die Schadstelle großflächig mit einer milden Politur nach. Sie »verteilen« dabei Farbpartikel aus der unmittelbaren Lackumgebung in die Schramme.

[5] Zuletzt versiegeln Sie die bearbeitete Stelle mit einem Lackkonservierer.

[6] Wenn Sie auf gleichmäßigen Glanz Wert legen, polieren Sie anschließend das ganze Auto auf.

Lackneuaufbau – so verschwinden größere Schrammen

Arbeitsschritte

[1] Bei tiefen Schrammen an Stoßfänger, Kotflügel oder Tür, bauen Sie vor der Reparatur das Karosserieteil sinnvollerweise aus. Das Ergebnis wird dann besser, denn die Arbeit geht Ihnen leichter von der Hand.

[2] Schleifen Sie die Schadensfläche mit Schleifpapier (Körnung 80 oder 100) leicht an. Rost schleifen Sie bis aufs blanke Blech herunter und tragen dann Rostumwandler auf. Lassen Sie den »Wandler« ca. eine Stunde einwirken.

[3] Die Stelle reinigen Sie zunächst mit Lackverdünner, entfetten sie und lassen sie gut ablüften.

[4] Jetzt vermischen Sie den Spachtel mit dem Härter. Die Spachtelmasse gleicht Höhenunterschiede zu den angrenzenden Flächen aus. Vorsicht: Zweikomponentenspachtel bleibt, je nach Temperatur, nur einige Minuten verarbeitungsfähig. Deshalb mischen Sie stets nur kleine Mengen an. Bei geringen Unebenheiten ist Spritzspachtel aus der Sprühdose die bessere Wahl.

[5] Tragen Sie die Spachtelmasse gleichmäßig und zügig in mehreren dünnen Schichten auf. Nach etwa einer Stunde ist der Spachtel ausgehärtet.

[6] Unebenheiten egalisieren Sie mit Trockenschleifpapier (Körnung 180). Den Feinschliff erledigen Sie mit Nassschleifpapier (Körnung 400). Schleifen Sie die Fläche mit viel Wasser und verhaltenem Druck plan.

[7] Verbliebene Riefen gleichen Sie nun erneut mit Spritzspachtel aus. Sobald sie ausgehärtet sind, schleifen Sie die Stellen mit Nassschleifpapier (Körnung 600) an.

[8] Spülen Sie vor dem Lackieren den Schleifstaub sorgfältig mit Wasser ab.

Lackieren wie die Profis – Übung macht den Meister

[9] Die gründlich vorbereitete Schadstelle müssen Sie nun mit wasserfestem Abklebeband (Profiqualität) und /oder einer Folie bzw. alten Zeitungen abkleben. »Missachten« Sie unbedingt billiges Klebeband, es weicht schnell auf und löst sich dann vom Untergrund. Vorsicht: Lüften Sie immer Ihren Arbeitsplatz gut durch – beim Lackieren entstehen giftige Dämpfe.

[10] Als Grundlage für den Decklack spritzen Sie Haftgrund (Füller) auf die gespachtelte Fläche. Arbeiten Sie sauber – Unebenheiten und Lacknasen verschwinden nicht mit zunehmendem Lackauftrag, sondern vergrößern sich. Den Haftgrund lassen Sie trocknen und schleifen dann die Fläche

mit Nassschleifpapier (Körnung 600) plan. Die Schleifrückstände spülen Sie mit Wasser ab.

[11] Tragen Sie den Decklack aus der Sprühdose gleichmäßig und zügig in mehreren Schichten auf. Der Abstand vom Sprühkopf zur Lackierfläche sollte etwa 20 bis 30 Zentimeter betragen. Erwärmen Sie die Sprühdose vor dem Lackieren kurz in heißem Wasser oder auf einem Heizkörper. Die Farbpartikel entweichen dann unter höherem Druck. Vorteil: Die Oberfläche wird glatter und der Lackverlauf gleichmäßiger.

[12] Bevor Sie die Schadstelle »nachsprühen«, lösen Sie um die Reparaturstelle herum vorsichtig die Klebebandränder und knicken sie um. Der Übergang zum Originallack wird dann unscharf und lässt sich leichter beipolieren.

[13] Sobald der Reparaturlack vollständig ausgetrocknet ist (im Sommer nach etwa zwei, im Winter nach fünf Tagen), die ausgebesserte Stelle mit Politur und die Übergänge mit Lackreiniger bearbeiten. Die besten Ergebnisse erzielen Sie, wenn anschließend das gesamte Fahrzeug aufpoliert wird.

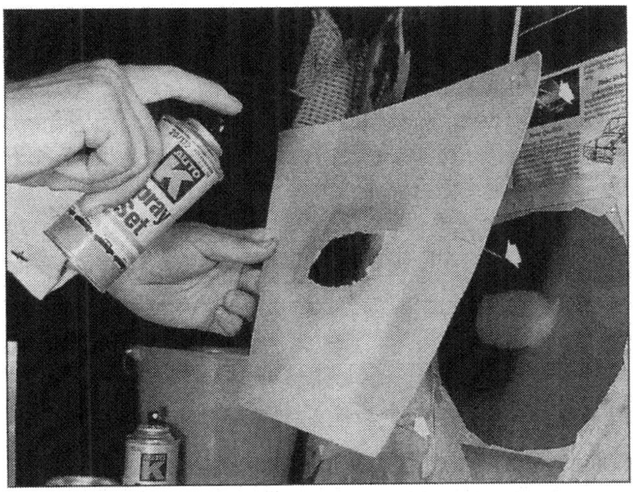

Sprühstrahl begrenzen: Wenn Sie einen lokalen Lackschaden ausbessern, begrenzen Sie den Sprühstrahl mit einer perforierten Pappe (Pfeil). Halten Sie die Pappe etwa 10 cm vor die abgedeckte Karosseriefläche (Pfeil) und bessern dann durch die Öffnung die Schadstelle aus. Auf diese Weise schaffen Sie »weiche« Übergänge zum alten Lack.

Praxistipp

Sondermüll – Farbreste, leere Spraydosen, verdreckte Putzlappen, alte Pinsel

Farb- und Lösungsmittelreste gehören nicht in den Haussondern in den Sondermüll. Das gilt auch für verschmutzte Lappen, Pinsel und Spraydosen.

In vielen Städten und Gemeinden gibt's heute mobile Annahmestellen. Fragen Sie bei Ihrem Umweltamt nach den Abholterminen oder den Öffnungszeiten der Deponie.

Oberflächen Make-up: Leichte Kratzer, Schrammen oder Farbnebel beseitigen Sie mit einer speziellen Schleifpaste oder Lackreiniger. Tragen Sie das Mittel auf einem weichen Baumwolllappen auf und bringen es kreisförmig auf die Schadstelle. Vergessen Sie nicht, den Lack danach mit Flüssigwachs zu versiegeln.

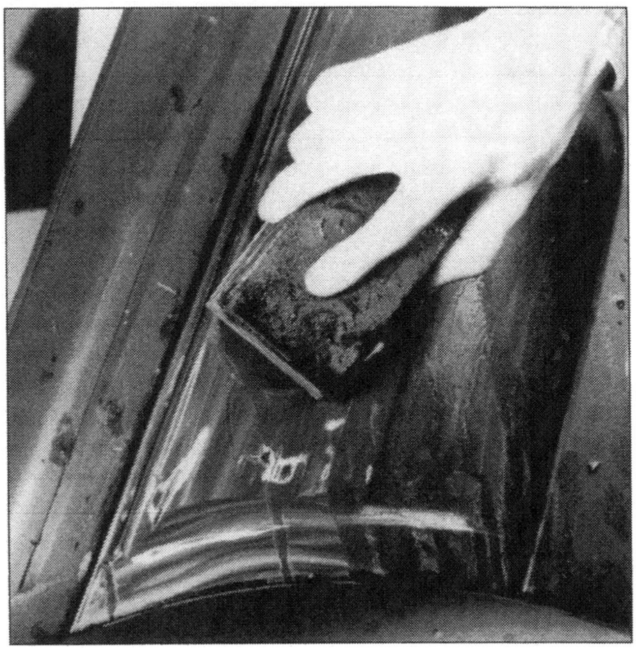

Mit Schleifklotz und Wasserschleifpapier: Bevor Sie den neuen Lack auftragen, schleifen Sie die »Arbeitsstelle« mit viel Wasser an. Lassen Sie den Schleifklotz möglichst wenig kreisen, sondern verschieben ihn in Parallelbewegungen. Spülen Sie die Schleifstelle regelmäßig mit Wasser ab. Den Schleifklotz samt Papier »baden« Sie in einem Wassereimer.

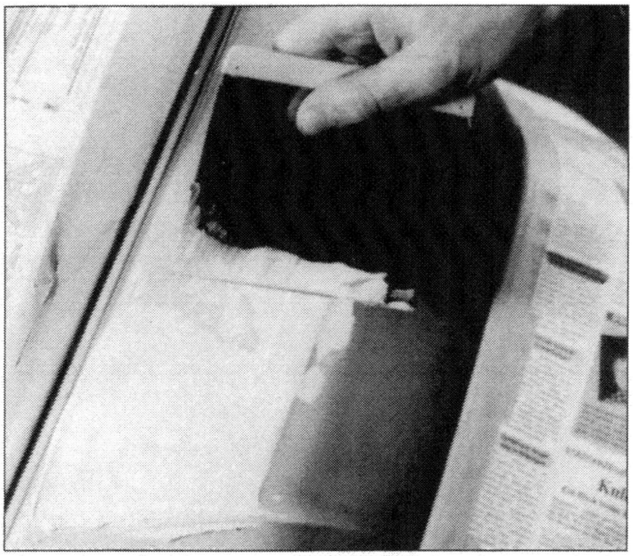

Üben übt: Bevor Sie das erste Mal »Knitterfalten« ausgleichen, trainieren Sie den Umgang mit Spachtelmasse und Spachtelklinge fernab der Karosserie. Verarbeiten Sie nur geschmeidige Spachtelmasse und ziehen die Oberfläche möglichst glatt. Was Sie von vornherein mit dem Spachtel »passend schlichten«, müssen Sie hernach nicht mühsam wieder abschleifen.

Schichtarbeit: Tragen Sie den neuen Lack mehrschichtig im Nass- in Nassverfahren auf. Lassen Sie dem frischen Lack immer ein paar Minuten Zeit sich mit dem Untergrund zu verbinden. Führen Sie den Sprühkopf zudem mit ruhiger Hand und vermeiden kreisende Bewegungen. Stattdessen tragen Sie den Lack in Parallelschwüngen gleichmäßig auf.

Die Scheibenwaschanlage

Ohne »Durchblick« keine Sicherheit: Eine gute Rundumsicht ist die Grundvoraussetzung für jeden motorisierten Verkehrsteilnehmer. Damit Ihnen in Ihrem 1er auch bei Regen, Matsch- und Schnee der »Durchblick« nicht abhanden kommt, hat der Wagen, je nach Ausstattung, »gegen Blindflug« ab Werk einen Scheibenwischer inklusive Regensensor und beheizbarer Doppeldüsen für die Scheibenwaschanlage bekommen.

Die Frontscheibe säubert der Scheibenwischer grundsätzlich mit zwei Geschwindigkeiten. Bei schwachem Nieselregen oder Nebel erweist sich der »Einmaltippkontakt« sowie eine variable Wischintervalleinrichtung als sehr angenehm. Optional gibt es im Auto sogar einen Regensensor. Der »Spion« erkennt für Sie die Wassermenge auf der Frontscheibe und steuert dementsprechend die Wischgeschwindigkeit der beiden »Gummilippen«.

Bevor Sie dem Wischer jedoch grünes Licht geben, sind stark verschmierte Scheiben grundsätzlich ein Fall für die Scheibenwaschanlage: Den schnellsten Durchblick bekommen Sie, wenn die Spritzdüsen das Waschwasser im oberen Drittel des Wischfelds zerstäuben.

Für Profis selbstverständlich – neue Wischergummis im Frühjahr und Herbst

Solange die Wischer mit korrektem Anpressdruck auf der Scheibe anliegen und der Gummi noch genügend Elastizität hat, ist das »Putzergebnis« o.k. Lästige Schlieren oder unangenehme Kratzgeräusche sind spätestens der sicht- und hörbare Beweis für verschlissene Wischerlippen. Das trübt nicht nur Ihren Durchblick, sondern zerkratzt auf Dauer auch die Scheiben. Sollten Sie das ignorieren, sparen Sie an der falschen Stelle, zumal Wischerblätter völlig unproblematisch zu wechseln sind.

Die Lebensdauer von Wischergummis ist begrenzt: Bei jeder Wischbewegung malträtieren »öliger« Straßenschmutz, verhärtete Insektenreste sowie Salzrückstände die Gummilippen. Ozon und UV-Strahlen härten die Wischergummis zusätzlich aus. Profis »runderneuern« ihre Wischerblätter vorbeugend im Frühjahr und Herbst.

Übrigens, auch die meisten Arbeiten an der Scheibenwaschanlage können Sie in der Regel selbst erledigen.

Schenken Sie zunächst den Sicherungen und Anschlusskabeln an den Wischermotoren einen prüfenden Blick. Sollten Ihnen dann schon Fehler auffallen, informieren Sie sich, vor der anstehenden Reparatur, bitte im Kapitel »Die Fahrzeugelektrik«.

Scheibenwischer und Waschanlage prüfen

Arbeits-schritte

1 Zündung einschalten, Wischermotor einschalten.

2 Läuft der Scheibenwischer in allen Geschwindigkeiten?

3 Funktioniert die Wischerintervallschaltung?

4 Arbeitet die Scheibenwaschanlage?

5 Sind die Spritzdüsen richtig eingestellt?

6 Funktionieren Heckwischer und -wascher?

7 Schwenken die Wischerarme – nach dem Ausschalten – automatisch in ihre Parkstellung zurück?

Scheibenwischerblatt wechseln

Arbeits-schritte

1 Klappen Sie den Wischerarm von der Scheibe und …

vorn

2 … fixieren das Blatt und drücken beide Arretierzungen (1) zusammen.

3 Schwenken Sie nun das Blatt aus der Arretierung und ziehen es vom Wischerarm ab.

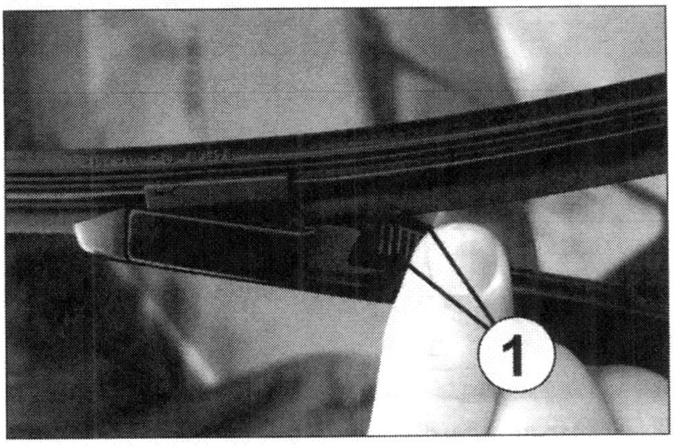

Zusammendrücken: die Arretierzungen am Wischerblatt.

hinten

4 Klappen Sie den Wischerarm von der Scheibe, schwenken das Wischerblatt um etwa 45 ° nach oben und halten es in der Stellung fest.

5 Drücken Sie die Arretierung (1) herunter und …

6 … »schieben« lose Blatt vom Wischerarm.

Um etwa 45° nach oben schwenken: das hintere Wischerblatt zur Demontage.

beide

7 Beenden Sie die Montage in umgekehrter Reihenfolge. Lassen Sie Arretierzungen unbedingt hörbar in der Wischerblattaufnahme einrastet. Ansonsten »fliegt« Ihnen das Blatt beim nächsten Regen von der Scheibe.

Scheibenwaschwasser auffüllen

Arbeits-schritte

1 Im Sommer reicht es, den Waschwasservorrat mit klarem Wasser zu ergänzen. Ein paar Spritzer Spülmittel in den Waschwassertank steigern die Waschwirkung erheblich.

2 Bei Minustemperaturen friert die Scheibenwaschanlage ein. Darum »präparieren« Sie ihren Vorratstank in der kalten Jahreszeit immer zu rund einem Drittel mit einem Gefrierschutzmittel (z. B. Brennspiritus) oder einer vorgemischten Reinigungslösung. Damit im Ernstfall auch die Zuleitungen und Spritzdüsen geschützt sind, lassen Sie die Waschanlage nach dem Füllvorgang so lange »pumpen«, bis Sie die Mischung auf den Scheiben erkennen und riechen.

3 Damit im Vorratsbehälter sofort eine homogene Mischung entsteht, füllen Sie zuerst das (die) Zusatzmittel ein. Erst danach ergänzen Sie die Lösung bis zur Einfüllöffnung mit Wasser.

In Fahrtrichtung rechts: der Waschwasserbehältereinfüllstutzen.

Waschwasserdüsen einstellen

Ihr 1er »flutet« die Frontscheibe mit zwei Waschwasserdüsen. Um deren Reinigungswirkung voll auszuschöpfen, stellen Sie die Düsen mit einer Büroklammer oder Stecknadel »punktgenau« auf das obere Scheibendrittel ein.
An der Heckscheibe sitzt die Düse übrigens direkt im Scheibenwischerarm

Arbeitsschritte

vorn

[1] »Verkanten« Sie zunächst eine aufgebogene Büroklammer oder Stecknadelspitze vorsichtig in der Düsenöffnung und …

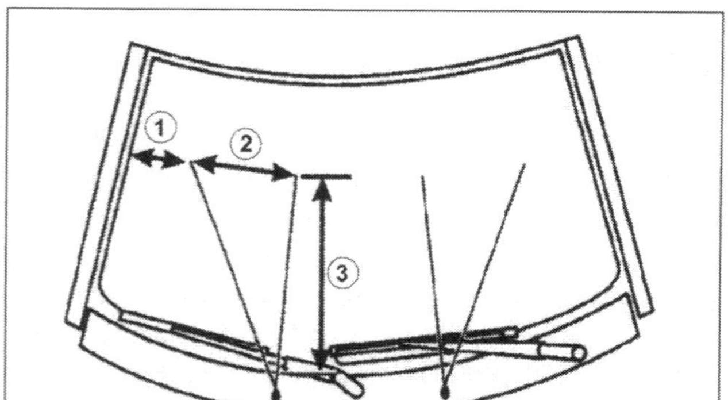

Richtig eingestellte Spritzdüsen der Scheibenwaschanlage sollten an der Windschutzscheibe innerhalb der angegebenen Maße das Wasser auf die Schebe spritzen.
(1) = 140 – 240 mm, (2) = 190 – 290 mm, (3) = 270 – 370 mm

[2] … richten die Spritzöffnungen auf das obere Scheibendrittel aus. Berücksichtigen Sie bei Ihrer Grundeinstellung auch den späteren Fahrtwind und lassen den Strahl daher ruhig etwas höher auftreffen.

Scheibenwaschdüse aus- und einbauen

Verstopfte Scheibenwaschdüsen bauen Sie zweckmäßigerweise aus und blasen Sie mit Druckluft in Richtung Schlauchanschluss durch. Hartnäckige Verstopfungen durchstoßen Sie mit einem dünnen Draht (Nähnadel, Stecknadel) – gleichfalls in Richtung Schlauchanschluss. Klappt das nicht, erneuern Sie die Düse(n) und setzen bei der Gelegenheit gleich einen kleinen Kraftstofffilter (Scooter, Motorrad) in die Waschwasserdruckleitung ein. Das feinporige Filterelement hält künftig Fremdkörper von den Düsen fern.

Arbeitsschritte

vorn

[1] Öffnen Sie die Motorhaube und clipsen mit einem Schlitzschraubendreher das Dämmmaterial von der Haube.

[2] Bevor Sie den Waschwasserschlauch (1) von der Düse abziehen, erwärmen Sie ihn kurz mit einem Feuerzeug.

[3] Sollte Ihr 1er beheizbare Düsen haben, ziehen Sie noch schnell den Stromanschluss (3) vom Düsenfuß ab, …

[4] … pressen mit den Fingern die Haltezungen (2) zusammen und …

[5] … drücken gleichzeitig die Düse nach oben aus der Motorhaube.

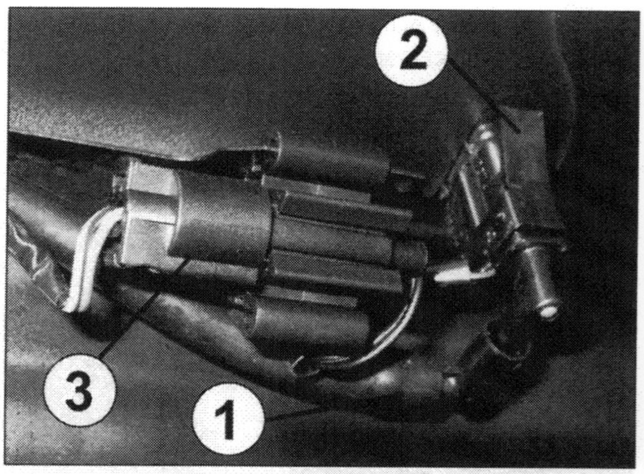

Zusammendrücken: die Haltezungen unterhalb der Waschdüsen.

[6] Zur Montage rasten Sie die Düse von oben in die Motorhaube ein. Beide Haltezungen müssen hörbar einrasten, ansonsten gibt's Probleme mit der Einstellung und die Düse »wandert« irgendwann aus der Motorhaube.

[7] Beenden Sie die Montage in umgekehrter Reihenfolge und stellen die Düsen auf das Wischfeld ein.

hinten

[1] Die Düse ist in der Abdeckkappe über der Wischerarmachse montiert.

[2] »Liften« Sie mit einem Schraubendreher zunächst die Abdeckkappe (1), ...

[3] ... drücken dann die Rastnasen auseinander und ziehen die Kappe vom Wischerarm ab.

[4] Jetzt lösen Sie die Mutter (2) und ziehen die Düse (3) aus der Achse.

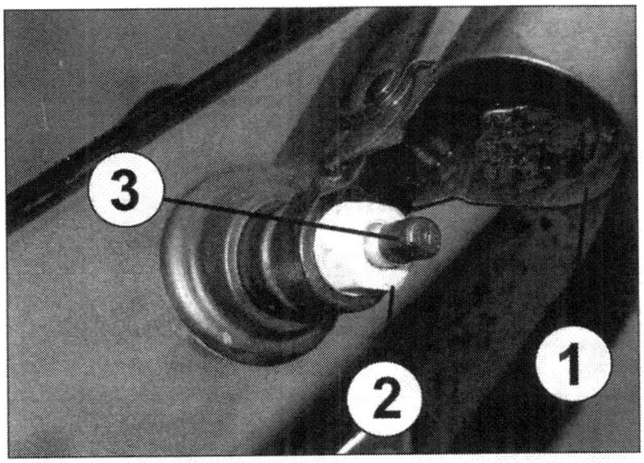

Im Scheibenwascharm »versteckt«: die hintere Scheibenwaschdüse.

vorn und hinten

[5] Beenden Sie die Montage in umgekehrter Reihenfolge und stellen die Spritzrichtung neu ein.

Scheibenwischerarm aus- und einbauen

Arbeits-schritte

vorne

[1] Vor der Demontage markieren Sie mit Abklebeband die Ruhestellung der Wischerblätter auf der Scheibe.

[2] Danach hebeln Sie mit einem breiten Schlitzschraubendreher die Abdeckung (1) von den Wischerarmachsen und ...

[3] ... lösen mit einem Ringschlüssel die Haltemuttern (2) der Wischerarme um ca. zwei Umdrehungen. Erledigt? Dann ...

[4] ... klappen Sie die Wischerarme hoch und hebeln sie auf der Wischerachse gefühlvoll hin und her. Sobald die Arme auf der Wischerachse »gebrochen« sind, drehen Sie die Muttern ganz ab und ziehen die Arme mitsamt Unterlegscheiben von den Wischerachsen.

Per Mutter verschraubt: das Scheibenwischergestänge auf der Wischerarmachse.

[5] Sollte das auf Anhieb nicht gelingen, knippen Sie den / die widerspenstigen Arm(e) mit zwei Schlitzschraubendrehern vorsichtig von der Wischerachse ab.

[6] Zur Montage achten Sie darauf, dass die Wischer mit Ihrer Markierung korrespondieren. Ziehen Sie die Arme mit 30 Nm fest und checken dann, ob sie tatsächlich korrekt über die Wischfläche laufen und sich nicht ineinander verheddern.

hinten

[1] Vor der Demontage markieren Sie mit Abklebeband die Ruhestellung des Wischerblatts auf der Scheibe.

[2] Danach hebeln Sie die Abdeckung von der Wischerarmachse und ...

[3] ... lösen die Haltemutter um ca. zwei Umdrehungen.

[4] Erst dann klappen Sie den Wischerarm hoch und hebeln ihn gefühlvoll hin und her. Sobald der Arm auf der Wischerachse »gebrochen« ist, drehen Sie die Mutter ganz ab und ziehen ihn mitsamt Unterlegscheibe von der Wischerachse.

[5] Sollte das auf Anhieb nicht gelingen, knippen Sie den widerspenstigen Arm mit zwei Schlitzschraubendrehern vorsichtig von der Wischerachse ab.

[6] Zur Montage achten Sie darauf, dass der Wischer mit Ihrer Markierung korrespondiert. Ziehen Sie den Arm dann gefühlvoll fest.

Windlauf aus- und einbauen

Arbeits-schritte

1 Öffnen Sie die Motorhaube, demontieren den Reinluftfilter sowie beide Wischerarme.

2 Dann ziehen Sie die Motorraumabdichtung (1) ab, lösen den Halter (2) und bugsieren die Blende (3) aus beiden Haltezungen (4).

Auf beiden Seiten abziehen: die Kunststoffblende.

3 Lösen Sie dann den Kabelkanal (1) vom Filterstativ (2). Dazu pressen Sie beide Clipse (3) zusammen.

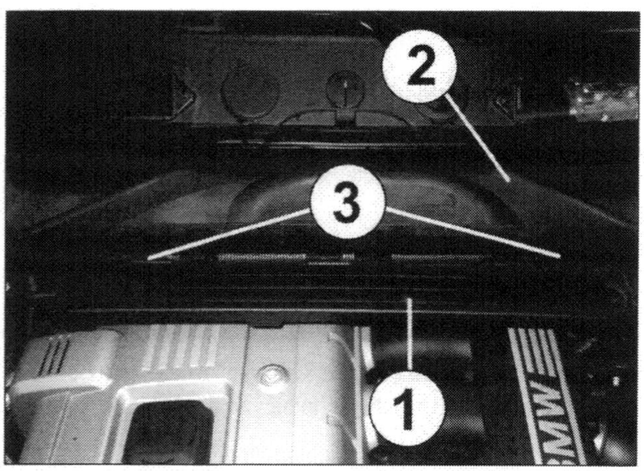

Mit zwei Clipsen fixiert: der Kabelkanal.

4 Jetzt nehmen Sie sich das Filterstativ vor. Dazu lösen Sie auf beiden Seiten den Halter (1) und die Schraube (2) vom Windlauf. Das Stativ (3) legen Sie einstweilen beiseite.

Mit dem Windlauf verschraubt: das Filterstativ.

5 Ziehen Sie den Kantenschutz (1) vom Windlauf (2) ab.

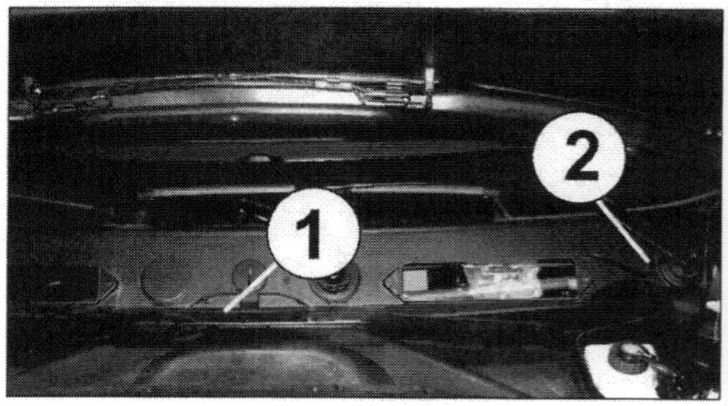

Vom Windlauf abziehen: den Kantenschutz.

6 Beenden Sie die Montage in umgekehrter Reihenfolge. Dichten Sie unbedingt den Windlauf korrekt ab – ansonsten läuft Ihnen Regenwasser in den Fußraum.

Wischerblatt

Störungs-beistand

Störung	Ursache	Abhilfe
A Wasser und Schmutz verteilen sich gleichmäßig über das Wischfeld.	**1** Scheibe mit Lackpflegemitteln, ölhaltigen Rückständen oder Insektenresten verschmutzt.	»Sidol« o. ä. Reinigungsmittel auf Scheibe auftragen, antrocknen lassen, mit einem sauberen Lappen abreiben.
	2 Wischergummi verschlissen.	Austauschen.
	3 Wischerarm am Anlenkpunkt des Wischerblattes verdreht und nicht parallel zur Scheibe.	Wischerarmende nachbiegen (in sich verdrehen).
B Im Wischfeld bleiben feine Wasserstreifen stehen.	Siehe A2.	Austauschen.
C Im Wischfeld bleiben feine Wassertropfen zurück.	Neigungswinkel des Wischergummis zu flach zur Scheibe.	Wischergummi austauschen.
D Im Wischfeld bleibt breiter Wasserfilm zurück.	Ungleicher Auflagedruck – verbogene oder defekte Anpressfeder im Wischergummi.	Wischerblatt austauschen.
E Im Wischfeld bleiben mehrere Wasserfelder zurück.	**1** Wischerarm-Anpressdruck zu gering.	Anpressdruck überprüfen. Feder leicht einölen, Wischerarm stärker vorspannen, ggf. erneuern.
	2 Scheibenwischerantrieb verschlissen.	Kontrollieren, defekte Komponenten ersetzen.
	3 Wischerarm lose auf seiner Achse.	Befestigen.
	4 Wischerarm verbogen.	Nachbiegen.
	5 Wischerblatt verbogen.	Austauschen.
F Im oberen Wischfeld bleiben Wasserschlieren zurück.	**1** Siehe E1.	Wischerarm stärker vorspannen, ggf. erneuern
	2 Siehe D.	Wischerblatt austauschen.
G Wischerblatt rattert.	**1** Zuviel Spiel im Scheibenwischergestänge.	verschlissene Teile auswechseln.
	2 Wischerarm lose.	Befestigen.
	3 Wischerarm in sich verdreht.	Wischerblatt demontieren und Wischerarm ausrichten.

Scheibenwischer

Störungsbeistand

Störung	Ursache	Abhilfe
A Frontscheibenwischer ohne Funktion.	**1** Sicherung defekt.	Erneuern.
	2 Zentrales Steuergerät defekt.	Anschlüsse prüfen, zentrales Steuergerät austauschen.
	3 Wischerantriebskurbel lose.	Festziehen.
	4 Kabel zum Wischerschalter unterbrochen.	Steckverbindungen und Zuleitungen überprüfen.
	5 Kabel zum Wischermotor unterbrochen.	Steckverbindungen und Leitungen überprüfen.
	6 Wischermotor durchgebrannt bzw. Kohlen verschlissen.	Austauschen.
B Scheibenwischer in Stufe I ohne Funktion.	**1** Kontaktschwäche.	Anschlüsse auf Stromdurchgang prüfen.
	2 Spannungsaufnahme im Motor unterbrochen.	Motor austauschen.
	3 Spannungsdurchgang im Wischerschalter unterbrochen.	Schalter austauschen.
C Scheibenwischer in Stufe II ohne Funktion.	**1** Spannungsdurchgang am Wischerschalter unterbrochen.	Zuleitung überprüfen.
	2 Kontakte im Wischerschalter verschlissen.	Schalter austauschen.
	3 Spannungsaufnahme am Wischermotor defekt.	Motor austauschen.
D Wischer laufen nicht automatisch in Parkstellung zurück.	**1** Leitung zwischen Wischerschalter und Motor unterbrochen.	Zuleitung kontrollieren.
	2 Wischermotor defekt.	Motor in Stand setzen, bzw. erneuern.
E Scheibenwischerintervall ohne Funktion.	**1** Zentrales Steuergerät defekt.	Austauschen.
	2 Zuleitung zwischen Wischerschalter und Relais unterbrochen.	Zuleitung überprüfen.
	3 Kontakt im Wischerschalter defekt.	Schalter austauschen.
	4 Verbindung zwischen Sicherungskasten zum Intervallrelais bzw. zwischen Relais zum Wischermotor unterbrochen.	Sicherung prüfen, Zuleitung inkl. Steckverbindungen prüfen.
F Intervallbetrieb lässt sich nicht ausschalten.	**1** Siehe D1.	
	2 Siehe D2.	
	3 Kontakte im Wischerschalter verschlissen.	Schalter austauschen.
G Scheibenwischer bleiben nach dem Abschalten nicht oder nur kurz in Parkstellung stehen.	Verschmutzter bzw. verklebter Kontakt im Wischermotor.	Motorabdeckung abschrauben, Kontakte reinigen, ggf. Motor austauschen.

DIE MOTOREN

Unter Kunststoff »verborgen«: der Zwei-Liter-Motor im BMW 120i. Rechts unten gut zu erkennen – der Klimakompressor unterhalb des Generators.

Wartung

Bereits der erste Blick unter die Motorhaube des Einser zeigt das BMW-typische Bild: Weit zurückgesetzte, in Fahrtrichtung längs montierte Motoren (4-Zylinder, 6-Zylinder) unter schicker Kunstoffblende.

Frontantrieb? Fehlanzeige – angetriebene Hinterräder!

Der jüngste BMW ist ein Solitär – zumindest in der Kompaktklasse. Nicht nur wegen des Hinterradantriebs, zwischen seinen Vorderräder werkelt unter anderem auch ein Sechszylinder in Reihenbauweise. Auch die Ventilsteuerung Valvetronic ist nur hier zu finden. Seit September 2005 umfasst die 1er-Motorenpalette vier Otto- und zwei Dieselmotoren. Im Grunde »alte« Bekannte aus der aktuellen 3er-Reihe. Für den Einsatz im 1er-BMW wurden sie lediglich modifiziert.

Die Einser-Antriebe

Modell*	Hubraum (cm^3)	Leistung ($kW/PS/min^{-1}$)	Leistung (Nm/min^{-1})
116i	1.596	85/115/6.000	150/4.300
118i	1.995	95/129/5.750	180/3.250
120i	1.995	110/150/6.250	200/3.600
130i	2.996	195/265/6.600	315/2.500 – 4.000
118d	1.995	90/122/4.000	200/2.000
120d	1.995	120/163/4.000	340/2.000

* Stand: September 2005

BMW 116i – 1.596 cm^3, 85 kW (115 PS) / 6.000 min^{-1}, 150 Nm / 4.300 min^{-1}

Basierend auf dem Vierzylinder des BMW 120i kommt der 116i mit verkleinertem Hubraum, vermindertem Leistungsangebot und reduziertem Hightechappeal daher. Seine Ventilsteuerzeiten variiert der Basis-1er allerdings ebenfalls automatisch per Doppel-VANOS. Aus einem Zylindervolumen von 1.596 Kubikzentimetern schöpft der 116i immerhin 85 kW (115 PS) bei 6.000 min^{-1}, was einer Literleistung von 53,3 kW entspricht. Das maximale Drehmoment von 150 Nm erreicht der 116i dann bei 4.300 min^{-1}).
Genügend Power also, um zügig von A nach B zu gelangen und Touren mit fünf Personen samt Gepäck gelassen angehen zu können. Ein Kilowatt hat es im 116i mit 14,2 Kilogramm Leergewicht zu tun. Aus dem Stand auf 100 km/h dauert's 10,8 Sekunden, 1000 Meter sind nach 31,9 Sekunden geschafft. Zwischen 80–120 km/h vergehen im vierten Gang 10,7 Sekunden und bei gestoppten 200 km/h bremsen den BMW die Fahrwiderstände ein. Im Durchschnitt verköstigt der 10,2:1 verdichtete Vierzylinder 7,5-Liter Superbenzin auf 100 Kilometer, er belastet die Atmosphäre mit 181 g/km CO_2. Der Fiskus versteuert ihn nach EU 4.

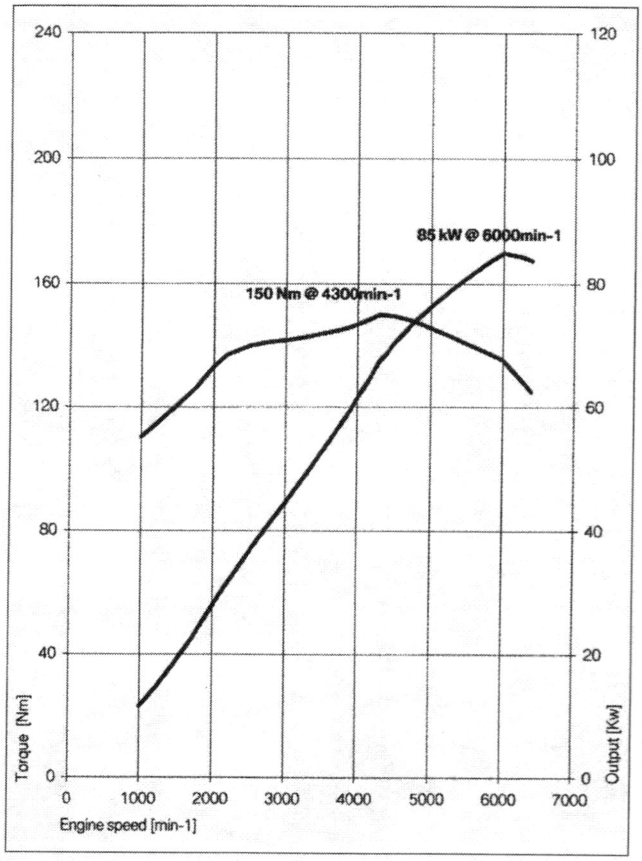

Ausreichend: der Drehmomentbestwert von 150 Nm bei 4.300 min^{-1} des 1, 6-Liter Sechzehnventilers. Höchstleistung: 85 kW (115 PS) bei 6.000 min^{-1}.

BMW 118i – 1.995 cm^3, 95 kW (129 PS) / 5.750 min^{-1}, 180 Nm / 3.250 min^{-1}

Wer anhand des Namensschilds auf den Hubraum schließt, liegt schon daneben – zumindest beim 118i. Tatsächlich »treibt« den 118i der Basisvierzylinder des 120i an. Hier freilich mit einem modifizierten Motormanagement. Beiden gemeinsam ist die »VALVETRONIC«. Die Rede ist von einem hochmodernen, vollvariablen Ventiltrieb, der sowohl Ventilhub als auch die Ventilöffnungszeiten steuert und somit die Drosselklappe überflüssig macht.
Das synchronisierte Zusammenspiel beider Hightechfunktionen findet im Zylinderkopf oberhalb der Ventile

statt – selbstverständlich unter elektronischer Überwachung. Denn allein mit mechanischen Steuerelementen wäre auf Dauer die nötige Präzision nicht realisierbar. Anstatt der Saugrohreinspritzung des 116i, füttert den 118i eine modifizierte Gemischaufbereitung (MEV9) mit Euro-Super. An der Motorschwungscheibe werden bei 5.750 min^{-1} 95 kW (129 PS) abgeliefert. Der 118i »quetscht« damit einen Liter Hubraum nur mit bescheidenen 47,6 Nm aus. Was der Zugkraft des Vierzylinders mit dem seidenweichen »Sound« durchaus nicht abträglich ist: Das maximale Drehmoment beträgt 180 Nm bei 3.250 Touren.

Entsprechend unangestrengt erlebt der Fahrer seinen 118er auf der Straße, denn auf 1 Kilowatt entfallen vergleichsweise bescheidene 12,9 Kilogramm Leergewicht. Nach 9,4 Sekunden ist der Sprint von 0 auf 100 km/h erledigt und nach 30,6 Sekunden bereits der erste Kilometer abgespult. Der Überholspurt zwischen 80–120 km/h dauert im vierten Gang 9,8 Sekunden, ab 208 km/h gehört der 118i dann zu den »Überholten«. Mit durchschnittlich 7,3-Liter Superbenzin spult der 10,5:1 verdichtete Treibsatz 100 Kilometer ab. Derweil

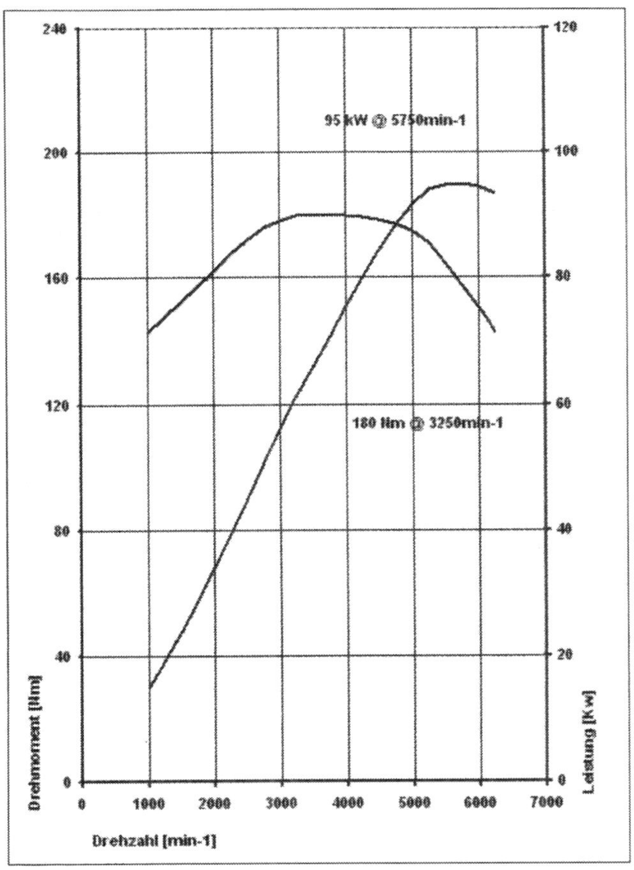

Sattelfest: der Drehmomentverlauf (180 Nm bei 3.250 min^{-1}) des 118i mit 95 kW (129 PS) bei 5.750 min^{-1}.

belastet er die Atmosphäre mit 176 g/km CO_2. Der Fiskus versteuert ihn nach EU 4.

BMW 120i – 1.995 cm³, 110 kW (150 PS) / 6.250 min^{-1}, 200 Nm / 3.600 min^{-1}

Anders als im 118i geht der 2-Liter-Vierzylinder im 120i ohne »Leistungsbremse« an den Start. Doch was

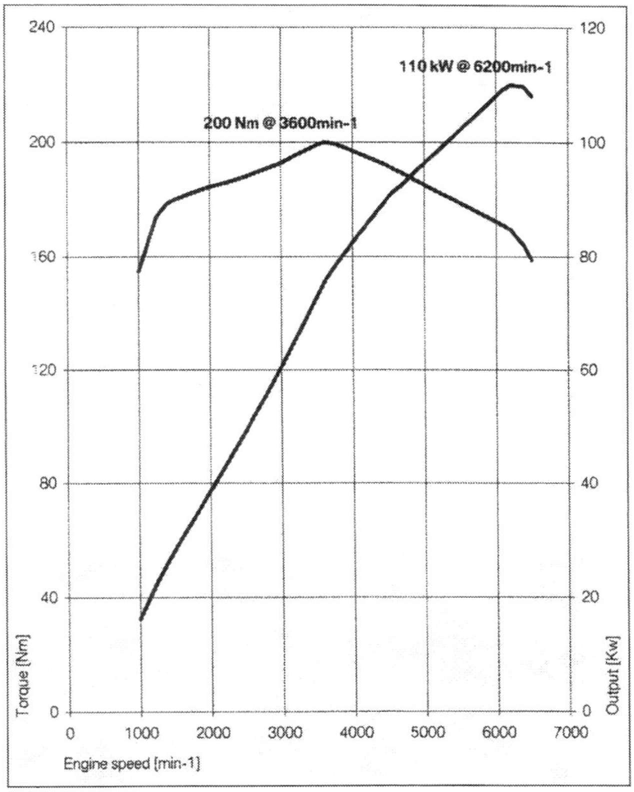

»Kräftig«: der Drehmomentverlauf (200 Nm bei 3.600 min^{-1}) des 120i mit 110 kW (150 PS) bei 6.250 min^{-1}.

die Leistungsausbeute anbetrifft, bleibt der 120i eher konservativ: 110 kW/150 PS bei 6 200 min^{-1}. Ein Liter Hubraum ist also gut für 55 kW, das Drehmomenthoch des 10,5:1 verdichteten Zweiliters beträgt 200 Nm bei 3.600 min^{-1}.

Datenfetischisten werden monieren: Gegenüber dem konventionellen 320i steigert der konstruktive Aufwand die Leistung um »nur« fünf kW. Stimmt exakt, doch die Volllastkurve des 120i weist im unteren Drittel des verfügbaren Drehzahlbands einen Drehmomentzuwachs bis zu 23 Nm auf. Wie das?

Eine modifizierte Motorsteuerelektronik zeigt Wirkung. Sie steigert weniger die Potenz des Vierzylinders sondern senkt auch Verbrauch und Emmisionen. Begeistern kann auch das Ansprechverhalten: Der

120i reagiert spontan auf Gasbefehle, doch vom »beeindruckenden Powerplay« des 130i trennen ihn freilich noch Welten – genauer gesagt zwei Zylinder und 1.001 Kubikzentimeter Hubraum.

Rotieren mit doppelter Motordrehzahl – zwei Ausgleichwellen im Kurbeltrieb

Was die Laufkultur angeht, kratzt der Vierzylinder den großen Bruder freilich schon »zart« an: Zwei gegenläufige Ausgleichswellen rotieren mit doppelter Motordrehzahl und zähmen die Massen des Kurbeltriebs so erfolgreich, dass der leistungsstärkste Vierzylinder im Einser fast so vibrationsarm »schnurrt« wie der Sechszylinder an gleicher Stelle.

So gerüstet ist der 120i schon nach 8,7 Sekunden auf Tempo 100, seine Höchstgeschwindigkeit beträgt 217 km/h. Die Elastizitätsprüfung von 80 auf 120 km/h erledigt er im vierten Gang in 8,4 Sekunden. Das kann sich durchaus sehen lassen, zumal er mit durchschnittlich 7,4 Liter Superbenzin 100 Kilometer weit kommt. Die Umwelt belastet er währenddessen mit 178 g/km CO_2. Der Fiskus versteuert ihn nach EU 4.

Beruhigen die oszillierenden Massen mit doppelter Kurbelwellendrehzahl: zwei Ausgleichswellen (Pfeil) unterhalb der 5-fach gelagerten Kurbelwelle.

BMW 130i – 2.996 cm³, 195 kW (265 PS) / 6.600 min⁻¹, 315 Nm / 2.500 – 4.000 min⁻¹

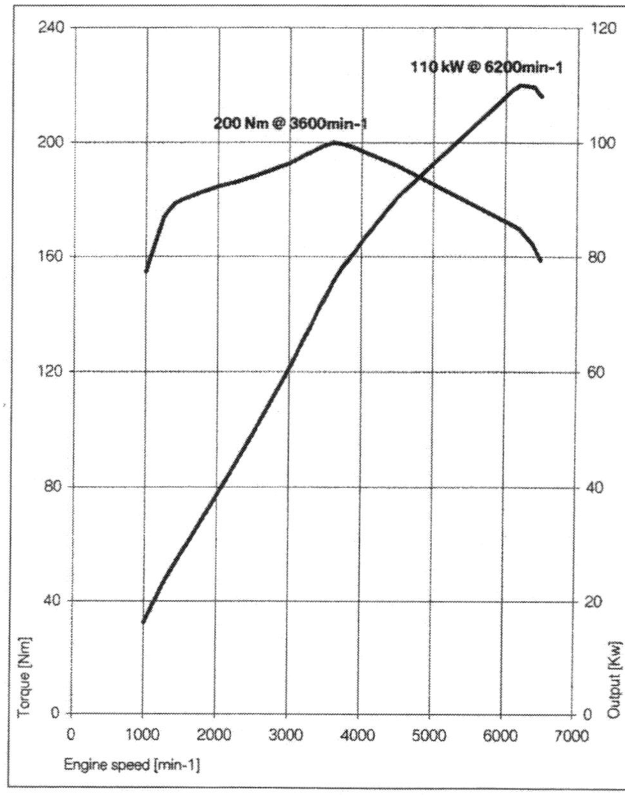

»Bullig«: der Drehmomentverlauf (315 Nm zwischen 2.500 – 4.000 min^{-1}) des 130i Sechszylinders mit 195 kW (265 PS) bei 6.600 min^{-1}.

Den leistungsstärksten 1er »befeuert« ein 161 Kilogramm leichter Reihensechszylinder in Mischbauweise. Mischbauweise umschreibt in diesem konkreten Fall eine aus dem Motorsport entliehene Technologie, die im Motorblock und dem Ventildeckel das Leichtmetall Aluminium mit dem nochmal 27 Prozent leichteren Magnesium verquickt.

Trotzt der extremen Diät bietet der 10,7:1 verdichtete 3-Liter-Motor eine wesentlich höhere Torsionssteifigkeit als herkömmlich konstruierte Leichtmetallsechszylinder. Beeindruckender ist die Dynamik: Aus einem Hubraum von 2.996 cm³ realisiert der 130i 195 kW (265 PS) bei 6.600 min^{-1}, was einer Literleistung von 65,1 kW und einem Leistungsgewicht von 7,1 kg/kW entspricht. Den Fahrwiderständen trotzen zwischen 2.500–4.000 min^{-1} stramme 315 Newtonmeter. Erst bei 250 km/h wird der 130i elektronisch sanft eingebremst. Aus dem Stand spurtet der Sechszylinder in 6,1 Sekunden auf 100 km/h. Manch ehrbarer Sportwagen hält da nicht mit. So auch beim Sprint über 1000 Meter: der »Power-1er« erledigt das in 25,9 Sekunden, den fiktiven Überholvorgang zwischen 80 bis 120 km/h beendet er im vierten Gang nach 5,8 Sekunden. Allesamt atemberaubende Werte innerhalb der Kompaktklasse. Und Dank »VANOS« und »VALVETRONIC« zudem noch »sauber« auf die Straße gebracht: Durchschnittlich 9,2 Liter Superbenzin reichen dem 130i für 100 Kilometer, derweil gehen 221 g/km CO_2 in die Atmosphäre. Der Fiskus versteuert ihn nach EU 4.

BMW 118d – 1.995 cm³, 90 kW (122 PS) / 4.000 min⁻¹, 280 Nm / 2.000 min⁻¹ und BMW 120d – 1.995 cm³, 120 kW (163 PS) / 4.000 min⁻¹, 340 Nm / 2.000 min⁻¹

Die anerkannten Vorteile moderner Dieselmotoren liegen schon seit geraumer Zeit nicht mehr ausschließlich auf ihren besonders ökonomischen Verbräuchen. Heutige Dieselantriebe setzen viel mehr Zeichen wegen ihrer harmonischen Leistungsentfaltung und ihres Komfortverhaltens.

Common-Rail zum Zweiten – mehr Komfort bei noch mehr Power

Den wohl größten Anteil an der beeindruckenden Kraftentfaltung, der nahezu quirligen Dynamik, der überzeugenden Wirtschaftlichkeit und der relativ geringen Umweltbelastung hat das im Einser montierte Common-Rail-System der zweiten Generation. Einerlei ob im 118d oder 120d , die Injektoren zerstäuben das Dieselöl mit 1600 bar Systemdruck – und das bis zu vier Mal je Arbeitstakt (Doppelpilot-, Haupt- und Nacheinspritzung). Während die zweifache Piloteinspritzung den Brennverlauf noch weicher und harmonischer gestaltet, verbessert die Nacheinspritzung die Partikeloxidation und reduziert auf diese Weise die Schadstoffemissionen.
Turbolader mit variabler Turbinengeometrie und extrem leichten sowie drehzahlbeständigen Innereien verbessern den Wirkungsgrad von Turbine und Verdichter nochmals. Sie erhöhen den Saugrohrdruck beider Selbstzünder um 0,8 bar. Um auch der übrigen Motormechanik eine solide Grundlage für die beachtliche Literleistung von 45,1 kW/l (118d) bzw. 60,2 kW/l (120d) zu verschaffen, wurde der Kurbeltrieb beider Leistungsstufen entsprechend modifiziert. Eine verbesserte Abgasrückführung in die einzelnen Brennräume, der neue »Arbeitsplatz« der Lambdasonde vor dem motornah angeordneten Katalysator und spezielle Drallklappen im Einlasssystem runden die Maßnahmen ab. Beide 1er-Selbstzünder gehören zu den leistungsfreudigsten Vertretern ihres Genres, sie erfüllen selbstverständlich die Emissionsauflagen gemäß EU4.

Kurbeltrieb mit zwei Ausgleichwellen – Stand der Technik in beiden Selbstzündern

Verglichen mit den laufruhigen »Ottos« unter der Einsermotorhaube verlieren beide Diesel nur unwesentlich an Boden. Grund: Eine elektronische Laufruheregelung sowie jeweils zwei Ausgleichswellen reduzieren die Motorschwingungen auf ein Minimum. Und auch das typische Dieselarbeitsgeräusch der Direkteinspritzer-Klientel tritt so weit in den Hintergrund, dass mitunter der akustische Eindruck eines Ottoantriebs entsteht. Selbst während des Kaltstarts jenseits von minus 20 °C. Der beginnt übrigens im Diesel-Einser automatisch mit dem Öffnen der Fahrertür. Richtig – mit Öffnen der Fahrertür, nämlich schon dann bekommen die Schnellglühkerzen einen Startimpuls und heizen die Brennräume in weniger als sechs Sekunden vor. Da die Schnellglühstifte nicht mehr ganz sondern nur noch an der Spitze aufgeheizt werden, reicht ihnen eine Arbeitsspannung von »nur« sechs Volt völlig aus.
Beide Selbstzünder bieten in der Praxis eine Menge »Freude am Fahren«. Besonders an der Tankstelle. Die 90 kW (122 PS) des 118d beispielsweise schlucken gerademal 5,7 Liter auf 100 Kilometer und genehmigen sich laut Zyklus damit sogar noch einen Zehntelliter mehr als die 120 kW (163 PS) im 120d. Letzterer entwickelt ein maximales Drehmoment von 340 Newtonmeter bei 2.000 min^{-1}, der 118d bringt's auf 280 Nm bei gleicher Drehzahl.
Für »schaltfaules« Vorwärtskommen, nahezu ab Leerlaufdrehzahl, ist also bestens gesorgt. Für hohe Reiseschnitte auf langen Etappen allerdings ebenfalls: Der 118d erledigt den Start von 0 auf 100 km/h in zehn Sekunden (120d, 7,9 Sekunden), den ersten Kilometer »schluckt« er aus dem Stand in 31,8 Sekunden (120d, 28,9 Sekunden) und rennt »losgelassen« immerhin 201 km/h schnell. Dann erst macht sich der Leistungsunterschied deutlich bemerkbar: Der 120 d ist bis zu 220 km/h schnell und fährt dem kleineren Bruder endgültig davon. Ein Kilowatt hat es im 118d mit 14,6 Kilogramm Leergewicht zu tun im 120d sind es nur 11,2

Kilo. Das hat natürlich auch Auswirkungen auf die Elastizität. Im vierten Gang von 80 auf 120 km/h beschleunigt, nimmt sich der 118d 8,8 Sekunden, der stärkere 120d dagegen nur 6,6 Sekunden Zeit. Wichtig ist neben aller Freude am Fahren natürlich auch die Umweltbelastung. Die Atmosphäre belasten die beiden Diesel mit 150 g/km (118d) respektive 152 g/km CO_2 (120d).

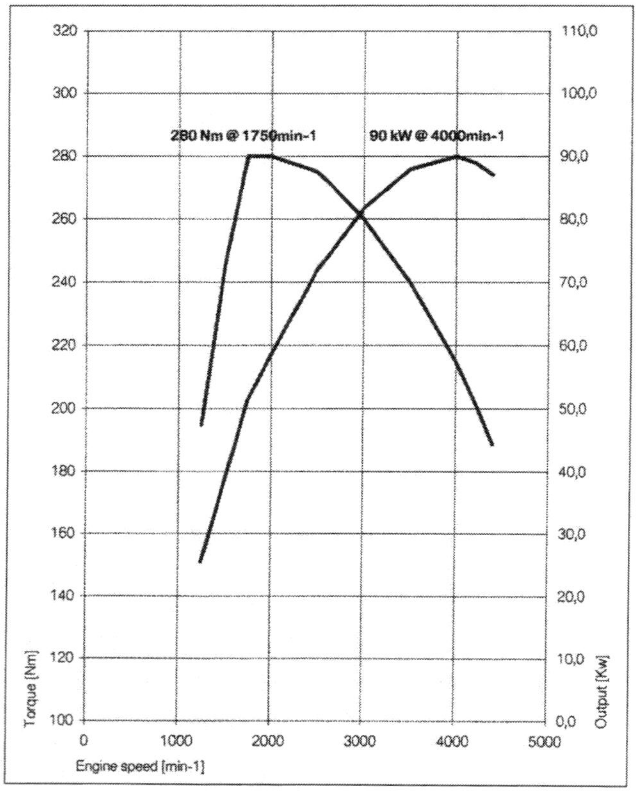

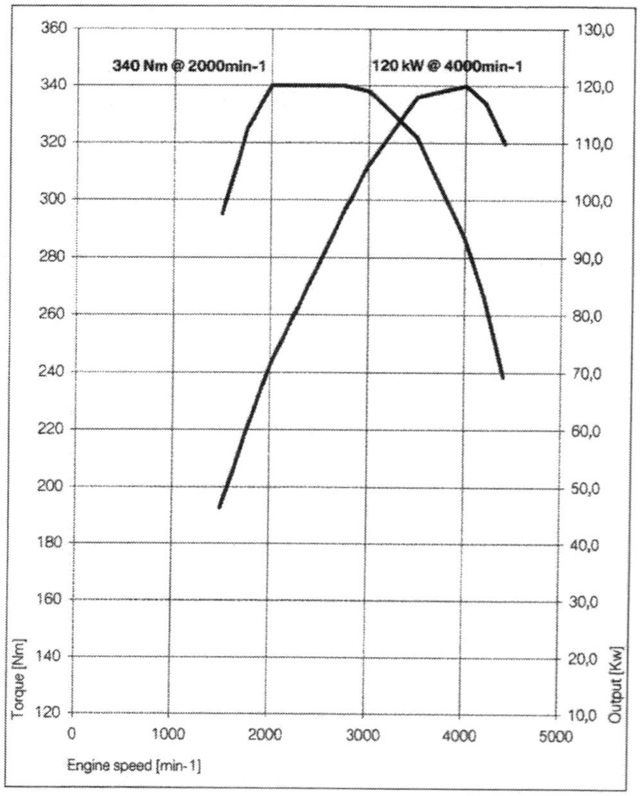

Unterschiedliche Leistung, gleiche Basis: Die BMW – Dieselzwillinge sind wahre Drehmomentartisten. Der 118d schafft 280 Nm bei 2.000 min^{-1} und 90 kW (120 PS) bei 4.000 min^{-1}. Der 120d mit 120 kW (163 PS) bei 4.000 min^{-1} wuchtet schon bei 2.000 min^{-1} satte 340 Nm auf sein Zweiphasenschwungrad.

Werkstatt oder do it yourself?

Über die Jahre bleiben selbst die robustesten Motoren zwangsläufig nicht untadelig. Regelmäßige Pflege streckt den »reparaturfreundlichen« Zeitraum zwar erfreulich weit, doch wenn die ersten größeren »Wehwehchen« erst den Umfang überschaubarer Wartungsarbeiten sprengen, überlassen Sie tief ergehende Schraubaktionen besser Ihrem BMW-Händler: Einser-Motoren sind nicht mit Bordwerkzeug oder einem durchschnittlich gefüllten Werkzeugkasten zu reanimieren. Da sind trainierte »Fachleute« gefragt – inklusive aktuellem Detailwissen und Diagnosegerätschaften. Das allein klingt vielleicht demotivierend, richtig frustrierend freilich ist der »Tatbestand«, dass die

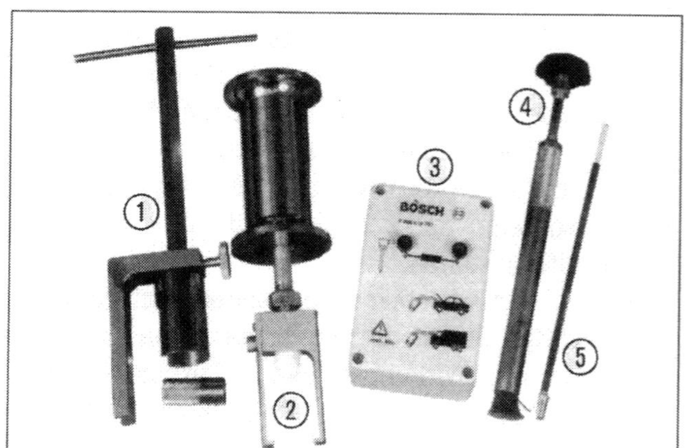

Spezialwerkzeug für Arbeiten an den Common-Rail-Einspritzsystemen: (1) Drehvorrichtung, (2) »fliegender« Hammer mit montiertem Injektorauszieher, (3) Prüfspule für diverse Steuerspannungen, (4) Injektorschacht-Reinigungsbürste, (5) Abdichtbolzen.

meisten Reparaturen ohnehin nur noch mit teurem Spezialwerkzeug zu erledigen sind.
Versuchen Sie bei allen verständlichen Do-it-yourselfer-Ambitionen darum stets Augenmaß zu bewahren und stellen Ihre Fähigkeiten besser unter den eigenen Scheffel als darüber. Finanziell kommt Sie das allemal günstiger als unreflektierter »Schrauberthrill«. Unsachgemäß ausgetauschte Steuerketten oder Zahnriemen beispielsweise provozieren, bereits während des ersten Startversuchs, kapitale Motorschäden. Mit etwas Glück trifft's dann »nur« die Kolben und Ventile – im Extremfall verschrotten Sie allerdings den Zylinderkopf und/oder den Motorblock gleich hinterher.
Mit normalem Talent und Werkzeugequipment lassen Sie besser auch die Finger von undichten Zylinderkopfdichtungen oder »verbrannten« Ventilen – von ernsthaften Revisionsarbeiten am Kurbeltrieb ganz zu schweigen.
Anders gesagt: Immer dann, wenn Sie nicht ganz sicher sind, Ihrem »lahmenden« Motor fachgerecht helfen zu können, vergessen Sie Do it yourself – im Interesse Ihres Geldbeutels. Wir möchten Sie beileibe nicht zu unreflektierten »Werkstattgängern« umerziehen, sondern appellieren lediglich an Ihr Selbstverständnis. Unter dem Strich bleiben Ihnen eh noch genügend »Angriffspunkte«: Denken Sie nur an die Vielzahl der Prüf- und Wartungsarbeiten. Da ist Eigenregie besonders lukrativ – auch in »elektronisch dominierten« Motorräumen.

Motor durchdrehen

Ein Großteil besagter Prüf- und Wartungsarbeiten setzt exakte Steuerzeiten voraus. Ausgehend vom oberen Totpunkt (OT) des Kolbens im ersten Zylinder (Fahrtrichtung vorne) ergeben sich automatisch die Positionen der übrigen Kolben und der Ventile.
OT-Stellung 1. Zylinder: Der Kolben des ersten Zylinders steht dann auf OT, wenn sich die Ventile des vierten Zylinders überschneiden (Auslassventile schließen gerade, Einlassventile beginnen soeben zu öffnen). Die Ventile des ersten Zylinders sind dann geschlossen. Checken Sie das zusätzlich noch mit den Markierungen auf der Schwung- bzw. der vorderen Kurbelwellenriemenscheibe ab. Sollten da Diskrepanzen erkennbar sein, checken Sie die Steuerzeiten von Grund auf.

Arbeitsschritte

1 Liften Sie, wie zum Radwechsel, ein Hinterrad und legen den fünften/sechsten Gang ein. Wenn Sie jetzt das frei stehende Rad nach vorne drehen, rotiert die Kurbelwelle automatisch mit. Leichter geht's übrigens mit demontierten Zündkerzen. Sollten Sie Ihren BMW nicht »standfest« anheben können, legen Sie einfach den größten Gang ein und schieben den »Kleinen« gefühlvoll bis zur OT-Stellung vor. Der Tipp gilt nur für »Schalter« nicht jedoch für »Automaten«.

2 Selbstverständlich können Sie den Motor auch mit einer Stecknuss durchdrehen. Schalten Sie dazu in den Leerlauf und setzen die Nuss an der Generatorriemenscheibe an. Ohne Zündkerzen dreht der Motor »williger«, erst recht, wenn Sie auch noch den Antriebsriemen etwas in den Riementrieb pressen. Achten Sie jedoch darauf, dass Sie den Motor immer nur im Uhrzeigersinn drehen.

Praxistipp

Zündkerzen überprüfen

Profis erkennen schon am Kerzenbild den technischen Zustand eines Motors.
In früheren Jahren waren Zündkerzen sensible und hoch verschleißfreudige Bauteile, die technisch nach spätestens 12.000 Kilometern »abgewirtschaftet« hatten. Mit modernen Werkstoffen, bleifreiem Benzin, vor allem auch im Zusammenspiel mit elektronischen Hochleistungszündanlagen hat sich das freilich grundlegend geändert: Zwar reagieren die »Blitzableiter« immer noch allergisch auf Feuchtigkeit, beispielsweise nach einer Motorwäsche, doch Laufleistungen jenseits 80.000 Kilometer sind weitgehend normal. BMW empfiehlt den Wechsel nach 100.000 Kilometern (116i alle 80.000 km). Dennoch behalten Sie die Zündkerzen im Auge und checken ihre Kontakte etwa alle 50.000 Kilometer: Bei den 1er-Motoren beträgt der Elektrodenabstand rund einen Millimeter.

Mit diesen Zündkerzen läuft Ihr 1er

Motor	Leistung (kW/PS)	Zündkerzen Spezifikation
116i	85/115	NGK BKR6EQU / Bosch IZFR6H11
118i	95/129	NGK IZFR6H11 / Bosch FR7KPP3
120i	110/150	NGK IZFR6H11 / Bosch FR7KPP3
130i	195/265	NGK ILZSR6D11 / Bosch FR7NPP3
118d	90/122	Beru Schnellglühstifte
120d	120/163	Beru Schnellglühstifte

Überdrehzahlen und Motorlebensdauer

Außer mit häufigeren Tankstopps konfrontiert Sie ein »gnadenloser Bleifuß« über die Zeit mit teuren Reparaturen: Hochdrehende Motoren verschleißen schneller, der Kurbel- oder Ventiltrieb kann Schaden nehmen. »Günstigstenfalls« bricht nur eine Ventilfeder, reißt ein Ventil ab oder kollidiert – infolge »flatternder« Ventilfedern – mit dem Kolben. Prekärer wird's, wenn ein Kolben im Zylinder frisst oder, der absolute »Gau«, ein Pleuel reißt ab bzw. die Kurbelwelle bricht. Abweichend von der Dauerdrehzahl traut BMW den Ottomotoren Höchstdrehzahlen nahe 6.500 min^{-1} zu, der Diesel bremst sich selber bei etwa 4.600 min^{-1} ein.

Der Kompressionsdruck

Symptome, wie mangelhaftes Kaltstartverhalten oder unrunder Motorlauf, gestiegener Öl- und Kraftstoffverbrauch, weiße oder blaue »Auspufffahne«, erhöhte Wassertemperatur, schlechtere Abgaswerte sowie »schwächelnde« Leistung sind in der Praxis die heimlichen Vorboten eines drohenden Motorschadens. Die häufigsten Ursachen dafür sind: »Schlaffe« Kolbenringe, verschlissene Kolben, oval ausgeschliffene Zylinder, verkokte oder verbrannte Ventile, eine beschädigte Zylinderkopfdichtung, tropfende Einspritzventile oder abgebrannte Zündkerzen. Lassen Sie daher vorsorglich etwa alle 100.000 Kilometer den Kompressionsdruck prüfen. Das gilt übrigens nicht nur für Otto- sondern gleichermaßen auch für Dieselmotoren.

Richtwerte für den Kompressionsdruck

Gegen Ende des Verdichtungstakts entstehen in jedem Zylinder hohe Drücke, die während der Verbrennung des Kraftstoff-/Luftgemischs noch massiv ansteigen. Das bedeutet für Kolben und Kolbenringe, Zylinderwände, Ventile, Ventilsitze, Ventilschaftdichtungen sowie die Zylinderkopfdichtung eine hohe thermische und mechanische Belastung.

Die Kompressionsdruckwerte Ihres Autos unterscheiden sich, abhängig vom Verdichtungsverhältnis, geringfügig voneinander. Unsere Richtwerte gelten für Motoren in einwandfreiem mechanischem Zustand. Allerdings kommt es bei der Interpretation des Kompressionsdrucks weniger auf den absoluten Spitzenwert denn auf gleichmäßige Werte in allen Zylindern an. Abweichungen bis maximal 4 bar sind gerade noch vertretbar, darüber hinaus lassen Sie den Fehler besser von einem Fachmann »einkreisen«. Er wird im ersten Schritt Ihrem Motor mit einer Druckverlustmessung »auf die Kolben« fühlen und daraus seine Diagnose ableiten.

Nur versierten Hobbymonteuren zu empfehlen – Kompressionsdruckcheck

Versierte Hobbymonteure messen den Kompressionsdruck mit einem Helfer in Eigenregie. Der Helfer läst den Motor per Anlasser durchdrehen. Doch vorab schrauben Sie zunächst alle Zündkerzen (Diesel – Glühkerzen) aus dem Zylinderkopf.

Während des Checks tritt der Helfer aufs Kupplungspedal und lässt per Anlasser die Kurbelwelle rotieren. Derweil drücken Sie Zylinder für Zylinder ab. Der Motor sollte zur Messung Betriebstemperatur haben. Sinnvollerweise beginnen Sie mit dem ersten »Pott« (Fahrtrichtung vorne) und gehen dann der Reihe nach weiter vor. Zählen Sie die Kurbelwellenumdrehungen bis zum Aufbau des höchsten Drucks und nehmen den Wert als Maßstab für die anderen Zylinder: Je zügiger sich der Kompressionsdruck aufbaut, um so »gesünder« ist der Zylinder. Einem kernigen Motor reichen bis zum Maximaldruck allemal zwischen 6 bis 8 Kurbelwellenumdrehungen.

Messgrundlage – durchzugsstarker Anlasser, volle Batterie

Es ist zwar eine Binsenweisheit, wir weisen dennoch ausdrücklich darauf hin: Die Basis für aussagekräftige Messwerte sind ein durchzugsstarker Anlasser und eine geladene Batterie. Denn wenn die Kurbelwelle nur »müde« rotiert, baut sich im Ansaugrohr auch die Gassäule nur widerwillig auf – die Messung macht dann wenig Sinn. Sollten Sie große Abweichungen entdecken, kreisen Sie den Fehler mit einem Druckverlusttest weiter ein. Die Vorgehensweise mit diesem Gerät setzt allerdings einige praktische Erfahrungen voraus – deshalb unser Rat: Betrauen Sie einen Fachmann damit.

Do it yourself – so kommen Sie Fehlern auf die Spur

- Bei zu geringem Kompressionsdruck träufeln Sie mit einer Spritzölkanne etwas Motoröl ins Zündkerzenloch und wiederholen die Messung. Das dichtet den Raum zwischen Kolben und Zylinderwand besser ab.
- Verändert sich danach der Kompressionsdruck nicht, gehen Sie davon aus, dass der Druck an Ventilen, Ventilsitzen, Ventilführungen, am Zylinderkopf oder der Zylinderkopfdichtung entweicht.

■ Sind die Werte jedoch besser, gehen Sie von verschlissenen Kolbenringen oder Zylinderlaufflächen aus.

Kompressionsdruck messen

Beim Abklemmen des Zündmoduls erhält das Motorsteuergerät eine Fehlermeldung. Die Information muss Ihre BMW-Werkstatt aus dem Fehlercodespeicher löschen. Lassen Sie sich bei der Arbeit von einem Helfer unterstützen.

Arbeitsschritte

[1] Fahren Sie den Motor vor der Messung warm (Betriebstemperatur). Alle beweglichen Teile haben dann ihr Einbauspiel.

[2] Stellen Sie den Motor ab und ziehen die Handbremse an.

Ottomotor

[3] An Ottomoren demontieren Sie, wie beschrieben, alle Zündkerzen und ...

[4] ... auch den Anschlussstecker am Zündmodul.

Dieselmotor

[5] Anstelle der Zündkerzen entledigen Sie den Selbstzünder seiner Glühkerzen und ...

[6] ... ziehen zudem die Anschlussstecker von allen Injektoren ab.

Alle

[7] Anschließend pressen Sie den Gummikonus oder einen speziellen Dieseladapter des Druckprüfers auf das Zünd- bzw. Glühkerzenloch des ersten Zylinders (Fahrtrichtung vorne).

[8] Ihr Helfer legt den Leerlauf ein und tritt das Kupplungspedal voll durch.

[9] Er lässt die Kurbelwelle nun per Anlasser etwa 6 bis 8-mal rotieren. Wichtig bei Ottomotoren: Die beste Frischgasfüllung (äußere Gemischbildung) erreichen Sie bei voll getretenem Gaspedal – Ausnahme: Motoren mit elektronisch betätigtem Gaspedal (drive by wire).

[10] Sie lesen derweil den Messwert ab und notieren das Ergebnis. Bei einem Druckprüfer mit Messschreiber schalten Sie einfach auf den nächsten Zylinder.

[11] Verfahren Sie mit allen Zylindern gleich.

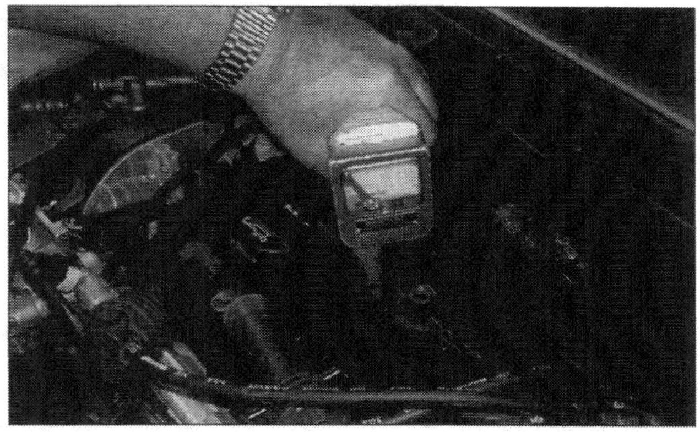

Luftdicht verschließen: Der Gummikonus des Kompressionsdruckprüfers muss das Kerzenloch abdichten. »Gesunden« Motoren reichen etwa 6 – 8 Kurbelwellenumdrehungen bis zum maximalen Kompressionsdruck. Checken Sie alle Zylinder der Reihe nach und zählen Sie die Kurbelwellenumdrehungen. Große Differenzen sind verdeckte Schadensymptome.

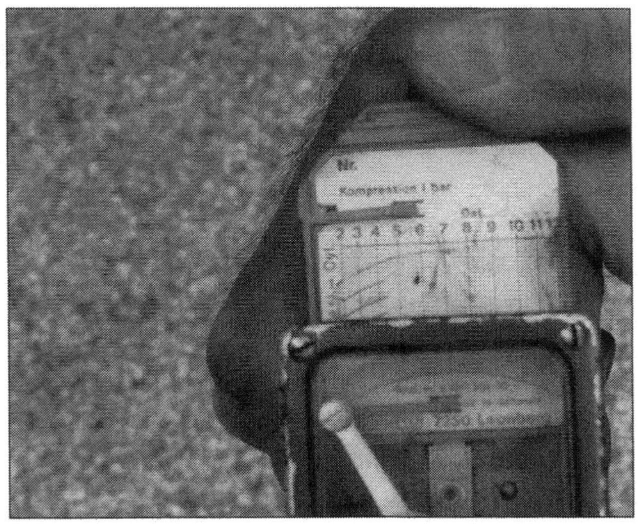

»Gleichmäßigkeitsprüfung«: Wichtiger als der absolute Spitzenwert sind gleichmäßige Druckverhältnisse in allen Zylindern. Sie sollten zudem mit etwa der gleichen Kurbelwellendrehzahl erreicht werden.

Soviel Druck baut Ihr Motor auf

Motor	Leistung kW/PS	Normal	Max. Druckdifferenz zueinander (bar)
116i	85/115	10 – 12	2
118i	95/129	9 – 18*	2
120i	110/150	9 – 18*	2
130i	195/265	9 – 18*	2
118d	90/122	20 – 22	3
120d	120/163	20 – 22	3

* je nach Stellung der Valvetronic.

Kompressionsdruck entweicht

Praxistipp

Wenn der Kompressionsdruck bereits (hör- oder sichtbar) entweicht, hat das erfahrungsgemäß folgende Ursachen:

- Rauschen im Ansaugkrümmer oder Ansauggeräuschdämpfer – undichtes Einlassventil.
- Blasenbildung im geöffneten Kühler oder Kühlmittelausgleichsbehälter – defekte Zylinderkopfdichtung oder Riss im Zylinderkopf.
- Rauschen aus dem geöffneten Öleinfüllstutzen oder der Ölpeilstaböffnung – verschlissene Zylinder, Kolben oder Kolbenringe.
- Rauschen aus dem Auspuffendrohr – undichtes Auslassventil.
- Zischen bei Turbomotoren – Leck auf der Frischluftseite des Turboladers.

Zylinderkopfdichtung

Störungs-beistand

Erkennungsmerkmal	Ursache/Besonderheiten
A Kühlflüssigkeitsstand wird regelmäßig ergänzt.	Kühlmittel gelangt in sehr geringer Menge in die Brennräume. Der Zustand kann sich ohne Merkmale über längere Zeit hinziehen.
B Beträchtlicher Kühlmittelverlust. Auch bei warmem Motor entweicht dem Auspuff ein weißer Abgasschleier.	Kühlmittel dringt in größerer Menge in einen Verbrennungsraum, verdampft dort und entweicht als »Wasserdampf« aus dem Auspuffendrohr.
C Aus dem geöffneten Ausgleichsbehälter steigen Luftblasen auf, beim Öffnen des Verschlussdeckels sprudelt Kühlmittel unter Druck aus dem Behälter oder Kühler.	Motor drückt Verbrennungsgase ins Kühlsystem. Aus der Einfüllöffnung riecht es nach Abgasen.
D Bunt schillernder Film schwimmt auf der Kühlflüssigkeit.	Motoröl gelangt ins Kühlsystem.
E Gräulich aussehende Emulsion setzt sich am Ölpeilstab ab, Motoröl ist von Wasserbläschen durchsetzt.	Kühlflüssigkeit gerät ins Motorröl. Zylinderkopfdichtung oder Zylinderkopf defekt. Schaden sofort diagnostizieren lassen. Wagen zur Reparatur in Fachwerkstatt abschleppen. Achtung: Wasser im Motoröl verursacht einen Lagerschaden.

DAS SCHMIER-SYSTEM

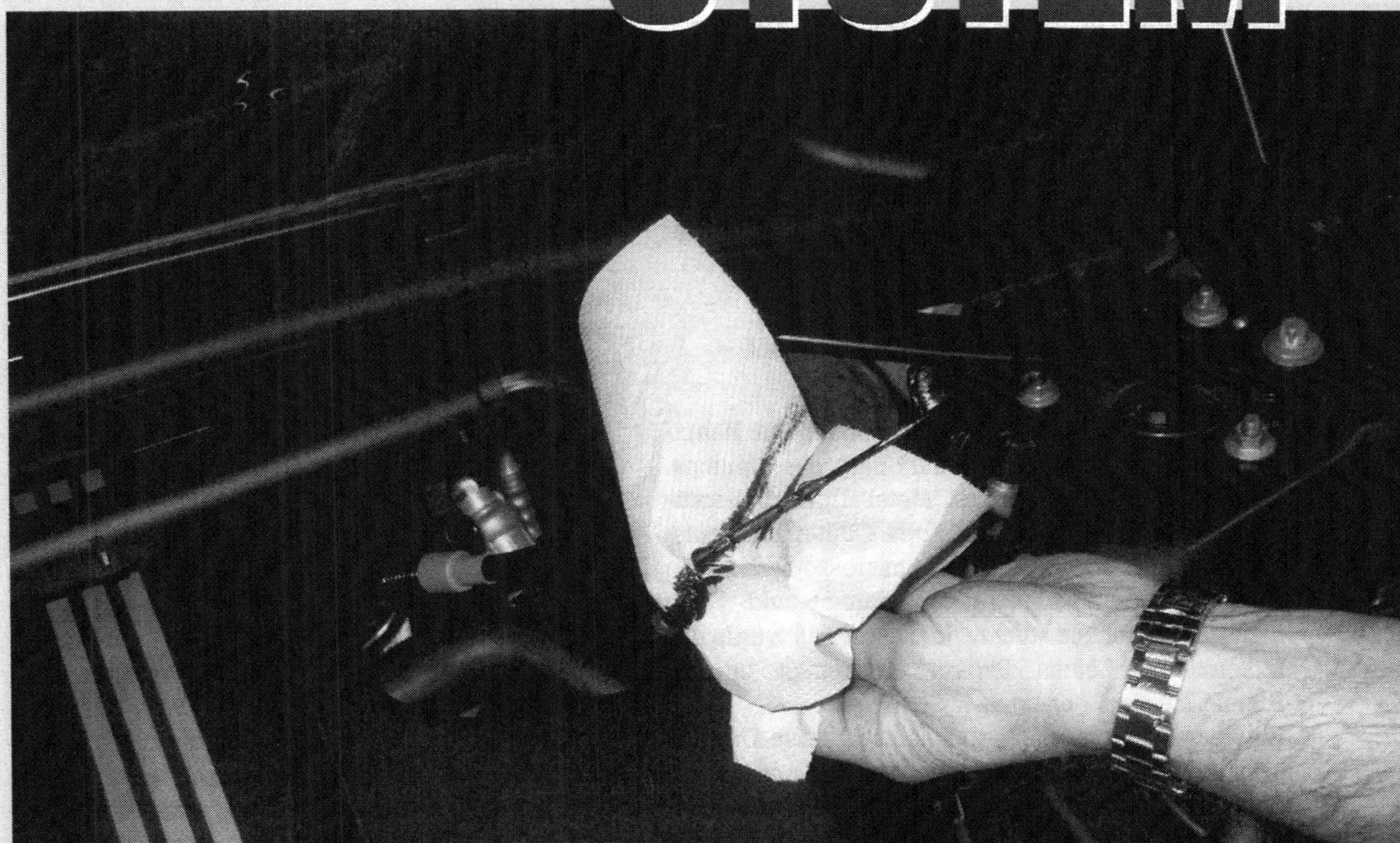

Wer gut schmiert – der gut fährt: Obwohl BMW-Motoren keine Ölsäufer sind und die Ottomotoren ihren Schmiersaftvorrat bereits »selber« checken, empfehlen wir Ihnen, spätestens nach jeder dritten Tankfüllung den Motorölstand zu prüfen. Solange der Ölpegel zwischen »MIN« und »MAX« am Ölpeilstab steht, haben Sie keinen Grund, Motoröl zu ergänzen. Die Differenzmenge zwischen den Markierungen beträgt etwa ein Liter. Füllen Sie niemals über »MAX« auf: Die Radialdichtringe an der Kurbelwelle und der Luftfilter könnten Ihnen das »verübeln«.

Wartung

Ohne ausreichende Ölversorgung »frisst« ein Motor schon nach wenigen Minuten fest – dann geht in seinem Inneren nichts mehr wie »geschmiert«. Damit das nicht passiert, hindert ein hauchdünner Ölfilm alle beweglichen Innereien vor »zerstörerischen Reibereien«: so zum Beispiel an den Kolben und Kolbenbolzen, den Zylinderlaufbahnen, an Pleuel- und Hauptlagern, der Kurbelwelle oder im gesamten Ventiltrieb.
Damit der Schmierfilm auch standfest bleibt, zirkuliert das **Motoröl** in einem filigranen Leitungs-, Kanal- und Bohrungslabyrinth. Den geregelten Transport dort hin organisiert eine **Ölpumpe**. In den meisten Motoren saugt sie das Öl direkt aus der **Ölwanne** (Ölsumpf) und pumpt es innerhalb der beschriebenen »Kreisbahn« zu den wichtigen Adressaten. Weil der Schmierstoff seinen Job nur möglichst sauber verrichten kann, passiert er regelmäßig einen **Ölfilter**.

Obligatorisch bei jedem Ölwechsel – neuer Ölfilter

Besagter Ölfilter sitzt bei BMW-Motoren im Hauptstromkanal des Ölkreislaufs, kurz nach der Ölpumpe. Der Filter bindet Rußpartikel, Metallabrieb und sonstige Fremdkörper aus dem Motoröl. Ölfilter funktionieren freilich nur so lange, wie ihre mikroskopisch feinen Papierlamellen noch nicht verschlammt sind. Dann nämlich machen sie »dicht«. In diesem Fall würde das Motoröl über einen Bypass ungereinigt in den Schmierkreislauf gelangen.
Ein verschlammter Ölfilter signalisiert seine Unpässlichkeit übrigens nicht: Darum erneuern Sie bei jedem Motorölwechsel grundsätzlich auch das Filterelement. Ansonsten würde das schmutzige Motoröl den Motor in kürzester Zeit mit einer zähen Ölschlammschicht »verkleistern«. Zudem setzt der Schlamm über kurz oder lang die Ölkanäle zu. Das schadet zunächst den Haupt- und Pleuellagern, dem Ventiltrieb sowie den Kolben und Zylinderlaufbahnen. Indirekt beeinträchtigt die Schlammschicht außerdem den Wärmehaushalt des Motors – das Öl wird zu heiß und verliert seine Scherstabilität: der Schmierfilm »reißt«.

Drucksache – der Ölkreislauf

Damit besagter Schmierfilm auch Höchstbelastungen standhält, gelangt das Öl druckvoll an die meisten Schmierstellen. Doch hoher Öldruck allein ist kein Garant für lange Motorlebensdauer. Im Gegenteil – ständig überhöhter Öldruck, beispielsweise bei kaltem und zähflüssigem Öl, würde dem Motor sogar schaden. Dem wirkt ein Überdruckventil (Bypass) im Ölfilteranschlussflansch entgegen.
Der Bypass öffnet bei etwa 4 bar und leitet das Öl auf die Saugseite der Ölpumpe um. In technisch gesunden Triebwerken gelangt das Öl bei mittleren Motordrehzahlen mit etwa 3 bar (Öltemperatur ca. 80 °C; Mehrbereichsöl SAE 10W-30) an die Schmierstellen. Im Leerlauf reichen, bei rund 80 °C Öltemperatur, 1 bar zur Grundversorgung schon völlig aus. Um den Öldruck und die Öltemperatur exakt bestimmen zu können, müsste Ihr 1er ein Ölmanometer und eine Öltemperaturanzeige an Bord haben. Serienmäßig Fehlanzeige – wie übrigens bei den meisten neuen Autos. Doch als Do it yourselfer sollten Sie davor nicht kapitulieren: Analoge Zusatzinstrumente sind im Zubehörhandel relativ kostengünstig zu kaufen und einfach nachrüstbar. Achten Sie allerdings beim Öldruckgeber darauf, dass er mit der vorhandenen Warnleuchte und dem Instrument korrespondiert.

Signalisiert nur den Mindestdruck – Öldruckwarnleuchte

Der serienmäßigen Öldruckwarnleuchte können Sie keine kontinuierlichen Messwerte abverlangen, sie glimmt zwischen 0,3–0,5 bar lediglich auf. Anders gesagt, wenn die Öldruckwarnleuchte erst »brennt«, steht der Motorkollaps kurz bevor: Denn schon bei 0,3–0,5 bar Betriebsdruck bekommen die Motorinnereien nicht mehr genügend Schmierstoff ab. Sobald die Kontrollleuchte beim leichten Gasgeben wieder erlischt, ist das Öl wahrscheinlich »nur« zu heiß bzw. zu dünnflüssig geworden. Checken Sie schnellstens den Ölstand und lassen es fortan beschaulicher angehen – ein »gesunder« Motor kühlt während der Fahrt wieder ab.
Erst, wenn die Öldruckwarnleuchte ständig brennt, …

- … halten Sie sofort an, stellen den Motor ab,
- … kontrollieren den Ölstand und …
- … ergänzen Fehlmengen noch am Straßenrand. Ansonsten fahren Sie piano die nächste Tankstelle an und füllen dort Motoröl nach.
- Falls die Ölkontrollleuchte jetzt immer noch brennt, schleppen Sie den Wagen in die nächste Werkstatt und lassen die Ursache von einem Fachmann diagnostizieren. Unter Umständen vermeiden Sie damit gerade noch einen schweren Motorschaden.

Begriffe und Normen rund ums Öl

Technik-lexikon

Viskosität: Bezeichnet das Maß für die Fließfähigkeit des Schmieröls. Im Winter ist dünn flüssigeres Motoröl erste Wahl. Es gelangt nach dem Kaltstart schneller an alle Schmierstellen im Motor. Sommertags dagegen ist dick flüssiges Öl angesagt, es stabilisiert den Schmierfilm bei hohen Temperaturen.
SAE-Klasse (Society of Automotive Engineers): Bezeichnet die Viskositätsklasse, zum Beispiel SAE 5 W-30. Je kleiner die erste Zahl, um so besser fließt das Öl bei Kälte (W = Winter). Ein Öl mit 0 W schmiert noch bei minus 30°, bei 5 W steigt dieser Wert auf minus 25°, bei 15 W auf minus 15 °C. Je höher die zweite Zahl, um so temperaturbeständiger ist das Öl bei hohen Temperaturen.
ACEA (Association des Constructeurs Européen d' Automobiles): Die 1996 eingeführte europäische Ölnorm löst die CCMC-Norm ab. Für Ottomotoren gibt's die Gruppen A1 (Kraftstoff sparendes Öl), A2 (gering belastetes Öl), A3 (Hochleistungsöl). Für Dieselmotoren gilt die Einteilung B1, B2 und B3.
CCMC (Comittée des Constructeurs d' Automobiles du Marché Commun): Die Spezifikation besteht aus den Buchstaben G (Benzine) und PD (Diesel) sowie einer Zahl. Je höher die Zahl, um so besser ist die Ölqualität.
API (American Petroleum Institute): Die Spezifikation besteht aus den Buchstaben S (Ottomotor) und C (Dieselmotor) sowie einem weiteren Buchstaben. Je höher dieser im Alphabet rangiert, um so besser ist die Ölqualität.

Ein »Saft« mit vielen Talenten – das Motoröl

Spätestens jetzt dürften Sie nicht mehr zweifeln – Öl ist das Lebenselixier eines jeden Motors! Der »Saft« reduziert die Reibungspunkte aller beweglichen Motorinnereien: zum Beispiel zwischen den Kolben und Zylinderlaufwänden oder an allen Lagerstellen des Kurbel- und Ventiltriebs. Zudem schafft Motoröl einen Dichtfilm zwischen den Kolben und Zylinderlaufflächen. Mithilfe dieser »Öldichtung« wirken die oberhalb der Kolben explosionsartig entstehenden Verbrennungsgase nahezu verlustfrei auf die Kurbelwelle ein. Damit freilich sind die Talente des Motoröls bei weitem nicht erschöpft. Öl schmiert nicht nur, es kühlt zudem die Motorinnereien. Außerdem hält es die während der Verbrennung entstehenden Schmutzpartikel in der Schwebe, bindet einen Großteil chemischer Verbrennungsrückstände und last but not least – Motoröl schützt die Motorinnereien gegen Rost.

Multitalente – die Mehrbereichsöle

Heutige Motorenöle sind aus Erdöl raffinierte Schmierstoffe. Doch bevor ihre Karriere als Motoröl beginnt, mischen ihnen die Ölhersteller noch spezielle Additive unter. Am Ende der Raffinationskette machen die Ingredienzien bis zu 20 Prozent aus. Additive schützen Öl unter anderem vor Oxidation oder verhindern sein Aufschäumen bei hohen Drehzahlen.
Eines der wichtigsten Motoröladditive sind die VI-Verbesserer (VI = Viskositätsindex). Sie stellen das Motoröl innerhalb eines bestimmten Temperaturfensters automatisch auf die vorhandene Motortemperatur ein: VI-Verbesserer besitzen die chemische Eigenart, unter Temperatureinfluss zu »quellen« oder zu »schrumpfen«. Gekonnt gemischt, überspannen VI-Molekülketten gleich mehrere Viskositätsklassen.
Additive haben jedoch die negative Eigenschaft, bei hohen Temperaturen schneller zu verschleißen. Damit verlieren sie einen Großteil ihrer Wirkung. Außerdem setzen der Motoröllebensdauer unverbrannter Kraftstoff, Kondenswasser, Verbrennungsrückstände oder einfach nur die Zeit überschaubare Grenzen. »Gealterte« Mineralöle halten den im Motor herrschenden Bedingungen nur noch unzureichend stand – erst recht im häufigen Kurzstreckenverkehr. Regelmäßige Ölwechsel sind daher kein verzichtbarer Luxus, sondern schlichtweg eine technisch/chemische Notwendigkeit – zumindest dann, wenn Ihr Motor reibungslos funktionieren soll.

Hochpreisig – synthetische Leichtlauföle

Synthetiköle sind im Prinzip nicht »künstlicher« als herkömmliche Mineralöle, aber durchweg teurer. Grund: Bei Synthetikölen wird in einem speziellen Crack-Verfahren der Molekülaufbau des Rohöls aufgelöst und mit speziellen Additiven neu »geimpft«. Als Äquivalent zum hohen Einstandspreis versprechen die Ölhersteller einen geringeren Öl- und Kraftstoffverbrauch, größere Temperaturbeständigkeit und eine längere Standfestigkeit: Theoretisch verkraftet das synthetische Gebräu damit längere Ölwechselintervalle. Sollten Sie sich den Luxus dieses Spitzenöls leisten, überziehen Sie die ohnehin schon sehr praxisbezogenen BMW-Wechselintervalle nicht ohne Augenmaß.

Ab Werk vorhanden – Motorölzustands-Überwachung (Service-Intervall-Anzeige)

Ihr 1er hat eine CBS-Anzeige (Condition Based Service) an Bord. Das System checkt, unabhängig von der Laufleistung, außer anderen Verschleißkomponenten ständig auch den Zustand des Motoröls. Langstreckenfahrer begünstigt das mitunter und Kurzstreckler versäumen damit keinen sinnvollen Ölwechsel. Unter normalen Umständen erinnert CBS nach etwa 30.000 Kilometern an den fälligen Ölwechsel – einerlei ob im Otto- oder Diesel-1er.

Wie das funktioniert? Im Auto »versteckt« ermitteln unterschiedliche Sensoren Ihren ganz persönlichen Fahrstil im Fahrbetrieb. Diese Infos analysiert das Motorsteuergerät, vergleicht es mit seinem »Festplattenwissen« und berechnet dann die verbleibende »Restlaufstrecke«.

Interessant? Dann achten Sie im Cockpit mal ganz bewusst auf die Digitalanzeige zwischen Tacho und Drehzahlmesser. Nach jedem Startvorgang lesen Sie dort nämlich für wenige Sekunden die verbleibende Restfahrstrecke bis zum nächsten Ölwechsel bzw. bis zur kommenden Inspektion ab.

Immer exakt im Bilde: Die Service-Intervall-Anzeige zwischen Tacho und Drehzahlmesser informiert unter anderem über die verbleibende Restlaufstrecke bis zum nächsten Motorölwechsel bzw. zur kommenden Inspektion.

Motoröl – achten Sie auf die Qualität und das »Kleingedruckte« auf der Dose

Verlängerte, flexible Motorölwechselintervalle setzen Motorölqualitäten voraus, die bisherige ACEA-Normen nur noch unvollkommen bereitstellen. BMW gibt für seine Motoren daher nur Motoröle mit »eigenem Prüfsiegel« frei: für die Ottomotoren bevorzugt Longlife-Öl der Kategorie BMW Longlife-01, BMW Longlife-01 FE oder BMW Longlife-04. Alternativ dazu »schmieren« die Ottomotoren auch BMW Longlife-98 sowie handelsübliche Schmierstoffe mit ACEA A3 Zertifikat. Die Selbstzünder möchte BMW mit den »Säften« BMW Longlife-04 oder alternativ mit Schmierstoffen der Spezifikation BMW Longlife-01, BMW Longlife-98 oder ACEA A3/B4 befüllt sehen. Falls Sie Ihrem 1er ohnehin »verkürzte« Ölwechselintervalle »verordnen« und die genannten Öle gerade nicht verfügbar sind, weichen Sie kurzerhand auf ein gebräuchliches ACEA-Öl aus. Für besagten Fall befolgen Sie jedoch unbedingt unseren Rat: Lesen Sie peinlich genau auch das »Kleingedruckte« auf der Öldose und kaufen Sie entsprechend ein! Eine Liste der von BMW freigegebenen Motorenöle finden Sie übrigens auch im Internet (www.BMW.de) oder bei Ihrem BMW-Händler.

Sobald das Motoröl den genannten Kriterien entspricht, können Sie Ölsorten verschiedener Hersteller durchaus mischen. Gehen Sie in dem Fall jedoch da-

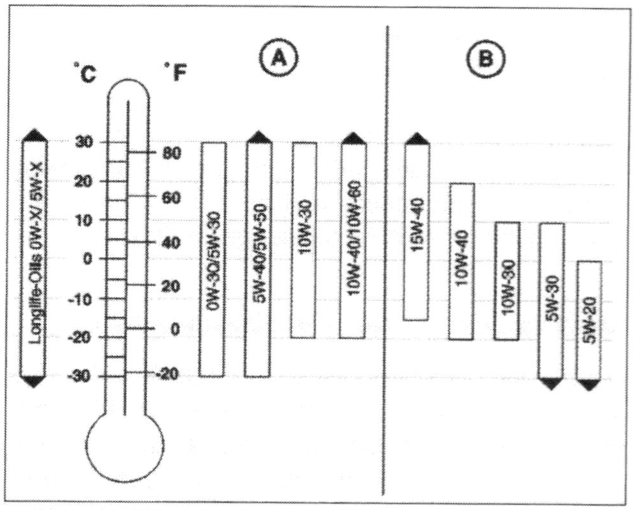

Immer im grünen Bereich: Die empfohlene Ölqualität ist abhängig von der durchschnittlichen Außentemperatur (A-SAE-Klassen gelten für den Diesel, B-SAE-Klassen dagegen für Ottomotoren). Je nach Außentemperatur können Sie die Viskosität entsprechend variieren. BMW-Motoren sind nicht unbedingt auf teures Synthetiköl angewiesen.

von aus, dass spezielle Eigenschaften der ursprünglichen Rezeptoren nachlassen können. Denn jedes Produkt basiert auf einer individuellen Additivrezeptur, deren Wirksamkeit im Mix mit anderen Ölen durchaus »ermüden« kann. Das gilt übrigens auch für die Kombination von Mineral- und Synthetiköl – die Melange bietet keinerlei Vorteile.

Völlig normal – geringer Ölverbrauch

Ganz ohne Ölverbrauch geht's auch bei modernen Motoren nicht: Teilweise gelangt der Schmiersaft auf natürlichem Weg und in vertretbaren Mengen in den Verbrennungsraum. Er wird dort zusammen mit den Frischgasen »verfeuert«. Ein undichter Motor, defekte Ventilschaftabdichtungen, verschlissene Ölabstreifringe, zu großes Laufspiel zwischen Kolben und Zylinderlaufbuchsen oder »ausgeleierte« Ventilführungen treiben den normalen Verbrauch in die Höhe. Schauen Sie einfach mal nach einem Lastwechsel auf der Autobahn in den Rückspiegel – blaue Rauchwolken aus dem Auspuffendrohr sind ein sicheres Indiz für überhöhten Ölverbrauch – auch bei modernen Dieselmotoren. Technisch gesunde Antriebe »verbrennen« innerhalb der vorgeschriebenen Ölwechselintervalle »unsichtbar« nur geringe Ölmengen (ca. 0,25 Liter/1000 km). Allerdings nur dann, wenn Sie das Öl vorschriftsmäßig wechseln und den Motor nicht übermäßig belasten.

Misstrauen ist angesagt – bei »null Ölverbrauch«

Vor allem im Winter, vornehmlich im Kurzstreckenverkehr, beobachten Sie dieses Phänomen am Ölpeilstab – der Motor erreicht dann selten seine Betriebstemperatur. Folglich »verbandeln« sich kondensierte Kraftstoffrückstände oder Wassermoleküle an den Zylinderwänden mit dem Motoröl zu einer Verschleiß provozierenden Melange. Im Extremfall kann das sogar den Ölpegel heben. Motoren, die grundsätzlich keinen Tropfen Öl konsumieren, sollten Sie misstrauen: Schließlich sprudelt insgeheim ja keine Ölquelle im Ölsumpf. Sollte Ihr 1er sein Öl »vermehren«, lassen Sie das Gebräu in kürzeren Intervallen ab – etwa schon nach 10.000 Kilometern oder halbjährlich. Setzen Sie sich in diesem ganz speziellen Fall auch über die Empfehlungen der Service-Intervall-Anzeige hinweg. Im Zweifelsfall gilt: Lieber das Öl einmal mehr wechseln als einmal zu wenig.

Nicht vergessen – regelmäßig den Motorölstand checken

Sollte Ihren 1er ein Ottomotor »befeuern«, »verwöhnt« er Sie mit einer dynamischen Ölstandskontrolle, checken Sie dennoch den Motorölstand nach jedem dritten Tankstopp oder nach längeren Autobahnfahrten mit hohen Tempi. Während der Einfahrzeit oder bei älteren Motoren mit erhöhtem Ölverbrauch ist es ratsam, den Ölstand mindestens alle 1.000 Kilometer zu checken. Ergänzen Sie den Ölvorrat frühestens, wenn der Ölpegel etwa mittig zwischen beiden Markierungen des Ölstabs steht. Ihrem Auto fehlt dann etwa ein halber Liter.

Arbeitsschritte | W | ständige Kontrolle

1 Kontrollieren Sie den Ölstand möglichst bei betriebswarmem Motor. Ihr Auto sollte dazu auf einem waagrechten Untergrund stehen. Bevor Sie den Ölstand checken, gönnen Sie Ihrem BMW vorher eine kurze Pause – das umlaufende Öl hat dann Zeit, sich im Ölsumpf der Ölwanne zu sammeln.

116i, 118i, 120i und 130i

2 Schalten Sie die Zündung ein und tippen im Blinkerhebel so oft die Taste (1) nach oben, bis im Anzeigenfeld, zwischen Tacho und Drehzahlmesser, »OIL« erscheint.

3 Danach drücken Sie im Blinkerhebel die Taste (2) »BC« in Richtung Lenksäule. Ihr »Befehl« setzt CBS in Aktion, nach max. fünf Minuten lesen Sie im Display den Ölstand ab.

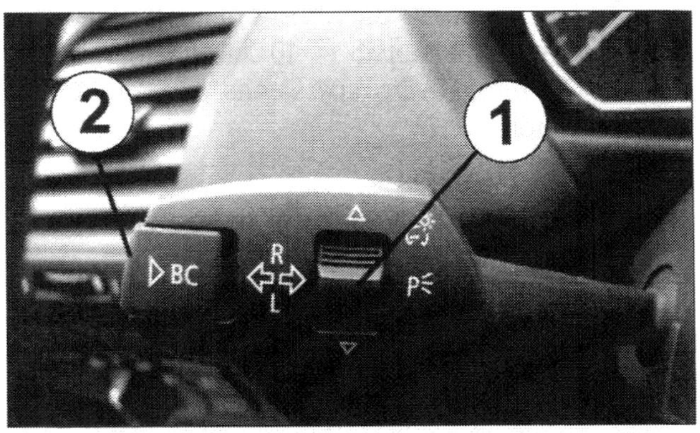

Per Servicesoftware gecheckt: der Motorölstand in den Ottomotoren.

118d; 120d

4 Ziehen Sie den Peilstab und wischen ihn mit einem sauberen, flusenfreien Lappen oder Papiertuch ab. Bugsieren Sie

den Stab danach wieder bis zum Anschlag in die Ölwanne, warten kurz und ziehen ihn dann erneut heraus. Vorsicht bei betriebswarmem Motor: Der Ölstab kann heiß sein.

[5] Liegt der Pegel im oberen Viertel zwischen Minimum und Maximum, reicht's allemal. Bei rund 50 Prozent ergänzen Sie maximal einen halben Liter. Dümpelt der Ölstand dagegen an der unteren Markierung oder gar noch weiter im Keller, ergänzen Sie den Ölstand sofort – Ihrem Motor fehlt dann rund ein Liter Motoröl.

[6] Füllen Sie Motoröl grundsätzlich nur bis zur oberen Peilstabmarkierung auf. Unsere Empfehlung: Halten Sie den Stand konstant im oberen Viertel. Das Öl wird dann auch im Sommer, bei hohen Außentemperaturen, nicht zu heiß. Ein überhöhter Ölpegel schadet jedem Motor: Das »Zuviel« sucht über Dichtflächen und Radialwellendichtringe »seinen« Weg ins Freie (verölte Kupplung, Riemenscheibe), oder wird mitunter über die Kurbelgehäuseentlüftung angesaugt und verschmutzt den Luftfilter inklusive Ansaugtrakt.

Nachfüllen (alle Motoren)

[7] Sollten Sie aus größeren Gebinden nachfüllen, benutzen Sie stets einen sauberen Trichter.

IMMER gemeinsam wechseln – Motoröl und Ölfilter

Mit freigegebenen Schmiersäften vertrauen Sie ruhig der CBS. »Folgen« Sie der Anzeige übrigens auch dann, wenn Sie überwiegend lange Strecken fahren sollten. In diesem Fall beanspruchen Sie das Öl zwar weniger, doch jenseits der 30.000 Kilometer ist auch ein gutes Motoröl nicht mehr topfit. Und für den Fall, dass Sie Ihre Kilometer ausschließlich in der Stadt oder auf Kurzstrecken sammeln (< 10.000 km/Jahr) verabreichen Sie Ihrem Auto spätestens alle 24 Monate neues Motoröl.

Ölwechsel – nicht immer lohnt Do it yourself

Do it yourself lohnt dann, wenn Sie ein preiswertes Öl mit den vorgeschriebenen Spezifikationen aus dem Zubehörhandel, Warenhaus oder von der Tankstelle nutzen. Zu einem konventionellen Ölwechsel (Öl aus der Wanne ablassen, Filtereinsatz wechseln, Öl an Sammelstelle entsorgen) müssen Sie Ihren Wagen aufbocken. Schneller und sauberer erledigen Sie den Ölwechsel an einer Tankstellen SB-Station – dort saugen Sie in der Regel den alten Saft mit einem Absauggerät aus der Ölwanne.

Die Methode ist zwar bequem, birgt jedoch einen gravierenden Nachteil: Ein Teil des Altöls verbleibt in der Ölwanne. Und wenn Sie dann aus lauter Bequemlichkeit auch den Ölfilter nicht mitwechseln, ist der Ölwechsel ohnehin »verschenkt«.

Am bequemsten sind Ölwechsel in der Fachwerkstatt, zumal dann auch sofort die CBS-Anzeige »genullt« wird. Doch für wenig Geld passiert dort nichts. BMW-Händler befüllen Ihr Auto in der Regel nur mit teuren Ölsorten und berechnen Ihnen zudem die Entsorgung des Altöls samt Ölfilter. Dennoch kann sich die Fahrt dorthin lohnen – zumindest dann, wenn Ihr Händler saisonal befristete Ölwechselaktionen inklusive Motoröl und Ölfilter anbietet. Fragen Sie also nach und kalkulieren im Vorfeld: Serviceorientierte Werkstätten erledigen die »Drecksarbeit« mitunter auch dann, wenn Sie Ihr Öl und den Filter selbst anliefern.

So viel Motoröl schmiert den 1er

Motor	Motoröl mit Filter* (l)
116i	4,25
118i	4,25
120i	4,25
130i	6,5
118d	5,5
120d	5,5

Motoröl und Ölfilter wechseln

Arbeitsschritte | 20.000 km 24 Monate

[1] Damit anlässlich des Ölwechsels möglichst alle Schmutzpartikel in der Schwebe sind, fahren Sie das Motoröl zunächst rund zehn Kilometer warm und bocken den Vorderwagen Ihres BMW auf einer ebenen Fläche auf. Bequemer geht's natürlich auf einer Hebebühne.

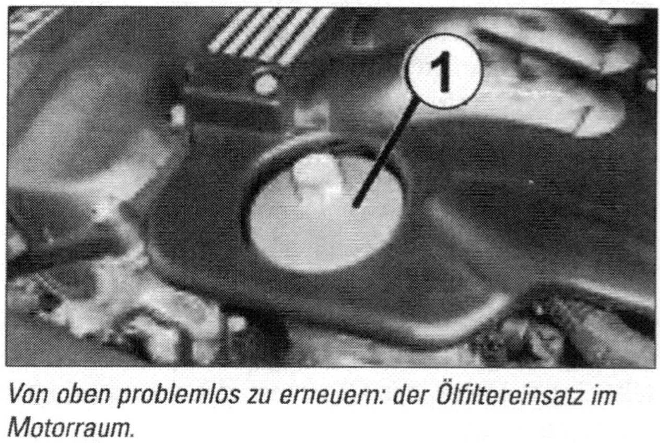

Von oben problemlos zu erneuern: der Ölfiltereinsatz im Motorraum.

(116i, 118i, 120i, 130i)

[2] Widmen Sie sich zunächst dem Ölfilter. Öffnen Sie das Filtergehäuse per Stecknuss (1) und ziehen den Filtereinsatz mitsamt Deckel heraus (Bild S.64).

[3] Über einem Auffanggefäß ziehen Sie die Filterpatrone (1) aus dem Filterdeckel (2). Entsorgen Sie den kontaminierten Einsatz umweltverträglich.

[4] Bevor Sie den neuen Filter montieren, erneuern Sie auch die O-Dichtringe (3) am Filterflansch.

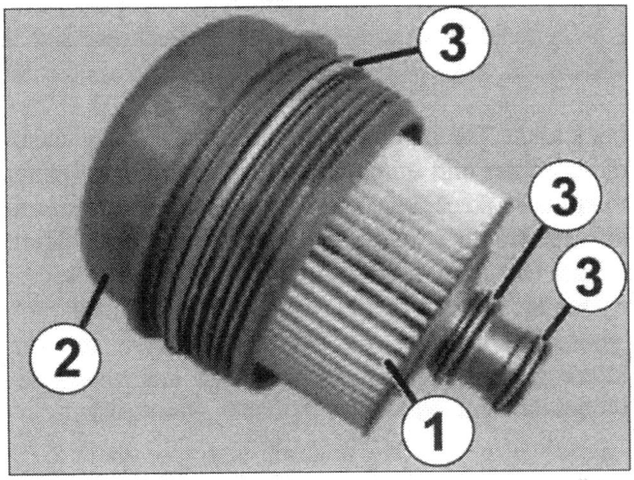

Servicefreundlich im Gehäusedeckel »gesteckt«: der Ölfiltereinsatz mitsamt O-Dichtringen.

118d, 120d

[5] Demontieren Sie mit einer passend bestückten »Knarre« den Ölfilterdeckel (Pfeil), ...

[6] ... ziehen dann den kontaminierten Filtereinsatz aus dem Gehäuse und entsorgen ihn umweltverträglich.

[7] Bevor Sie den frischen Filtereinsatz montieren, tauschen Sie noch schnell die drei O-Ringe im Filterflansch.

[8] Erledigt? Dann ziehen Sie den Deckel gefühlvoll fest.

Typisch Diesel: Ölfiltergehäuse in Fahrtrichtung links am Motorblock.

alle Motoren

[9] Jetzt platzieren Sie den Altölbottich unter die Ölwanne und ...

[10] ... öffnen zunächst die Serviceklappe (1) der Motorverkleidung (2).

[11] Erst jetzt lösen Sie die Ölablassschraube (3) mit einer Nuss. Drehen Sie die Schraube mit gebührender Vorsicht aus der Ölwanne. Wirklich vorsichtig, denn Sie wären nicht der Erste, dem heißes Motoröl die Hände verbrüht!

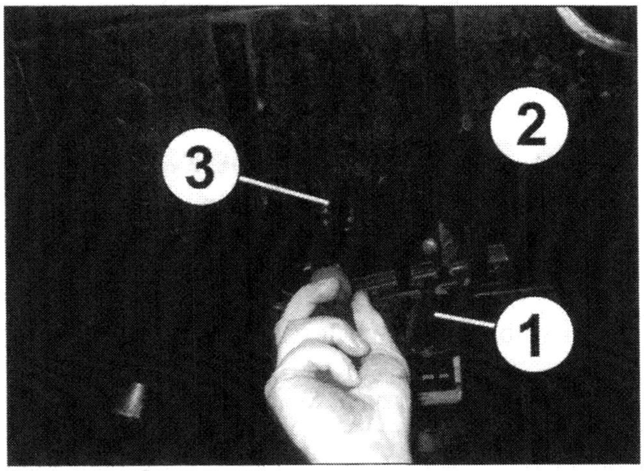

»Spült«den Ölschlamm besser aus der Wanne: heißes Motoröl.

[12] Montieren Sie die Ablassschraube »nur« mit einem neuen Kupferdichtring und ...

[13] ... spendieren dem Motor dann die vorgegebene Ölmenge (siehe Tabelle auf Seite 64).

[14] Bevor Sie den Wagen wieder auf die Räder stellen, lassen Sie den Motor kurz im Stand anlaufen. Die Öldruckwarnleuchte erlischt erst, nachdem das Ölfiltergehäuse gefüllt ist.

[15] Im letzten Schritt checken Sie den Ölfilter mitsamt Ölablassschraube auf Dichtheit ...

[16] ... und stellen Ihren 1er dann wieder auf die Räder.

CBS-Anzeige zurücksetzen

Nachdem Sie Ihrem Motor neues Öl spendiert haben, »nullen« Sie selbstverständlich die CBS-Anzeige.

Arbeitsschritte

[1] Dazu schalten Sie zunächst die Zündung aus und ...

[2] ... sofort wieder ein. Warten Sie dann so lange, bis im Kombiinstrument die Anzeige für den nächsten fälligen Service verschwindet.

[3] Jetzt drücken Sie die Rückstelltaste des Tageskilometerzählers für etwa vier Sekunden.

[4] Anschließend wählen Sie per Wippe im Blinkerschalter das zu »resettende« Menü aus – in diesem Fall ist's der Ölwechsel.

[5] Jetzt drücken Sie im Blinkerhebel solange die »BC« Taste, bis im Display »RESET?« erscheint.

[6] Um die Servicerückstellung zu »bestätigen«, drücken Sie, erneut die »BC« Taste, bis das angezeigte Uhrensymbol abläuft. Fertig, das war's.

Praxistipp

Altöl umweltverträglich entsorgen

Das Altöl kippen Sie natürlich nicht einfach in die »Gosse« sondern liefern es dort ab, wo sie das Frischöl gekauft haben. Sämtliche Verkaufsstellen müssen Altöl in der Menge des verkauften Frischöls entsorgen. Zudem können Sie Altöl, zusammen mit dem Ölfilter und ölverschmutzten Putzlappen, auch an einer Altölsammelstelle Ihrer Gemeinde oder Stadt entsorgen. Adressen erfahren Sie bei der Gemeindeverwaltung oder bei Automobilklubs.

Kein Grund zur Sorge – Ölschwitzflecken am Motor

Überschaubare Ölschwitzflecken unter der Motorhaube müssen Sie nicht akribisch »bekämpfen«: In überschaubaren Mengen sucht Motoröl sich – vornehmlich bei starken Temperaturschwankungen – an Gehäusedichtflächen und durch Dichtungsporen vorbei einen Weg ins Freie. Anders sieht die Sache aus, wenn sich im Motorraum oder unter dem abgestellten Wagen starke Ölspuren breit machen. Größeren Leckagen sollten Sie auf den Grund gehen, sie ziehen meist Folgeschäden nach sich. Am besten inspizieren Sie Ihren Motor nach einer Motorwäsche mit anschließender Probefahrt und legen die »Ölquelle« dann trocken.

Störungsbeistand

Schmiersystem

Störung	Ursache	Abhilfe
A Öldruckwarnleuchte bleibt bei eingeschalteter Zündung dunkel.	**1** Kontrollleuchte defekt.	Auswechseln.
	2 Steckverbindung korrodiert bzw. Kabelverbindung unterbrochen.	Überprüfen und reinigen, ggf. Kabel instand setzen.
	3 Öldruckschalter defekt.	Kontrollieren, ggf. auswechseln.
B Öldruckwarnleuchte glimmt bei warmem Motor im Leerlauf und erlischt bei höheren Drehzahlen.	Heißes und damit dünnflüssiges Öl.	Evtl. auf Öl mit höherer Viskosität umsteigen.
C Öldruckwarnleuchte geht nur bei höheren Drehzahlen aus.	Bypassventil in der Hauptstromleitung undicht.	Öldruck überprüfen lassen, ggf. Ventil auswechseln lassen.
D Öldruckwarnleuchte brennt nach Anspringen des Motors und geht auch beim Gasgeben nicht aus.	**1** Zu wenig Öl im Motor.	Ölstand prüfen, ggf. Öl nachfüllen.
	2 Ölansaugsieb der Ölpumpe zugesetzt bzw. Ölpumpe verschlissen.	Überprüfen bzw. erneuern lassen.
	3 Siehe A2 und 3.	Nur weiterfahren, wenn Ursache klar ist.

DAS KÜHLSYSTEM

Schnell zu erkennen und zu ergänzen: Der Kühlflüssigkeitsstand im Ausgleichbehälter unterhalb der Motorhaube. Falls Sie übers Jahr häufig kleinere Mengen mit destilliertem Wasser ergänzen mussten, beseitigen Sie die Leckage spätestens vor den ersten Frostnächten im Herbst und »spindeln« dann den verdünnten Frostschutzanteil. In unseren Breitengraden reichen erfahrungsgemäß -20 °C. Mit einer Mixtur ab -30 °C gehen Sie freilich ganz auf Nummer sicher.

Wartung

Reparatur

Unter normalen Betriebsbedingungen arbeitet ein technisch gesunder Motor stets im grünen Temperaturbereich. Damit die im Kühlmittel »gesammelte« Überschusswärme definiert in die Atmosphäre gelangt, arbeitet die Hardware des Kühlsystems in einem »Aggregateverbund«. An vorderster Front mit im Spiel sind der Wärmetauscher (Kühler), die Wasserpumpe, der Kühlerventilator, der Thermostat und der Kühlflüssigkeitsausgleichsbehälter. Auf welchen verschlungenen Wegen das Kühlmittel freilich im Motor zirkuliert, hängt allein von der tatsächlichen Motortemperatur ab.

Bei kaltem Motor – kleiner Kühlmittelkreislauf

Nach jedem Kaltstart pulsiert die Kühlflüssigkeit zunächst im kleinen Kühlkreislauf – bestehend aus dem »Wassermantel« des Motors und dem Heizungskühler. In dieser Phase sperrt der Thermostat den großen »Kreislauf« so lange, bis der Motor die normale Betriebstemperatur erreicht hat. Die »Sperre« hat einen technischen Hintergrund: Je zügiger der Motor auf Betriebstemperatur kommt, um so kürzer sind die verschleißträchtigen Kalt-/Warmlaufphasen. Zudem stoßen betriebswarme Triebwerke wesentlich weniger unverbrannte Kohlenwasserstoffe (HC) und Stickoxide (NO_X) aus als unterkühlte Motoren.
Erst ab rund 89 °C Kühlflüssigkeitstemperatur öffnet der Thermostat – zunächst nur »verhalten«. In dieser Phase steigt die Motortemperatur noch weiter an: Ab etwa 100 °C gibt der Thermostat den vollen Durchflussquerschnitt frei. Die heiße Kühlflüssigkeit passiert den Kühler dann »ungebremst« von oben nach unten. Währenddessen gibt sie einen Großteil ihrer Wärme an den kühleren Fahrtwind ab. Sollte der Wärmetausch allein über den Fahrtwind nicht mehr ausreichen, wird ab rund 110 °C ein elektrisch angetriebener Kühlerlüfter aktiv. Er beschleunigt den Luftdurchfluss im Kühlernetz so lange, bis die normale Betriebstemperatur – rund 90 °C – wieder ansteht und vom Thermostat auf Niveau gehalten wird.

Bei warmem Motor – großer Kühlmittelkreislauf

Die den Kühler von oben nach unten passierende Kühlflüssigkeit ändert auf ihrem Weg durch die Kühlerlamellen ihr spezifisches Gewicht: Mit abnehmender Temperatur wird sie dichter (schwerer) und »fällt« dementsprechend in den Wärmetauscher. Im 1er fließt die Kühlflüssigkeit aus dem in Fahrtrichtung linken Kühlwasserkasten in den rechten und von dort durchs Kühlnetz, den Ausgleichsbehälter zur Wasserpumpe. Ab hier strömt das Nass beschleunigt in den Motorblock und Zylinderkopf, um danach via Thermostat wieder im linken Kühlwasserkasten anzukommen – der Kreislauf ist geschlossen. Ein definierter »Nebenstrom« passiert vorab noch den Heizungswärmetauscher – sorgt im Winter für »warme Socken« – und schließt wieder zum Hauptkreislauf auf. Sollte während der Fahrt die Kühlflüssigkeitstemperatur unter die vorgeschriebene Betriebstemperatur fallen, verringert der Thermostat den Durchflussquerschnitt so weit, bis das Kühlmittel wieder die gewünschte Temperatur erreicht hat.

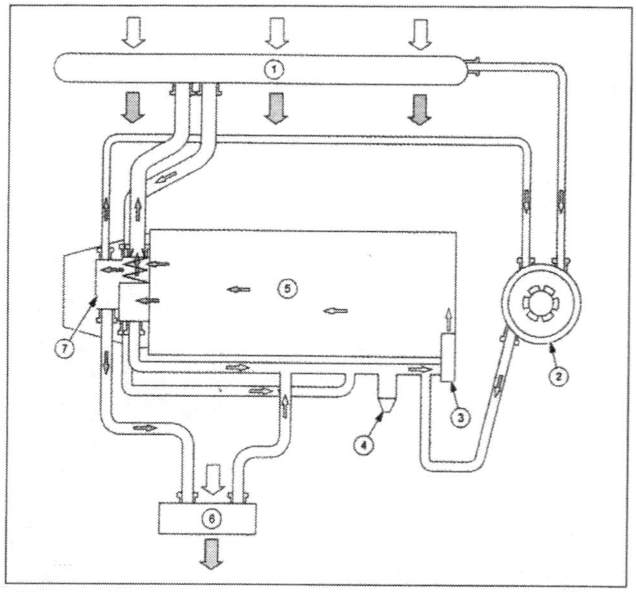

»Kreislaufwirtschaft«: Die Komponenten des Motorkühlsystems »kontaktieren« hydraulisch. (1) Wasserkühler; (2) Kühlflüssigkeitsausgleichsbehälter; (3) Wasserpumpe; (4) Zusatzheizer (Diesel); (5) Motorblock; (6) Heizungswärmetauscher; (7) Thermostatgehäuse.

Steht unter Druck – das 1er-Kühlsystem

Bei laufendem Motor baut das Kühlsystem einen definierten Überdruck auf. Sobald der Systemdruck 0,95 – 1,2 bar übersteigt, öffnet im Verschlussdeckel des Ausgleichsbehälters ein Überdruckventil und entlässt das »Zuviel« an die Atmosphäre. Ein gewollter Vorgang, denn der Überdruck hindert den an die Wasserstoffmoleküle gebundenen Sauerstoff schon bei rund

100 °C Reißaus zu nehmen. Dieser Trick erhöht den Siedepunkt der Kühlflüssigkeit und die Motorbetriebstemperatur – er senkt gleichzeitig den spezifischen Kraftstoffverbrauch. Das bei abgekühlter Flüssigkeit entstehende Vakuum gleicht ein zweites, so genanntes Vakuumventil im Verschlussdeckel aus.

Das Kühlmittel

Kühlflüssigkeit (Kühlmittel) besteht überwiegend aus einer Melange von Frost- und Korrosionsschutzmitteln sowie destilliertem Wasser. Werkseitig stellen die meisten Hersteller ihre Kühlflüssigkeit mit rund 50% silikatfreiem Kühlkonzentrat und 50% destilliertem Wasser ein. Das reicht allemal für einen zuverlässigen Schutz bis rund -30 °C. Erst bei etwa -38 °C würde die Flüssigkeit tatsächlich gelieren (Stockpunkt) – mithin ein Wert, dem hierzulande eher theoretische Bedeutung zu kommt. Das werkseitig im BMW verwendete Kühlmittel ist eine silikatfreie Langzeitfüllung und besser nicht mit jedem x-beliebigen Frostschutzmittel zu vermischen. Ergänzen Sie das Gebräu darum mit BMW-spezifischen Flüssigkeiten, generell jedoch nur mit »Mixturen« die leichtmetallfreundlich reagieren.

Kühlsystem auf Dichtheit checken

- Um zu checken, dass Ihr 1er auch tatsächlich den richtigen Vordruck im Kühler hat und hält, pumpen Sie das System zuerst per Druckpumpe auf exakt 1,5 bar auf. Wenn der Druck jetzt mindestens zwei Minuten konstant bleibt oder weniger als 0,1 bar abfällt, ist das System o.k., ansonsten misstrauen Sie allen Schlauchanschlüssen, dem Kühler, dem Ausgleichsbehälter mitsamt Entlüftungsventil und in letzter Konsequenz auch der Zylinderkopfdichtung.
- Undichte Wasserschläuche erkennen Sie an weißen Ablagerungen rund ums »Leck«.
- Doch auch wenn Sie keine »Schwitzflecken« erkennen können, checken Sie von Zeit zu Zeit die Wasserschläuche unter der Motorhaube: Ein flüchtiger Blickkontakt ist immer noch besser als »blindes Vertrauen«. Wenn Sie ganz sicher gehen möchten, kneten Sie die Verbindungsschläuche kräftig durch. Tauschen Sie harte, spröde oder rissige Schläuche besser sofort gegen Originalteile aus.
- Checken Sie, ob die Schlauchenden »satt« auf den Anschlussstutzen sitzen.
- Prüfen Sie auch die Schlauchschellen: Gelockerte oder angerostete Schellenbänder sind ein potenzieller Gefahrenpunkt. Früher oder später lassen sie die Schlauchenden von den Anschlussstutzen rutschen.

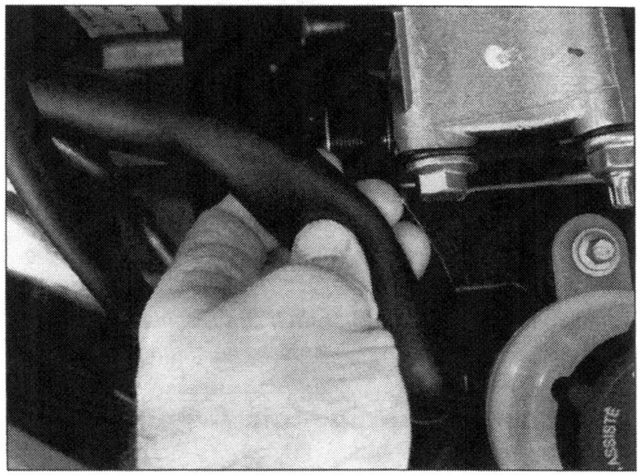

Drucksache: Zum Check walken Sie die betriebswarmen Kühlflüssigkeitsschläuche kräftig durch. Wenn Sie zu umsichtig damit umgehen, bleiben Ihnen mitunter feine Risse oder andere Beschädigungen verborgen.

Kühlflüssigkeit prüfen und ergänzen

Arbeitsschritte | ständige Wartung

[1] Checken Sie den Kühlflüssigkeitspegel nur bei kaltem Motor. Das Kühlsystem ist dann fast drucklos und die Kühlflüssigkeit hat im Ausgleichsbehälter ihr normales Volumen erreicht.

[2] Der »Schwimmer« muss mindestens eine halbvollen Behälter signalisieren und sollte die »gefüllt« Markierung nicht übersteigen. Kleinere Fehlmengen können Sie getrost bei warmem Motor ergänzen.

[3] Der Behälter steht bei heißem Motor freilich unter Druck. Öffnen Sie den Verschlussdeckel also mit großer Vorsicht, ansonsten besteht Verbrühungsgefahr: Die siedend heiße Kühlflüssigkeit sprudelt dann aus dem Behälter. Legen Sie darum vorher einen dicken Lappen über den Deckel.

Nachschub: Sollte der Flüssigkeitsstand im Ausgleichsbehälter die »MIN-Markierung« unterschreiten, ergänzen Sie das Reservoir mit vorgemischter Flüssigkeit. Achten Sie beim Öffnen des Behälters auf Bläschen und Ölschlamm – daran erkennen Sie eine defekte Zylinderkopfdichtung.

Alterungsbeständig – die Originalkühlflüssigkeit

BMW schreibt beim 1er keine Kühlflüssigkeitswechsel vor. Das gilt allerdings nur für die Originalflüssigkeit (Farbe: grün). Übrigens: Gealterte und anonym gemischte Kühlflüssigkeiten greifen neue Aluminiumbauteile (z. B. Thermostatgehäuse) an. Sollten Sie Ihrem Auto also irgendwann ein Neuteil einverleiben müssen das mit der Kühlflüssigkeit kontaktet, wechseln Sie – unabhängig vom Alter oder der Laufleistung – die Kühlflüssigkeit gegen die Originale aus. Und so wird's gemacht:

Kühlflüssigkeit wechseln

Arbeits schritte

Ottomotor

1 Schrauben Sie am Ausgleichsbehälter bedächtig den Verschlussdeckel ab. Bedächtig, weil der Überdruck derweil aus dem Kühlsystem entweichen muss. Lassen Sie sich unbedingt Zeit – bei heißem Motor besteht Verbrühungsgefahr.

2 Sobald hörbar kein Überdruck mehr entweicht, schrauben Sie den Verschlussdeckel ganz ab und …

3 … demontieren die untere Motorverkleidung.

4 Dazu lösen Sie die Befestigungsschrauben (1), (2) und (3) und ziehen die Verkleidung aus dem Stoßfänger heraus (Pfeile).

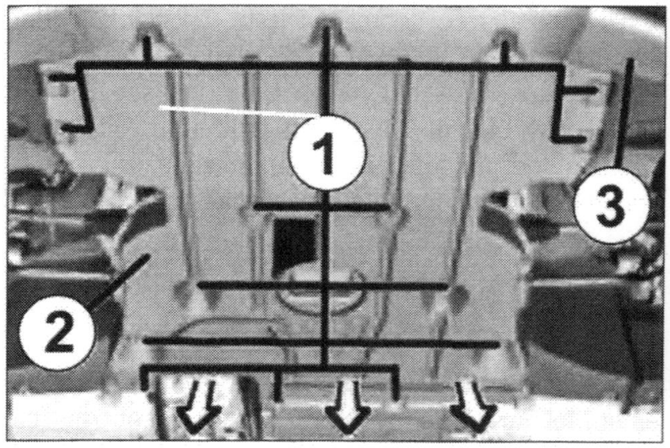

Schnell zu demontieren: die untere Motorverkleidung.

116i, 118i, 120i

5 Erledigt? Dann platzieren Sie unterhalb der Ablassschraube (1) am Motorblock ein Auffanggefäß und öffnen die Schraube.

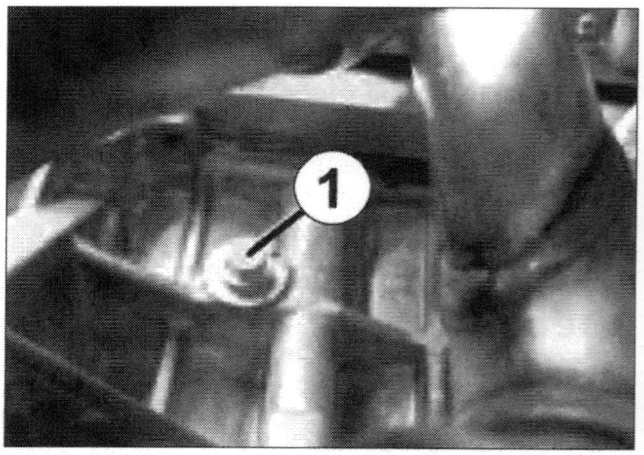

Sitzt bei Ottomotoren am Motorblock: die Kühlflüssigkeitsablassschraube.

6 Wiederholen Sie das Prozedere auch am Kühler. Öffnen Sie dort beide Ablassschrauben (2) – erst dann läuft der »Saft« sauber ab.

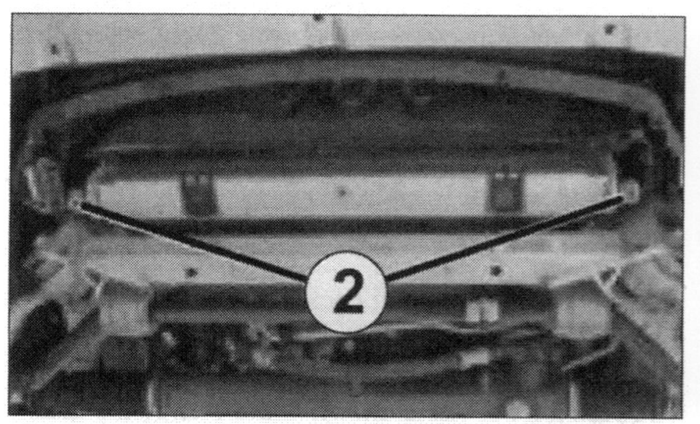

Zum Wechsel lösen: zwei Ablassschrauben am Kühler.

130i

[7] Lösen Sie am Kühler die Ablassschraube (1), entriegeln den Kühlmittelschlauch am Thermostatgehäuse und ziehen ihn ab. Lassen Sie das »Wasser« ablaufen und schieben den Schlauch wieder »satt« auf den Flansch.

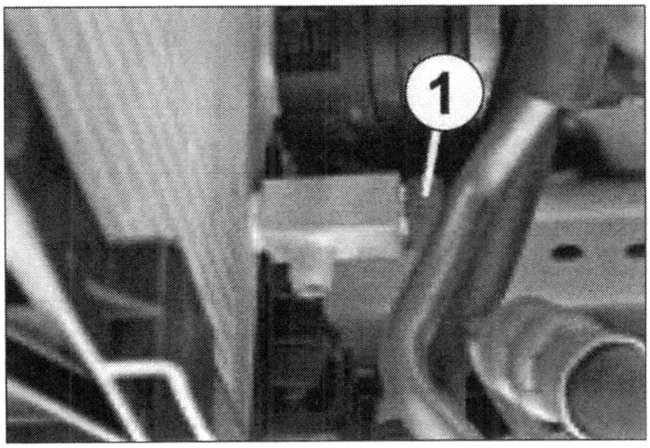

Nur eine Ablassschraube am Kühler: BMW 130i.

alle

[8] Erst wenn die Kühlflüssigkeit vollständig abgelaufen ist, montieren Sie die Ablassschrauben mit NEUEN Dichtringen.

[9] »Unten« sind Sie jetzt fertig! Darum montieren Sie die Motorverkleidung und ...

[10] ... füllen das neue Konzentrat bedächtig in den Einfüllstutzen.

116i

[11] Öffnen Sie Entlüftungsschraube am Ausgleichsbehälter (1) und ergänzen die Flüssigkeit bis zur »Max«-Markierung.

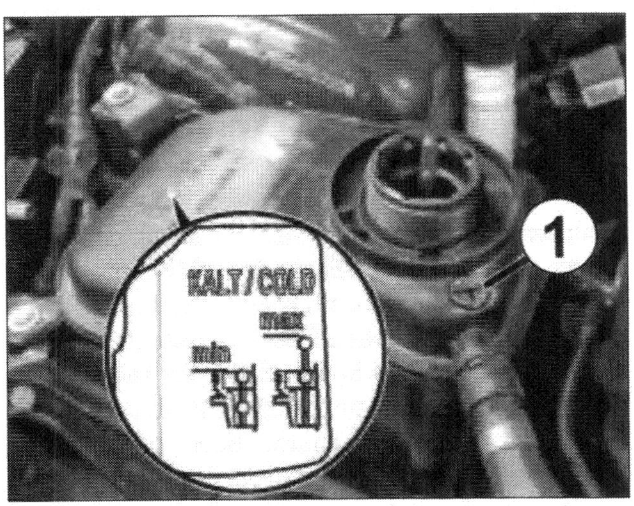

Direkt am Ausgleichsbehälter: die Entlüftungsschraube beim 116i.

118i, 120i

[12] Öffnen Sie am Öl-/Wasserwärmetauscher die Entlüftungsschraube (1) und ergänzen die Flüssigkeit bis zur »Max«-Markierung. Die Schraube finden Sie in Nähe des Ölfilters.

Sitzt beim 118i und 120i am Wärmetauscher: die Entlüftungsschraube.

116i, 118i, 120i

[13] Schalten Sie die Zündung ein und stellen die Heizung auf »Max«. Vergessen Sie dabei nicht, dass Heizungsgebläse einzuschalten.

[14] Eventuelle Fehlmengen ergänzen Sie über den Einfüllstutzen mit kalkarmem Leitungs- oder destilliertem Wasser. Verschließen Sie die Entlüftungsschraube und ...

[15] ... starten den Motor. Lassen Sie ihn mit Leerlaufdrehzahl so lange laufen, bis der Thermostat öffnet.

[16] Checken Sie den Kühlmittelstand dann bei abgekühltem Motor erneut. Das Kühlsystem ist erst dann vorschriftsmäßig befüllt, wenn der Flüssigkeitspegel bei kaltem Motor (unter 30°C) im Ausgleichsbehälter bei »Max« steht.

130i

[17] Ergänzen Sie die Flüssigkeit im Ausgleichsbehälter bis zur »Max« Markierung und ...

[18] ... schalten dann die Zündung ein. Jetzt regeln Sie die Heizung auf »Max« und aktivieren die automatische Entlüftung via Gaspedal. Wie? Ganz einfach, – geben Sie für etwa zehn Sekunden »Vollgas«. Selbstverständlich bleibt der Motor dabei aus! Der Entlüftungsvorgang läuft nun selbstständig ab.

[19] Nach etwa zwölf Minuten füllen Sie den Ausgleichsbehälter bis zur »Max«-Markierung, plus 250 Milliliter Kühlflüssigkeit, auf.

Dieselmotor

[1] Schrauben Sie am Ausgleichsbehälter bedächtig den Verschlussdeckel ab. Bedächtig, weil der Überdruck derweil aus dem Kühlsystem entweichen muss. Lassen Sie sich unbedingt Zeit – bei heißem Motor besteht Verbrühungsgefahr.

[2] Sobald hörbar kein Überdruck mehr entweicht, schrauben Sie den Verschlussdeckel ganz ab und ...

[3] ... demontieren – wie beschrieben – den Ladeluftkühler und die Motorverkleidung.

[4] Jetzt lösen Sie die Kühlerablassschraube (1) und lassen das »Wasser« ab.

Aus dem Kühler schrauben: die Ablassschraube.

[5] Erledigt? Dann platzieren Sie unterhalb der Ablassschraube (1) am Motorblock ein Auffanggefäß und öffnen die Schraube.

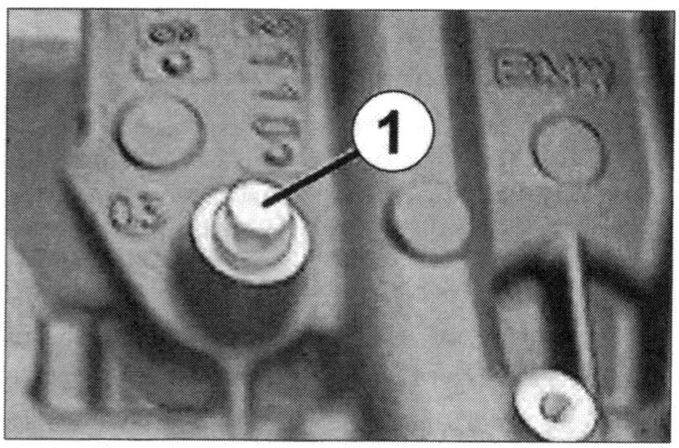

Sitzt seitlich am Motorblock: die Ablassschraube beim 1er Diesel.

[6] Wenn die Kühlflüssigkeit vollständig abgelaufen ist, montieren Sie beide Ablassschrauben mit NEUEN Dichtringen.

[7] »Unten« sind Sie jetzt fertig! Darum montieren Sie den Ladeluftkühler sowie die Motorverkleidung in umgekehrter Reihenfolge.

[8] Demontieren Sie das Ansauggehäuse und öffnen nun die beiden Entlüftungsschrauben (1) am Thermostat sowie am Kühlervorlauf.

Sitzen am Thermostat und am Kühlervorlauf: die Entlüftungsschrauben.

[9] Ergänzen Sie im Ausgleichsbehälter die Kühlflüssigkeit bis zur »Max«-Markierung und verschließen anschließend beide Entlüftungsschrauben.

[10] Öffnen Sie den Heizungsregler, starten den Motor und lassen ihn mit Leerlaufdrehzahl so lange dieseln, bis der Thermostat öffnet. Eventuelle Fehlmengen ergänzen Sie mit kalkarmem Leitungs- oder destilliertem Wasser. Das Kühlsystem ist erst dann befüllt, wenn im Ausgleichsbehälter der Flüssigkeitspegel konstant bleibt.

[11] Eventuell fällt der Kühlflüssigkeitspegel nach der ersten Tour wieder unter »MIN«. In dem Fall helfen Sie mit Wasser nach. Vergessen Sie nicht, »Ihre« Schlauchschellen noch einmal auf Dichtheit zu checken und die Verschlussdeckel fest zu verschrauben.

Damit trotzen Sie dem Winter – Frostschutz bis –30 °C

In unseren Breitengraden reicht allemal ein Frostschutz bis –30 °C. Auf Basis des BMW-Konzentrats entspricht das einer etwa 50%igen Mischung. Haben Sie ab und an jedoch den Flüssigkeitsstand mit Wasser ergänzt, reicht die Konzentration für kältere Tage mitunter nicht mehr aus. Prüfen Sie die Mischung darum mit einer Frostschutzspindel spätestens im Herbst. Falls erforderlich lassen Sie die Kühlflüssigkeit von Ihrer Werkstatt neu einstellen. Als Faustregel gilt: Etwa ¾ Liter Kühlkonzentrat erhöht den Kälteschutz um ca. 10 °C.

Gesamtfüllmenge – Mischungsverhältnis (bis -30° C)

Motor	kW/PS	Kühlkonzentrat (Liter)	Wasser (Liter)	Gesamtfüllmenge (Liter)
116i	85/115	3,5	3,5	7,0
118i	95/129	3,5	3,5	7,0
120i	110/150	3,7	3,6	7,3
130i	195/265	4,1	4,1	8,2
118d	90/122	3,6	3,6	7,2
120d	120/163	3,6	3,6	7,2

Vorsicht: Mischen Sie niemals die Originalkühlflüssigkeit mit »irgendwelchen« anonymen Produkten – der Korrosionsschutz und die Metallverträglichkeit leiden darunter. Im Zweifelsfall programmiert der Mix sogar kapitale Reparaturen. Wenn Sie also ergänzen müssen und den Zusatz nicht genau identifizieren können, wechseln Sie die Kühlflüssigkeit besser gleich komplett. Allemal bei Leichtmetallmotoren, ansonsten könnte Ihnen der Motorblock beizeiten wie eine trockene Semmel zerbröseln.

Kühlflüssigkeit ergänzen

Arbeitsschritte

1. Öffnen Sie die Kühlerablassschraube und …
2. … lassen rund 1 – 2 Liter Kühlmittel in eine Auffangwanne ab.
3. Verschließen Sie die Ablassschraube und ...
4. … befüllen das Kühlsystem mit der erforderlichen Konzentratmenge.

Motor verliert Kühlflüssigkeit

Praxistipp

Sollte Ihr BMW während der Fahrt größere Kühlflüssigkeitsmengen verlieren, ergänzen Sie den Flüssigkeitsstand auf keinen Fall mit kaltem Wasser: Der heiße Motor bekommt dann einen Kälteschock. Im Extremfall reißt sogar der Motorblock oder der Zylinderkopf verzieht sich. Im ersten Fall wandert der Motorblock auf den Schrott, die zweite Möglichkeit provoziert eine undichte Zylinderkopfdichtung: Kühlmittel tritt sichtbar aus oder vermengt sich mit dem Motoröl zu einer verschleißfördernden Emulsion. Geben Sie Ihrem Motor also genügend Zeit und füllen erst dann Wasser nach, wenn er gut abgekühlt ist. Auf jeden Fall jedoch lassen Sie einen Fachmann nach der Leckage suchen.

Thermostat

Störungsbeistand

Erkennungsmerkmal	Ursache/Auswirkungen
A Motorbetriebstemperatur wird nur langsam erreicht, Heizwirkung ungenügend.	Thermostat klemmt – Zufluss zum Kühler ist ständig geöffnet. Motor wird nicht richtig warm. Kurzfristig stellen sich keine Folgeschäden ein: Dennoch Thermostat baldmöglichst reinigen bzw. erneuern.
B Temperaturanzeige dauernd zu hoch. Kühlmittelstand o.k. Kühler und oberer Kühlerschlauch bleiben kalt.	Thermostat klemmt. Auf keinen Fall weiterfahren, sonst entstehen schwere Hitzeschäden am Motor. Thermostat erneuern.

Bringt den Motor zum »Kochen« – streikender Kühlerventilator

Das Kühlsystem Ihres BMW verkraftet locker längere Leerlaufpassagen, Kolonnenverkehr mit häufigem Stop-and-go sowie stressige Passfahrten. Steigt die Temperatur dennoch auf den Siedepunkt, kann ein »streikender« Kühlerventilator die Ursache sein. Sie müssen deshalb nicht gleich eine »Seilschaft« mit einem hilfsbereiten »Zeitgenossen« eingehen. Geben sie dem »kochenden« Motor stattdessen ausreichend »Abkühlzeit« und fahren danach zügig die nächste BMW-Werkstatt an. Derweil vermeiden Sie tunlichst Leerlauf und Schleichfahrt in hohen Gängen, denn Ihre vermeintliche Vorsicht brächte den Motor unbeabsichtigt ins Schwitzen – den Kühler passiert dann zu wenig Fahrtwind.

Vorsicht: Halten Sie bei gerade abgestelltem und heiß gefahrenem Motor niemals Ihre Hände in die Nähe des Kühlerlüfters! Der elektrische Ventilator kann auch bei ausgeschalteter Zündung unvermittelt anlaufen.

Kühlerventilator ausbauen

1 Klemmen Sie das Batteriemassekabel ab, …

mit Automatikgetriebe

2 … bocken dann den Vorderwagen rüttelsicher auf und demontieren die untere Motorverkleidung.

3 Lösen Sie am unteren linken Wasserkasten die Schraube (Pfeil) und clipsen den Schlauch (1) von der Kühlerzarge (2) ab.

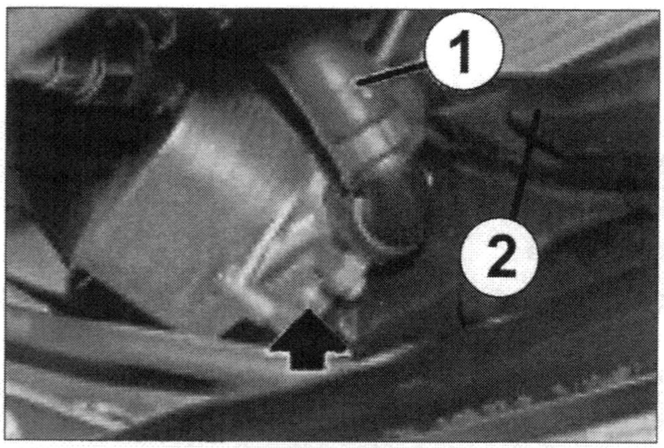

Schraube lösen und Schlauch ausclipsen: nur in Kombination mit »Automatikgetriebe« erforderlich.

alle

4 Demontieren Sie das Ansauggehäuse an beiden Schrauben (1) und ziehen den Schlauch (2) vom Flansch ab.

Mit zwei Schrauben befestigt: das Ansauggehäuse bei den Ottomotoren.

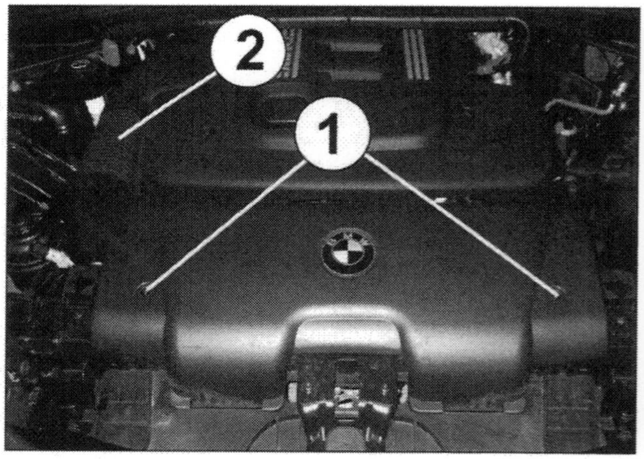

Auch am Diesel gut zugänglich: das Ansauggehäuse.

5 Erledigt? Dann lösen Sie das Lüftergehäuse an der Schraube (1) und klemmen den Anschlussstecker (2) vom Lüfter ab.

6 Bevor Sie »Alles« nach oben aus dem Motorraum liften, clipsen Sie noch schnell mit einem Schlitzschraubendreher den Schlauch (3) los.

7 Lösen Sie die Befestigungsschrauben vom Lüftermotor und beenden die Montage in umgekehrter Reihenfolge.

Nach oben vom Kühler abziehen: die Lüfterzarge.

Kühlwasserschläuche auswechseln

Platzt während der Fahrt ein Kühlwasserschlauch und Sie haben keinen Ersatz dabei, setzen Sie mutig auf »Notreparatur« mit Klebeband. Damit Sie nicht von vornherein für die Katz' arbeiten, lösen Sie den Verschlussdeckel des Ausgleichsbehälters bis zur ersten Raste, reinigen und trocknen den Schlauch so gut es geht und bandagieren erst dann die Leckage. Gehen sie ruhig großzügig mit dem »Pflaster« um. Ach ja, verschließen Sie den Ausgleichsbehälter erst wieder richtig, nachdem der Schlauch erneuert ist. Das Kühlsystem bleibt dann nämlich drucklos und Ihre Flickstelle hat eine »faire Chance«. Halten Sie während des Provisoriums stets die Motortemperatur im Auge und gehen keinerlei Risiken ein! Hernach montieren Sie nur Originalschläuche – die passen garantiert und verhärten nicht schon nach kurzer Zeit. Inspizieren Sie gleichfalls die Schlauchschellen kritisch – korrodierte Schellen gehören auf den Müll

Arbeits schritte

[1] Lassen Sie das Kühlmittel ab und fangen es in einem sauberen Gefäß auf.

[2] Lösen Sie die Schlauchschellen und ziehen die Schläuche ab.

[3] Festsitzende Schlauchenden lockern Sie mit einem Schraubendreher, den Sie vorsichtig zwischen Schlauch und Stutzen schieben. Sie »sprengen« damit die Oxidschicht zwischen Schlauch und Stutzen.

[4] Die neuen Schläuche setzen Sie grundsätzlich mit Vaseline an und schieben sie »satt« auf die Stutzen auf. Nehmen Sie das bitte ernst, ansonsten könnten Ihnen während der Fahrt die Schläuche »abrutschen«. Um das verlässlich zu vermeiden, setzen Sie die Schlauchschelle direkt hinter dem »Stauchring« der Flansche an.

Passen garantiert und halten länger: Originalformschläuche. Tauschen Sie darum verhärtete oder poröse Schläuche sinnvollerweise nur gegen Originale. Nicht so die Schlauchklemmschellen – hier sind Schraubschellen aus dem Zubehörhandel manchmal die bessere Wahl.

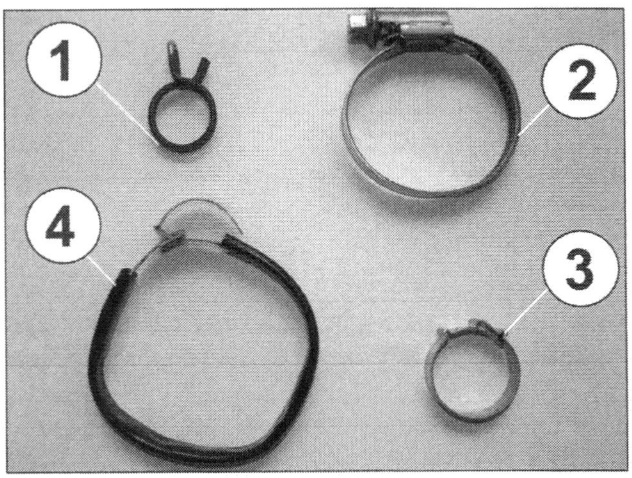

Ordentliche Klemmung: Wenn Sie Schläuche ersetzt haben oder die Klemmschellen (1) und (3) lösen mussten, tauschen Sie diese besser gegen Schraubschellen (2) aus. Geschraubte Schellen »quetschen« auf einer größeren Fläche und sind wiederverwendbar – zudem können Sie ihre Klemmwirkung feinfühliger dosieren. Offene Schellen (4) sind für Druckschläuche nicht geeignet.

Kühlsystem

Störungs beistand

Störung	Ursache	Abhilfe
A Motortemperatur laut Anzeige zu hoch.	**1** Zu wenig Flüssigkeit im Kühlsystem.	Wasser auffüllen – notfalls aus der Sprudelflasche.
	2 Anschlusskabel zum Anzeigeinstrument hat Masseschluss.	Kabelverlauf kontrollieren. Stecker versuchsweise ab- und wieder anstecken.
	3 Thermostat bleibt geschlossen (Kühler kalt).	Thermostat ausbauen und ohne weiterfahren, Wassertemperatur laufend prüfen. Evtl. Wagen in Werkstatt abschleppen lassen.
	4 Kühlerventilator schaltet nicht ein.	Ventilatormotor defekt, erneuern. Temperaturfühler defekt. Strom führendes Kabel am Fühler abziehen und direkt an Klemme des vom Fühler kommenden Kabels anschließen.
	5 Überdruckventil im Verschlussdeckel des Ausgleichsbehälters defekt.	Ventil prüfen (lassen), Deckeldichtung kontrollieren, ggf. Verschlussdeckel erneuern.
	6 Masseschluss in Geber der Temperaturanzeige.	Austauschen.
	7 Kühler verstopft oder Lamellen zugesetzt.	Kühler gründlich reinigen. Evtl. Werkstatt oder Kühlerbauer damit beauftragen.
B Motor kommt nur langsam auf Temperatur. Schlechte Heizleistung.	Thermostat schließt nicht völlig, dadurch ständig großer Kreislauf in Betrieb.	Thermostat säubern, ggf. ersetzen.

DAS MOTOR-MANAGEMENT

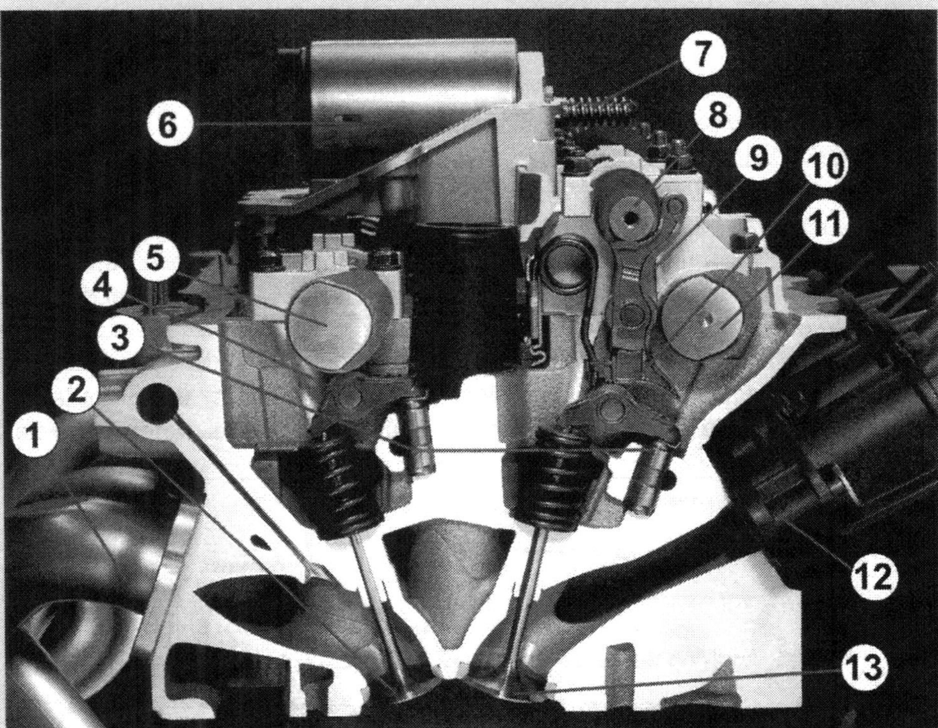

Hightech im Zylinderkopf: senkt den spezifischen Kraftstoffverbrauch, stabilisiert den Drehmomentverlauf und steigert die Leistung. Die Laufkultur des 1er-BMW optimieren Ottomotoren mit variablen Ein- und Auslassnockenwellen (Doppel-VANOS) und – ab 118i – hubvariablen Einlassventilen (Valvetronic). (1) Auspuffkrümmer, (2) Auslassventil, (3) hydraulischer Ventilspielausgleich, (4) Schlepphebel, (5) Auslassnockenwelle, (6) elektrischer Stellmotor, (7) Schneckensegment, (8) Exzenterwelle, (9) Zwischenhebel, (10) Schlepphebel, (11) Einlassnockenwelle, (12) Kraftstoffeinspritzung, (13) Einlassventil.

Wartung

Reparatur

Die Zeiten von Vergaser, Zündverteiler und Co. sind passé: Elektronische Motormanagements »herrschen« zwischen Tank und Auspuffendrohr. Hobbyschrauber »von altem Schrot und Korn« beglückt das weniger. Schließlich ermöglichen fest ins Motormanagement integrierte Zünd- und Kraftstoffanlagen Heimwerkern kaum noch »handgreifliche Angriffspunkte«. Merke: Ohne umfangreiches Detailwissen und Messequipment ist den Geheimnissen von Chips und Bits nur unzureichend oder gar nicht mehr nahe zu kommen. Do it yourselfer, die unsere Behauptung ignorieren, zahlen regelmäßig Lehrgeld – bei jedem Tankstopp oder zur fälligen AU.

Und nun die gute Nachricht: Motormanagements funktionieren weitgehend wartungsfrei und auf Jahre hinaus zuverlässig – so auch im 1er-BMW. Die »Ottos«bereiten ihr Futter in Multipoint-Saugrohreinspritzsystemen auf. Mit Multipoint umschreiben Techniker Kraftstoffsysteme mit mehreren Injektoren: Im Falle BMW zerstäubt pro Zylinder jeweils eine Einspritzdüse den Kraftstoff im Saugrohr. Der »Sprit« gelangt also nicht direkt in die Zylinder (Direkteinspritzung), sondern wird den Einlassventilen vorgelagert und vermischt sich dort bereits mit der Frischluft.

Ohne Elektronikassistenz würden auch die Diesel-1er keinen Mucks mehr machen. Allerdings bekommen die BMW-Selbstzünder ihren Krafstoff unter extrem hohen Druck direkt in die Brennräume injiziert: Common-Rail heißt das System, das den 1er-Dieseln flinke »Beine« macht.

Das klingt generell nach viel Technik, damit Sie der als 1er-Eigner nicht schon bei der kleinsten Unpässlichkiet hilflos ausgeliefert sind, ist es vorteilhaft, die theoretische Funktionsweise des Motormanagements zu kennen. Und sei's nur, um dem Werkstattprofi vorhandene Unregelmäßigkeiten beschreiben zu können: Mit Ihrem Wissen minimieren Sie dann auf jeden Fall teure Diagnosestunden.

Im Überblick – das Motormanagement (Motronic)

Die jeweils benötigte Kraftstoffmenge bestimmt die Motronic anhand der angesaugten Luftmasse, die ein Heißfilm-Luftmassenmesser unmittelbar im Ansaugrohr klassifiziert. Das Luftmassenmessergehäuse beinhaltet unter anderem eine elektrisch beheizbare Platte. Deren Regelelektronik steuert den Heizstrom

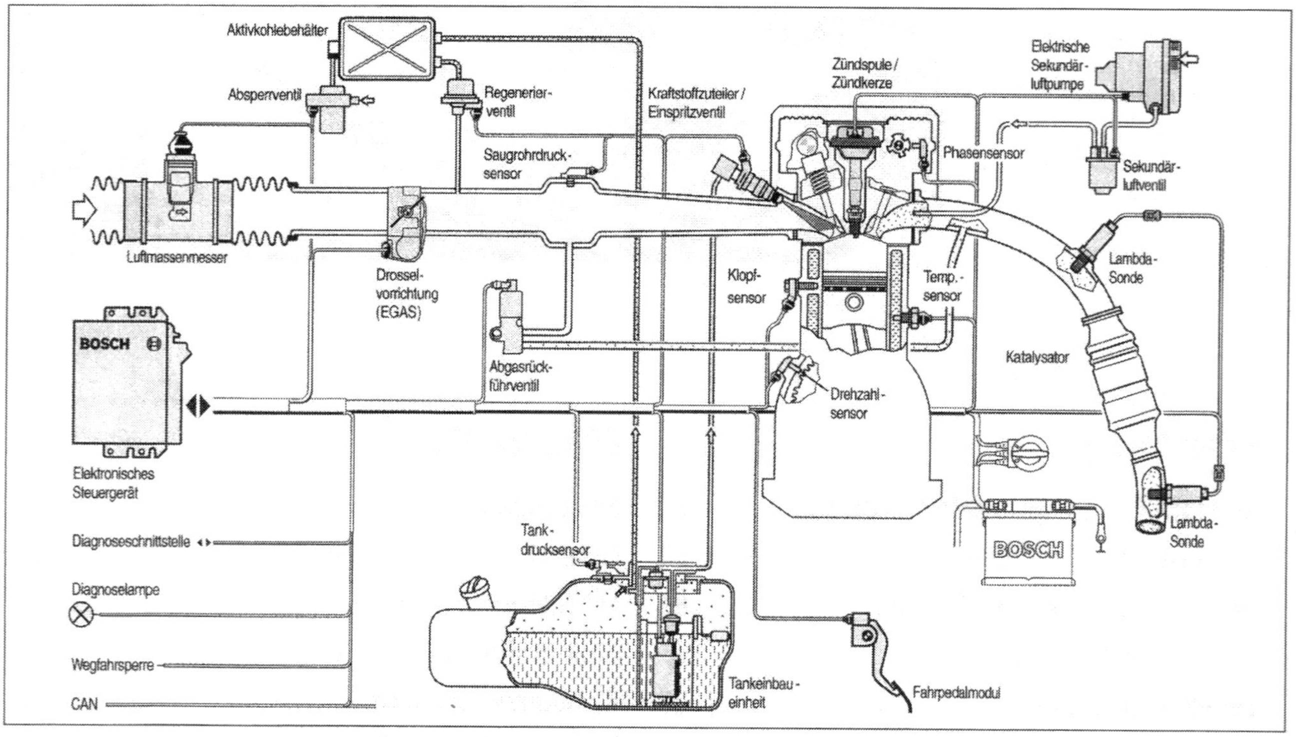

Verarbeitet eine Vielzahl von Informationen: das digitale Motormanagement. Einzelne Subsysteme stützen oder manipulieren das Ganze. Quittiert beispielsweise ein Sensor des sekundären Regelkreises seinen Job, halten Notlaufprogramme den Motor bei Laune. Unregelmäßigkeiten in einem primären Regelkreis, beispielsweise der »Motordrehzahl«, sind andererseits so entscheidend, dass der Motor abrupt verstummt oder erst gar nicht startet.

unabhängig von der angesaugten Luftmenge – die Plattentemperatur bleibt konstant. Sobald der Luftdurchsatz und die Luftqualität im Ansaugrohr variieren, beeinflusst das den Plattenheizstrom. Motronicsensoren registrieren die Schwankungen nahezu verzögerungsfrei, der Rechner erkennt daraus den Lastzustand des Motors und variiert die Einspritzmenge entsprechend.

Den Kraftstoff fördert eine elektrische Pumpe aus dem Tank über einen am Fahrzeugunterboden angebrachten Kraftstofffilter zu den Einspritzventilen. Ein Druckregler hält den Anlagensystemdruck konstant. Elektrisch »beaufsichtigte« Einspritzventile portionieren den Kraftstoff und »entlassen« ihn direkt vor die Einlassventile ins Ansaugrohr. Die jeweilige Einspritzmenge steuert die Motronic über die Einspritzdauer, bzw. die Öffnungszeit der Einspritzventile.

Den Informationsfluss zwischen den Sensoren (Fühlern) setzen Stellglieder (Aktoren) in »Befehle« an der Managementperipherie um. Sobald wichtige Sensoren ausfallen sollten, geht das Steuergerät – mit beschränktem Funktionsbereich – in ein Notlaufprogramm (Fail Safe): Sie bemerken die »Unpässlichkeit« der Motronic natürlich sofort an der Warnleuchte im Cockpit sowie an einem Leistungsverlust und unkultivierterem Motorlauf. Dennoch, bis zur nächsten Werkstatt schafft's Ihr 1er allemal, der Bordrechner mutet dem Motor nur soviel zu, wie er schadlos verkraften kann.

Das Fail-Safe-Programm speichert übrigens sämtliche Fehlfunktionen, also auch solche, die nur sporadisch oder ganz kurzfristig auftreten. Auch für den Fall, dass Ihr 1er momentan wieder »rund« läuft, spätestens beim nächsten Service oder bei der Abgasuntersuchung (AU) entlarvt Ihre Werkstatt, per Systemtester, all jene Unregelmäßigkeiten, die dem Motor irgendwann einmal zugesetzt haben.

Im Detail – die Komponenten des 1er Motormanagements

Steuergerät (Motronic-Zentralrechner): Die »Regiezentrale« des 1er-Motormanagements ist reprogrammierbar. Ein wichtiges Kriterium für den Fall, wenn zu einem späteren Zeitpunkt Kalibrierungen mit modifizierten Strategien eingesetzt werden sollen. Der Bordrechner verwertet ständig aktuelles »Datenmaterial« aus den unterschiedlichsten Motorkennfeldern (Drehzahl, Saugrohrdruck, Ansaugluft-, Kühlflüssigkeitstemperatur, etc.) und vergleicht sie mit einem fest installierten Datenpool. Nach dem Datenvergleich ermittelt und berechnet das Steuergerät unter anderem die Öffnungsdauer der elektromagnetisch betätigten Einspritzventile, die Kraftstoffmenge und das Kraftstoff-/Luft-Gemisch. Der Druck im Kraftstoffsystem bleibt annähernd konstant, demzufolge wird die Einspritzmenge über die Einspritzzeit variiert. Detailinformationen dazu liefern:

Luftmassenmesser: Ein elektrisch beheizter Draht »wiegt« die Qualität der Ansaugluft im Luftmassenmesser. Der Draht sitzt direkt im Luftstrom zwischen Luftfiltergehäuse und Drosselklappenstutzen. Im Leerlauf passiert den Heizdraht lediglich ein geringer Luftstrom, der nur wenig Auswirkungen auf die Drahttemperatur hat. Mit zunehmendem Tritt aufs Gaspedal jedoch ändert sich die Situation: die größeren Luftmassen kühlen den Draht intensiver ab. Das hat Einfluss auf seine elektrische Leitfähigkeit und die erforderliche Heizenergie. Anhand dieser Bezugsgrößen ermittelt die Motronic das tatsächliche Luftgewicht. Als Vorteil zur reinen »Luftmengenmessung« erfasst der Luftmassenmesser die Luftdruck- und Temperaturveränderungen in einem »Atemzug«. Die Signale des Luftmassenmessers beeinflussen

- die Kraftstoffeinspritzmenge,
- den Zündzeitpunkt,
- das Kraftstoffverdunstungs-System,
- das Unterdruckregelsystem und
- die Lambda-Regelung.

Kühlmitteltemperaturgeber: Er inspiziert die Motortemperatur und beeinflusst damit

- die Kraftstoffeinspritzmenge,
- den Zündzeitpunkt,
- das Kraftstoffverdunstungssystem,
- den Kühlerlüftermotor,
- die Warnleuchte »Motorsteuerung« im Kombiinstrument und
- diverse Sicherheitsfunktionen bei Motorüberhitzung.

Drehzahlgeber: Er erfasst induktiv die winkelgenaue Position der Kurbelwelle sowie die momentane Motordrehzahl. Seine Messdaten beeinflussen

- die Kraftstoffeinspritzmenge und den Einspritzzeitpunkt,
- den Zündzeitpunkt und
- die Leerlaufregelung.

Der Ausfall des Drehzahlgebers legt das gesamte Motormanagement lahm: Der Motor stirbt ab und lässt sich – bis zum Austausch des Sensors – nicht mehr starten.

Nockenwellengeber: Nockenwellengeber arbeiteten nach dem Induktivprinzip. Anhand ihrer Signale erkennt der Motronicrechner den 1. Zylinder. Die Geber sitzen jeweils an der Einlass-/Auslassnockenwelle.

Einspritzventile: Im Ansaugrohr jedes einzelnen Zylinders sitzt je ein Einspritzventil. Die Ventile reagieren auf elektrische Impulse, ihre »Reaktionszeit« liegt im Bereich zwischen 1 bis 1,5 Millisekunden. Im 1er spritzen die Ventile zweiflutig ein: Jeder Strahl »vernebelt« gezielt das Umfeld der beiden Einlassventile.

Kraftstoffverteilerrohr: Es »beliefert« alle Einspritzventile mit Kraftstoff. Zusatzaufgabe im System: Es fungiert als Kraftstoffspeicher und verhindert damit Druckschwankungen.

Kraftstoffdruckregler: Er sitzt unterhalb des Kraftstoffverteilerrohrs und hält den Druck im Verteilerrohr konstant.

Kraftstoffpumpe: BMW verwendet eine von der Motoronic angesteuerte elektrische Intank-Kraftstoffpumpe. Bei Unfällen oder Kraftstoffleitungsschäden unterbricht ihr Steuerrelais die Energiezufuhr – die Pumpe fördert dann keinen Kraftstoff mehr.

Tankentlüftung: Sie besteht im Wesentlichen aus dem Aktivkohlebehälter und einem Absperrventil. Der Aktivkohlebehälter speichert Kraftstoffdämpfe aus dem Tank und entlässt sie, bei laufendem Motor, in den Ansaugtrakt.

Lambdasonde (Sauerstoffsensoren): Der 1er hat deren Zwei. Sie messen, vor und nach den Katalysatoren, den Sauerstoffgehalt im Abgasstrom und füttern mit ihren »Beobachtungen« den Zentralrechner der Motronic. Ihre Signale beeinflussen die Kraftstoffeinspritzung und die Funktion des Kraftstoffverdunstungssystems. Die Lambdasonden haben starken Einfluss auf die Funktion und Lebensdauer des Katalysators. Um einwandfrei zu arbeiten, sind sie auf den ständigen Wechsel von leicht angefettetem und abgemagertem Gemisch angewiesen.

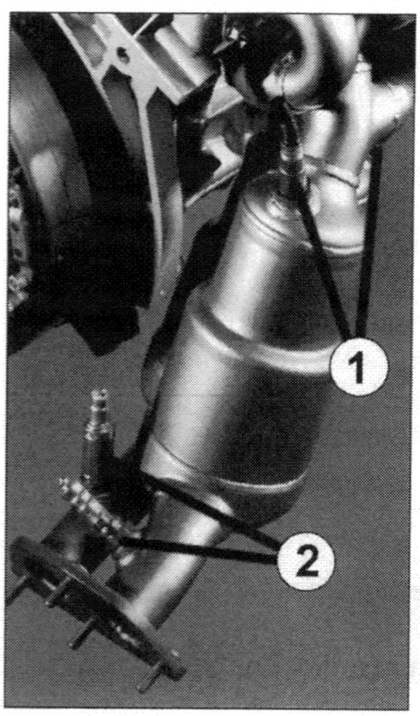

Im Doppelpack erfolgreich: Lambdasonden im Abgasstrang der Vierzylinder. Sonde (1) misst den Sauerstoffgehalt vor dem Katalysator, Sonde (2) checkt gewissermaßen die Motronic.

Zündanlage: Arbeitet im 1er ohne herkömmlichen Zündverteiler und bewegliche Einzelteile. Jeden Zylinder versorgt eine separate Zündspule mit Spannung

Zündspannungsüberwachung: Sie beaufsichtigt die Zündspannung und schaltet bei zu geringen Spannungswerten, wie sie etwa bei Schäden an den Zündkabeln auftreten können, die DME kurzerhand ab. Das »rettet« die Katalysatoren, sie können nicht »überfetten bzw. überhitzen«.

Klopfsensor: Im 1er treten Sie paarweise auf. Sie analysieren den Verbrennungsablauf und leiten bei unregelmäßigen Verbrennungen (Klopfgeräusche) via Motronic unmittelbar eine Zündkorrektur ein. Im BMW wird dann zusätzlich die Kraftstoffzufuhr des betreffenden Zylinders unterbrochen.

Doppel-VANOS (118i, 120i, 130i): Doppel-VANOS variiert hydraulisch die Nockenwellensteuerung der Ein- und Auslassnockenwelle. Dazu reguliert die DME den Öldruck an der VANOS-Stelleinheit über ein elektrisch betätigtes Ventil. Im Hinblick auf den Leerlaufkomfort, den Drehmomentverlauf und Verbrauch arbeiten Doppel-VANOS Motoren wesentlich effizienter als Triebwerke mit »starren« Steuerzeiten.

Valvetronic (118i, 120i, 130i): Die Valvetronic variiert die Hubbewegung der Einlassventile zwischen 0 bis 9,7 Millimeter. Das reduziert die Funktion der bei »normalen« Ottomotoren unerlässlichen Drosselklappe auf ein Minimum. Ein Großteil ihres Jobs geht an die Einlassventile. Sie quantifizieren die Frischluft in den Brennräumen über die Öffnungszeit und den Ventilhub. Übrigens mit deutlich weniger Verlustleistung als herkömmliche Drosselklappen. Valvetronic beeinflusste Einlassventile »taktet« nicht die Nockenwelle, sondern ein vertikal angeordneter Zwischenhebel. Besagten Zwischenhebel verbindet eine Lagerrolle mittig mit der Nockenwelle. Das untere Hebelende sitzt auf dem rollengelagerten Schlepphebel der Ventilbetätigung auf. Der eigentliche »Valvetronic-Trick« findet am oberen Hebelende statt. Hier stützt nämlich eine dritte Rolle den Schlepphebel gegen eine Exzenterwelle ab. Und diese Welle steht in Kontakt mit einem elektrischen Stellmotor, der den Exzenter lastabhängig verdreht und somit den Ventilhub stufenlos variiert.

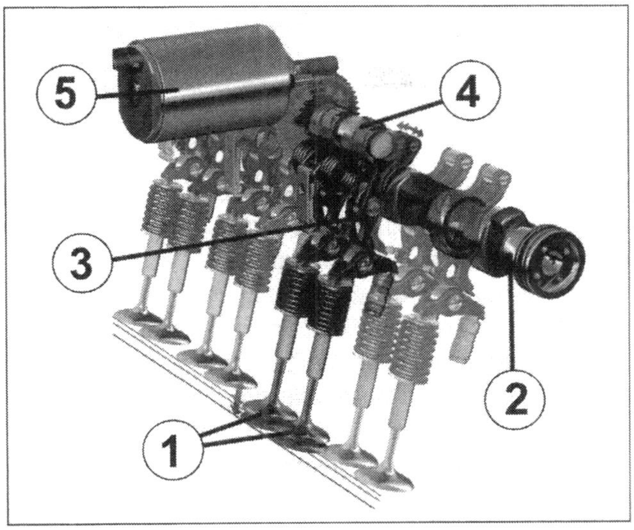

Schickt die Drosselklappe aufs Altenteil: BMW-Valvetronic. (1) Einlassventile, (2) Einlassnockenwelle, (3) Zwischenhebel, (4) Exzenterwelle, (5 elektrischer Stellmotor.

Elektrischer Drosselklappensteller (118i, 120i, 130i): Das DME-Steuergerät leitet die Drosselklappenstellung aus der Fahrpedalstellung und anderen Parametern ab. Zwei regelbare Widerstände überwachen auf den Winkelgrad genau ihre Position im Drosselklappenstellergehäuse. Der Drosselklappensteller bekommt seinen Einsatz vom DME-Steuergerät übermittelt. In Verbindung mit Valvetronic regelt er folgende Funktionen: 1. Motorstart (Warmlauf), 2. Leerlaufregelung, 3. Volllastbetrieb, 4. Notlauffunktion.

Drosselklappenmodul (116i): Das Modul steuert beim 116i per Gleichstrommotor die Drosselklappe. Der »Drosselklappenmotor« wandelt last- und drehzahlabhängig elektronische Signale in eine Drehbewegung an der Drosselklappe. Dafür zeichnen zwei Sensoren mit Selbstdiagnosefunktion verantwortlich. Entsprechend »gefüttert« gibt die Drosselklappe in Leerlaufstellung nur einen geringen und bei Volllast den gesamten Querschnitt des Drosselklappenstutzens frei. Beide Sensoren sitzen direkt am Drosselklappengehäuse, sie funktionieren wie ein veränderbarer Widerstand (Potenziometer): Je nach Winkelstellung der Drosselklappe »schiebt« ein Schleifer über eine Widerstandsbahn und variiert die Ausgangsspannung der Sensoren. Die Daten verarbeitet das Motorsteuergerät und leitet daraus die »passende« Kraftstoffration ab.

Schaltsaugrohr: Es variiert in Abhängigkeit von der Motordrehzahl die Ansauglänge der Ansaugrohre. Dazu befindet sich im Ansaugrohr eine pneumatisch betätigte Umlenkklappe. Im unteren Drehzahlbereich forciert ein langer Ansaugweg den Frischgaswechsel mit gewünschten Resonanzeffekten. Der »Trick« hat positiven Einfluss auf das Drehmomentverhalten – es bleibt über einen größeren Bereich nahezu konstant. Erst bei höheren Drehzahlen wird der Ansaugweg bewusst verkürzt, um das Leistungspotenzial des Motors voll nutzen zu können.

Ausschließlich im 116i: Gemischsteuerung per Drosselklappenmodul.

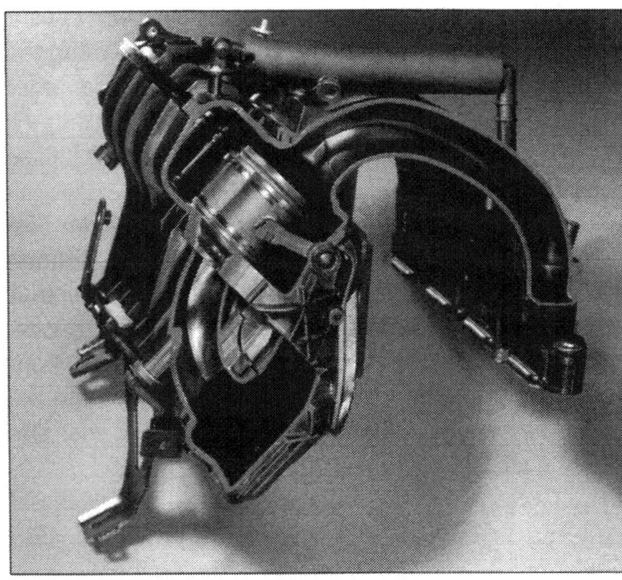

Stabilisiert das Motordrehmoment: Schaltsaugrohr im 120i.

Elektronisches Testequipment – Basis für reelle Analysen

Um Defekte im elektronischen Motormanagement einwandfrei analysieren zu können, führen Profis diverse Testprogramme in einer ganz bestimmten Reihenfolge aus. Do it yourselfer erkennen darin vielleicht nicht unbedingt die Logik mechanischer Funktionen, doch seien Sie sicher – elektronischen Bugs kommen Sie nur so auf die Spur.
Klingt frustrierend – oder? Völlig unbegründet, die Praxis beweist längst: Störungen an elektronischen Bauteilen treten selten auf – fachgerechte Bedienung vorausgesetzt ...

Augen auf – Sichtprüfung unter der Motorhaube

Bei allem berechtigten Respekt, sehen Sie fortan das technische Umfeld moderner Kraftstoffeinspritzanlagen für sich nicht generell als »Parc-fermé« – überlegen Sie nur mit entsprechendem »Augenmaß«, was Sie sich zutrauen können und sollten – generell. Stellen Sie zunächst die Sichtprüfung in den Vordergrund: Checken Sie zum Beispiel ab und an Schläuche und ihre Befestigungen auf korrekten Sitz und Ermüdungsrisse. Allen voran ...

- ... den Unterdruckschlauch zum Bremskraftverstärker, ...
- ... die Schläuche der Innenraumbe- und -entlüftung (sind sie verstopft, verschmutzt oder aufgequollen?), ...
- ... die Kraftstoffschläuche und Kraftstoffleitungen (erkennen Sie Scheuerstellen, Altersrisse oder »Schwitzspuren«?), ...
- ... die Druckregleranschlüsse (sind die Anschlüsse trocken?) und ...
- ... falls Sie irgendwann Kabelstecker unter der Motorhaube oder sonst wo trennen mussten, können Sie unbeabsichtigt schon den Grundstein für später auftretende »Kontaktschwächen« gelegt haben. Versuchen Sie die Stecker dann zunächst mit Kontaktspray wieder zu »motivieren« – biegen Sie die Kontaktzungen lediglich im »Notfall« mit viel Gefühl nach.

Täuscht den Bordrechner – Nebenluft im Ansaugsystem

Undichte Anschlüsse, Leitungen oder Schläuche im Umfeld des Ansaugsystems provozieren den Bordrechner zu falschen Steuerimpulsen. Denn Nebenluft in der Motormanagement-Pheripherie bringt jeden Bordrechner aus dem Takt. So zum Beispiel die Gemischaufbereitungsmodule: Mitunter setzen dann die Einspritzdüsen den Motor auf Diät. In dem Fall würde das Gemisch unkontrolliert abmagern und die Verbrennungstemperatur gleichzeitig ansteigen – ungünstigstenfalls sogar bis in Regionen, die Kolben und Ventile den Hitzetod bereiten. Fehlfunktionen im Einspritzsystem signalisiert Ihnen übrigens schon ein im Leerlauf »sägender« Motor. »Abgemagerte« Motoren ohne Antiklopfregelung neigen in der Beschleunigungsphase und unter Volllast zudem hörbar zum »Klingeln«. Seien Sie beim geringsten Anzeichen also schon »hellwach« und kreisen den möglichen Fehler systematisch ein.

Arbeitsschritte

1 Prüfen Sie zunächst sämtliche Schläuche an der Einspritzanlage und am Ansaugkrümmer auf Risse und festen Sitz. (Saugrohrdrucksensor, Bremskraftverstärker, Kraftstoff-Verdunstungsanlage, etc.). Erfahrungsgemäß werden Sie dabei schon »fündig. Falls nicht, ...

2 ... fahren Sie Ihren BMW etwa 10 Kilometer warm und lassen den Motor anschließend im Leerlauf »brummen«. Öffnen Sie derweil die Motorhaube und ziehen, mit hitzeresistenten Handschuhen, den Stecker der ersten Lambdasonde (unmittelbar am Abgaskrümmer) ab. Daraufhin wird sich die Leerlaufdrehzahl hörbar ändern. Ansonsten ...

3 ... besprühen Sie im Umfeld der Einspritzanlage nacheinander sämtliche Schlauchverbindungen und Flanschdichtungen mit einem handelsüblichen Bremsenreiniger: Achten Sie aufmerksam darauf, an welchem Anschluss sich die Motordrehzahl ändert. Exakt dort nämlich zieht der Motor Nebenluft.

Leerlaufdrehzahl prüfen

Die Leerlaufdrehzahl justiert, je nach eingeschaltetem Verbraucher (z. B. Scheinwerfer, AC oder Servolenkung) das Motormanagement. Ottomotoren drehen im Stand mit etwa 850 +/- 100 min.$^{-1}$, die Turbodiesel lassen ihre Kurbelwellen mit rund 760 min.$^{-1}$ rotieren. Checken Sie das nur mit einem exakten, extern angeschlossenen Drehzahlmesser, ansonsten liefert das Ergebnis nicht mehr als eine Trendbeschreibung. Werkstätten nutzen einen stationären Motor- oder den BMW -Systemtester. Betrachten und justieren Sie etwaige Drehzahldifferenzen bitte nicht isoliert, sondern kreisen die Fehlfunktion systematisch im gesamten Motormanagement ein. Experten zumindest gehen so vor – es sei denn, die Batterie war abgeklemmt: Dann beansprucht der Bordrechner einfach nur etwa zehn zusammenhängende »Trainingskilometer«, um zu alter Form zurückzufinden.

Systematisch einkreisen – Leerlaufschwankungen

Nachdem die Batterie länger als eine Stunde abgeklemmt oder tief entladen war, lassen Sie dem Bordrechner besagte zehn Kilometer Zeit um das »müde« Motormanagement mit »offiziellen« Basisdaten wieder auf Kurs zu bringen. Sollte die Eigentherapie wider Erwarten nicht fruchten, gehen Sie folgendermaßen vor:

Arbeits-schritte

[1] Checken Sie den Zustand aller Luftschläuche mitsamt Anschlüssen und ...

[2] stellen sicher, dass alle elektrischen Anschlüsse einwandfrei sitzen und nicht korrodiert sind. Tiefer gehende Kontrollen sind nur mit einem speziell auf das Steuergerät abgestimmten Motortester sinnvoll.

[3] Zu geringer Kraftstoffvordruck führt übrigens gleichfalls zu Leerlaufschwankungen. Lassen Sie Ihre Werkstatt dann einen Drucktest ausführen.

Drosselklappenmodul checken (116i)

Arbeits-schritte

[1] Starten Sie den Motor und lassen ihn mit Leerlaufdrehzahl brummen.

[2] Schalten Sie möglichst viele Stromverbraucher ein und drehen auch das Lenkrad von Anschlag zu Anschlag.

[3] Die Leerlaufdrehzahl darf derweil kurzfristig absinken, ein intaktes Drosselklappenmodul regelt den Wert jedoch wieder »hoch«.

[4] Ziehen Sie vom Drosselklappenmodul die Steckverbindung ab. Mit intaktem Modul verstummt der Motor jetzt sofort.

[5] Falls nicht, lassen Sie eine BMW-Werkstatt das Drosselklappenmodul checken.

Einspritzventile aus- und einbauen

Wir beschreiben die Arbeit am Beispiel der Ottomotoren. Im Falle der Common-Rail-Diesel empfehlen wir Ihnen, einen BMW-Händler oder Bosch Car-Service-Stützpunkt aufzusuchen. Die Mannen dort besitzen das erforderliche Know-how, verfügen über die erforderlichen Spezialwerkzeuge und eine entsprechend »große« Werkbank.

Arbeits-schritte

[1] Klemmen Sie das Batteriemassekabel ab und folgen den Arbeitsschritten »Windlauf demontieren« bis Schritt 7.

116i, 118i, 120i

[2] Demontieren Sie die vier Schrauben (Pfeile) der Motorverkleidung (1).

Von vier Schrauben gehalten: die Motorverkleidung.

[3] Bevor Sie jetzt fortfahren, lassen Sie aus dem Kraftstoffsystem noch schnell den Vordruck entweichen. Als geschickter Do it yourselfer umwickeln Sie an den Kraftstoffleitungen den Schraubanschluss mit einem saugfähigen

Lappen und entriegeln die »Pipeline« am Verteilerrohr (1). Erledigt? Dann verschließen Sie die Kraftstoffleitung mit einer passenden Schraube. Erfahrungsgemäß »dichtet« die Schraube besser, wenn Sie mit einer »Lage« Papierklebeband umwickelt ist.

[4] Ziehen Sie die Motorentlüftung (2) vom Ventildeckel (3) ab und …

[5] … lösen anschließend beide Muttern (4) und Schrauben (5) vom Verteilerrohr.

[6] Danach ziehen Sie das komplette Modul aus der Ansaugbrücke …

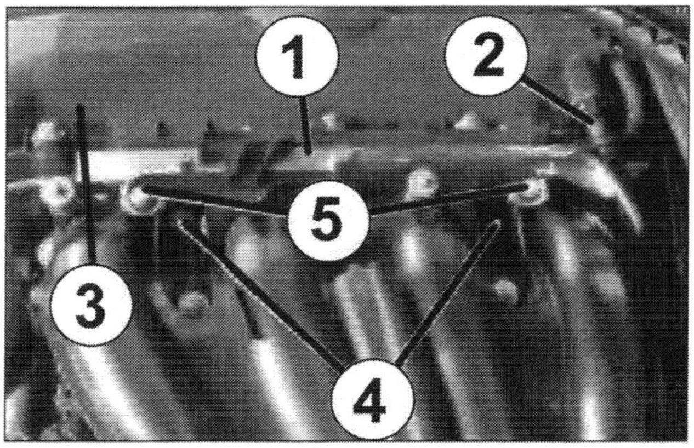

Komplett aus der Ansaugbrücke ziehen: das Kraftstoffverteilerrohr.

130i

[7] Den Windlauf schrauben Sie komplett ab.

[8] Um die Motorabdeckung (1) vom Ventildeckel »ziehen« zu können, drehen Sie zunächst den Öleinfüllstutzen (2) los und lösen fünf Schrauben (3).

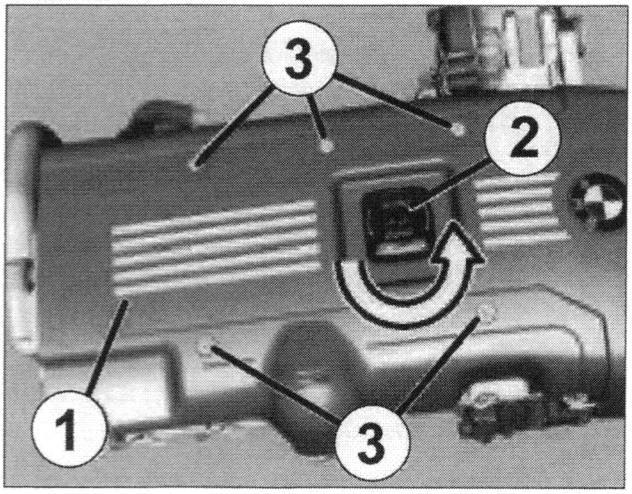

Fünffach verschraubt: die obere Motorverkleidung des 130i.

[9] Bevor es nun weiter geht, lassen Sie aus dem Kraftstoffsystem noch schnell den Vordruck entweichen. Als geschickter Do it yourselfer umwickeln Sie den Schraubanschluss 1 an den Kraftstoffleitungen (2) mit einem saugfähigen Lappen und entriegeln die »Pipeline« vom Verteilerrohr (3). Erledigt? Dann verschließen Sie die Kraftstoffleitung mit einer passenden Schraube. Erfahrungsgemäß »dichtet« die Schraube besser, wenn sie mit einer »Lage« Papierklebeband umwickelt ist.

[10] »Hebeln« Sie die Abdeckleiste (4) in Pfeilrichtung aus den Befestigungsclipsen und …

[11] … lösen vier Befestigungsschrauben (Pfeile) vom Kraftstoffverteilerrohr.

[12] Erledigt? Dann hebeln Sie das komplette Kraftstoffverteilerrohr aus der Ansaugbrücke.

Vorsichtig aus der Ansaugbrücke hebeln: Kraftstoffverteilerrohr am Sechszylinder.

[13] Ziehen Sie an allen Einspritzventilen die Anschlussstecker (1) ab und clipsen den Kabelstrang vom Kraftstoffverteilrohr. Das jetzt »lose Geweih« legen Sie beiseite.

[14] Um die Ventile einzeln zu checken, ziehen Sie zunächst die jeweilige Sicherungsklammer (2) ab. Danach steckt das Einspritzventil (3) lose im Kraftstoffverteilerrohr – Sie können es in Pfeilrichtung herausziehen.

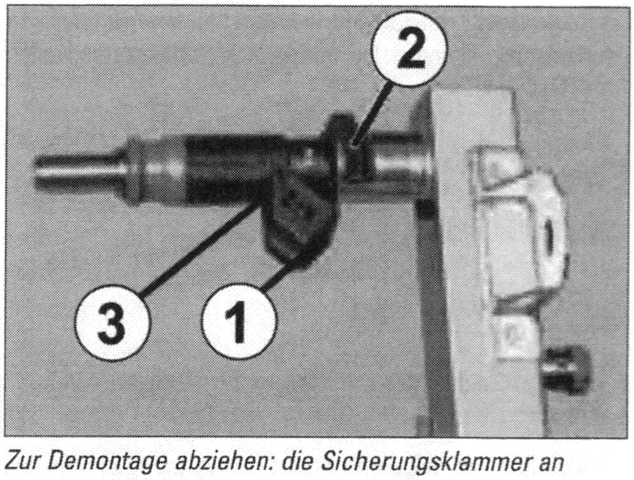

Zur Demontage abziehen: die Sicherungsklammer an jedem Einspritzventil.

15 Beenden Sie die Montage in umgekehrter Reihenfolge. Damit die Ventile leichter wieder in ihr »Loch flutschen«, benetzen Sie die O-Dichtringe vorab mit sauberem Motoröl oder Vaseline. Unser Rat: Setzen Sie die Einspritzventile auf jeden Fall mit neuen O-Ringen ein, ansonsten könnte später den Rechner ungebetene Nebenluft täuschen.

Einspritzventile prüfen

Arbeits-schritte

1 Demontieren Sie das Kraftstoffverteilerrohr mitsamt Einspritzventilen und ...

2 ... ziehen von den Einspritzventilen dann zunächst nur die elektrischen Anschlüsse ab. Die Kraftstoffleitungen bleiben derweil angeschlossen.

3 Damit die Kraftstoffpumpe den nötigen Systemdruck aufbaut, schalten Sie die Zündung ein.

Tropfprobe – checken Sie jedes Einspritzventil

4 Inspizieren Sie jedes Einspritzventil einzeln. Einen nachlaufenden Tropfen können Sie noch tolerieren, darüber hinaus gibt's kein »Wenn und Aber« – ein neues Ventil muss her.

5 Um den Spritzstrahl zu prüfen, lassen die Kraftstoffleitungen bei allen Ventilen angeschlossen. Nicht jedoch die Anschlussstecker: Die setzen Sie einzeln nur auf das gerade zu prüfende Ventil auf. Fangen Sie den Kraftstoff in einem Behälter auf.

6 Alles vorbereitet? Dann schalten Sie die Zündung ein und starten den Anlasser. Intakte Ventile vernebeln den Kraftstoff kegelförmig, Verschlissene spritzen den Saft in alle Richtungen.

7 Wiederholen Sie die Prüfung an jedem Ventil.

Ladeluftkühler aus- und einbauen (118d, 120d)

Arbeits-schritte

1 Liften Sie die Motorhaube, bocken dann den Vorderwagen rüttelsicher auf und ...

2 ... lösen die untere Motorverkleidung.

3 Erledigt? Dann demontieren Sie den Ladeluftkühler (1). Entriegeln Sie dazu einfach die beiden Ladeluftschläuche und ziehen sie vom Kühler ab.

4 Hernach lösen Sie die beiden Befestigungsschrauben (Pfeile) und bugsieren den gelösten Ladelüftkühler unter dem Wasserkühler heraus. Fertig!

5 Beenden Sie die Montage in umgekehrter Reihenfolge.

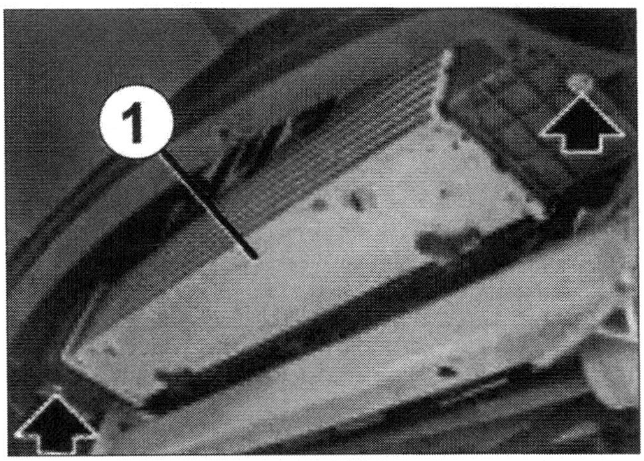

Bei den Selbstzündern mit von der Partie: der Ladeluftkühler.

Kraftstoffeinspritzung

Störungs-beistand

Störung	Ursache	Abhilfe
A Kalter Motor springt nicht oder nur schlecht an.	**1** Versorgungsrelais defekt.	Überprüfen, ggf. austauschen lassen.
	2 Kraftstoffpumpe fördert nicht oder ungenügend.	Benzin im Tank? Pumpenanschlüsse überprüfen. Evtl. Pumpe aus Tank demontieren, Fördermenge messen lassen.
	3 Druckregler defekt.	Systemdruck messen lassen.
	4 Unterdrucksystem undicht.	Sämtliche Schlauchleitungen überprüfen.
	5 Kühlmitteltemperatursensor defekt.	Prüfen lassen.
	6 Drosselklappenmodul defekt.	Prüfen lassen.
	7 Zündanlage defekt.	Zündsystem überprüfen lassen.

Kraftstoffeinspritzung

Störungs-beistand

Störung	Ursache	Abhilfe
A Kalter Motor springt nicht oder nur schlecht an.	**8** Drehzahlsensoren defekt oder Kabelverbindung unterbrochen.	Überprüfen, ggf. auswechseln lassen.
	9 Steuergerät defekt.	Überprüfen lassen.
	10 Ansaugsystem undicht (zieht Nebenluft).	Sämtliche Schlauchleitungen überprüfen.
	11 Luftmassenmesser defekt.	Überprüfen lassen.
B Warmer Motor springt nicht oder schlecht an.	**1** Siehe A1 – 11.	
	2 Absolutdruckgeber defekt.	Überprüfen lassen.
	3 Einspritzventile undicht.	Überprüfen lassen.
C Motor springt an, stirbt aber wieder ab.	**1** Drosselklappenmodul arbeitet nicht.	Überprüfen lassen.
	2 Lambdasonden defekt.	Funktion prüfen, ggf. ersetzen lassen.
D Kalter Motor schüttelt im Leerlauf.	**1** Siehe A5.	
	2 Siehe C1.	
E Warmer Motor schüttelt im Leerlauf.	Siehe C1.	
F Leerlauf fällt beim Einschalten starker Stromverbraucher bzw. bei vollem Einschlag der Servolenkung ab.	Siehe C1.	
G Motor hat Aussetzer.	**1** Kraftstofffilter verstopft.	Filter auswechseln.
	2 Siehe A2 und 7.	
	3 Siehe B2.	
	4 Siehe C2.	
H Schwankende Drehzahlen bei 2000–4000/min.	Siehe A6 – 11.	
I Motor stottert, setzt aus.	Siehe A2 und 7.	
J Motorleistung ungenügend.	**1** Siehe A2, 4, 6, und 11.	
	2 Drosselklappe geht nicht in Vollgasstellung.	Fahrpedalmodul (E-Gas) prüfen lassen.
K Kraftstoffverbrauch zu hoch.	**1** Siehe A3 – 11.	
	2 Siehe C2.	
L Motor springt nicht an.	**1** Siehe A1 – 11.	
	2 Siehe B1 – 3.	

Der Luftfilter

(Ansauggeräuschdämpfer)

Bevor die Ansaugluft eine zündende Verbindung mit dem Kraftstoff eingeht, passiert sie den Ansauggeräuschdämpfer. In seinem Inneren befreit ein Filterelement die Luft von Schmutz- und Staubpartikeln. Der Ansauggeräuschdämpfer sitzt im 1er in Fahrtrichtung links vorne im Motorraum.

Bedarfsabhängig wechseln – den Luftfiltereinsatz in allen 1er-Varianten

Unter normalen Fahrbedingungen »verschreibt« BMW den Motoren keine starren Luftfilterwechsel mehr: je nach Verschmutzungsgrad signalisiert Ihnen ein Cockpitlämpchen den anstehenden Wechsel. Dennoch unser Tipp: Sollten Sie Ihrem 1er, beispielsweise auf längeren Urlaubsfahrten, überwiegend »verstaubte« Pisten abverlangen, wechseln bzw. reinigen Sie den Einsatz nach Sichtkontrolle des Filternetzes. Ein verschmutzter Filtereinsatz »schnürt« dem Motor nämlich die Ansaugluft ab. Folge: Das Kraftstoff-/Luftgemisch gerät aus dem Gleichgewicht, die Motorleistung sinkt und der Kraftstoffverbrauch steigt.
In Kapitel »Der Innenraum« beschreiben wir Ihnen übrigens auch den Austausch des Innenraum-Pollenfilters. Wenn der Filter tatsächlich wirksam bleiben soll, erneuern Sie das Element jährlich gegen ein Originalersatzteil.

Luftfiltereinsatz reinigen und erneuern

Unabhängig von Ihrer Fahrstrecke sollten Sie den Filter spätestens nach vier Jahren auswechseln. Nach Fahrten auf überwiegend staubigen Straßen besser häufiger. Es muss übrigens nicht generell ein Originalersatzteil sein – achten Sie jedoch unbedingt auf Qualitätsware. Im Moment sparen Sie mit den »Billigangeboten« vielleicht ein paar Cent, doch auf Dauer legen Sie drauf – der Motor inhaliert nur oberflächlich gereinigte Luft.

Arbeitsschritte

Ottomotor

[1] Lösen Sie die Befestigungsschrauben (Pfeile) und die Schlauchschelle (1) am Ansauggeräuschdämpfer (2).

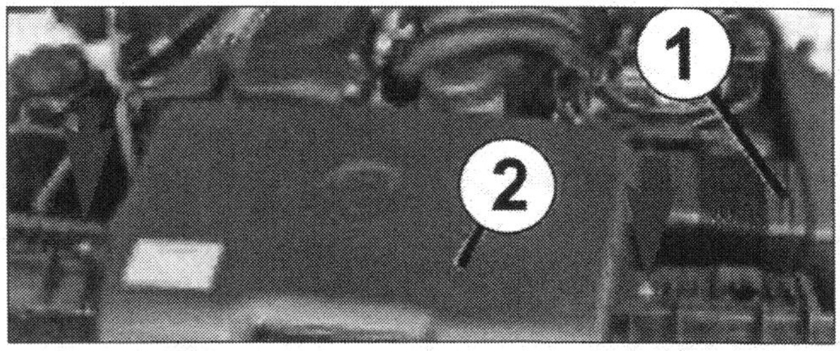

Einfach zu öffnen: der Ansauggeräuschdämpfer.

[2] Heben Sie den Deckel ab und lösen im Anschluss die Schlauchschelle (1).

[3] Erledigt? Dann ziehen Sie jetzt das Gummi (2) ab und trennen den darunter liegenden Anschlussstecker.

[4] Clipsen Sie jetzt den Halter (3) sowie den Kühlmittelschlauch vom Filtergehäuse (4) ab.

[5] Lösen Sie beide Schrauben (Pfeile) und klappen Sie das Filtergehäuse beiseite.

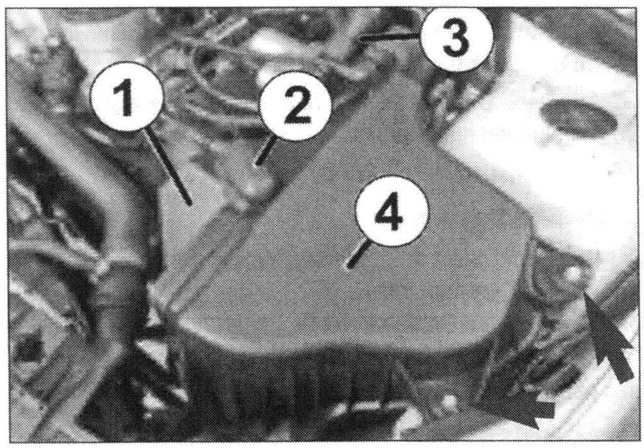

Zur Seite klappen: Oberseite des Filtergehäuses.

[6] Um den Luftfiltereinsatz zu wechseln, lösen Sie noch schnell die fünf Schrauben (Pfeile) am Gehäuseunterteil (1).

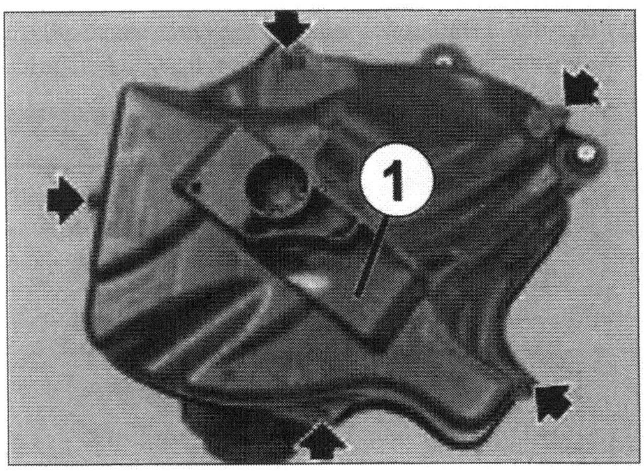

Zunächst fünf Schrauben lösen: am Gehäuseunterteil.

[7] Nun heben Sie den Luftfiltereinsatz (1) in Pfeilrichtung (2) an um ihn schließlich aus dem Stativ zu ziehen (3).

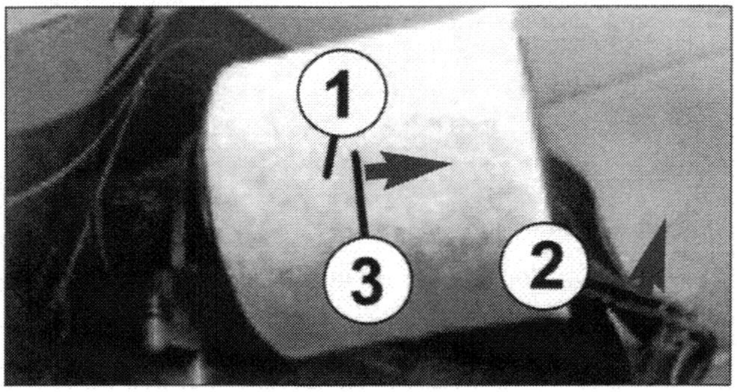

Anheben und abziehen: den Luftfiltereinsatz.

130i

[8] Lösen Sie den Ansaugschlauch und ziehen ihn vom Filtergehäuse ab.

[9] Jetzt drehen Sie am Filterdeckel sieben Schrauben los und heben den Deckel dann aus dem Motorraum.

[10] Erledigt? Dann drücken Sie mit Ihren Fingern beide Verriegelungen am Filterkasten zusammen und ...

[11] ... nehmen den Filtereinsatz heraus.

alle Motoren

[12] Reinigen Sie das Filtergehäuse mitsamt Deckel. Verwenden Sie einen fusselfreien Lappen oder – besser noch – blasen Sie das Gehäuse mit Druckluft aus. Achten Sie darauf, dass der neue Filtereinsatz »dicht« auf dem Ansaugrohr des gereinigten Filtergehäuses steckt.

Dieselmotor

[1] Demontieren Sie den Windlauf sowie die obere Motorverkleidung und ...

[2] ... ziehen den Ansaugschlauch (1) in Pfeilrichtung (2) vom Ansaugflansch (3).

[3] Um den Filterflansch aus dem Filtergehäuse (4) zu schwenken, lösen Sie zunächst die Befestigungsschraube (5).

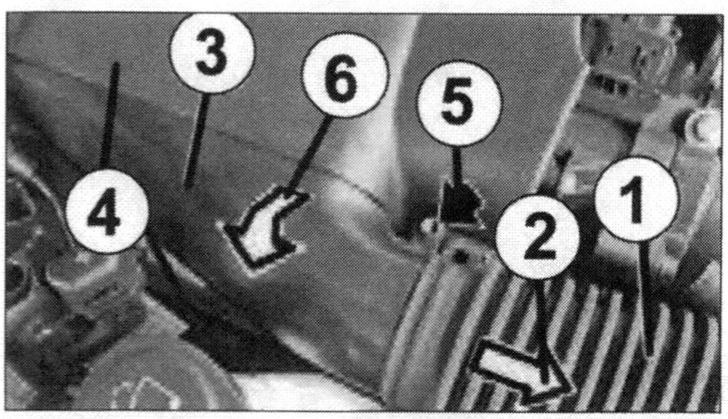

Vom Filtergehäuse abziehen: den Ansaugschlauch.

[4] Jetzt können Sie den Flansch, in Pfeilrichtung (6), aus dem Filtergehäuse »drehen«.

[5] Hernach lösen Sie vier Befestigungsschrauben (Pfeile) am Filtergehäuse (1) und ...

[6] ... ziehen den »Deckel« in Pfeilrichtung ab.

Mit vier Schrauben befestigt: das Filtergehäuse.

[7] Sie können nun das Filterelement (1) aus dem Filterkasten schwenken.

Kein großer »Akt«: Luftfilter wechseln bei den Dieseln.

[8] Reinigen Sie das Filtergehäuse mitsamt Deckel. Achten Sie darauf, dass der neue Filtereinsatz dicht aufsitzt und die Abstützung (1) zum Gehäuseboden zeigt.

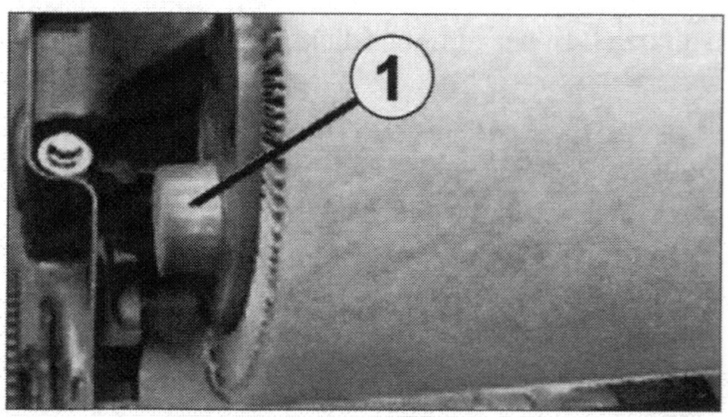

»Sauber« montieren: den neuen Filtereinsatz.

Benziner aufgeschnitten: Die BMW-Motoren mit Valvetronic gehören zu den aufwändigsten Triebwerken weltweit. Natürlich kann das Zusammenspiel der Komponenten nur mit einer leistungsfähigen Motorsteuerung funktionieren.

Dieseltriebwerk in Detail: Auch die Common-Rail-Selbstzünder verlangen nach extrem zuverlässiger Regelung, schließlich gilt es hier auch noch die leistungssteigernde Wirkung des Turboladers unter Kontrolle zu halten.

Die Zündanlage

Bei modernen Ottomotoren ist der Variantenreichtum für Zündfunken nahezu unerschöpflich. Jedem einzelnen Zylinder bietet das Motormanagement je Kurbelwellenumdrehung aus rund 4000 abgelegten Zündwinkelkennfeldern das jeweils Passende. Das endgültige »Go« erfolgt im Millisekundenbereich: im Vergleich zur Spulenzündung ein beeindruckendes Potenzial. 1er-Motoren »zünden« im Rhythmus 1 – 3 – 4 – 2 (116i, 118i, 120i, 118d, 120d) oder in der Abfolge 1 – 5 – 3 – 6 – 4 – 2 (130i).

Immer auf der Lauer – die Zündspannungsüberwachung

Bei einem intakten Motormanagement bleibt jeder Zündfunke chancenlos, den die Motorsteuerung nicht vorher auf den »Kurbelwinkel genau« getimt hat. Dazu wertet das Motormanagement Signale des Kurbelwellen- und Nockenwellensensors aus. Der Nockenwellensensor analysiert die Taktfolge eines jeden Zylinders und der Kurbelwellensensor checkt permanent die Drehgeschwindigkeit der Kurbelwelle. Richtig gelesen: die Drehgeschwindigkeit der Kurbelwelle und nicht nur die »profane« Drehzahl.

Warum der Aufwand? Etwaige Fehlzündungen quittiert die Kurbelwelle mit einem minimalen Drehzahlabfall – bis zum folgenden Arbeitstakt. Für den Kurbelwellensensor allemal ausreichend, um dem Bordrechner die Unpässlichkeit zu signalisieren. Er vergleicht sodann die »Kurbelwellenblitzinfo« mit vorhandenen Solldaten: Bei mehr als neun Prozent Abweichungen tritt im Armaturenbrett die Abgaskontrollleuchte auf den Plan – meistens bereits, bevor Sie überhaupt irgendeine Fehlfunktion unter der Motorhaube bemerken.

Soweit die Optik, doch das eigentliche »Abgasmanagement« findet hinter den Kulissen statt. Dort nämlich setzt es die Kraftstoffversorgung des »zickigen« Zylinders kurzerhand auf Nulldiät. Sehr zum Wohle der Um-

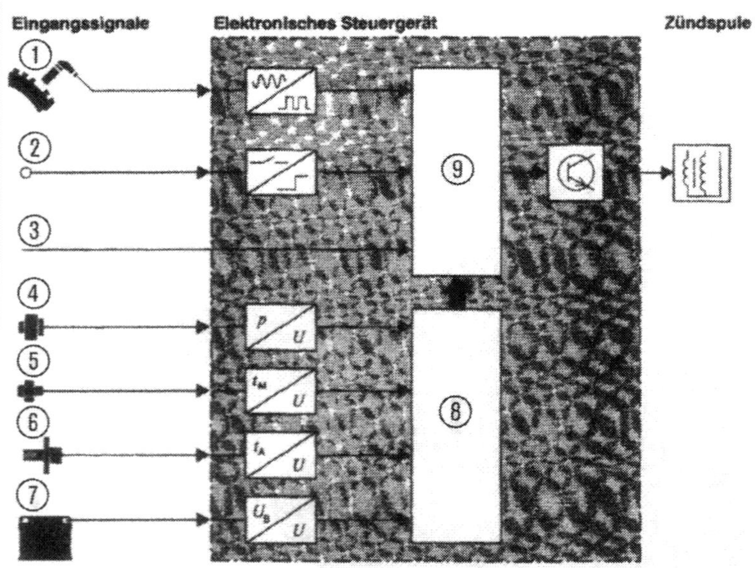

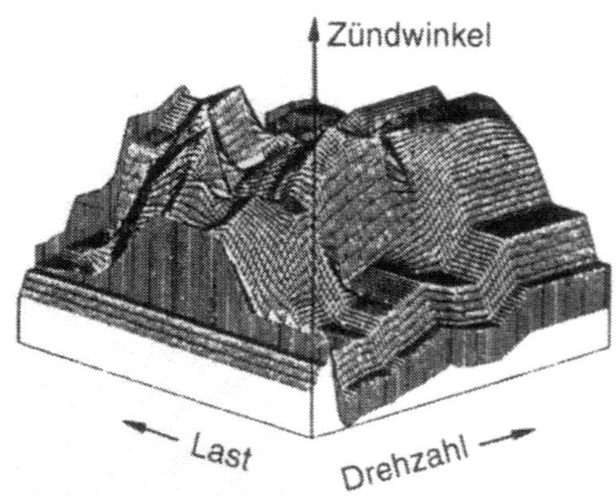

Modernste Technik: Grundaufbau der elektronischen Zündanlage. Bevor der Zündfunke in modernen Motoren überspringt, hat das elektronische Motormanagement den »Blitz detailgerecht getunt«. Der Mikrocomputer (9) des Steuergeräts – in der linken Darstellung – nutzt dazu unterschiedlichste Eingangssignale, so zum Beispiel die Motordrehzahl (1), diverse Schaltersignale (2), den Saugrohrdruck (4), die Motortemperatur (5), die Ansauglufttemperatur (6) oder die Batteriespannung (7). Damit der »Funkenrechner« die Datenflut nicht als »Datensalat« ignoriert, liefert ein Datenbus (3) den Großteil der analogen Sensorsignale einem Analog-/Digitalwandler (8) zur »Übersetzung« ab. Den »Dolmetscher« verlassen dann ausschließlich digitale Daten, die aus der Zündendstufe die Reise zur Zündspule antreten. Jeder Zündfunke wird hinsichtlich Kraftstoffverbrauch, Drehmoment, Abgas, Abstand zur Motorklopfgrenze, Motortemperatur, Fahrbarkeit, usw. im Vorfeld entsprechend modifiziert. Das Prozedere läuft im Zündwinkelkennfeld (kleine Darstellung), einem dreidimensionalen »Berg- und Talgebilde« mit bis zu 4000 einzeln abrufbaren Zündwinkeln ab. Die Oberaufsicht über diese »Kraterlandschaft« hat das Motorsteuergerät.

welt und des Katalysators: Schädliche unverbrannte Kohlenwasserstoffe (HC), die bei Fehlzündungen entstehen, werden damit kurzerhand eliminiert. Der Kat überfettet nicht und zu heiß wird's ihm außerdem nicht. Das System arbeitet praxisbezogen, es ignoriert folgende Betriebszustände:

- die ersten fünf Sekunden nach dem Start
- Drehzahlen über 6000 min^{-1}
- Kraftstoffvorrat weniger als 20 Prozent
- extrem schlechte Straßenbeläge
- Batteriespannung unter 9 Volt

Die Zündspule – Funkenfabrik bei den Otto-Motoren

Damit's an den Zündkerzen kräftig funkt, entlädt sich an ihren Elektroden eine Hochspannung jenseits von 30.000 Volt. Zündspulen bestehen aus zwei Wicklungen: Einer Primärwicklung mit wenigen Windungen (ca. 100) aus dickem Kupferdraht (ca. 0,6 mm^2) und einer Sekundärwicklung mit einigen tausend Windungen dünnen Kupferdrahts (ca. 0,1 mm^2). Beide Wicklungen umschließen einen lamellierten Eisenkern. Vom Steuergerät über das integrierte Zündleistungsmodul getaktet, bekommt die Primärwicklung Strom von der Batterie (Niederspannung). Dadurch entsteht ein Magnetfeld, das die Sekundärwicklung transferiert. Unterbricht das Steuergerät diesen Stromkreis, bricht für Bruchteile von Sekunden das Magnetfeld schlagartig zusammen. In der Sekundärwicklung entsteht jetzt eine Spannung bis zu 400 Volt, die wiederum einen Hochspannungsstromstoß (Induktion) von mehr als 30.000 Volt produziert.

Belastungsabhängig – der optimale Zündzeitpunkt

Der Zündfunke kommt immer dann zeitgerecht, wenn er das Frischgas exakt im Moment der höchsten Verdichtung entflammt. Beim Viertaktmotor ist das präzise der Augenblick, in dem der Kolben von der Aufwärtsbewegung des Kompressionshubs in die Abwärtsbewegung des Arbeitstakts übergeht. Soweit die Theorie: In der Praxis verbrennt das Frischgas, je nach Belastungszustand (Leerlauf, Teillast, Volllast) und Ansaugluftqualität, in den Brennräumen unterschiedlich schnell. Um die Kraftstoffenergie dennoch bestmöglich zu nutzen, variiert das Motormanagement den Zündzeitpunkt für jeden Zylinder entsprechend dem Belastungszustand.

Soviel zum Grundaufbau einer modernen, elektronisch gesteuerten Zündanlage. Doch ohne viele unsichtbare »Dienstgeister« geht nicht viel zusammen – zumindest nicht im Detail. Das bemerken Sie spätestens dann, wenn infolge irgendeiner Unpässlichkeit das System auf »Notprogramm« (Fail Safe) schaltet. Ihr 1er streckt dann nicht gleich »alle Viere« von sich, doch als Do it yourselfer bemerken Sie alsbald: Irgendein »Störenfried« »torpediert« das geordnete Miteinander unter der Motorhaube.

Hochtemperatur beständig – die Zündkerzen

Mitunter weigern sich nur die Zündkerzen, das verwirbelte Kraftstoff-/Luftgemisch im Brennraum zu entflammen. Immerhin entstehen dabei Temperaturen von rund 2.500 °C und Drücke bis zur 60 bar. Damit der Funke überhaupt eine faire Chance bekommt, umgibt den Kerzenanschlussbolzen ein keramischer Isolator. Mittelelektrode und Anschlussbolzen stecken außerdem in einer elektrisch leitenden Glasschmelze – der Schmelze obliegt gleichermaßen die Verankerung und Abdichtung gegenüber dem Brennraum. Sobald am Ende der Mittelelektrode die erforderliche Zündspannung ansteht, entlädt sie ihr Potenzial als Funken von der Mittel- zur Masseelektrode. Der kurze »Blitz« reicht aus, um die Frischgase zu zünden.

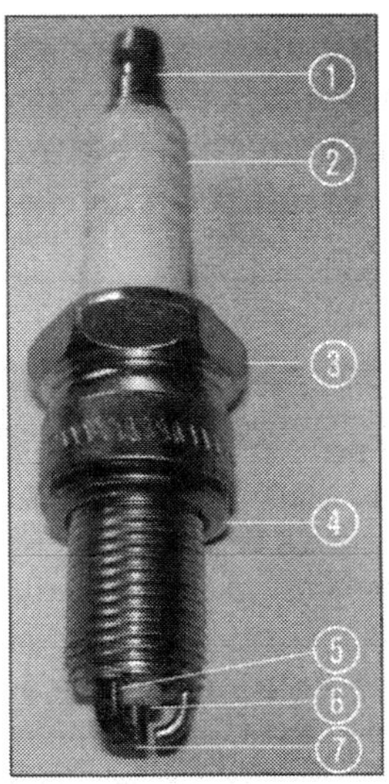

Bestmöglich an moderne Gemischbildungssyteme angepasst: Gleitfunkenzündkerzen mit mehreren Masseelektroden. Die Kerzen garantieren mit ihrer hochwärmeleitfähigen Kupferkernmittelelektrode und Luftgleitfunkentechnik ein sicheres Zündverhalten sowie lange Lebensdauer. (1) Zündkabelanschlussmutter, (2) Keramikisolator, (3) Zündkerzenkörper, (4) Dichtring, (5) Masseelektrode, (6) Isolatorfuß, (7) Mittelelektrode.

Variabel – der Wärmewert

Damit sie langfristig auch zuverlässig funktionieren, verlangen Zündkerzen möglichst schnell ihre Selbstreinigungstemperatur von etwa 400 °C. Falls das nicht klappt (Kerzen mit zu hohem Wärmewert), »backt« der Isolatorfuß – früher oder später – mit Verbrennungsrückständen zu – der Funken bleibt dann darin »stecken«. Bei Volllast allerdings darf die Elektrodentemperatur auch nicht ins Uferlose steigen – das würde die Kerzen bzw. den Motor zerstören. Die gesunde Arbeitstemperatur einer Zündkerze liegt bei rund 800 °C. Doch längst nicht alle Motoren bieten den Zündkerzen identische Arbeitsbedingungen: Allein der Wärmewert (auf der Zündkerze eingeprägt) entscheidet, ob Kerze und Motor harmonieren.

Vergrößert sich automatisch – der Elektrodenabstand

Neben dem richtigen Wärmewert (siehe Tabelle Diese Zündkerzen »funken« im 1er) müssen Zündkerzen auch den richtigen Elektrodenabstand haben. Neue Kerzen sind auf einen Millimeter eingestellt, mit zunehmender Laufzeit wird der Abstand größer. Immerhin platzen bei jedem Funken kleine Metallpartikel von den Elektroden ab. Und da größere Elektrodenabstände auch eine höhere Zündspannung erfordern, sind Zündaussetzer programmiert. Wenn der Motor, beispielsweise bei Kaltstarts, nur noch widerwillig anspringt, checken Sie mit einer Fühlerlehre den Elektrodenabstand. Falls nötig, korrigieren Sie den »Spalt« zwischen Masse- und Mittelelektrode auf einen Millimeter.

Achten Sie beim Kerzentausch unbedingt darauf, dass Ihren Motor nur Zündkerzen mit dem vorgeschriebenen Wärmewert, dem korrekten Elektrodenabstand und dem richtigen Kerzengewinde »befeuern«.

Zündmodul aus- und einbauen

Arbeitsschritte

116i, 118i, 120i

[1] Um die Zündspulenabdeckung vom Ventildeckel zu lösen, demontieren Sie zunächst einmal, wie beschrieben, das Innenraumfiltergehäuse von der Spritzwand, ...

[2] ... öffnen dann den Öleinfüllstutzen (1) an der Zündspulenabdeckung (2) und ...

[3] ... verdrehen den Arretierring (3) so weit, dass beide Markierungen (schwarze Pfeile) zueinander fluchten.

[4] Wenn Sie jetzt noch den Ring etwas zusammendrücken (Pfeile), können Sie ihn abziehen.

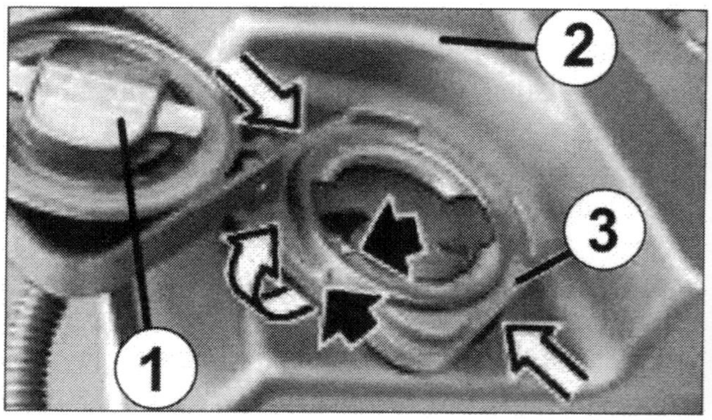

Im vorletzten Schritt auf Markierung drehen: den Arretierring.

[5] Danach ziehen Sie die Zündspulenabdeckung vorsichtig vom Ventildeckel ab.

130i

[6] Demontieren Sie, wie beschrieben, die obere Motorverkleidung.

Arbeiten an der Zündanlage

Gefahrenhinweis

Völlig zu recht stuft der Gesetzgeber elektronische Zündanlagen als gefährliche Bauteile ein. Halten Sie darum bei allen Arbeiten die besonderen Sicherheitsvorkehrungen ein. Zum Beispiel können implantierte Herzschrittmacher im Umfeld elektronischer Zündanlagen aus dem »Takt« geraten. Meiden Sie die Gefahr und überlassen »ernsthaftere« Eingriffe besser Ihrer BMW-Werkstatt. Lassen Sie auch während turnusmäßiger Wartungsarbeiten Vorsicht walten.

- Vermeiden Sie den direkten Kontakt zu spannungsführenden Bauteilen des Primär- und Sekundärstromkreises. Ansonsten begeben Sie sich »freiwillig« in Lebensgefahr.
- Unsachgemäß behandelt, quittieren Zündmodule ihren Dienst. Nehmen Sie vorbeugend die Batterie **immer** dann vom Netz, wenn an Ihrem Wagen Schweißarbeiten (Schutzgas-, E-Schweißgerät) anstehen.
- Schalten Sie zu Servicearbeiten **grundsätzlich** die Zündung aus. So zum Beispiel wenn Sie die Zündkerzen wechseln, elektrische Leitungen an- bzw. abklemmen, oder Prüfgeräte an den Motor anschließen.
- Um an elektronischen Zündanlagen den Hochspannungsimpuls auszulösen, genügt bei **eingeschalteter** Zündung schon eine kleine Erschütterung.

alle Ottomotoren

[7] Jetzt öffnen Sie die Schutzkappe (1) vom Zündmodul (2) und ziehen den Anschlussstecker (3) vorsichtig ab. Natürlich wiederholen Sie »den Job« an allen Zündspulen.

[8] Sie können nun die Spule in Pfeilrichtung von der Zündkerze abziehen.

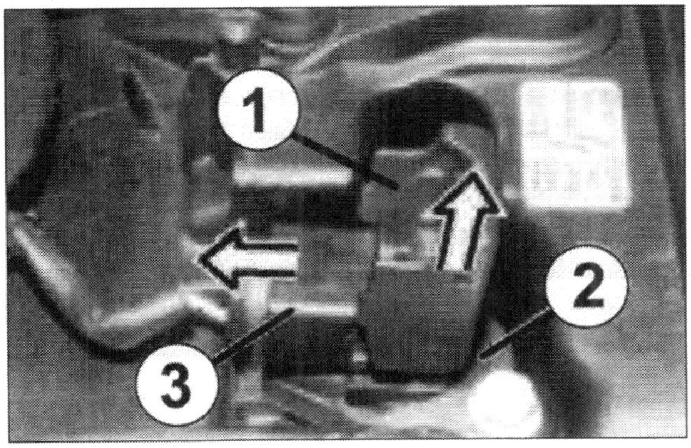

Zur Demontage Deckel öffnen und Anschlusskabel abziehen: an allen Zündmodulen.

[9] Beenden Sie die Montage in umgekehrter Reihenfolge. Achten Sie bei der Montage auf die Aussparung (1) an der Dichtung. Sie muss mit dem »Zapfen« (2) des Zylinderkopfes fluchten.

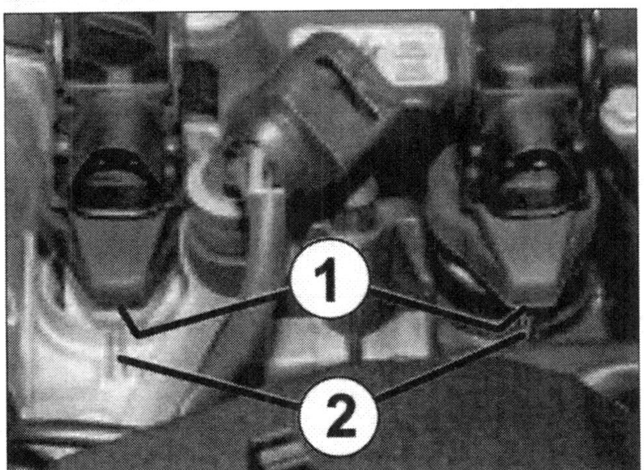

»In-Line« montieren: Dichtung und Zylinderkopf.

Diese Zündkerzen »funken« im 1er

Motor	Leistung (kW/PS)	Zündkerzen-Spezifikation
116i	85/115	NGK BKR6EQU / Bosch IZFR6H11
118i	95/129	NGK IZFR6H11 / Bosch FR7KPP3
120i	110/150	NGK IZFR6H11 / Bosch FR7KPP3
130i	195/265	NGK ILZSR6D11 / Bosch FR7NPP3
118d	90/122	Beru Schnellglühstifte
120d	120/163	Beru Schnellglühstifte

Zündkerzen wechseln – spätestens nach 100.000 Kilometern

In Ihrem 1er funken die Kerzen günstigstenfalls 100.000 Kilometer (116i alle 80.000 km), längstens jedoch über vier Jahre. Moderne Zündkerzen können durchaus so lange halten: Die Betonung liegt auf »können« – sie müssen nicht. Denn es kann durchaus angehen, dass Ihr Wagen selbst mit weit jüngeren Kerzen nur noch unwillig anspringt oder nach dem Start, bzw. beim Beschleunigen, ruckelt. Verbrannte Elektroden oder – weit häufiger zu beobachten – fast unsichtbare Haarrisse im Keramikisolator machen ihnen den Garaus. Haarrisse »speichern« bei Kaltstarts »gerne« kondensierenden Kraftstoff. Eine willkommene Gelegenheit für den Zündfunken, den Weg des geringsten Widerstands zu gehen: Der führt dann nicht mehr über die Kerzenelektroden sondern auf dem »kürzesten« Weg an Masse. Sollten Sie Grund haben, den Zündkerzen zu misstrauen, fackeln Sie nicht lange und spendieren Ihrem 1er neue Kerzen. Wechseln Sie die Kerzen allerdings nur bei kaltem Motor und nur mit speziellen Zündkerzenschlüsseln, besser noch mit einer Kerzennuss.

Arbeitsschritte 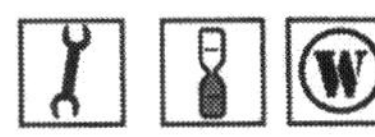 **100.000 km**

[1] Demontieren Sie, wie beschrieben, das Zündmodul und ...

[2] ... lösen die Zündkerzen dann mit einer Zündkerzennuss zunächst nur um etwa drei Umdrehungen.

[3] Jetzt reinigen Sie alle Kerzenschächte gründlich von Staub und Dreck. Falls Sie Druckluft zur Hand haben, blasen Sie Kerzenschächte sorgfältig aus. Falls nicht, säubern Sie den »Arbeitsplatz« mit einem langen Schraubendreher inklusive Putzlappen oder mit einer Handpumpe. Üben Sie sich währenddessen in Geduld.

[4] Sobald die Kerzenschächte »clean« sind, drehen Sie die Zündkerzen heraus und bugsieren sie ans Tageslicht. Mit speziellen Kerzennüssen oder Kerzenschlüsseln ist das kein Problem, die fangen ihr »Schraubgut« automatisch ein.

[5] Legen Sie die demontierten Kerzen außerhalb des Motorraums in der Zylinderreihenfolge ab. Prüfen Sie dann jedes einzelne »Kerzengesicht« und vergleichen alle untereinander. Kerzengesichter spiegeln nämlich den »Gesundheitszustand« Ihres Motors. Im Idealfall sehen alle Zündkerzen nahezu gleich aus. Andernfalls ergründen Sie die Ursache oder Sie lassen einen Fachmann mit Messequipment an Ihr

Auto. Gehen Sie auf keinen Fall unverrichteter Dinge zur Tagesordnung über: In Ihrem Motor »tickt eine Zeitbombe«.

[6] Achten Sie darauf, dass Sie die Kerzen zur Montage unbedingt »gerade« ansetzen und nicht im Gewinde verkanten. Reiben Sie die Kerzengewinde vor der Montage dünn mit hitzebeständiger Kupferfettpaste ein. Erst dann drehen Sie alle Kerzen handfest in die Kerzenlöcher und ziehen jede Einzelne mit dem Zündkerzenschlüssel noch eine Vierteldrehung (90 Grad) weiter an. Dies entspricht etwa einem praktikablen Anzugsdrehmoment von 27 Nm.

[7] Bestücken Sie Ihren Motor mit gebrauchten Zündkerzen, reinigen Sie vor der Montage das Kerzengewinde gründlich mit einer Messingbürste – vergessen Sie nicht die dünne Schicht Kupferfettpaste. Da der Dichtring an gebrauchten Kerzen ja schon gepresst ist, drehen Sie den Kerzenschlüssel jetzt nur um rund 15 Grad weiter nach rechts.

[8] Beenden Sie die Montage in umgekehrter Reihenfolge.

Zündkerze sitzt fest — Praxistipp

Wenden Sie bei »festgebackenen« Zündkerzen auf keinen Fall Gewalt an. Ihr Kraftakt könnte dem Kerzengewinde im Zylinderkopf ein frühzeitiges »Ende« bescheren. Fahren Sie im Zweifelsfall den Motor besser warm und versuchen dann, die Kerze auszudrehen. Vergessen Sie auf keinen Fall Ihre Finger mit Arbeitshandschuhen gegen Brandblasen zu schützen. Bis zur Montage neuer Kerzen lassen Sie den Motor dann so lange auskühlen, bis Sie ohne »Fingerschutz« arbeiten können. Unser Rat hat einen technischen Hintergrund – die Zündkerzenmaterialien und die Leichtmetalllegierung des Zylinderkopfs dehnen sich unterschiedlich aus: Kalte Zündkerzen in einen heißen Motor »eingepflanzt«, sitzen »bombensicher bombenfest« …

Motor und Zündanlage* — Störungsbeistand

Störung	Ursache	Abhilfe
A Motor springt schlecht oder gar nicht an.	**1** Zündmodul oder Zündkerzen feucht bzw. verschmutzt, daher kein Zündfunken.	Trocknen bzw. reinigen, ggf. mit Zündspray behandeln.
	2 Steckverbindungen locker bzw. oxidiert.	Kontrollieren, ggf. erneuern (lassen).
	3 Zündkerzen nass (nach häufigen Startversuchen).	Ausbauen und trocknen.
	4 Drehzahl-/Positionssensor lose.	Festziehen.
	5 Drehzahl-/Positionssensor defekt; Kabel hat Masse oder ist unterbrochen.	Erneuern lassen; Kabel kontrollieren bzw. erneuern.
	6 Zündmodul defekt.	Austauschen
	7 Leistungsmodul bzw. Steuergerät defekt.	Kontrollieren lassen und ggf. austauschen.
B Motor läuft unrund, hat Zündaussetzer.	**1** Zündkerze defekt.	Austauschen.
	2 Siehe A1–7.	
C Motor hat keine Leistung.	**1** Ansaugsystem zieht Nebenluft.	Überprüfen (lassen).
	2 Kühlmittel, Ansauglufttemperatursensor defekt oder Stecker sitzt nicht korrekt.	Steckverbindungen kontrollieren, Sensor ggf. ersetzen lassen.
	3 Siehe A4–7.	

* Der Störungsbeistand setzt mechanisch gesunde Motoren mit intakter Gemischaufbereitung voraus.

Zündmodul und Kabel – das sollten Sie im Auge halten

- Bevor Sie den Motor per Anlasser mit abgezogenen Kerzensteckern durchdrehen lassen, ziehen Sie unbedingt den Mehrfachstecker vom Zündmodul ab. Falls Sie das ignorieren, könnte Ihnen das der »Zündrechner« arg verübeln.
- Haben die Kabelanschlüsse und Mehrfachstecker festen Kontakt zur Zündspule und zum Steuergerät? Locker aufgesteckte Zündkabel »tanzen« in den Kontaktbuchsen, das führt zu Zündaussetzern (Stottern). Ein lose aufgesteckter Zündkerzenstecker leitet den Zündstrom in die Irre. Kriechströme und unkontrollierte Funkenüberschläge sind dann geradezu programmiert.
- Auf ihrem Weg ins »Nirgendwo« hinterlassen »vagabundierende« Zündfunken sichtbare Brandspuren. Meistens sind Haarrisse in den Kerzensteckern die Ursache – checken Sie das »Zündgeschirr« entsprechend penibel.
- Inspizieren Sie gleichsam die Anschlussklemmen. Haben sie satten Kontakt zu den Steckern – oder sind gar oxidiert?
- Befreien Sie die Anschlusskabel regelmäßig von Streusalz- oder Kalkablagerungen.

Diesel-Kraftstoffversorgung – der Grundaufbau

Ohne elektronisches Regelmanagement entlassen moderne Dieselmotoren kein Wölkchen mehr aus dem Auspuff – auch nicht im 1er mit »d« im Namensschild: Steuerelektronik so weit das Auge »blickt« …

Im Gegensatz zu Ottomotoren fordern Dieseltriebwerke allerdings höhere Einspritzdrücke. Ihre Kraftstoffsysteme – inklusive der Regelperipherie – unterscheiden sich darum auch grundsätzlich von den »Kollegen aus dem Hause Otto«. Techniker differenzieren bei Dieselmotoren zwischen der indirekten und der direkten Einspritzung.

Der 1er setzt eindeutig auf direkte Einspritzung nach dem Common-Rail-Verfahren – und zwar der zweiten Generation. Common-Rail arbeitet mit nur einer Hochdruckpumpe und einer für alle Zylinder gemeinsamen Kraftstoff-Hochdruckleitung (Common-Rail). Allein die Hochdruckpumpe realisiert im Common-Rail den System- oder Betriebsdruck, bei den 1er-Motoren sind's bis zu 1.600 bar. Das etwa 30 Kubikzentimeter fassende Rohr wirkt unterdessen wie ein Druckspeicher, mit dem die Injektoren zu den einzelnen Zylindern in direktem Kontakt stehen.

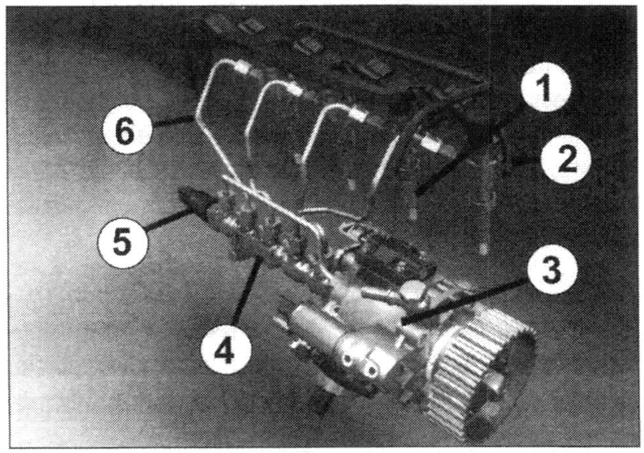

Keine »Spielwiese« für normal begabte Do it yourselfer: die Common-Rail-Einspritzung. Common-Rail bezieht sich auf den gemeinsamen Systemdruckspeicher, der alle Injektoren mit Dieselöl versorgt. (1) Injektor, (2) Leckölleitung, (3) Hochdruckpumpe, (4) Kraftstoffverteilerrohr (Common-Rail), (5) Kraftstoffdrucksensor, (6) Kraftstoffhochdruckleitungen.

Sensoren an Nocken- und Kurbelwelle übermitteln dem elektronischen Motormanagement die Drehzahl samt momentanem »Arbeitsstand« jedes einzelnen Zylinders. Das dient dem Bordrechner als Basis für den jeweiligen Einspritzdruck. Den eigentlichen Einspritzzeitpunkt und die Kraftstoffdosierung leisten schnell schaltende Magnetventile – die der Rechner gleichfalls variabel einsetzt.

Sobald die Magnetventile schließen, endet auch die Kraftstoffeinspritzung schlagartig. Der hohe Einspritzdruck, bereits bei niedrigen Drehzahlen mitsamt der variablen Kraftstoffeinspritzung, bewirkt in den Zylindern eine homogene Gemischzusammensetzung.

Steigern die Laufkultur und »entschärfen« die Abgase – bis zu vier Einspritzvorgänge je Arbeitstakt

Allerdings, die Hochdruckeinspritzung bedingt auch einen ungewollten Anstieg der Stickoxidemissionen. Um diesen Zielkonflikt zu entschärfen, nutzen Common-Rail-Systeme einen legalen Trick: mehrere Ein-

spritzvorgänge pro Arbeitstakt. Zunächst »spendieren« die Mehrlochinjektoren den Muldenkoben zwei Mal eine relativ bescheidene Menge Dieselöl. Sobald der »Aperitif« (Pilotmenge) dann »in hellen Flammen steht«, fängt der »Hauptgang« in Form der Haupteinspritzmenge Feuer an der relativ großen und heißen Flammfront. Sobald erst die Hauptmenge lodert, bekommt die Flammfront als »Dessert« noch die Nacheinspritzung verabreicht.
Vorteil des »Mehrgangmenüs«: Der doppelte »Aperitif« gestaltet den Brennverlauf des »Hauptgangs« weicher und harmonischer als eine Piloteinspritzung könnte. Das »Dessert« verbessert letztlich die Partikeloxidation und minimiert so die Schadstoffemissionen.

Motorsteuerung – nichts geht ohne Mikrochips

Wie alle modernen Diesel stehen auch die 1er-Varianten unter elektronischer Aufsicht. Mikrochips steuern beispielsweise das Common-Rail-Regelventil, die Magnetventile der Einspritzdüsen (Injektoren), die Abgasrückführung sowie den Ladedruck (1 bar) des Abgasturboladers. Stichwort Turbolader: Den 1er »bläst« übrigens eine neue Turboladergeneration mit variabler Turbinengeometrie, elektrischen Stellgliedern und optimierter Schaufelgeometrie auf. Damit das alles reibungslos abläuft, tauscht die Motorelektronik via Datenbustechnik (siehe CAN-Bus im Kapitel »Die Fahrzeugelektrik«) mit anderen elektronischen Bordsystemen digitale Codes aus – beispielsweise um die Wegfahrsperre, das Getriebe oder das Traktionssystem zu unterstützen. Sensoren messen unter anderem auch die Drehzahl der Kurbel- und Nockenwellen sowie den Systemdruck im Common-Rail. Sämtliche Messdaten sammelt das Steuergerät. Mit dem gespeicherten Wissen aktiviert es dann in Bruchteilen von Millisekunden diverse Regelventile rund ums Common-Rail. Der technische Aufwand findet größtenteils im Hintergrund statt, er optimiert den Ladungswechsel, die Laufkultur und die Motorleistung des aufgeladenen Selbstzünders.

In der Regel ein Fall für Experten – technische Eingriffe am Common-Rail-Diesel

Anders als die ersten Wirbelkammer-Selbstzünder, an denen legte noch fast jeder »Dorfschmied« erfolgreich seine kräftigen Hände an, sind heutige Dieselaggregate zu hoch sensiblen Hightechgebilden mutiert. Besagter Dorfschmied und die meisten Do it yourselfer könnten davor entnervt kapitulieren. Wir nehmen da ganz bewusst kein Blatt vor den Mund: eine frustrierende Aussicht zwar, allerdings nicht unbedingt ein Anlass für schlaflose Nächte. Die 1er-Diesel haben es längst bewiesen – sie sind robust im Nehmen. Doch falls Sie gerade in Ihrem Auto die Ausnahme von der Regel erleben sollten, müssen Sie nicht alles gleich »aus der Hand« geben. Denn eine einzelne, defekte Einspritzdüse (Injektor) erkennen Sie unter anderem beispielsweise an folgenden Symptomen:

- regelmäßig defekte Glühkerze am betreffenden Zylinder,
- Fehlzündungen,
- ständiger Schwarzrauch aus dem Auspuff,
- unmotiviert überhitzter Motor,
- harte Verbrennungsgeräusche (lautes Dieselnageln),
- Leistungsabfall,
- Mehrverbrauch.

Sollte Sie Ihr 1er – weit jenseits der 100.000 Kilometer – wie beschrieben nerven, »dieseln« Sie eine Fachwerkstatt an und schildern den Experten vor Ort das Problem. Ihre präzise Beschreibung erspart dem Profi dann zumindest teure Diagnosen, er wird sich sofort der Injektoren annehmen.

Sichtprüfung an der Diesel Einspritzanlage

Darüber hinaus gibt es weitere sinnvolle Betätigungsfelder unter Common-Rail-Motorhauben. Unterschätzen Sie als »misstrauischer« Do it yourselfer nicht Ihre »hellwachen« Augen und nehmen daher regelmäßig Blickkontakt zum gesamten Common-Rail-Umfeld auf.

Arbeitsschritte

1. Hochdruckeinspritzleitungen auf Dichtheit prüfen.
2. Leckölanschlüsse auf Dichtheit prüfen.
3. Hochdruckpumpe auf Dichtheit prüfen.
4. Kraftstoffverteilerrohr (Common-Rail) auf Dichtheit prüfen.
5. Kraftstoffdrucksensor auf Dichtheit prüfen.
6. Elektrische Impulsgeberanschlussstecker auf festen Sitz prüfen.
7. Kraftstofffilter anlässlich der vorgeschriebenen Wartungsintervalle erneuern.

Einspritzdüsen zerlegen – nur mit Düsenprüfgerät ratsam

Ohne speziellen Düsenprüfer lässt sich die Injektorfunktion nur oberflächlich beurteilen. Sie können allenfalls äußere Beschädigungen oder starke Verschmutzungen lokalisieren. Der eigentliche Verschleiß findet freilich im Düseninnern, an den Magnetventilen, dem Düsengehäuse und den Druckfedern statt. Dort haben Sie nahezu keine Korrekturmöglichkeiten.
Sobald auch nur ein Injektor »quer« schießt, ist es in der Mehrzahl aller Fälle ohnehin besser, den kompletten Satz auszutauschen. Es sei denn, Sie verfügen über einen modernen Diagnosestand, an dem Sie die Injektoren »abdrücken«, ihr »Strahlbild« erkennen und den Abspritzdruck korrigieren können. Wenig rentabel für einen Heimwerker – oder? Daher sind wir der Meinung: Common-Rail-Injektoren gehören generell zum Check auf eine Profiwerkbank.
Sollten Sie dennoch einen Common-Rail-Injektor zerlegen, lassen Sie seine Innereien nicht über einen längeren Zeitraum »offen« auf der Werkbank liegen. Die Fertigungstoleranz eines Injektors beträgt zwischen Nadel, Schaft und Hochdruckkolben lediglich 3 µm. Da versteht es sich von allein, dass allerhöchste Sauberkeit bei jeglicher Arbeit an der Einspritzanlage oberstes Gebot ist. Setzen Sie neue oder gebrauchte Einspritzdüsen immer nur mit neuen Dichtringen in den Zylinderkopf ein.

Läuft in den Tank zurück – überschüssiges Dieselöl

Bezogen auf die Volllastmenge kursiert im Dieseleinspritzsystem ständig mehr Kraftstoff als tatsächlich benötigt wird: Der überschüssige Kraftstoff dient unter anderem dazu, alle beweglichen Teile der Kraftstoffversorgung zu schmieren und zu kühlen.
BMW-Selbstzünder sind übrigens vor »staubtrockenen« Tanks gefeit: Kurz bevor ihr Dieselvorrat zur Neige geht, stellt die Motorelektronik auf »Nullförderung«. Vorteil: Konventionell müssen Sie den Dieselkreislauf lediglich nach tief greifenden Arbeiten am Common-Rail-System »entlüften«, andernfalls regelt das »locker« der Anlasser für Sie.
Um den Kraftstoff bei laufendem Motor im System zwischen Injektor und Tank kursieren zu lassen, besitzen Dieselmotoren jeweils eine Vor- und Rücklaufleitung. Die einzelnen Kraftstoffkomponenten sind darin integriert. Beide Leitungen »treffen« sich außerhalb des Zylinderkopfs. In der Rücklaufleitung fließt der momentan »überflüssige« Dieselkraftstoff in den Tank zurück.

Macht kalte Diesel munter – die Kaltstarteinrichtung

Dieselmotoren kommen beim Kaltstart erfahrungsgemäß nur schwer aus den »Pantoffeln«. Zwar springt der Einser in unseren Breitengraden auch im Winter »höflich« an, doch ohne Vorglühanlage würde er am Ende einer grimmigen Winternacht seine ersten Lebenszeichen kaum taktvoll auf die Schwungscheibe »schütteln«.
Darum bringen leistungsfähige Glühkerzen die Brennräume in der Kaltstartphase auf Temperatur. Das beschleunigt den Zündvorgang und erleichtert den Start. Die Glühkerzen befinden sich seitlich im Zylinderkopf. Sie stehen, genau wie die Vorglühkontrollleuchte, unter direkter Aufsicht des elektronischen Dieselmotormanagements. Um die Vorglühphase zeitlich zu begrenzen, verwertet der Rechner Signale des Temperatursensors: je niedriger die Temperatur, um so intensiver die Vorwärmphase. Beim 1er beträgt die maximale Vorwärmdauer zwölf Sekunden, vorausgesetzt es herrschen mindestens -30°C – ansonsten geht's schneller. Oberhalb 40°C fällt die Vorwärmphase gänzlich aus.
Sobald der kalte Motor die ersten Lebenszeichen von sich gibt, beginnt die Nachglühphase. Das stabilisiert den Leerlauf und minimiert die Kohlenwasserstoffemission in der Kaltlaufphase. Bei Kühlwassertemperaturen unterhalb -30°C beträgt die maximale Nachglühdauer etwa 20 Sekunden – Motortemperaturen oberhalb 30°C machen die Nachwärmphase überflüssig. Sobald der kalte Selbstzünder mit Drehzahlen jenseits von 2500 min^{-1} – konfrontiert wird, entzieht das elektronische Dieselmotormanagement den Glühkerzen automatisch den »Strom« – die Vorkehrung verlängert die Lebensdauer der Glühkerzen.

Vorglühanlage prüfen

Sollten Sie einen Defekt an der Vorglühanlage vermuten, gehen Sie wie folgt vor:

Arbeitsschritte

1 Checken Sie die Sicherung der Vorglühanlage (Pfeil) und dann …

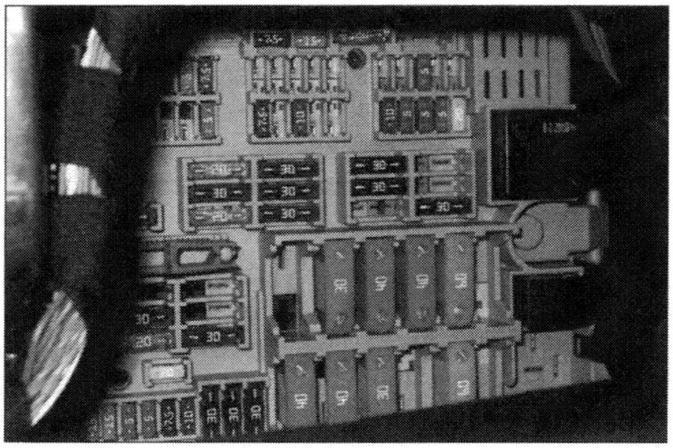

Im Handschuhfach : Sicherung der Vorglühanlage.

2 … das Vorglührelais am Luftfiltergehäuse.

3 Sollten Sicherung und Relais o. k. sein, messen Sie die Spannung an den Schnellglühkerzen mit einem Voltmeter (Multimeter).

4 Sobald dort mindestens 6 Volt anliegen, macht es Sinn, die die Anlage mitsamt Glühkerzen zu testen.

5 Ziehen Sie dazu an einer der Glühkerzen das Anschlusskabel ab und …

6 … klemmen eine Prüflampe zwischen Masse und Anschlusskabel.

7 Ziehen Sie jetzt noch den Stecker des Kühlmitteltemperaturgebers ab und legen ihn beiseite. Achten Sie unbedingt darauf, dass der »geparkte« Stecker nicht an Masse kommt.

8 Schließen Sie die Fahrertür, warten etwa eine Minute und öffnen sie wieder. Warum? Die Glühkerzen beginnen bereits mit ihrer Arbeit, sobald Sie die Tür öffnen und nicht erst, wenn der Startknopf betätigt wird.

9 Die Prüflampe muss nun für etwa 20 Sekunden aufleuchten. Ansonsten ist die Spannung an den Glühkerzen nicht o. k., oder das Steuergerät hält die vorgegebene Vorglühzeit nicht ein.

10 Inspizieren Sie beide möglichen Fehlerquellen.

11 Ansonsten checken Sie mit einem Multimeter (Stellung – »Widerstandsmessung 1 Ohm«) den Innenwiderstand der Glühkerzen. Dazu verkuppeln Sie beide Anschlussklemmen des Multimeters mit der »Glühkerze« und …

12 … kontrollieren anschließend den Kerzenwiderstand. Sollten Sie 0,5 Ohm ablesen, ist alles »in Butter«, sobald der Zeiger jedoch bei »0« verharrt oder unterhalb der »Nulllinie« abtaucht, tauschen Sie die Anschlusskabel an der Glühkerze und messen erneut.

13 Wenn der Innenwiderstand jedoch höher ausfällt, erneuern Sie die Glühkerze – besser noch – erneuern Sie gleich alle Kerzen.

Glühkerzen aus- und einbauen

Arbeitsschritte

1 Klemmen Sie das Batteriemassekabel ab und demontieren, wie beschrieben, den Windlauf sowie die obere Motorverkleidung.

2 Um an die Glühkerzen zu gelangen, müssen Sie den Luftsammler vom Zylinderkopf abbauen.

3 Dazu lösen Sie zunächst vom Ansaugkrümmer die Befestigungsschraube des Ölpeilstabs und …

4 …trennen den Anschlussstecker (1) vom Ladedrucksensor (2).

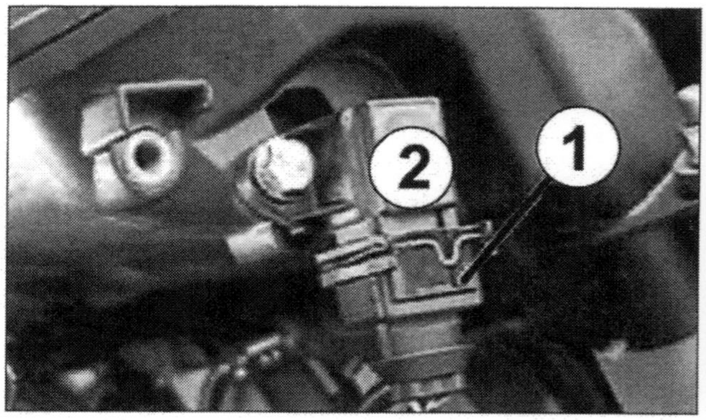

Vom Ansaugkrümmer abziehen: den Anschlussstecker des Ladedrucksensors.

5 Ziehen Sie die Unterdruckleitung und das Anschlusskabel vom Elektroventil ab und legen »die Enden« beiseite.

6 Erledigt? Entriegeln Sie dann in Pfeilrichtung (1) die Klammer (2) vom Abgasrückführungsrohr und ziehen das Rohr vom Ventil (3) ab.

7 Falls vorhanden, ziehen Sie jetzt das Anschlusskabel von der Drosselklappe ab.

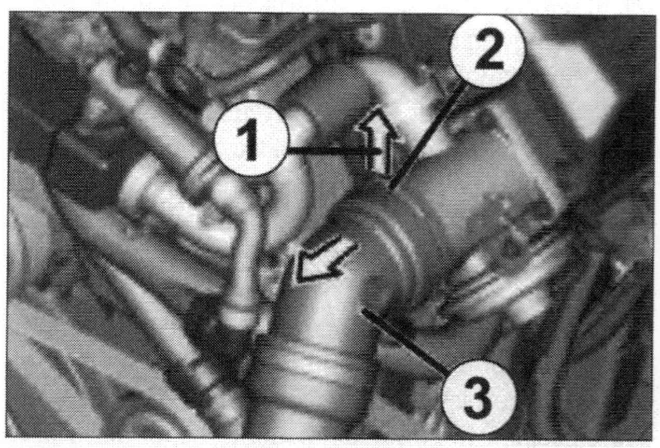

Entriegeln und vom AGR-Ventil abziehen: das Druckrohr.

8 Erst jetzt demontieren Sie die Ansaugbrücke vom Zylinderkopf. Dazu lösen Sie 13 Muttern (1) und hebeln das »Geweih« dann vorsichtig ab.

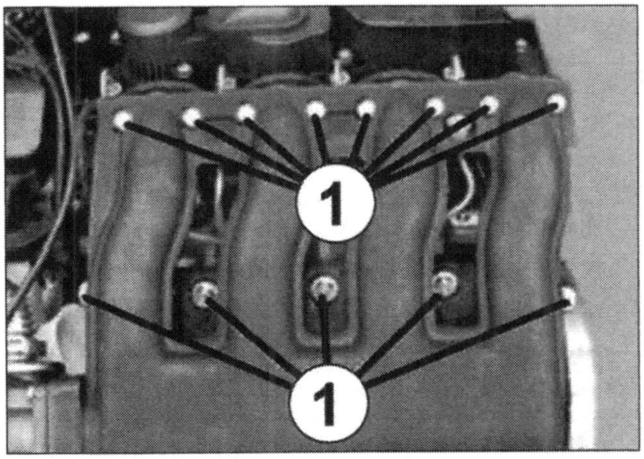

Mit dreizehn Muttern verschraubt: die Ansaugbrücke der Diesel 1er.

9 Drücken Sie die Anschlussstecker (1) der Glühkerzen zusammen (Pfeilrichtung) und ziehen sie von der (den) Kerze(n) ab.

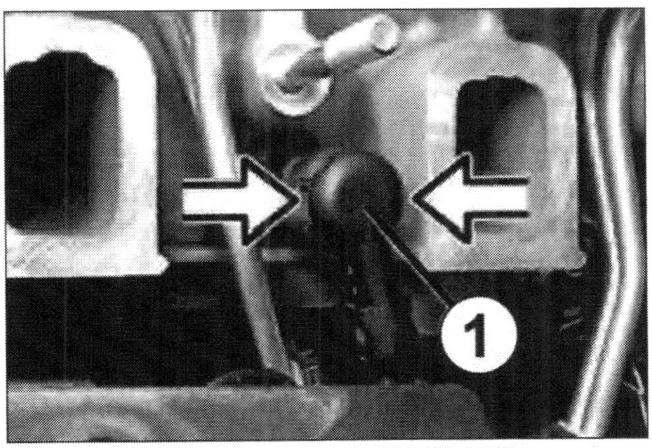

Zusammendrücken und abziehen: die Anschlussstecker von den Stabglühkerzen.

10 Dann schrauben Sie die Glühkerze (1) mit einer »Langnuss« (2) aus dem Zylinderkopf.

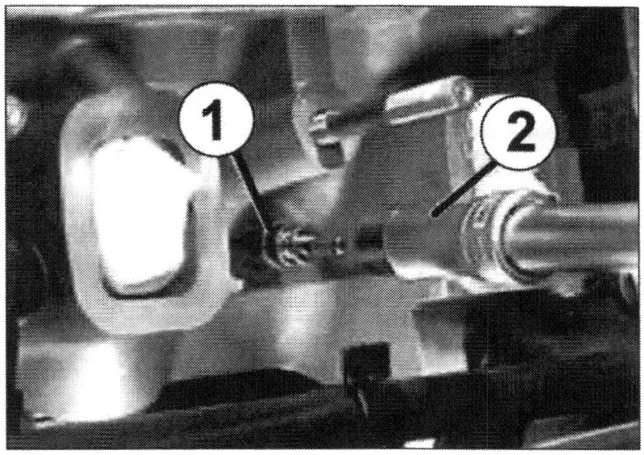

Zum Check komplett demontieren: die Glühkerzen.

11 Sobald alle Kerzen gecheckt sind, montieren Sie die »Neuen« mit etwa 20 Nm.

12 Beenden Sie die Montage in umgekehrter Reihenfolge. Erfahrungsgemäß ist es sinnvoll, die Dichtringe und Gummilager der Ansaugbrücke zu erneuern. Falls Sie dort »sparen« zieht Ihr Motor eventuell »Nebenluft« und Ihr Diesel kommt aus dem »Gleichgewicht«.

Dieselfilter erneuern

Für Dieselmotoren und deren Kraftstoffsysteme ist Wasser ein echtes Problem. Einmal eingedrungen, führt es im Systeminnern und den Injektoren längerfristig zu Korrosion und somit zu teuren Funktionsstörungen. Der Dieselfilter wirkt dem entgegen: Er trennt Wasser sowie Schmutzpartikel vom Dieselöl und sammelt den »Dreck« im Filtergehäuse. Leider hat der Kraftstofffilter des 1er keine »Brackwasserablassschraube«. Erneuern Sie den kompletten Filter daher spätestens nach jedem dritten Ölwechsel.

Vorglühanlage defekt

Praxistipp

Eine streikende Vorglühanlage bemerken Sie wahrscheinlich erst bei klirrendem Frost (unter -15 °C.). Dann nämlich nimmt Ihr 1er seinen Job nur widerwillig ohne fremde Heizenergie auf. Mit »offenen« Augen und einem feinen »Näschen« erkennen Sie mögliche Fehler allerdings schon eher: Achten Sie beim Kaltstart auf die Dieselwolke. Wenn »stechende«, blaue Rauchfahnen Ihre Nase verprellen und die Umwelt einnebeln, lassen Sie prophylaktisch schon mal den Fehlerspeicher in Ihrer Werkstatt auslesen – Blaurauch mit einhergehender »scharfer« Duftnote signalisiert eine »kalte, unvollständige« Verbrennung. Kleinere »Wölkchen« hinter Ihrem Auto müssen Sie freilich nicht beunruhigen.

Kraftstoffeinspritzung

Störungs-beistand

Störung	Ursache	Abhilfe
A Motor springt schlecht oder gar nicht an.	**1** Tank leer.	Auftanken.
	2 Tankbelüftung verstopft.	Tankverschluss langsam öffnen (auf Zischgeräusche achten). Verschluss und Belüftung reinigen.
	3 Temperaturschalter der Kaltstarteinrichtung defekt.	Temperaturschalter überprüfen, evtl. erneuern.
	4 Glühanlage defekt.	Spannung prüfen. Glühkerzen auf Funktion überprüfen. Schadhafte Teile erneuern.
	5 Luft im Krafftstoffsystem.	System über Anlasser so lange entlüften, bis Kraftstoff an Düse 1 gefördert wird.
	6 Einspritzdüse(n) defekt.	Prüfen und instand setzen, bzw. erneuern lassen.
	7 Einspritzzeitpunkt verstellt.	Einspritzzeitpunkt einstellen lassen.
	8 Hochdruckpumpe defekt.	Austauschpumpe montieren lassen.
	9 Kompressionsdruck zu gering.	Kompressionsdruck prüfen lassen.
B Warmer Motor hat schlechten, »sägenden« Leerlauf.	**1** Leerlaufdrehzahl falsch eingestellt.	Prüfen und einstellen lassen.
	2 Kraftstoffschlauch zwischen Filter und Hochdruckpumpe lose.	Anschlüsse festziehen, evtl. Dichtungen erneuern.
	3 Unterdruckschläuche an EGR-Einrichtung defekt.	Überprüfen, ggf. austauschen.
	4 Siehe A2, 5 – 9.	
C Falsche Leerlaufdrehzahl bei Betriebstemperatur.	**1** Siehe A6 – 9.	
	2 Siehe B1 – 4.	
D Starker Schwarz-, Weiß- oder Blaurauch aus dem Auspuff.	**1** Motor nicht auf Betriebstemperatur.	Warm fahren.
	2 Extrem untertourige Fahrweise.	Gänge höher ausdrehen; zeitiger herunter schalten.
	3 Luftfilter verdreckt.	Element ausblasen bzw. erneuern.
	4 Höchstdrehzal falsch eingestellt.	Korrigieren lassen.
	5 Filter im EGR-Regelventil verstopft.	Reinigen bzw. auswechseln lassen.
	6 Injektoren tropfen.	Prüfen bzw. erneuern lassen.
	7 Einspritzdruck zu gering.	Prüfen bzw. regulieren lassen.
	8 Falsche Injektoren montiert.	Wechseln lassen
	9 Kraftstoffregler defekt. Ladedruck-Regulierventil defekt.	Prüfen bzw. regulieren lassen.
	10 Siehe A9.	

Kraftstoffeinspritzung

Störungs-beistand

Störung	Ursache	Abhilfe
E Schlechte Leistung, zu geringe Höchstgeschwindigkeit.	**1** Fahrpedalpotentiometer (drive by wire) gibt falsche Impulse.	Überprüfen, ggf. austauschen.
	2 Höchstdrehzahl wird nicht erreicht.	Drehzahlregler prüfen bzw. einstellen lassen.
	3 Einspritzleitungen an den Anschlüssen verkröpft.	Leitungen demontieren und prüfen. Leitungen nacharbeiten bzw. erneuern.
	4 Kraftstoffremperatursensor defekt.	Prüfen lassen.
	5 Siehe A6 – 9.	
	6 Siehe D3, 4, 6 – 10.	
F Kraftstoffverbrauch zu hoch.	**1** Motor noch nicht eingelaufen.	Einfahrhinweise beachten und danach erneut messen.
	2 Kraftstoffanlage undicht.	Ab Tank Sichtprüfung aller Versorgungsleitungen; unter der Motorhaube sämtliche Schläuche, Schlauchanschlüsse, Kraftstofffilter und Common Rail auf Dichtheit prüfen bzw. abdichten.
	3 Rücklaufleitung (Leckölleitung) verstopft.	Leitung vom Tank aus in Richtung Injektoren Schritt für Schritt mit Druckluft ausblasen.
	4 Leerlaufdrehzahl zu hoch.	Prüfen bzw. einstellen lassen.
	5 Siehe D3, 5 – 11.	
	6 Siehe E4 – 7.	
G Motor hat während der Fahrt Aussetzer (»Fehlzündungen«).	**1** Einspritzdüsen gelockert bzw. defekt.	Prüfen (lassen), ob Einspritzdüsen »gasdicht« im Zylinderkopf verschraubt sind.
	2 Zylinderkopfdichtung durchgebrannt (prüfen, ob Motoröl im Kühlwasser oder bei laufendem Motor Gasblasen in der Kühlflüssigkeit aufsteigen).	Prüfen und erneuern lassen.
H Motor kann nicht abgestellt werden.	Motorabstellvorrichtung defekt.	Einheit überprüfen (lassen).

DIE KRAFTSTOFF-VERSORGUNG

Quicklebendig mit moderatem Verbrauch: die Einser-Motoren. 53 Liter Euro-Super reichen den 195 kW im 130i für rund 570 Kilometer. Der 120i mit 110 kW streckt die gleiche Menge auf etwa 700 Kilometer und der 118i mit 95 kW kommt damit 720 Kilometer weit. Durchaus akzeptable Werte, zumal die 1er durchaus temperamentvoll auf die Piste gehen. Doch wenn's allein um Sparpotenziale geht, sind die Common-Rail-Selbstzünder eindeutig Spitze: Nach rund 890 Kilometern geht der 51-Liter-Tank des 120d mit 120 kW zur Neige, der 118d mit 90 kW spult damit rund 910 Kilometer ab.

Wartung

Reparatur

Technik-lexikon

Kraftstoff – Begriffe und Normen

Normal-/Superbenzin: Fast identische Reinheitsgrade, Verdampfungsverhalten (wichtig für Entzündbarkeit) und Energiebilanzen (Heizwert je Kilogramm Kraftstoff). Entscheidender Unterschied: Super hat eine höhere Klopffestigkeit als Normalbenzin.

Diesel: Ein Kraftstoff, der die physikalischen Eigenschaften des »Selbstzünders« perfekt bedient. Wegen der hohen Zündwilligkeit des Dieselkraftstoffs kommt die Verbrennung in hoch verdichteten Dieselmotoren auch ohne Zündkerze in die Gänge. Für geringer verdichtete Ottomotoren wäre Dieselöl freilich »unverdaulich« – es würde die Zündkerzen binnen kürzester Zeit verrußen.

Sommer-/Winterdiesel: Sommerdiesel nach DIN EN 590 kommt zwischen Frühjahr und Herbst an die Zapfsäule. Sommerdiesel paraffiniert schon bei geringen Minustemperaturen und würde die Kraftstoffleitungen samt Filter versulzen. Deshalb kommt hierzulande bereits in der Übergangszeit Dieselkraftstoff mit einem geringen Anteil an Fließverbesserern auf den Markt. Er bleibt bis etwa -10 °C filtergängig. Winterdiesel behält seine Fließfähigkeit laut Norm bis -12 °C, in der Praxis können Sie Winterdiesel jedoch Minustemperaturen bis etwa 22 °C zutrauen.

Biodiesel (RME): RME (Raps-Methylester oder Rapsölfettsäure-Methylester) nach E DIN 51606 ist eine nahezu CO_2-neutrale Alternative zu herkömmlichem Dieselöl. Grund: RME ist kein fossiler, sondern ein nachwachsender Rohstoff, hierzulande beispielsweise aus Sonnenblumen, Raps, etc. Das Raffinat besteht hauptsächlich aus Methanol mit veresterten Fettsäuren. Im Gegensatz zu fossilen Kraftstoffen wird Biodiesel lediglich als schwach Wasser gefährdend eingestuft. Allerdings kann nicht jeder »Dieselkapitän« RME bunkern: Es sei denn, Ihr Hersteller hält Biodiesel für unbedenklich. Fehlanzeige im Mini One D: Dichtungen und Kraftstoffleitungen des Common-Rail-Systems vertragen keinen Dauerbetrieb mit RME. Erfahrungsgemäß sind sie bereits nach rund 10.000 Kilometern spröde und ausgehärtet.

Klopffestigkeit: Je höher der Kompressionsdruck um so besser der thermische Motorwirkungsgrad. Doch wenn Ottokraftstoff zu hoch verdichtet wird, kommt es zu unkontrollierten Verbrennungen – der Motor »klingelt«. Superkraftstoff trotzt höheren Verbrennungsdrücken als Normalbenzin, er neigt erst später zur Selbstentzündung.

Oktanzahl: Steht für die Klopffestigkeit des Kraftstoffs. An der Zapfsäule finden Sie in der Regel die Bezeichnung »ROZ« (Research-Oktanzahl), seltener die Spezifikation »MOZ« (Motoroktanzahl). Die Oktanzahlwerte für die Mindestanforderungen an bleifreien Kraftstoff wurden in Deutschland früher vom deutschen Institut für Normung (DIN) nach DIN 51 607 fest geschrieben. Heute gilt die Euro-Norm EN 228.

Cetanzahl: Eine reine, im Labor ermittelte, Verhältniszahl. Steht für die Zündwilligkeit eines Kraftstoffs. Dem sehr zündwilligen Cetan wird die Zahl 100 zugeordnet, dem extrem zündunwilligen Vergleichskraftstoff Methylnaphthalin dagegen eine 0. Die Cetanzahl gibt an, wie viel Volumenprozent Cetan ein Gemisch mit Methylnaphthalin enthalten müsste, um die gleiche Zündwilligkeit wie der zu messende Kraftstoff zu haben. Beim Diesel soll sie 45 betragen.

Der Kraftstofftank, ein tief gezogener Kunststoffbehälter mit 53 Liter Inhalt (Diesel, 51 Liter), »hängt« im hinteren Bereich der Bodengruppe, unterhalb des Bodenblechs. Alle 1er fördern ihr Futter via elektrischer Intank-Kraftstoffpumpen unter die Motorhaube, den beiden Selbstzündern »drückt« zusätzlich eine externe Hochleistungspumpe das Dieselöl ins Rail. Einerlei ob Diesel oder Otto – die Kraftstoffbehälter haben keine Ablassschraube: Sollten Sie den Tank also irgendwann demontieren oder in seine Innereien »eingreifen« müssen, entleeren Sie vorab seinen Inhalt über den Einfüllstutzen.

Die generellen Bauteile der Kraftstoffversorgung

Kraftstoffpumpe (G-Rotorpumpe): Eine im Tank montierte, elektrisch angetriebene Kraftstoffförderpumpe (Diesel mit externer Hochdruckpumpe). Die Intank-Kraftstoffpumpe arbeitet als Strömungspumpe mit einer Förderleistung von rund 80-120 l/h und einem Förderdruck von etwa 3,5 bar (Vierzylinder) respektive 5 bar bei den Sechszylindern. Die Dieselpumpe arbeitet mit einem Förderdruck von etwa 4,5 bar. Das »Fördersignal« bekommen die Pumpen vom Zündschloss (Klemme 15). Bei den »Ottos« sitzen der Tankgeber, Förderdruckregler sowie die Pumpe in einem Gehäuse. Sobald der Arbeitsdruck den Systemdruck übersteigt, öffnet ein Überdruckventil. Der überschüssige Kraftstoff fließt mitsamt der Begleitgase in den Tank zurück. Das gleiche Ventil hält das System übrigens auch während längerer Stillstandszeiten unter Druck.

Elektronisch geregelte Kraftstoffpumpe – beim 1er in Serie

In konventionellen Systemen stehen elektrische Kraftstoffpumpen ständig unter Höchstspannung. Nicht so

Gefahrenhinweis

Umgang mit Kraftstoff

Im Umgang mit Kraftstoffen ist Vorsicht das höchste Gebot. Nehmen Sie darum Wartungsarbeiten und Reparaturen an der Kraftstoffanlage niemals auf die leichte Schulter. Vor allem zum Entleeren des Kraftstofftanks gehen Sie umsichtig zu Werke: Ganz ohne folgende Sicherheitsvorkehrungen arbeiten Sie an einem »Pulverfass«!

- Klemmen Sie zunächst den Batterieminuspol ab.
- Entleeren Sie Kraftstoffbehälter nur im Freien oder in exzellent durchlüfteten Räumen. Dazu benötigen Sie eine kraftstoffresistente Handpumpe (z. B. Balgen-Schlauchpumpe). Versuchen Sie auf keinen Fall den Kraftstoff aus der oberen Tanköffnung auszugießen oder mit einem Schlauch per Mund abzusaugen – Vergiftungsgefahr durch Kraftstoffzusätze!
- Halten Sie generell einen CO_2-Pulver- oder Schaumlöscher der Brandklasse B griffbereit.
- Entleeren Sie Kraftstoffbehälter niemals über einer Grube: Die entweichenden Gase sind schwerer als Luft und schwängern die Grube über mehrere Stunden mit einem hochexplosiven und giftigen Gemisch.
- Stellen Sie sicher, dass während der Arbeit mit Kraftstoff keine elektrischen Geräte laufen, offenen Flammen, Wärme- und Funkenquellen im Raum sind.
- Füllen Sie Kraftstoff nur in verschließbare, klar beschriftete und resistente Gefäße um. Dazu gibt's spezielle Behälter mit Flammschutz und Druckausgleichsverschluss.
- Leere Kraftstofftanks sind über längere Zeit wie »explosive Gasometer«. Halten Sie sich in ihrer Nähe also mit offenen Flammen, brennenden Zigaretten oder schmauchenden Pfeifen zurück – es besteht latente Explosionsgefahr.

beim 1er-BMW mit bedarfsabhängiger Förderleistung. Hier ermittelt, anhand des Fahrwiderstands und der Fahrpedalstellung, das Motor-Steuergerät ständig die theoretisch erforderliche Kraftstoffmenge und legt daraufhin die Versorgungsspannung der Kraftstoffpumpe fest: Weniger Spannung gleich weniger Förderleistung – volle Spannung gleich maximale Förderleistung. Die Kraftstoffpumpe hängt gewissermaßen am »eigenen Gaspedal«. Das bedingt unter anderem eine optimale Kraftstoffversorgung und senkt zudem den Kraftstoffverbrauch.

Aktivkohlefilter: Im hinteren rechten Radkasten montiert. Er »bindet« verdunstende Kraftstoffdämpfe aus dem Tank. Sobald dann der Motor läuft, öffnet ein Magnetventil und lässt die im Aktivkohlefilter zwischengelagerten Gase ins Ansaugsystem »abfließen«. Sie«hängen« sich hier den Frischgasen an.

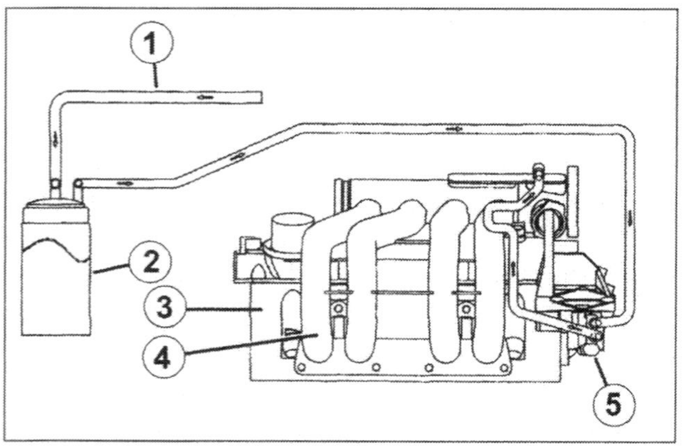

Vorübergehend im Aktivkohlefilter »geparkt«: die im Tank vagabundierenden Kohlenwasserstoffe. (1) Entlüftungsleitung vom Kraftstofftank, (2) Aktivkohlefilter, (3) Zylinderkopf, (4) Ansaugkrümmer, (5) Magnetventil zur Systemsteuerung.

Der Kraftstoff

Beide Diesel-Einser konsumieren handelsüblichen Dieselkraftstoff, das Ottoquartett ist werkseitig auf Kraftstoffe zwischen ROZ 91- bis 98-Oktan (130i bis 100 Oktan) ausgelegt – die Vier verbrennen ohne »Mucks« also auch Normalbenzin. Damit sollten Sie ihnen vielleicht nicht dauernd Höchstleistungen – zum Beispiel im Gespannbetrieb – abverlangen, doch grundsätzliche Nachteile stellen sich mit Normalbenzin im Tank nicht ein. Im Umkehrschluss tuned Super-Plus (ROZ 98) ihren 1er nicht wirklich – mitunter senkt der Premiumsaft den Spritverbrauch geringfügig. Doch wenn's ums Sparen geht, ist Super-Plus der falsche Ansatz: Ihr eigener Gasfuß und der richtige Umgang mit dem Getriebeschalthebel bringt da unvergleichlich mehr.

Mit wenig »Gas dahin rollen« – das senkt die Spritkosten

Beschleunigen Sie daher stets zügig (Gaspedal schnell etwa 2/3 durchtreten) und schalten möglichst früh in den nächsthöheren Gang. Sobald der Tachometer Ihre Wunschgeschwindigkeit anzeigt, lassen Sie Ihren

Wagen im größtmöglichen Gang mit wenig »Gas dahin rollen«. Drehen Sie den Motor lediglich zum Beschleunigen, beim Überholen oder zum Einspuren in den fließenden Verkehr höher aus. Während kurzer Stopps, beispielsweise vor Eisenbahnschranken, Baustellenampeln oder im Stau, stellen Sie den Motor ruhig ab: Das »rechnet« sich bereits nach 5 bis 7 Sekunden – und die Umwelt profitiert auch davon.

Tankbe- und -entlüftung checken

Das Tankentlüftungsventil ist seitlich vom Ansaugkrümmer verbaut.

Arbeitsschritte

1 Fahren Sie den Motor warm (Betriebstemperatur) und lassen ihn während des Checks im Leerlauf weiter brummen.

2 Ziehen Sie am Magnetventil (1) dann den vom Aktivkohlefilter kommenden Unterdruckschlauch (2) ab und ...

3 ... prüfen am Ventilanschluss, ob dort Unterdruck anliegt. Dazu legen Sie Ihre Fingerkuppe auf das »offene« Anschlussstück. Falls die Finger nicht leicht »angesaugt« wird, ist erfahrungsgemäß das Ventil malade.

4 Um ganz sicher zu gehen, demontieren Sie das Magnetventil.

5 Dazu ziehen Sie zunächst den Stecker (3) in Pfeilrichtung vom Ventil, lösen den Schlauch (4) und clipsen das Ventil aus dem Halter.

6 Sollten Sie das Ventil jetzt durchblasen können, ist es defekt – montieren Sie ein neues.

Nur bei betriebswarmem Motor checken: das Tankentlüftungsventil unterhalb des Ansaugkrümmers.

Kraftstofffilter austauschen

Den Lebenssaft der Ottomotoren reinigt ein Motorleben lang immer der gleiche Filter – zumindest bei normaler Beanspruchung und hiesigen Kraftstoffqualitäten. Den Dieselkraftstofffilter sollten Sie dagegen nach jedem dritten Ölservice gegen einen neuen tauschen. Der Dieselfilter hat übrigens keine Brackwasserablassschraube.

Denken Sie bitte daran, auch Dieselöl ist ein gefährlicher »Saft« – darum »Finger weg« von offenen Flammen, brennenden Zigaretten oder schmauchenden Pfeifen. Wie eingangs schon erwähnt, das Kraftstoffsystem des 1er steht ständig unter Druck. Sobald Sie es also irgendwo »öffnen«, spritzt Ihnen der Kraftstoff stante pede entgegen. Um das zu vermeiden, bandagieren Sie vorher den »Arbeitsplatz« mit einem Putzlappen – Ihre Augen schützen Sie zusätzlich mit einer Schutzbrille. Halten Sie zudem einen Feuerlöscher griffbereit.

Unter seinem »Bauch« trägt der 1er einen Dieselfeinfilter. Dieselöl hat nämlich die unangenehme Eigenart Kondenswasser zu binden und flockige Schmutzpartikel abzulagern. Den größten Teil davon »kassiert« der Kraftstofffilter – wechseln Sie den Saubermann darum ohne Wenn und Aber innerhalb der vorgeschriebenen Intervalle. Nach ausgedehnten Fahrten ins ost- oder außereuropäische Ausland raten wir Ihnen sogar zu kürzeren Intervallen, zumindest aber lassen Sie die »Plörre« nach der Tour schleunigst aus dem Filtersumpf ab.

Arbeitsschritte

1 Bocken Sie den Hinterwagen rüttelsicher auf und demontieren den hinteren Steinschlagschutz (1). Er hängt an sieben Schrauben (2) und einem Halter (3).

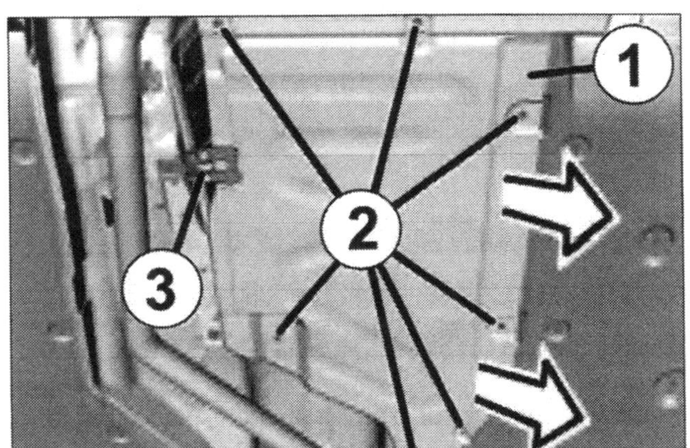

Hängt im Heckbereich unter dem 1er-Bauch: der Steinschlagschutz.

[2] Damit Ihnen kein Dieselöl auf den Boden läuft, stellen Sie jetzt einen Auffangbehälter unter den Kraftstofffilter (1).

[3] Bevor Sie die Klemmschelle (Pfeil) lösen, demontieren Sie noch schnell die Schlauchschelle (2) und ...

[4] ... ziehen das Schlauchende vom Filtergehäuse ab.

[5] Dann demontieren Sie die Klammer (3) und ziehen die Filterheizung (4) in Pfeilrichtung aus dem Gehäuse.

[6] Der Filter ist jetzt »tauschfertig«. Ziehen Sie ihn nach vorn aus der Klemmschelle und »parkieren« ihn – bis zur endgültigen Entsorgung – einstweilen in der bereitstehenden Auffangschüssel.

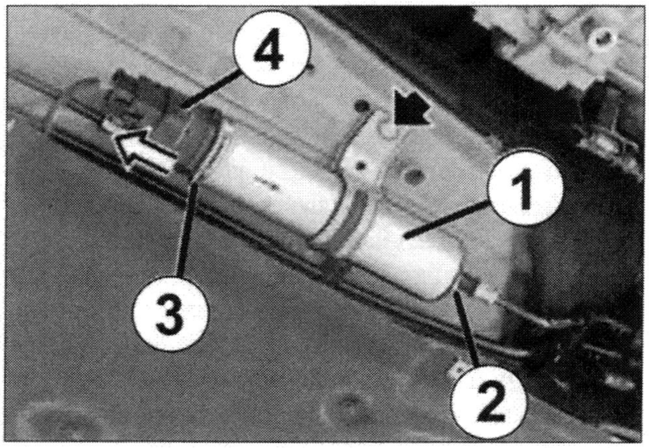

Schnell erledigt: der Dieselfiltertausch.

[7] Den neuen Filter montieren Sie in umgekehrter Reihenfolge.

[8] Alles o. k.? Dann schalten Sie die Zündung für etwa eine Minute ein, in dieser Zeit entlüftet sich das Kraftstoffsystem selbstständig!

[9] Jetzt checken Sie Ihre Arbeit: Sie starten den Motor, lassen ihn mit Standgas brummen und überprüfen derweil sämtliche Schlauchschellen auf Dichtheit.

[10] Beenden Sie den Filterwechsel in umgekehrter Reihenfolge.

[11] Bevor Sie den alten Filter als Sondermüll entsorgen, legen sie ihn selbstverständlich noch »trocken«.

Kraftstoffleitungen und Schläuche aus- und einbauen (allgemein)

Vorsicht: Bei Einspritzanlagen steht das Kraftstoffsystem auch dann noch unter Betriebsdruck, wenn der Zündschlüssel bereits längere Zeit »gezogen« ist (siehe Druckventil). »Bandagieren« Sie die Montagestellen deshalb grundsätzlich mit einem Putzlappen und schützen Sie Ihre Augen mit einer Schutzbrille. BMW verbaut an den Kraftstoffleitungen vier unterschiedliche Kupplungen. Und so bekommen Sie die »Dinger« los ...

Arbeitsschritte

Quetschkupplung – Typ 1

[1] Quetschkupplungen lockern Sie mit einem Schlitzschraubendreher. Setzen Sie ihn unter dem Spannring an und hebeln die Schelle mit leichten Drehbewegungen vorsichtig ab.

[2] Jetzt ziehen Sie den Schlauch gleichfalls mit leichten Drehbewegungen ab. Gelingt Ihnen das nicht, setzen Sie hinter das Schlauchende einen kleinen Gabelschlüssel und pressen den Schlauch dann einfach mit dem »Schlüsselmaul« ab.

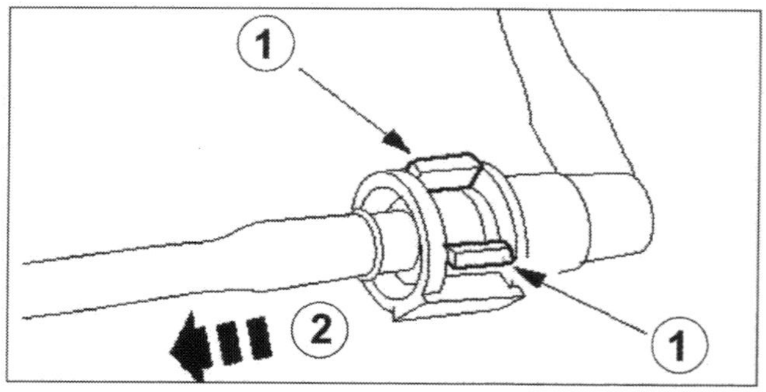

Mit leichten Drehbewegungen abhebeln – Quetschkupplung (Typ 1).

Schnellkupplung – Typ 2

[1] Pressen Sie die Rastnasen (1) kräftig mit Ihren Fingern zusammen und ...

[2] ... ziehen die Kraftstoffleitung (2) zeitgleich aus der Kupplung.

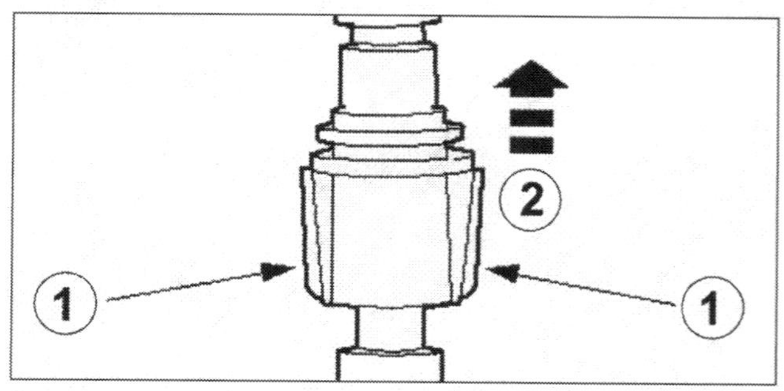

Rastnasen zusammen pressen und Kupplungskopf vom Flansch abziehen – Schnellkupplungen (Typ 2).

Schnellkupplung – Typ 3

[1] Hebeln Sie – ähnlich Typ 1 – mit einem kleinen Schlitzschraubendreher die Rastnase (1) so weit aus der Kupplung (2), bis ...

2 ... die Leitungsenden lose in der Kupplung stecken.

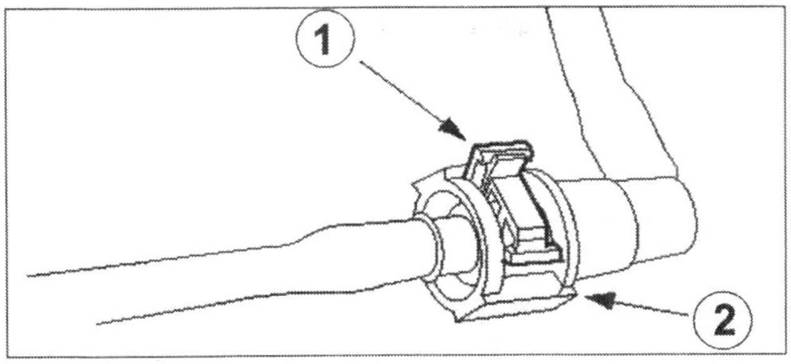

Rastnase aushebeln und Leitungsenden auseinander ziehen – Schnellkupplung (Typ 3).

Schnellkupplung – Typ 4

1 Pressen Sie beide Drucktasten (1) kräftig mit Ihren Fingern zusammen und ...

2 ... ziehen die Kraftstoffleitung (2) zeitgleich aus der Kupplung.

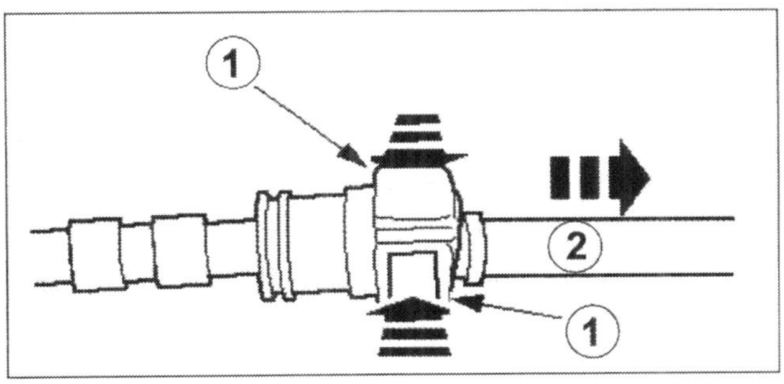

Drucktasten mit den Fingern zusammen pressen und Kraftstoffleitung aus der Kupplung ziehen – Schnellkupplung (Typ 4).

Fehlersuche an der elektrischen Kraftstoffpumpe

Die elektrischen Kraftstoffpumpen versorgt ein Arbeitsstromrelais mit »Energie«. Die Pumpe fördert, ab der Startphase, frischen Kraftstoff in die Einspritzdüsen. Ein zweites Relais tritt nur dann in Aktion, wenn der Motor mit eingeschalteter Zündung stillsteht (Steuergerät empfängt keine Drehzahlimpulse mehr) oder der Betriebsdruck plötzlich zusammenbricht. In dem Fall kappt Relais II den Stromfluss im Motorsteuergerät (Sicherheitsschaltung). So kann zum Beispiel nach einem Unfall kein Benzin auslaufen. Die Prüfung der elektrischen Kraftstoffpumpe ist eher eine Arbeit für die Werkstatt. Beschränken Sie sich auf folgende Punkte.

Arbeitsschritte

1 Klemmen Sie das Batteriemassekabel ab und ...

2 ... lösen die Kraftstoffdruckleitung am Kraftstoffverteilerrohr. Umherspritzendes Benzin »fangen« Sie mit einer Lappenbandage ein.

3 Geringe Kraftstoffmengen treten übrigens auch bei stehendem Motor aus, das Kraftstoffsystem steht ja ständig unter Druck.

4 Bleibt der Anschluss trocken, schalten Sie kurz die Zündung ein (nicht den Anlasser betätigen!).

5 Falls die Pumpe jetzt nicht anläuft, checken Sie die Sicherung im Sicherungskasten bzw. das Sicherheitsrelais.

6 »Sprudelt« weiterhin kein Benzin, bauen Sie die Abdeckung unter der Rücksitzbank aus und »traktieren« das Pumpengehäuse vorsichtig mit einem kleinen Hammer – mitunter hilft das.

An vier Muttern lösen: Serviceklappe unter der Rücksitzbank.

7 Bei der Gelegenheit prüfen Sie selbstverständlich auch die Pumpenanschlusskabel. Mitunter sind sie oxidiert oder haben sich gar losgerappelt.

8 Lässt auch das die Pumpe »kalt«, prüfen Sie mit einem Dioden-Spannungsprüfer (eine normale Prüflampe könnte dem Steuergerät schaden) ob an der Pumpe überhaupt Spannung anliegt. Vergessen Sie allerdings nicht, vorher die Zündung einzuschalten.

9 Spannung o. k., dann dürfte die Pumpe defekt oder ein Anschlusskabel unterbrochen sein. Ihre eigenen Reparaturchancen sind ab sofort eher gering. Nachdem Sie die Kabel geprüft haben, montieren Sie besser freiwillig eine neue Pumpe.

10 Wenn die Kraftstoffpumpe allerdings läuft und die Druckleitung dennoch staubtrocken bleibt, checken Sie innerhalb des Tanks das Kraftstoffsieb und blasen die Kraftstoffleitung durch. Eventuell ist der Filter verstopft oder die Leitung unterwegs »nur« irgendwo geknickt.

Das Abgassystem

Grundsätzlich dämpft und »entgiftet« die 1er-Abgase ein weitgehend rostresistentes, mehrteiliges Auspuffsystem. Bei den Ottomotoren besteht es aus zwei Katalysatoren, vier Lambdasonden und einem flexiblen Zwischenstück. Die Dieselmotoren säubern ihre Abgase via Oxidationskatalysatoren und elektronisch gesteuerter Abgasrückführung. Optional unterstützt zusätzlich ein Partikelfilter den Reinigungsprozess der »Ölbrenner«. Daran anschließend passieren die Abgase einen einflutigen Reflexions- und Hauptschalldämpfer. Die geregelten Katalysatoren der »Ottos« sind direkt mit den Auspuffkrümmern verbunden. Vorteil: heiße Abgase heizen den »Filter« unverzüglich auf, das beschleunigt seine »Reaktionszeit«. Der 1er minimiert so, vornehmlich im Kurzstreckenverkehr mit vielen Kaltstarts, seine Schadstoffmenge.
Den Ersatzbedarf deckt BMW mit Serviceanlagen ab: Zur Montage des Serviceparts »teilen« Sie jeweils die Produktionsanlage an den entsprechenden Flanschen und setzen die Serviceanlage mit neuen Dichtungen dazwischen. Außer einer festen Halterung fixieren den Auspuff an exponierten Stellen mehrere Weichgummihalterungen. Sie halten die Anlage nahezu vibrations- und spannungsfrei in der Waage und – last but not least auf erforderliche Distanz zum Unterboden.

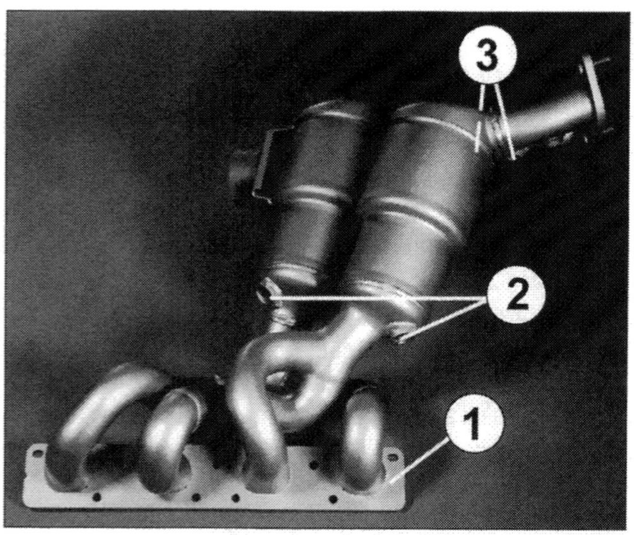

Rohrgeschlängel mit zwei verschweißten Katalysatoren: der Abgaskrümmer am Beispiel des 120i. (1) Dichtflansch zum Zylinderkopf, (2) Primärsondengewinde, (3) Sekundärsondengewinde.

Hält »locker« 80 000 Kilometer – das Abgassystem

Natürlich hängt die Lebensdauer des Abgassystems stark von den Einsatzbedingungen Ihres Wagens ab: Sind Sie überwiegend im Stadtverkehr oder auf kurzen Strecken unterwegs, setzen sich in seinem Innern »ätzendes« Kondensat, Ruß und aggressive Säuren ab. Auf Langstrecken haben die Schadstoffe dagegen wesentlich weniger Chancen, Schalldämpfer und Rohre zu »perforieren« – der Auspuff ist dann durchgehend heiß. Sobald bei Regenfahrten ständig kaltes Spritzwasser den heißen Auspuff »duscht«, sind große Temperaturschwankungen programmiert: Das belastet speziell den vorderen – viel heißeren – Anlagenteil. Mitunter provoziert der allgegenwärtige Temperaturschock glatte »Rohrbrüche« oder feine Haarrisse – ungeachtet des flexiblen Zwischenstücks nach dem Auspuffkrümmer.
Im Normalfall freilich beschleunigen Spritz- und Salzwasser den Rostfraß von außen nach innen – speziell im hinteren Anlagenbereich. Steinschläge oder andere äußere Einflüsse, etwa wenn Sie mit dem Auspuff aufsetzen, verkürzen zusätzlich die Lebenserwartung. Gleichermaßen machen dem Auspuff auch schädliche Schwingungsfrequenzen, die beispielsweise ein sprödes oder gerissenes Aufhängungsgummi initiiert, auf Dauer den Garaus. Doch trotz aller Widrigkeiten – unter dem 1er-Bauch macht ein originaler Auspuff locker seine 80.000 Kilometer.

Erfahrungssache – so »bearbeiten« Profis den Auspuff

Stark oxidierte Bleche lassen sich nicht dauerhaft schweißen. Der Reparaturerfolg an einer »Salz vergoldeten« Abgasanlage ist daher meist nur von kurzer Dauer. Zwar halten Auspuffkitt und Bandagen den »Rost etwas länger beieinander«, aber direkt neben der Reparaturstelle zerstört er weiter die Substanz. Abgasanlagen mit mehr als einem Schalldämpfer haben die unangenehme Eigenschaft, dass – wenige Monate nach dem Austausch des ersten – auch der zweite Schalldämpfer perforiert ist. Werkstätten wechseln Abgasanlagen deshalb »gerne« von vornherein komplett.
Unser Tipp: Bevor Sie »Hand anlegen«, nehmen Sie den Auspuff genau in Augenschein und entscheiden erst dann, ob eine Teilreparatur noch lohnt oder eine komplette Anlage her muss.

Arbeitsschritte

[1] Bocken Sie Ihren Wagen rüttelsicher auf.

[2] Sollten festgerostete Verschraubungen unlösbar sein, versuchen Sie's »anders herum« – «überdrehte« Schrauben reißen meistens einfach ab. Zur Montage verwenden Sie grundsätzlich neue Schrauben, Federringe, Muttern und Dichtungen.

[3] Erneuern Sie gleichfalls alle Haltegummis. Der neue Auspuff hängt dann spannungsfrei und rüttelsicher in der Waage.

[4] Haben Sie den Auspuff bereits früher teilweise erneuert, erhitzen Sie zur Demontage die Steckverbindungen mitsamt den Rohrenden. Werkstätten nutzen dazu einen Schweißbrenner – doch ein guter Propangasbrenner tut's in der Regel auch. Schützen Sie Ihre Hände, die Augen und das Umfeld der »Feuerstelle« mit Arbeitshandschuhen, einer Arbeitsbrille bzw. einer feuerfesten Zwischenlage – parkieren Sie einen Feuerlöscher in Reichweite. Praxistipp: Bevor Sie den Brenner »anfeuern«, versuchen Sie's zunächst mit Rostlösemitteln.

[5] Trennen Sie Rohre und Flanschen mit kräftigen Drehbewegungen. Mitunter erleichtern die Arbeit leichte Hammerschläge auf das Außenrohr.

[6] Bringt nichts? Dann flexen oder sägen Sie die Steckverbindungen knapp zehn Zentimeter hinter der Verbindungsstelle ab und«schlitzen« das »Überrohr« bis zur Trennstelle in Längsrichtung auf. Den »nervenden« Rest schälen Sie dann mit einem kräftigen Schlitzschraubendreher ab.

[7] Auspuffschrauben lassen sich »irgendwann« leichter lösen, wenn ihre Gewindegänge zur Montage hauchdünn mit hitzefester Kupferpaste »versiegelt« wurden. Gleiches gilt erst recht für Steckverbindungen.

Trauen Sie keiner alten Aufhängungsschlaufe – Augen auf beim Auspuffcheck

Motorseitig ist die Abgasanlage mit dem Auspuffkrümmer fest verschraubt. Unter dem Fahrzeugboden hängt sie elastisch in Gummistegschlaufen. Wenn der Auspuff erst »dröhnt oder knallt«, vielleicht sogar schon an den Unterboden schlägt, trauen Sie keiner Schweißnaht, keinem Schalldämpfer und auch keiner Aufhängungsschlaufe mehr. Inspizieren Sie den »rostigen Rest« gründlich, schrecken Sie auch vor Hammerschlägen nicht zurück.

Arbeitsschritte

[1] Checken Sie alte Gummistegschlaufen auf Brüchigkeit, Einrisse oder sonstige Beschädigungen. Zur Kontrolle »rütteln« Sie am Endrohr den Auspuff kräftig hin und her.

[2] Am Krümmerflansch prüfen Sie sämtliche Verschraubungen auf festen Sitz.

[3] Starten Sie den Motor und verstopfen das Auspuffendrohr mit einem Lappen. Schon nach kurzer Zeit muss der Motor absterben. Hören Sie unter dem Bodenblech allerdings zischelnde Geräusche oder läuft der Motor unbeeindruckt weiter, ist die Anlage undicht.

[4] Laute Verbrennungsgeräusche und helles »Patschen« im Schiebebetrieb sind die untrüglichen Indizien eines defekten Auspuffs.

[5] Klopfen Sie mit einem Hammer gründlich alle Schalldämpfer und Rohre ab. Vergessen Sie auch die Schalldämpferstirnseiten nicht. Hämmern Sie übrigens nicht zu zaghaft, ein »gesunder« Auspuff verträgt das allemal. Auf gesundem Blech klingen Ihre Schläge übrigens »trocken und hell«, morsches Blech erkennen Sie an dumpfen Klopfgeräuschen.

Preisfrage – Auspuffkomplett- oder -teilreparatur

Wir beschreiben Ihnen die Demontage der kompletten Abgasanlage am Beispiel der Vierzylinder-Ottomotoren – ähnliche »Schraubbedingungen« finden Sie am Sechszylinder-Motor sowie an den Selbstzündern vor. Falls Sie die Anlage nur teilweise erneuern, berücksichtigen Sie eben nur den entsprechenden Reparaturabschnitt. Denken Sie übrigens beim Ersatzteilkauf daran, dass Sie generell alle Schrauben, Muttern, eingebrannte Dichtungen, Dichtringe und spröde Haltegummis erneuern.

Arbeitsschritte

Mittelrohr

[1] Klemmen Sie das Batteriemassekabel ab und ...

[2] ... bocken Ihren 1er rüttelsicher auf. Bequemer geht's natürlich auf einer Hebebühne.

[3] Zunächst lösen Sie vier Flanschschrauben (Pfeile) direkt hinter dem Katalysator und »brechen« das gelöste Zwischenrohr vom Flansch ab. .

Hinter dem Katalysator trennen: den Auspuff.

[4] Jetzt »hängen« Sie den Auspuff Schritt für Schritt vom Bodenblech ab. Zwei Verschraubungen (Pfeile) sind zu lösen, dann haben Sie's geschafft.

Hängt an zwei Befestigungen: die mittlere Auspuffanlage.

[5] Danach schrauben Sie den rechten Auspuffhalter (Pfeil) des Nachschalldämpfers los und ...

[6] ... ziehen den »Topf« links aus der Gummischlaufe.

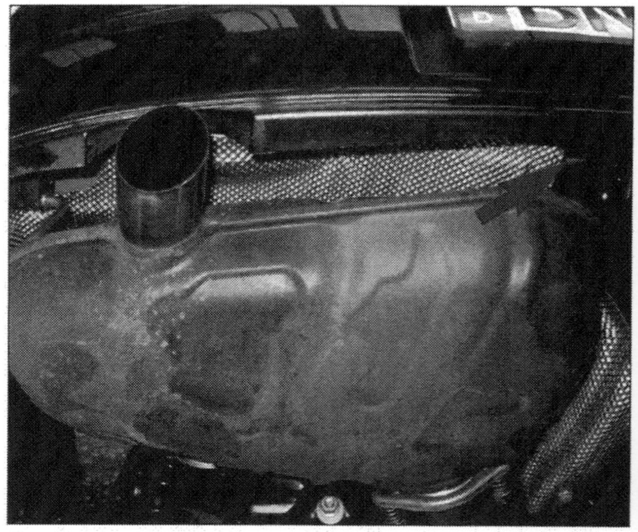

Rechts verschraubt, links gesteckt: der Endschalldämpfer.

[7] Fertig? Dann schrauben Sie noch die vier Schrauben (Pfeile) der mittleren Traverse los und lassen den Auspuff auf den Boden ab.

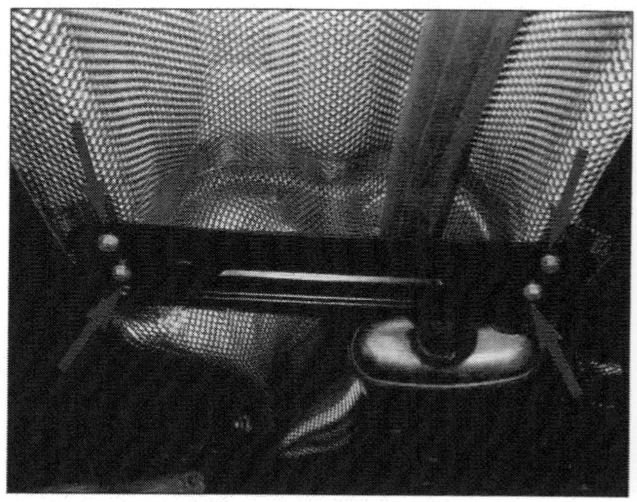

Vierfach verschraubt: die mittlere Traverse.

[8] Sobald ein komplett neues Auspuffmittelteil ansteht, Schrauben Sie natürlich die Traverse vom alten Zwischenrohr ab und »komplettieren« das neue Mittelteil damit.

[9] Vor der Montage reinigen Sie die Dichtfläche am Krümmerflansch und ...

[10] ... streichen die Dichtfläche hinter dem Kat mit zähem Fett ein. »Pappen« Sie die Dichtung auf den Flansch und ...

[11] … bugsieren den Auspuff vorsichtig unter den Wagen.

[12] Damit Ihnen der frisch montierte Auspuff keinen »Stress« macht, erneuern Sie besser am Endschalldämpfer gleich auch die Haltegummis.

[13] »Hängen« Sie das vordere Rohr zunächst nur provisorisch am Flansch auf und …

[14] … verschrauben die Anlage dann am Bodenblech.

[15] Erst jetzt kommt der Anschlussflansch ins Spiel. Falls sich die »gepappte« Dichtung nicht verschoben hat, ziehen Sie die neuen Muttern fest, ansonsten richten Sie die Dichtung neu aus.

[16] Bevor Sie den Nachschalldämpfer montieren, reinigen Sie die Flanschdichtflächen und …

[17] … streichen sie mit zähem Fett ein. Danach »pappen« Sie die Dichtung auf eine Flanschseite, ziehen die Schrauben »mit Gefühl« vor und …

[18] … richten die Anlage unter dem Wagenboden aus. Dazu …

[19] … schwingen Sie den Auspuff am Endrohr kräftig hin und her. Falls er nicht am Bodenblech kollidiert, ziehen Sie den Flansch fest.

[20] Fertig! Starten Sie nun den Motor, halten das Auspuffendrohr, so lange zu, bis der Motor »abstirbt«. Falls er keine Anstalten dazu macht, ziehen Sie sämtliche Schraubverbindungen nach und geben ihm dann eine »zweite Chance«.

Auspuffkrümmer aus- und einbauen – nicht grundsätzlich ein Fall für Do it Yourselfer

Immer wenn »Turbo mit im Spiel ist«, lassen Sie den Auspuffkrümmer besser in Ihrer BMW-Werkstatt wechseln. BMW-Blaumänner haben das erforderliche Spezialwerkzeug und – warum sollten wir es Ihnen verschweigen – wahrscheinlich auch die »geschmeidigeren« Finger.

Arbeitsschritte

[1] Demontieren Sie, wie beschrieben, das vordere Auspuffrohr, die untere Motorverkleidung und …

[2] … ziehen dann die Mehrfachstecker der Lambdasonden ab. Das lose Kabelende »wickeln« Sie einfach vorsichtig um den Auspuffkrümmer.

[3] Der Auspuffkrümmer sitzt mit 13 Muttern (Pfeile) am Zylinderkopf. Nachdem er gelöst ist, legen Sie ihn beiseite.

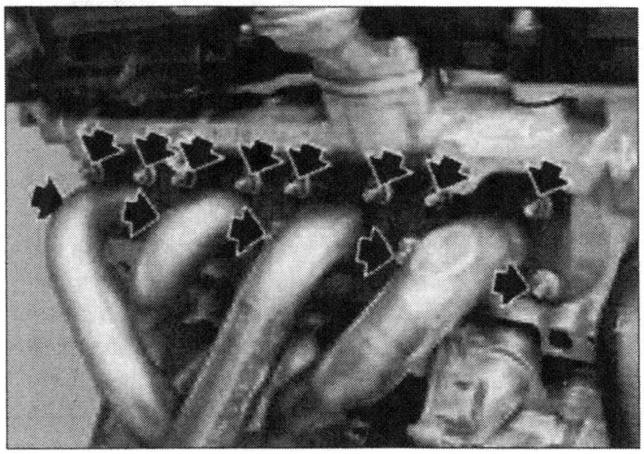

Von außen nach innen lösen: den Auspuffkrümmer.

[4] Vor der Montage reinigen Sie die Dichtflächen am Kopf und Krümmer und bestreichen die neue Dichtung beidseitig mit zähem Fett. Erledigt? Dann »fixieren« Sie die Dichtung so am Zylinderkopf, dass die Lasche (1) nach außen steht.

[5] Anschließend streichen Sie die Stehbolzen mit Kupferpaste ein, setzen den Krümmer an und …

Muss nach außen stehen: die Lasche an der Krümmerdichtung.

[6] … verschrauben ihn von innen nach außen. Gehen Sie dabei schrittweise vor – im letzten Gang bekommen die Schrauben 20 Nm.

[7] Lassen Sie den Motor einige Minuten mit Standgas laufen und checken dann erneut das Anzugsmoment – erfahrungsgemäß gibt die neue Dichtung etwas nach.

[8] Beenden Sie die Montage in umgekehrter Reihenfolge.

So wird der Auspuff dicht

Praxistipp

Verwenden Sie zu jeder Auspuffreparatur generell neue Dichtungen und Schrauben: Unbenutzte Dichtungen sind noch »weich« und passen sich daher den Flanschen besser an. Neue Schrauben sind einfach schneller zu »bewegen«. Vergessen Sie auch nicht vor der Montage sämtliche Dichtflächen mit einer Schruppfeile grob zu planen und die Schraubengewinde mit hitzefester Kupferpaste einzustreichen. Die Chancen, dass Ihr Auspuff dann auf Anhieb dicht wird, sind so wesentlich größer. Undichte Anlagen »klingen« übrigens nicht nur nach »Hinterhof«, sondern sie haben zudem negativen Einfluss auf die Motorleistung und das Abgasverhalten.

Kleines Abgas-Abc

An die pflichtgemäße Abgasuntersuchung (AU) haben wir uns längstens gewöhnt. Doch PKW mit Ottomotor, die bereits vor dem 1. Juli 1969 erstmals zugelassen wurden (Diesel ab 01. 01. 1977) müssen hierzulande nicht zur AU. An Neuwagen ist die AU-Plakette drei Jahre gültig, danach sind zweijährige Kontrollen Pflicht. Die AU führen Reparaturwerkstätten mit entsprechender Ausrüstung sowie DEKRA und TÜV aus. Zur Messung muss die Abgasanlage »dicht« und das Ansaugsystem völlig intakt sein. Sollten Sie Ihren 1er regelmäßig warten lassen, erledigt das automatisch Ihr BMW-Händler für Sie.

Das kommt aus dem Auspuff

Technik-lexikon

Kohlenmonoxid (CO): Wird bei der Abgasuntersuchung gemessen. Die Grundvoraussetzungen für »zeitgemäße« Abgase sind eine präzise gesteuerte Kraftstoffeinspritzmenge, eine homogene Gemischverwirbelung und der richtige Zündzeitpunkt. Messen Sie Kohlenmonoxid (CO) niemals in geschlossenen Räumen – Sie könnten an den Gasen ersticken! Nicht so in gut belüfteten Räumen oder unter freiem Himmel, hier vermischt sich Kohlenmonoxid mit Sauerstoff zum ungefährlicheren Kohlendioxid (CO_2). CO_2 hat wesentlichen Anteil am Treibhauseffekt.

Kohlenwasserstoffe (HC): Verbrennen in »zerklüfteten« Brennräumen mit »kalten« Zonen nur unvollkommen. Abhängig von der Motorkonstruktion ist der HC-Anteil bei gesunden Motoren eine unveränderliche Größe. Falsch eingestellte Triebwerke variieren in den Abgasen dagegen ihren HC-Anteil. Kohlenwasserstoffe sind, zusammen mit Stickoxiden (NO_x), zu einem Großteil für die Smogbildung (schwer auflösbare Abgaskonzentrationen) in der Atmosphäre verantwortlich.

Stickoxide (NO_x): Ihr Anteil steigt bei hohen Verbrennungstemperaturen. Beispielsweise in Motoren, die für geringen CO- und HC-Ausstoß (reduziert Kraftstoffverbrauch) ausgelegt sind (Magergemischmotoren). Bei starker Konzentration kann NO_x die Atmungsorgane reizen. In Verbindung mit Wasser bildet sich Salpetersäure (saurer Regen).

Schwefeldioxid (SO_2): Entsteht – aufgrund des Schwefelgehalts im Kraftstoff – überwiegend bei der Verbrennung von Diesel. Unter Einwirkung von Licht mutiert Schwefeldioxid zu schwefeliger Säure (H_2SO_3) oder gar zu Schwefelsäure (H_2SO_4). Beide Verbindungen begünstigen den sauren Regen. Das derzeitige Verkehrsaufkommen beeinflusst das Entstehen schwefeliger Säuren mit rund 3 Prozent.

Typische Dieselabgasgifte: Funktionsbedingt emittieren Dieselmotoren nur geringe Mengen an CO und HC. Trotz höherer Verdichtung belasten sie die Atmosphäre zudem mit weniger Stickoxiden als Ottomotoren. Vom Image eines »Saubermanns« ist der Diesel dennoch weit entfernt: Er »stinkt« nämlich mit anderen, problematischen Verbrennungsrückständen, so zum Beispiel mit Ruß, einem typischen Bestandteil der Dieselabgase. Ruß ist das »ungesunde« Ergebnis aus unverbrannten Kohlenstoffen und Asche. Die Partikel sind atemgängig und stehen im Ruf Krebs erregend zu sein. Gleichfalls entsteht bei der Verbrennung von Dieselkraftstoff Schwefeldioxid – und zwar in höheren Konzentrationen als beim Ottomotor (siehe Schwefeldioxid). Umweltbewusste Dieselfahrer haben hierzulande die Möglichkeit, ihren Selbstzünder mit schwefelarmem Saft aus modernen Raffinerien zu betanken.

Rußpartikelfilter: Die ersten Selbstzünder »cleanen« ihre Abgase – bislang noch auf freiwilliger Basis – mit einem zusätzlichen Partikelfilter. Diesel-Partikelfilter (DPF) binden die Feststoffe und »fackeln« sie nach etwa 500 Kilometern in ihren Waben ab. Je nach System geschieht das mit Motor internen Maßnahmen oder mit einem zusätzlichen »Harnsäureadditiv«, das dem Kraftstoff »On Bord« in homöopathischen Mengen beigemischt wird. Unabhängig vom System – sie entledigen die Abgase handelsübliche Dieselkraftstoffe um bis zu 98 Prozent von krebsfördernden Feinstäuben.

Die Abgasentgiftung

Wie bereits ausgeführt, Kraftstoff besteht im Wesentlichen aus den Elementen Wasserstoff und Kohlenstoff (HC). Bei der motorinternen Verbrennung verbindet sich der Kohlenstoff (C) mit dem Sauerstoff (O) der angesaugten Frischluft zunächst zu Kohlenmonoxid (CO). Das giftige Kohlenmonoxid bekommt dann im geregelten Katalysator ein weiteres »O« angehängt, es verlässt den Auspuff jetzt als Kohlendioxid (CO_2). Der Wasserstoff (H) geht derweil mit Sauerstoff eine Verbindung zu Wasser (H_2O) ein. Aus einem Liter Kraftstoff entsteht rund 0,9 Liter Wasser. Es entweicht als »unsichtbarer« Wasserdampf in die Atmosphäre. Im Winter können Sie nach dem Kaltstart jedoch oft weiße Auspuffwolken beobachten – ein Indiz für kondensiertes Wasser.

Oxidationskatalysatoren inklusive Abgasrückführung »reichen« den Dieselvarianten zur Schadstoffminimierung. Der Oxi-Kat minimiert lediglich die CO und HC Abgasbestandteile, atemgängige Feinstäube (Ruß, Schwefelasche, etc.) lässt er – wie sein geregelter Kollege – ungehindert ins Freie. Da mischt sich der optionale Partikelfilter (DPF) erfolgreich ein, sein Keramik-Silizium-Monolith eliminiert bis zu 98 Prozent der Partikelemissionen.

Misst den Restsauerstoffgehalt im Abgas – Lambdasonde

Um die Reaktionszeit der geregelten Lambdasonden zu verkürzen, sitzen die »Spürnasen« direkt im Abgaskrümmer und hinter dem Katalysator. Während die erste Sonde »lediglich« die Zusammensetzung des Kraftstoff-/Luftgemischs analysiert, checkt die zweite Sonde gleichermaßen den vorderen Katalysator und ihre vorgeschaltete »Kollegin«. Dieses »Monitorsystem« ist Bestandteil der BMW-On-Board-Diagnose, die im Übrigen alle emissionsrelevanten Baugruppen und Funktionen überwacht und eventuell auftretende Systemfehler per Kontrollleuchte ins Cockpit »funkt«. Die »Zustandsberichte« der Lambdasonden wertet das elektronische Motormanagement als Basis für alle Betriebszustände aus: Abhängig von den Messwerten mixt der Bordrechner daraus die Zusammensetzung des Luft- / Kraftstoffgemischs. Das geschieht in rasch wechselnder Folge immer nach dem gleichen Schema: Luftüberschuss zur Verbrennung überflüssiger Kohlenwasserstoffe – Luftmangel zur Verringerung der Stickoxide. Die »geregelten« Abgase passieren den Katalysator und verlassen den Saubermann im Wesentlichen als Kohlendioxid (CO_2), Wasserdampf (H_2O) und Stickoxid (NO_x). Mit zunehmender Laufleistung verliert jeder Kat jedoch an Wirkung. Bei heutigen Kraftstoffqualitäten ist sein Exitus nach etwa 160.000 Kilometer »besiegelt«.

Hält etwa 100.000 – 160.000 Kilometer – beheizte Lambdasonde

Beheizbare Lambdasonden machen unter normalen Bedingungen etwa 100.000 – 160.000 Kilometer. Es sei denn, ungünstige Betriebsbedingungen, wie ausschließlicher Kurzstreckenverkehr mit »kalter« Sonde, sind an der Tagesordnung. Da sinkt die Lebenserwartung erheblich, gleichfalls im Betrieb mit stark verunreinigten oder gar bleihaltigen Kraftstoffen. Außerdem »nagen« Schwefelrückstände, erhöhte Öl- oder Feststoffbestandteile ganz erheblich am Lebensnerv der Sonde. Wenn Sie ganz auf der sicheren Seite bleiben möchten, lassen Sie die Lambdasonde nach Motorschäden, etwa nach einer durchgebrannten Zylinderkopfdichtung, generell jedoch nach rund 100.000 Kilometer prüfen bzw. austauschen.

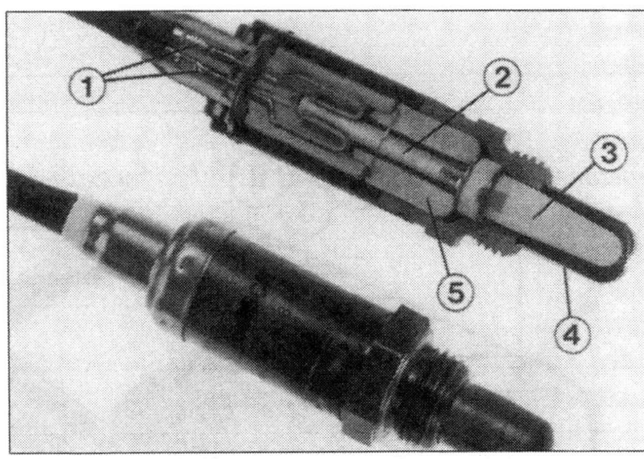

Steht in der Warmlaufphase unter Strom – beheizbare Lambdasonde. (1) Sondenanschluss, (2) Heizelement, (3) Keramikkörper, (4) Ummantelung, (5) keramischer Stützisolator.

Arbeitstemperaturen des Katalysators

Katalysator und Lambdasonden müssen zunächst auf Betriebstemperatur kommen (ca. 300°C) – vorher bleibt das »Putzgeschwader« im Auspuff untätig. Den Lambdasonden heizt elektrische Energie in kürzester

Zeit ein, den Kat bringen heiße Abgase in rund 25 – 80 Sekunden auf Temperatur. Allzu viel Hitze, zum Beispiel bei Fehlzündungen – wenn sich unverbrannte Gemischrückstände im Katalysator entzünden, vertragen die »Saubermänner« freilich nicht: Dauertemperaturen um 1200 °C beschleunigen ihr vorzeitiges Ableben. Oberhalb 1400 °C schmilzt sogar der Keramikmonolith wie Schnee in der Sonne, von der Lambdasonde ganz zu schweigen.
Mit »guten Ohren« entlarven Sie überhitzte Katalysatoren leicht an zischelnden Auspuffgeräuschen – bedingt von einem überhöhten Abgasgegendruck – und am plötzlichen Leistungsverlust Ihres Wagens. Analysieren Sie gründlich den Hitzetod, ansonsten ist dem neuen Kat mitsamt Lambdasonde auch nur ein kurzes Leben beschieden und die Auslassventile Ihres Motors »verbrennen« gleichfalls binnen kurzer Zeit.
Achten Sie bei Ihrem Auto besonders beim Herunterschalten oder im Schiebebetrieb (längere Bergabfahrten) auf Fehlzündungen. Wenn's da im Auspuff knallt, »erschüttert« das den Katalysator bedrohlich – ergründen Sie die Ursache.

Diesel-1er – ab Werk Oxidationskatalysator und Abgasrückführung

Das Euro-4-Zertifikat belegt, BMW-Dieselmotoren müssen keine »Giftspritzen« sein: Oxidationskatalysatoren wandeln das im Abgas befindliche Kohlenmonoxid (CO) und Kohlenwasserstoffverbindungen (HC) in Kohlendioxid (CO_2) und Wasser (H_2O) um. Der optionale Partikelfilter (DPF) tritt gegen Feinstäube im Dieselabgas an. Was in jedem Fall bleibt, sind unbehandelte Stickoxide (NO_x), die ein Oxidationskatalysator nicht »erkennt«.
Da allerdings wird die Abgasrückführung wirksam. Die zugeführten Abgase – bis zu 15 Prozent – senken nämlich die Verbrennungstemperaturen und »kurieren« somit ein Selbstzünderproblem ganz trickreich an der Wurzel: Je magerer das Kraftstoff-/Luftgemisch, (Frischluftüberschuss) um so heißer die Verbrennung und je heißer die Verbrennung um so mehr Stickoxide. Und da Abgase nun alles andere als »Sauerstofflieferanten« sind, verschlechtern sie mit ihren »Ballaststoffen« die Frischluft und senken somit künstlich die Verbrennungstemperatur.

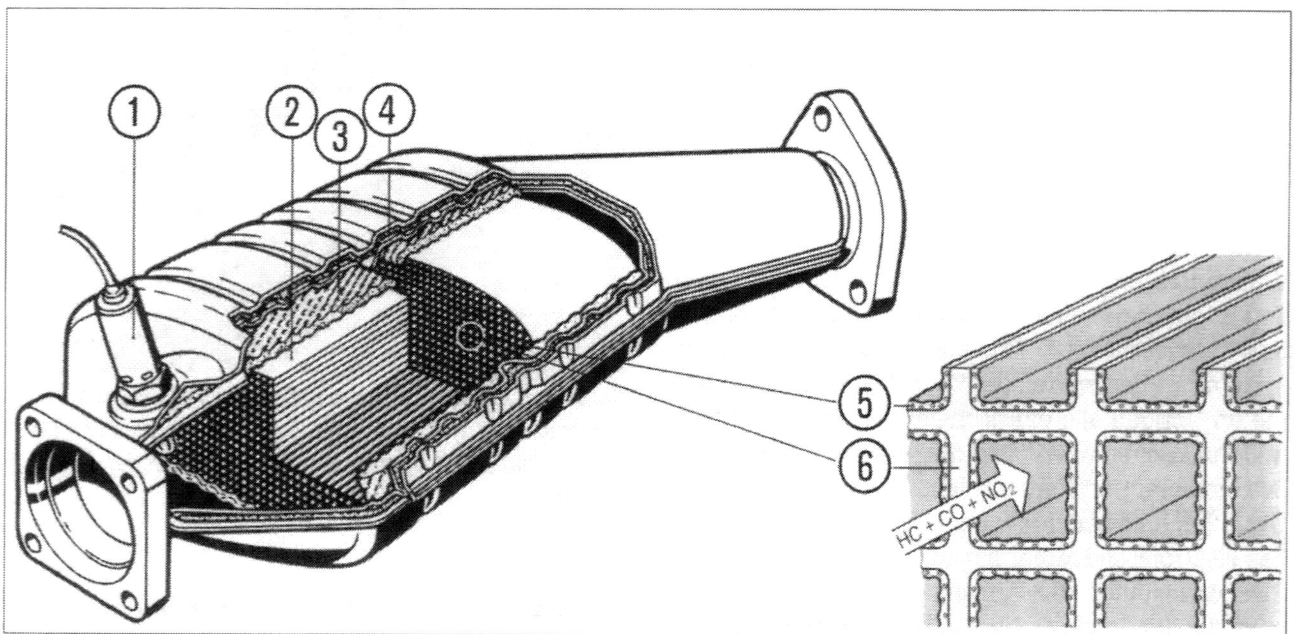

Säubert auf chemischem Weg bis zu 90 Prozent der Abgase: der Dreiwegekatalysator. Aus 2 CO + O_2 wird 2 CO_2, aus 2 C_2H_6 + 7 O_2 wird 4 CO_2 + 6 H_2O, aus 2 NO + 2 CO wird N_2 + 2 CO_2. (1) Lambdasonde, (2) keramischer Monolith, (3) elastisches Metallgeflecht, (4) wärmegedämmte Doppelschale, (5) Platin-Rhodiumbeschichtung, (6) keramischer- oder metallischer Trägerkörper.

Natürlich muss die Regelung sehr sensibel über die Bühne gehen – ansonsten würde der Diesel an seinem eigenen »Mief« ersticken. Damit das nicht passiert und das Mischungsverhältnis möglichst konstant bleibt, reagieren Abgasrückführungsventile auf das Vakuum im Ansaugtrakt elektronisch geregelt.

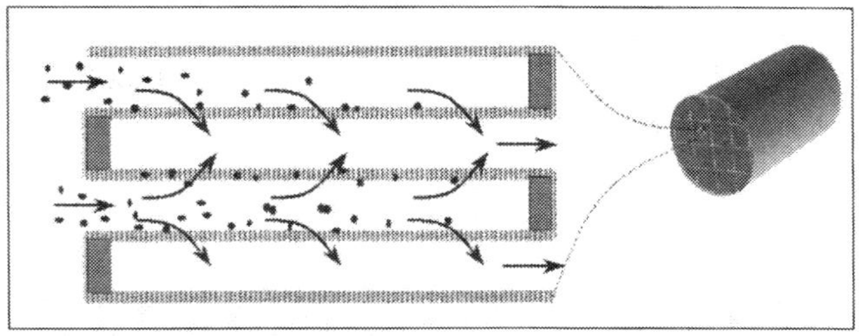

Eliminiert krebsfördernde Feinstäube: optionaler Dieselpartikelfilter. Der wabenförmige Keramikfestkörper besteht aus Silizium-Karbid (SiC).

Euro 4 – auch ohne Rußpartikelfilter möglich

Der bislang optional verbaute wabenförmige Diesel-Partikelfilter (DPF) besteht aus einem Siliziumkarbid beschichteten Keramikfestkörper. Die Abgase passieren mikroskopisch kleine Kanäle, in denen sich die Rußpartikel auf ihrem Weg in die Atmosphäre anlagern.

Umgang mit dem Katalysator

Praxistipp

- Wenn Ihr Wagen wegen einer leeren Batterie nicht anspringt, verzichten Sie aufs Anrollen lassen, Anschieben oder Anschleppen. Dabei könnte unverbrannter Kraftstoff den Katalysator »fluten« und sein »Leben« abrupt beenden.
- Zündaussetzer oder Fehlzündungen »verraten« Unregelmäßigkeiten an der Zündanlage. Gehen Sie schnellstens den Symptomen nach bzw. beordern einen Fachmann mit Messequipment an Ihren Wagen.
- Bevor Sie frischen Unterbodenschutz auftragen, »packen« Sie vorab den Katalysator gut ein, ansonsten könnte es schon während der ersten Ausfahrt unter dem Bauch zündeln.
- Kontrollieren Sie gelegentlich auch den Hitzeschutz über dem Katalysator auf Beschädigungen.
- Ein undichter Auspuff (poröse Dichtungen, Hitzerisse, Rostschäden, etc.) vor der Lambdasonde verfälscht die Messwerte (erhöhter Sauerstoffanteil). Folglich arbeitet der Motor mit überfettetem Gemisch. Den Irrtum der Elektronik »sponsern« Sie mit überhöhtem Kraftstoffverbrauch und vorzeitig alterndem Katalysator.

DIE KRAFT-ÜBERTRAGUNG

Wahlprogramm im Kompaktformat: Ab Werk schalten Käufer des 116i und 118i in manuellen Fünfganggetrieben. Darüber hinaus geht's mit Sechsgangboxen vorwärts. Der 118i, 120i, 130i und 120d harmoniert zudem mit einer »selbstlernenden« Sechsgangautomatik inklusive Shift-Interlockfunktion. Einerlei ob manuell oder automatisch geschaltet – alle 1er-Getriebe bauen kompakt.

Wartung

Reparatur

Wie viele Kilowatt die Hinterräder Ihres BMW tatsächlich antreiben, bestimmt allein Ihr »Gasfuß«. Sobald allerdings das theoretische Leistungsangebot nicht mehr zur Motordrehzahl bzw. zur Momentangeschwindigkeit passt, liegen all die temperamentvollen Kilowatt wie gelähmt an der Kette. Grund: Mit verwertbarer Kraft arbeiten Verbrennungsmotoren nur in einem fest umrissenen Drehzahlfenster – je weitläufiger der nutzbare Drehzahlbereich zwischen Leerlauf und Maximaldrehzahl, umso »elastischer« der Motor.

Theorie und Praxis – sparen mit technischem Hintergrund

Theoretisches Wissen allein bringt Ihren 1er freilich nicht in Schwung: Sie müssen Ihre Erkenntnisse schon beherzt in die Praxis umsetzen. Denn sobald Motordrehzahl und Geschwindigkeit nicht mit dem richtigen Gang koordinieren, rollt Ihr Auto weder »lustlos« dahin, noch hängt es »nervös« am Gaspedal. Versuchen Sie also beide Parameter möglichst exakt in der Waage zu halten. Übrigens begreifen Sie Ihren womöglich neuen Fahrstil fortan nicht als nervendes Korsett, sondern als »Sprit sparende Herausforderung«, Ihren BMW mit der geringsten Motordrehzahl in einem möglichst hohen Drehmomentbereich zu fahren. Und so »klappt's« garantiert: Beschleunigen Sie zügig (Gaspedal etwa 2/3 durchtreten) und versuchen »Ihr Tempo« immer mit dem Gang zu koordinieren, der die Motordrehzahl möglichst nah an das maximale Drehmoment heranführt. Sollten Sie unsere Empfehlung beherzigen, senken Sie automatisch Ihre Tankrechnungen: Bis zu 20 Prozent Minderverbräuche sind keine Seltenheit – und zwar ohne zu »trödeln«, bei Überholvorgängen zu »verhungern« oder »die Tachonadel in den Keller zu schicken«.
Damit Drehmoment und Geschwindigkeit effizient »unter einen Hut« kommen, können Sie im 1er unter drei Getriebevarianten wählen: Der 116i und 118i schicken Ihre Kilowatt ab Werk in ein manuelles Fünfgang-Getriebe, der »Rest« schaltet per se mit sechs Gängen. Gegen Cash gibt's den 118i, 120i, 130i und 120d mit einer »selbstlernenden« Sechsgangautomatik inklusive Shift-Interlockfunktion.

Übersetzungen für die Zugkraft

Damit Ihr BMW »leichtfüßig« aus dem Stand beschleunigt, sind die Antriebsräder auf ein möglichst großes Drehmoment angewiesen. Wie allerdings die Leistungskurven der Benziner belegen, unterhalb eintausend Umdrehungen halten sich die Newtonmeter noch dezent im Hintergrund. Darum erleichtert der erste Gang, mit einer »Übersetzung ins Langsame«, den Motoren relativ schnell Drehzahl anzunehmen. Jeweils in den höchsten Gängen wird dann eine »Übersetzung ins Schnelle« wirksam. Der Motor dreht jetzt gemächlicher hoch. Die Einser-Macher schöpfen damit gekonnt den Drehmomentverlauf ihrer Vier- bzw. Sechszylinder aus.

Trennt Motor und Getriebe vor jedem Gangwechsel – die Kupplung

In Autos mit manuellem Schaltgetriebe unterbricht die Kupplung während jedes Anfahr- oder Schaltvorgangs den Kraftfluss zwischen Motor und Getriebe. Ihre Existenz ermöglicht weiche Anfahrvorgänge und ruckfreie Gangwechsel. Etwas aufwendiger funktioniert das Zusammenspiel der Planetengangräder in Automatikgetrieben: Jeder Schaltvorgang geschieht hier völlig ohne Zugkraftunterbrechung.

»Reicht« das Drehmoment hydraulisch ans Getriebe weiter – der Drehmomentwandler

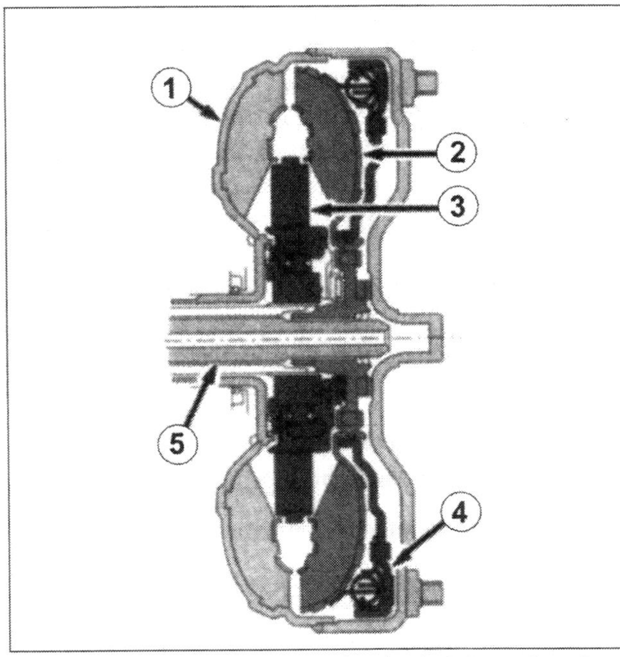

Drehmomentwandler mit Wandlerüberbrückungskupplung: (1) Wandlergehäuse und Pumpenrad, (2) Turbinenrad, (3) Leitrad, (4) Wandlerüberbrückungskupplung, (5) Getriebeeingangswelle.

Anstelle einer normalen Reibkupplung koordiniert in den Automatikversionen des 1er-BMW den Anfahrvorgang sowie die Fahrstufenwechsel ein hydraulischer Drehmomentwandler mit Wandlerüberbrückungskupplung. Dem Fahrkomfort zuliebe geschieht das in Abstimmung mit diversen Magnetventilen. Sie bilden in »enger Kooperation« mit dem Motorsteuergerät das »Automatikmanagement«. Solange es hydraulischen Drehmomentwandlern – etwa im erschwerten Gespannbetrieb mit zu wenig ATF – nicht zu heiß wird, arbeiten sie äußerst komfortabel und ohne nennenswerten mechanischen Verschleiß.

»Letzte Instanz« vor den Antriebsrädern – der Achsantrieb

Als »letzte Instanz« auf dem Weg zu den Antriebsrädern passiert das Motordrehmoment den Achsantrieb. Die vom Getriebe »angelieferten Drehzahlen« übersetzt der Achsantrieb ins »Langsamere«, er steigert damit das Drehmoment und verteilt die Kraft möglichst gleichmäßig an die Antriebsräder.

Die Kupplung

In allen BMW-Modellen mit mechanischem Schaltgetriebe arbeitet eine Einscheiben-Trockenkupplung – eine gleichermaßen einfache und zweckmäßige Konstruktion. Für Do it yourselfer hat die Einscheiben-Trockenkupplung freilich den Nachteil, dass Verschleißteile wie das Kupplungsausrücklager und die Mitnehmerscheibe nicht ohne weiteres zugänglich sind. Dazu muss das Getriebe vom Motor getrennt und ausgebaut werden. Eine Arbeit, die solides Know-how und Spezialwerkzeuge, beispielsweise einen Kupplungsführungsdorn, erfordert. Den Austausch der Kupplung sollten Sie darum besser einer Fachwerkstatt überlassen.

Die wichtigsten Komponenten der Einscheiben-Trockenkupplung

Motorschwungscheibe: Drehfest mit der Kurbelwelle verschraubt.

Kupplungsscheibe (Mitnehmerscheibe): Sitzt axial verschiebbar und verdrehfest auf der Getriebeeingangswelle. Auf beiden Seiten einer »Stahlscheibe« sind Reibbeläge aufgenietet. Die Außendurchmesser der Kupplungsscheibe sind, abhängig von der Motorisierung, unterschiedlich dimensioniert.

Kupplungsdruckplatte (Kupplungsautomat): Drehfest mit der Motorschwungscheibe verschraubt. Presst die schwimmend gelagerte Kupplungsscheibe über eine Tellerfeder gegen die Schwungscheibe.

Ausrücklager: Das auf einer »Hülse« axial verschiebbar montierte Ausrücklager (1) überträgt die vom Kupplungspedal hydraulisch erzeugte Druckkraft auf die Tellerfeder der Kupplungsdruckplatte. Die Kraft entlastet die Druckplatte, demzufolge dreht die Mitnehmerscheibe »frei« zwischen Kupplungsdruckplatte und Motorschwungscheibe.

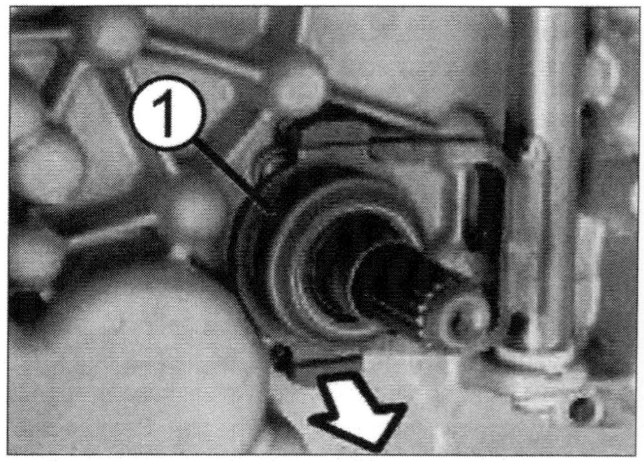

Sitzt vor dem Getriebe in der Kupplungsglocke: das Ausrücklager.

Nachstellautomatik. Im 1er regelt das Kupplungspedalspiel eine hydraulische Nachstellautomatik bis zur Verschleißgrenze. Folglich können Sie, sobald die Kupplung rutscht, getrost von normalem Verschleiß ausgehen. Nur in Ausnahmefällen klemmt das Vordruckventil der Kupplungshydraulik oder einer der beiden Radialwellendichtringe (Kurbelwelle, Getriebeeingangswelle) ist undicht und »schmiert unaufgefordert« die Kupplung Tröpfchen für Tröpfchen mit Getriebe- oder Motoröl ab. Um die Leckage mitsamt Folgen zu beseitigen, müssen Sie das Getriebe demontieren, sinnvollerweise gleich beide Dichtringe erneuern, die Schwungscheibe samt Druckplatte zumindest entfetten (Waschbenzin, Bremsenreiniger) und die Kupplungsscheibe erneuern.

Schnell erledigt – Kupplung checken

Eine verschlissene (schleifende) Kupplung erkennen Sie untrüglich, wenn Sie Ihren BMW im höchsten Gang beschleunigen oder im Gebirge unterwegs sind.

Der Motor dreht dann nämlich hoch, ohne dass »die Fuhre« auch nur einen Deut an Geschwindigkeit zulegen würde. Um davor zeitig gewarnt zu sein, testen Sie die Kupplung besser schon vor Ihrem eigenen »Werkstatttor«. Allerdings nur bei berechtigten Verdachtsmomenten, denn der Kupplung wird's bei dem Test mächtig heiß. Bevor Sie »loslegen«, halten Sie gebührenden Abstand vor eventuellen Hindernissen.

Arbeitsschritte

1 Ziehen Sie die Handbremse an und starten den Motor. Treten Sie dann die Kupplung, legen den 3. Gang ein und versuchen mit »Normalgas« anzufahren.

2 Eine einwandfrei funktionierende Kupplung »würgt« den Motor bereits im ersten Viertel des zurückkommenden Kupplungspedals ab.

3 Falls nicht und der Motor brummt »unbeeindruckt« weiter, ist die Kupplung verschlissen.

Gut zu wissen – trennt die Kupplung vollständig?

Wenn beim Schalten Kratzgeräusche hörbar werden, ist meist schon die Synchronisation verschlissen. Ursache dafür kann die Kupplung sein. Wenn diese nicht vollständig trennt, werden die Synchronringe bei jedem Schaltvorgang übermäßig stark beansprucht. Verschaffen Sie sich deshalb regelmäßig mit der Rückwärtsgangprobe Gewissheit, bevor Ihr Getriebe wegen einer angeschlagenen Kupplung Schaden nimmt.

Arbeitsschritte

1 Lassen Sie den Motor mit Standgas laufen, ...

2 ... treten Sie das Kupplungspedal für etwa drei Sekunden voll durch und legen Sie dann zügig aber gefühlvoll den Rückwärtsgang ein. Wenn Sie dabei besagte Kratzgeräusche wahrnehmen oder ein spürbarer Ruck durch den Wagen geht, trennt die Kupplung unsauber. Eventuell. klebt die Mitnehmerscheibe zwischen Kupplungsautomat und Schwungscheibe.

3 Bevor Sie freilich an Getriebedemontage und Kupplungsreparatur denken, lassen Sie die Nachstellautomatik noch einmal in einer BMW-Werkstatt checken.

Praxistipp

Schalten, ohne zu kuppeln – im Notfall mit viel Feingefühl möglich

Mit etwas Geduld und feinfühligem Umgang mit Schalthebel und Gaspedal schalten Sie BMW-Getriebe auch, ohne zu kuppeln. Wichtig zu wissen – zum Beispiel für den Fall, dass unterwegs die Kupplungshydraulik »leckt« (Kupplungsgeber-/Nehmerzylinder undicht, Schlauch geplatzt, Luft im Hydrauliksystem). Um Ihren Wagen dann nicht unfreiwillig am Straßenrand parkieren zu müssen, beherzigen Sie unsere Tipps, Sie erreichen dann »locker« ein nahe gelegenes Ziel oder die nächste Werkstatt – auch ohne Kupplung.

Anfahren, ohne zu kuppeln:

Motor aus. 1. Gang einlegen, Anlasser betätigen. Ihr Auto »ruckelt« los. Erst sobald der Motor läuft, geben Sie etwas Gas. Wenn Sie während der Fahrt partout nicht schalten möchten, dann legen Sie zum Anfahren in der Ebene sofort den 2. Gang ein.

Hochschalten, ohne zu kuppeln:

1. Gang nur knapp über Leerlaufdrehzahl hinausdrehen (ca. 1.200/min^{-1}). Gas etwas zurücknehmen, Schalthebel sachte über Leerlaufstellung »vor« den 2. Gang ziehen. Wenn der Gang klemmt, geben Sie dem Motor einen gefühlvollen Gasstoß und ziehen gleichzeitig den Schalthebel vorsichtig in den 2. Gang. Bei synchroner Drehzahl von Motor und Getriebe rutscht der Gang dann fast von selbst hinein. Sollten Sie mit dem Schalten zu lange gewartet haben, geben Sie etwas Gas, der Gang »spurt« dann ohne knirschende Zahnräder ein. War das erfolglos, halten Sie nochmals an, stellen den Motor ab und versuchen Ihr »Glück« erneut. Alle weiteren Gänge schalten Sie auf die gleiche Weise hoch. Bei niedrigen Geschwindigkeiten »flutscht« der Schalthebel am schnellsten von einem Gang in den anderen: In den 3. Gang wechseln Sie bei etwa 30 km/h, in den 4. bei rund 40 km/h und in den 5. schon bei 50 km/h.

Herunterschalten, ohne zu kuppeln:

Klappt am besten bei geringen Motordrehzahlen und Geschwindigkeiten. – Zuerst Fuß vom Gas und fast synchron den Gang herausnehmen und im Leerlauf verweilen. Jetzt geben Sie behutsam Gas und drücken den Schalthebel gleichzeitig »vor« den kleineren Gang. Halten Sie den Druck aufrecht, bei richtiger Motordrehzahl spuren die Zahnräder lautlos ein. Verfahren Sie in allen Gängen nach dem gleichen Schema.

Kupplung

Störungs-beistand

Störung	Ursache	Abhilfe
A Kupplung rutscht.	**1** Nachstellautomatik defekt; Systemvordruck zu hoch (Vordruckventil klemmt).	Ggf. zentralen Kupplungsnehmerzylinder mit Ausrücklager ersetzen; Vordruckventil erneuern.
	2 Kupplungsbeläge verschlissen.	Mitnehmerscheibe erneuern lassen.
	3 Anpressdruck der Kupplung zu gering.	Kupplungsdruckplatte erneuern lassen. Mitnehmerscheibe gleich mit erneuern lassen.
	4 Kupplungsbelag verölt.	Radialwellendichtring an Kurbel- oder Getriebeeingangswelle undicht. Verschlissenen Dichtring erneuern lassen.
	5 Kupplung überhitzt.	Motorschwungscheibe prüfen, ggf. planschleifen, Kupplung komplett erneuern.
B Kupplung trennt nicht.	**1** Siehe A1.	
	2 Kupplungsgeber- oder Kupplungsnehmerzylinder defekt.	Defekten Zylinder auswechseln lassen.
	3 Luft im Hydrauliksystem.	Flüssigkeit ergänzen; Kupplung entlüften lassen.
	4 Mitnehmerscheibe klemmt auf Getriebewelle.	Kerbverzahnung gründlich reinigen und leicht einfetten.
	5 Mitnehmerscheibe hat Schlag.	Mitnehmerscheibe ersetzen lassen.
	6 Mitnehmerscheibe verzogen oder Belag gebrochen.	Mitnehmerscheibe ersetzen lassen.
	7 Belag nach langer Standzeit an Schwungscheibe festgerostet.	Anfahren, wie unter »Fahren ohne zu kuppeln« beschrieben. Kupplungspedal dauernd durchgetreten halten. Gaspedal ruckartig durchtreten und loslassen, um die Kupplung loszubrechen. Andernfalls schadhafte Teile wechseln lassen.
C Kupplung trennt nicht und rutscht gleichzeitig durch.	Kupplungsautomat defekt.	Auswechseln lassen.
D Kupplung rupft.	**1** Siehe A3.	
	2 Motor- oder Getriebeaufhängung locker oder defekt.	Motor- oder Getriebeaufhängung festziehen bzw. ersetzen.
	3 Unebenheiten auf Schwungscheibe oder Druckplatte.	Defektes Teil ersetzen lassen.
	4 Falsche Beläge. Torsionsdämpfer verschlissen.	Mitnehmerscheibe erneuern lassen.
E Kupplungsgeräusche.	**1** Unwucht der Kupplungsdruckplatte bzw. Mitnehmerscheibe.	Defektes Teil ersetzen lassen.
	2 Torsionsdämpferfeder defekt.	Mitnehmerscheibe ersetzen lassen.
	3 Ausrücklager defekt.	Zentralen Nehmerzylinder mit integriertem Ausrücklager ersetzen lassen.
	4 Verbindungselemente im Kupplungsautomaten verschlissen.	Kupplungsautomat erneuern.

Die »Kupplungsmörder« — Praxistipp

Der zweifelhafte Ruf des Kupplungsmörders eilt jenen Automobilisten voraus, die ihr Gefährt ganz gemächlich mit »heulendem Motor« und schleifender Kupplung in Fahrt bringen: Kupplungsmörder inszenieren mit ihrem »schweren« Kupplungsfuß regelmäßig »heiße« Dramen zwischen den Reibbelägen der Kupplungsscheibe, der Druckplatte und der Schwungscheibe. Denn im Umfeld einer schleifenden Kupplung entstehen Temperaturen, die der Kupplungsscheibe und der Druckplatte schnell den Garaus bereiten. Fahrer die ihren Kupplungsfuß während der Fahrt ständig auf dem Kupplungspedal »parken«, bezahlen ihre Bequemlichkeit gleichermaßen mit erhöhtem Verschleiß. Eine weitere Unsitte von Kupplungsmördern: Anstatt den Leerlauf einzulegen und die Handbremse (Feststellbremse) anzuziehen, halten Sie ihr Auto vor roten Ampeln oder an Steigungen mit eingelegtem ersten Gang, dem Kupplungs- und Gaspedal in der »Waage«. Da »bedankt« sich nicht nur die Kupplung, sondern auf Dauer auch das Ausrücklager sowie das Passlager der Kurbelwelle. Wenn Sie nicht mit Kupplungsmördern sympathisieren, kuppeln Sie vor roten Ampeln generell aus und legen den ersten Gang erst dann ein, wenn die Ampel auf Gelb schaltet. Und während der Fahrt parken Sie Ihren Kupplungsfuß – zwischen den Gangwechseln – neben und nicht auf dem Kupplungspedal.

Serienmäßig - manuelle Fünf- oder Sechsgangschaltgetriebe

Je nach Motorvariante schalten und walten 1er-Eigner entweder mit fünf oder sechs Gängen. Den Gangwechsel leiten Schaltstangen ein. Alle Gänge »flutschen« seidenweich ineinander. Natürlich sind die Getriebeinnereien akustisch von der Karosserie entkoppelt – lästige Schwingungen und Arbeitsgeräusche bleiben im Untergrund »verborgen«.

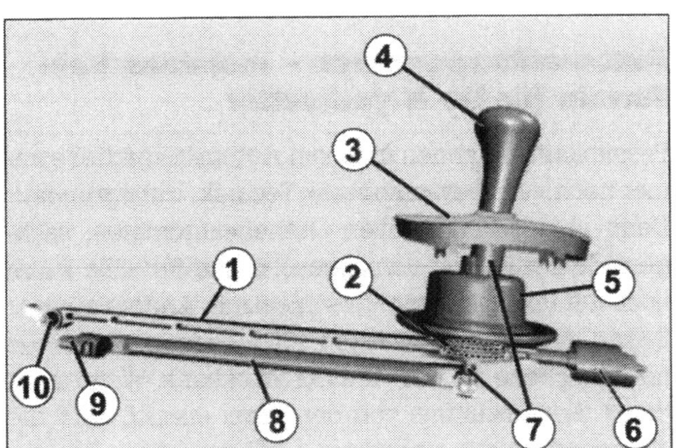

»Verkuppelt« die Zahnräder präzise miteinander – das Schaltgestänge im 1er. (1) Schaltarm, (2) Kugelschale, (3) Faltenbalg, (4) Schalthebelknauf, (5) Rollbalg, (6) Stützlager, (7) Schalthebel, (8) Schaltstange, (9) Schaltgelenk, (10) Lagerbuchse.

Mit dem 118i, 120i, 120d und 130i zu verkuppeln - »selbstlernende« Sechsgang-Stufenautomatik inklusive Shift-Interlock-Funktion

Anstelle manueller Fünf- oder Sechsganggetriebe können 1er-Chauffeure gegen Cash ihren Wagen auch mit einer selbstlernenden hydraulischen Sechsgang-Stufenautomatik ordern. Der Automat bekommt seine Newtonmeter via hydrodynamischem Drehmomentwandler inklusive Wandlerüberbrückungskupplung zugeteilt. Er schaltet die einzelnen »Gänge« – wie alle Automatikgetriebe – ohne Zugkraftunterbrechung unter Last. Das Getriebe vereint drei Funktionsgruppen:

1. Hydraulische Kraftübertragung (hydrodynamischer Drehmomentwandler mit Wandlerüberbrückungskupplung).
2. Mechanische Planetenradsätze mit sechs Vorwärtsgängen und dem Rückwärtsgang.
3. Schaltautomatik mit elektronischer Programmsteuerung.

Die Schaltmomente zwischen den Planetenradsätzen leitet ein separates Steuermodul ein. Es kooperiert mit dem Motormanagement und berechnet aus unterschiedlichen Motor und Getriebedaten die jeweils sinnvollste Schaltstrategie.

Technik-lexikon

So arbeiten manuelle Schaltgetriebe

Die Kilowatt Ihres 1er-BMW kommen über die Schwungscheibe und die Kupplung im Getriebe an. Auf der Eingangswelle (Getriebeantriebswelle) sitzen, abhängig von den Gängen, bis zu sieben schräg verzahnte Gangräder. Die zugehörigen Pendants »rotieren« auf der Abtriebswelle (Vorgelegewelle). Alle Gangräder stehen in ständigem Kontakt zueinander, doch als kraftschlüssiges Paar arbeiten stets nur »fest verkuppelte« Zahnräder miteinander.

Zahnräder und Wellen

Bis die Gangräder der Antriebswelle »festen Kontakt« zu ihren Konterparts auf der Vorgelegewelle aufnehmen, rotieren sie frei ineinander. Erst wenn ein Gang eingelegt wird, ist das betreffende Zahnradpaar kraftschlüssig miteinander verbunden. Der Schalthebel wirkt nämlich via Schaltstangen auf eine Schaltgabel, die letztlich den Kraftschluss über eine Schiebemuffe an den Gangrädern einleitet. Damit die Zahnräder während des Schaltvorgangs geräuschlos und schnell zueinander finden, bremsen Synchronringe in einem Anlaufkonus die Getriebewellen während des Schaltvorgangs auf gleiche Drehzahl ab: Die schnellere Welle verliert derweil solange an »Fahrt«, bis beide Wellen synchron laufen und die Schiebemuffe das »neue Gangradpärchen« geräuschlos miteinander verkuppeln kann.

Die ersten drei Gänge transferieren die Motordrehzahl generell ins Langsamere. Je nach Philosophie drehen die Antriebsräder erst ab der Fünften-/Sechsten-Fahrstufe »schneller« als die Kurbelwelle. Das schont den Motor und senkt den Kraftstoffverbrauch – vornehmlich auf Langstrecken. Experten sprechen in diesem Zusammenhang übrigens von »lang« übersetzten Getrieben.

Erst mit drei Zahnrädern komplett – Rückwärtsgang

Solange die Fuhre vorwärts rollt, sind grundsätzlich zwei Zahnräder im Spiel. Lediglich der Rückwärtsgang bemüht ein Zahnradtrio. Das dritte Zahnrad, auch Zwischenrad genannt, läuft überwiegend unbelastet auf einer eigenen Welle. Es wird nur dann kraftschlüssig, wenn der Rückwärtsgang gefordert ist und eine Drehrichtungsänderung der Abtriebswelle erforderlich ist.

Überträgt große Datenmengen – CAN-Bus im 1er

Gewissermaßen als Datenhighway zwischen dem Zentralrechner und seinen »Abhängigen«, zum Beispiel dem Automatikgetriebemanagement, nutzt der 1er-BMW CAN-Bustechnik. Der Bus lässt den 1er-Machern bei der Softwaregestaltung weitgehend freie Hand, denn CAN-Konfigurationen transferieren auch große Datenmengen in Sekundenbruchteilen.

Im Shift-/Interlock-Modus beispielsweise setzt jeder Schaltvorgang kurzfristig einen Datentransfer voraus, der mit herkömmlichen Schaltkonfigurationen nicht zu realisieren wäre. Dem »lieben Schaltkomfort zuliebe« geht während jedes Schaltvorgangs das Motordrehmoment kurz in den »Keller«. Der kurze »Leistungsschwund« verwöhnt 1er-Fahrer mit einem weichen und komfortablen Gangwechsel. »Knallhart« reagiert der Automat dagegen auf Kick-down-Befehle: Wenn's denn sein muss, überspringt er im Shift-/Interlock-Modus sogar mehrere Gangstufen – beispielsweise vom fünften direkt in den zweiten Gang. Auch das wär' ohne Datencocktails ein hoffnungloses Unterfangen.

Bedenkenträgern sei hier versichert, die 1er-Automatik ist kein fragiler Technikgimmick, sondern eine höchst komfortable Alternative zu manuellen Schaltgetrieben. Mit »technischer Intelligenz« bügelt sie sogar unbewusste Bedienungsfehler aus. Beispielsweise im Winter auf rutschigen Straßen: Sobald Sie etwa »atypisch« zwischen den Gängen jonglieren und die Drehmoment- und Leistungskurve damit überfordern würden, sperrt sich der Bordrechner und veranlasst die Steuerelektronik so vorzugehen, dass der Motor im besten »Drehzahlfenster« läuft – Chips und Bits »halten Sie dann auf Kurs«.

Automatikreparaturen – meistens kein Terrain für Do it yourselfer

Pessimisten erkennen in einem Automatikgetriebe immer noch »viel verwundbare« Technik. Unbegründet! Denn in der Praxis fallen Getriebeautomaten, sachgemäße Bedienung vorausgesetzt, mittlerweile kaum noch mit übermäßigem Verschleiß auf. Anders gesagt: Selbst in BMW-Werkstätten sind Automatikgetriebe höchst seltene »Gäste« auf der Werkbank. Wenn allerdings die Ausnahme von der Regel eintritt, sind die Aggregate nicht unbedingt »pflegeleicht«. Demzufolge »wandern« sie zur Revision überwiegend ins Werk zurück. Die häufigste »Unpässlichkeit« ist der Wählhebelzug. Wir verschweigen Ihnen das nicht, denn mit etwas Geschick treibt Ihnen auch ein »störrischer« Wählhebelzug keine Zornesröte auf die Stirn.

Wählhebelzug justieren

Einen verstellten Wählhebelzug entlarven Sie meistens schon beim Anlassvorgang: Der Motor bleibt dann nämlich stumm – sowohl in Wählhebelstellung »P« und/oder »N«. Während der Fahrt sollten Sie große Schaltpausen oder unkomfortable Schaltrucke misstrauisch machen. Erkennen Sie die genannten Symptome in Ihrem Automatik-1er, dann inspizieren Sie den Wählhebelzug.

Arbeitsschritte 

1 Bocken Sie den Wagen rüttelsicher auf und …

2 … schieben Sie den Wählhebel in Stellung »P«.

3 Ab jetzt ist ein Assistent im Auto sehr hilfreich.

4 Lösen Sie unter dem Auto die Mutter (1) am Getriebehebel (2). Währenddessen kontern Sie mit einem Maulschlüssel die Klemmbuchse (3) gegen den Sechskant.

5 Sobald die Mutter gelöst ist, schiebt der Assistent vorsichtig den Getriebehebel nach vorne in Stellung »P«. Gleichzeitig ziehen Sie den Schaltzug (4) in Gegenrichtung und lassen ihn wieder los (Pfeile).

6 Das war's schon. Sie können den Schaltzug mit rund 10 Nm festziehen.

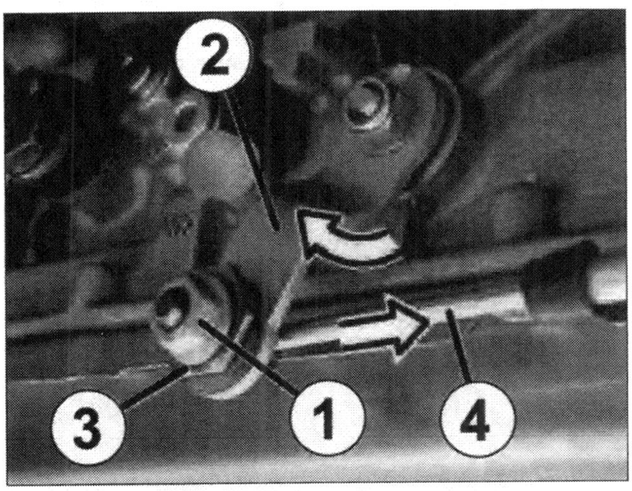

Mit Assistenten schnell gemacht: Wählhebelzug am Automatikgetriebe justieren.

7 Schalten Sie nun die Zündung ein und prüfen die Wählhebelfunktion. Den Wählhebel können Sie ausschließlich mit getretenem Bremspedal aus Stellung »P« oder »N« bewegen.

8 Der Motor startet nur in Stellung »P« oder »N«.

9 Sobald Sie unsere »Behauptungen« bestätigen, ist der Zug richtig eingestellt. Ansonsten prüfen Sie erneut die Grundeinstellung oder beauftragen eine BMW-Werkstatt mit der Reparatur des Schaltmechanismus.

Praxistipp

Besonderheiten im Umgang mit Getriebeautomaten

Starten Sie den Motor niemals mit »trockenem« Getriebe. In herkömmlichen Automaten könnten binnen weniger Minuten die Getriebeinnereien trocken laufen und fressen. Sollte die Batterie Ihres Automatik-BMW irgendwann »schlapp« sein, können Sie die Fuhre nicht einfach anschieben oder anschleppen: Automatische Getriebe bringen bei stehendem Motor keine Verbindung zwischen Motor und Getriebe zustande. Deshalb unser Tipp: Rüsten Sie Ihren 1er – egal ob mit oder ohne Automatikgetriebe – prophylaktisch mit einem Fremdstartkabel aus. Im Ernstfall fehlt Ihnen dann nur noch ein freundlicher Autofahrer zur Mobilität …

Abschleppen – grundsätzlich den Wählhebel auf »N« stellen

Sollten Sie Ihren Automatik-1er abschleppen müssen, parken Sie den Wählhebel unbedingt in Stellung »N«. Ihr Vordermann darf nicht schneller als 70 km/h und höchstens 150 Kilometer weit fahren. Andernfalls kann das Getriebe Schaden nehmen. So auch, wenn Sie nach einer Getriebereparatur beispielsweise den Motor starten, ohne vorher den Getriebeölstand ergänzt bzw. neues Öl aufgefüllt haben.

Getriebeölstand checken

Hochwertige Getriebeöle halten mittlerweile locker ein »Getriebeleben« lang – auch im 1er. Solange Sie also keine großen Getriebeöllachen unter dem Wagen entdecken, ignorieren Sie unseren Wartungshinweis getrost. Übrigens: Im Umfeld der Getriebeentlüftung muss Sie leichter Ölnebel nicht beunruhigen. Wenn Sie dort freilich dicke Tropfen oder bereits »kleine Rinnsale« ausmachen, schrauben Sie das Röhrchen ab und blasen es mit Druckluft von unten nach oben frei. Checken Sie anschließend den Ölpegel im Getriebe und ergänzen die Fehlmenge. Sollte Ihr BMW zum turnusmäßigen Check die Werkstatt regelmäßig von innen sehen, erledigen das die »Blaumänner« für Sie.

Wichtig für Funktion und Lebensdauer – das richtige Getriebeöl

Für den Fall, dass Sie, beispielsweise nach dem Austausch eines Radialwellendichtrings, den Ölstand ergänzen müssen, bleiben Sie unbedingt der gleichen Ölqualität treu. Fragen Sie Ihren BMW-Händler – er hat die entsprechenden Schmiersäfte am Lager. Allerdings zum Einfüllen des zähflüssigen Getriebeöls müssen Do it yourselfer – ohne professionelles Equipment – viel Geduld aufbringen: Werkstätten »heben« mit speziellen Saugdruckpumpen den Schmiersaft aus 50-Liter-Fässchen direkt ins Getriebe.
Jedoch kleinere Fehlmengen können Sie durchaus zumutbar mit einer Spritzölkanne und aufgestecktem Verlängerungsschlauch ergänzen. Der Ölpegel sollte im Einser unmittelbar unter der Getriebeeinfüllöffnung stehen.

Nur zum Ölcheck öffnen: Kontrollschraube.

Getriebegeräusche – Praxistipp

Heul- oder Mahlgeräusche in nur einer Fahrstufe deuten erfahrungsgemäß auf verschlissene Gangräder oder Gangradlager hin. Laufgeräusche in allen Gängen sind dagegen meistens ein Indiz für Verschleißspuren im Achsantrieb oder den Getriebelagern. Kratzgeräusche, die während der Schaltvorgänge auftreten, deuten auf verschlissene Synchronringe oder eine »klebende« Kupplungsscheibe. Besonderem Verschleiß unterliegen die Synchronringe in den unteren Gangstufen – hier sind die Drehzahldifferenzen zwischen den Gangradpaaren bei jedem Schaltvorgang besonders groß.

Der Achsantrieb

Den Transfer der Motorleistung an die Hinterachse leistet eine geteilte Kardanwelle. Sie rotiert, von einem Mittellager gestützt und geführt, im Kardantunnel unter dem Auto. Die Praxis zeigt, dass heutige Kardanwellen über Jahre hinaus weitgehend unauffällig bleiben – sie rotieren unsichtbar im Untergrund: Ihre Gelenke bringen mittlerweile auch die »Drehmomentberge« moderner Powerdiesel oder«fetter« Ottomotoren nicht mehr aus dem Gleichlauf. Dennoch »gönnen« Sie ab und an der Kardanwelle einen Blick. Für den seltenen Fall, dass Sie die Welle tatsächlich demontieren müssen, hier kurz die Beschreibung.

Kardanwelle aus- und einbauen

Arbeitsschritte

1 Bocken Sie ihren 1er rüttelsicher auf und ...

2 ... demontieren, wie beschrieben, die gesamte Auspuffanlage sowie die Wärmeschutzbleche oberhalb der Kardanwelle.

3 Jetzt lösen Sie die vordere Gelenkscheibe (Pfeile) vom Getriebehals. Das klappt besser, wenn Sie die Welle dazu mit einem Schraubendreher zwischen Unterboden und Gelenk »kontern«.

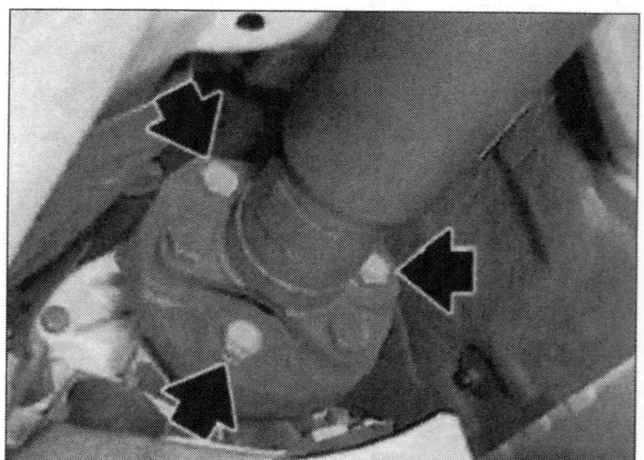

Vom Getriebehals lösen: die Gelenkscheibe.

4 Damit später die Welle in gleicher Stellung mit dem Hinterachsflansch verschraubt wird, kennzeichnen Sie vor der Demontage beide Flanschhälften mit zwei Körnerschlägen (Pfeile) oder mit einem Filzstift.

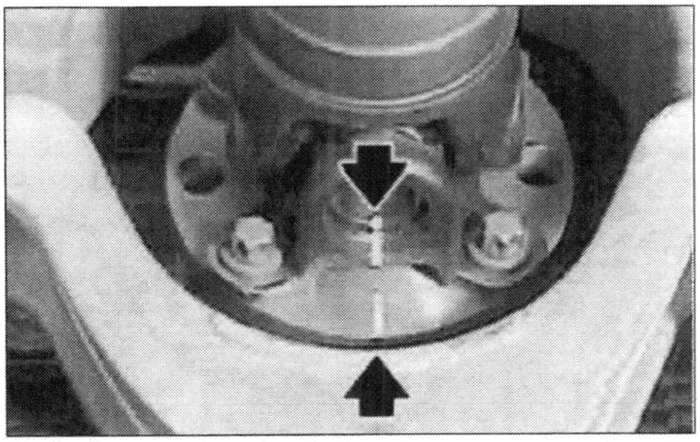

Müssen zur Montage fluchten: Körnerschläge an den Flanschhälften von Kardanwelle und Hinterachsgetriebe.

[5] Sobald die Markierung »sitzt«, lösen Sie die vier Flanschschrauben (Pfeile) am Hinterachsgetriebe und ...

Mit vier Schrauben fixiert: die Kardanwelle am Hinterachsgetriebe.

[6] ... drücken die Gelenkwelle mit einem Montierhebel vom Hinterachsgetriebe ab. Eine korrekte Welle schiebt sich derweil im Schiebestück zusammen.

[7] Wenn Sie nun am Mittellager noch beide Schrauben (1) gelöst haben, »fällt« ihnen die Kardanwelle schon entgegen. Lassen Sie sich besser dabei assistieren.

Letzter Halt unter dem Wagenboden: das Kardanwellenmittellager.

[8] Zur Montage verfahren Sie in umgekehrter Reihenfolge. Setzen Sie die Welle zunächst am Hinterachsgetriebe an. Achten Sie unbedingt auf Ihre Markierungen, sie müssen fluchten. Falls nicht läuft die Welle unwuchtig und zerstört auf Dauer das Hinterachshalslager sowie das Mittellager.

[9] Bevor Sie die Welle nun ans Getriebe schrauben, checken Sie aufmerksam die Gelenkscheibe: Sollten Sie dort bereits Risse oder spröde Stellen ausmachen, ist ein Neuteil angesagt. In dem Fall achten Sie darauf, dass die am Umfang sichtbaren Pfeile mit den jeweiligen Flanschanschlüssen korrespondieren. Den Zentrierzapfen fetten Sie mit MoS2-Paste. Achten Sie auch hier auf etwaige Beschädigungen. Schlecht zentrierte Wellen laufen unrund und »schlagen« in die Halslager von Getriebe und Hinterachse. Verwenden Sie unbedingt neue Muttern.

Schmiert ein Autoleben lang – Hinterachsöl

Wie das Getriebe schmiert auch die Hinterachsinnereien Ihres BMW ein Livetimeöl. Doch nach dem Tausch eines Radialwellendichtrings oder bei undichten Differenzialgehäusen, checken Sie den Ölpegel bei »handwarmem« Differenzial. Falls Ölmangel herrscht, bleiben Sie unbedingt der gleichen Ölqualität treu. Fragen Sie Ihren BMW-Händler – er hat den entsprechenden Schmiersaft vorrätig. Eventuell lassen Sie den Ölpegel dort sofort auffrischen. Falls nicht, haben Sie Geduld mit dem zähflüssigen Saft. Es dauert nämlich seine Zeit, bis ein normales Schmierölkännchen nennenswerte Mengen pumpt.

Arbeitsschritte

[1] Bocken Sie die Hinterachse Ihres Einser rüttelsicher auf und ...

[2] ... öffnen den Öleinfüllstopfen. Halten Sie einen Lappen griffbereit, da Ihnen erfahrungsgemäß etwas Öl entgegentropft.

Zum Ölcheck herausdrehen: den Öleinfüllstopfen am Differenzialgehäuse.

[3] Falls Sie den Ölpegel nicht mit dem bloßen Auge sichten, missbrauchen Sie Ihren kleinen Finger als »gebogenen Peilstab«. Die Fingerkuppe muss unterhalb der Einfüllöffnung auf »Öl treffen«.

[4] Ansonsten ergänzen Sie die Menge – wie beschrieben – bis Unterkante Einfüllöffnung. Verwenden Sie nur Original-Öl, Ihr BMW-Händler ist da die beste Adresse.

[5] Abschließend ziehen Sie den Öleinfüllstopfen mit 60 Nm fest.

Die Antriebswellen

Antriebswellen übertragen die Antriebskraft auf die Räder. Die Antriebswellengelenke müssen dazu in der Lage sein, die Motorleistung bei allen Hinterachs-Federbewegungen gleichmäßig zu übertragen. Diese Anforderung erfüllen so genannte homokinetische Gelenke (Gleichlaufgelenke). Ihre Funktion beruht auf sechs Kugeln, die in speziell geschliffenen Laufbahnen beim Knicken des Gelenks hin und her laufen. Auf diese Art und Weise gewährleisten Antriebswellen mit homokinetischen Gelenken – unter allen Bedingungen – eine absolut gleichmäßige Kraftübertragung an die Antriebsräder.

Antriebswellenmanschetten prüfen

Die Gleichlaufgelenke der Antriebswellen schützen Gummimanschetten vor Feuchtigkeit und Schmutz. Nehmen Sie die Manschetten regelmäßig unter die Lupe, umherfliegende Flintsteinchen können sie relativ leicht »verletzen«.

Arbeitsschritte

[1] Bocken Sie die Hinterachse Ihres Einser rüttelsicher auf und …

[2] … drehen jeweils ein Hinterrad langsam durch. Achten Sie derweil auf die Antriebswelle und deren Manschetten. Feuchte Manschetten sollten Sie misstrauisch machen. Entweder ist die Manschette eingerissen oder …

[3] … die Schlauchschellen haben sich gelockert. Checken Sie auf jeden Fall die Spannbänder.

[4] Beschädigte Staubmanschetten tauschen Sie umgehend aus. Der Zubehörhandel oder Ihr BMW-Händler bietet Reparaturkits an.

Einfach zu checken: äußere Antriebswellenmanschetten.

Praxistipp

Wenn die Antriebswelle Geräusche macht

Die Lebensdauer der Antriebswellen hängt natürlich auch von Ihrer Fahrweise ab. Vermeiden Sie Sprintstarts mit durchdrehenden Antriebsrädern. Geräusche, die einen Defekt signalisieren, treten erfahrungsgemäß von jetzt auf gleich auf. Lassen Sie sich nicht täuschen – auch wenn die Geräusche, charakteristisch sind rhythmische Schlag- und Knackgeräusche beim Gasgeben und im Schiebebetrieb, für eine geraume Zeit wieder verschwinden. Inspizieren Sie die Wellen ganz akribisch. Am besten auf der Werkbank, denn schadhafte Gelenke sind an demontierten Wellen leichter zu lokalisieren: Sie lassen sich nur schwer und ruckartig durchdrehen.

Antriebswelle erneuern

Die Antriebswellen im 1er-BMW sind gleich lang. Dennoch, sollten Sie beide Wellen zugleich demontieren, kennzeichnen Sie vorher die Seiten.

Arbeitsschritte

[1] Bocken Sie den Hinterwagen rüttelsicher auf und demontieren, wie beschrieben, die Auspuffanlage.

[2] Blockieren Sie nun die Handbremse, …

[3] … clipsen die Nabenabdeckung (1) aus der Felge und …

[4] … lösen die darunter liegende Bundmutter (2) vom Antriebswellenstumpf. Damit das »Wellengewinde« unbeschädigt bleibt, biegen Sie zunächst den Sicherungsflansch der Mutter auf.

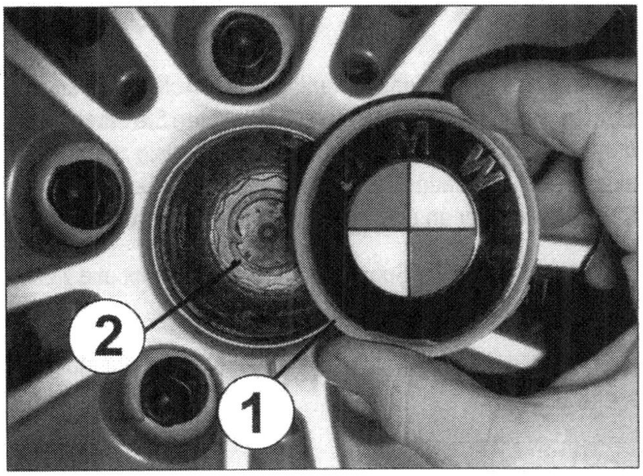

Vom Antriebswellenstumpf lösen: die Bundmutter.

[5] Bundmutter los? Dann schrauben Sie am Differenzialflansch die sechs Schrauben (Pfeile) los. Die Schrauben ziehen Sie gleich mitsamt Unterlegblechen aus dem Antriebswellenlager und legen sie beiseite.

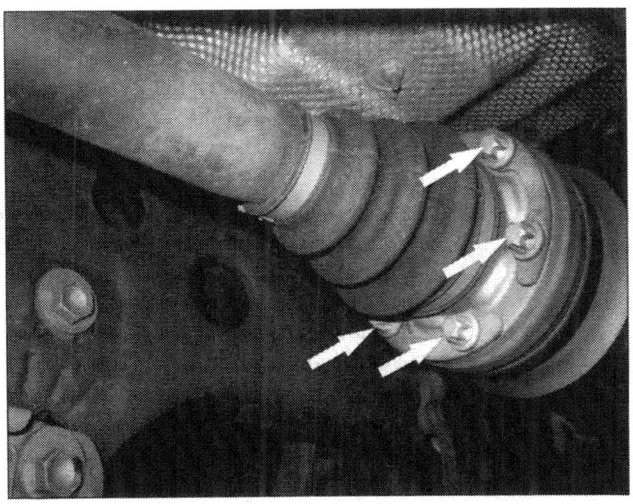

Mit sechs Schrauben am Differenzialflansch verschraubt: die Antriebswelle.

[6] Falls Ihnen der gelöste Flansch nicht ohnehin bereits entgegen kommt, hebeln Sie ihn mit einem Montierhebel vom Differenzialflansch ab. Die »schlackernde« Welle binden Sie mit einem Stück Draht am Unterboden an.

[7] Erledigt? Pressen Sie die Antriebswelle dann aus der Radnabe. BMW-Werkstätten arbeiten mit einem Spezialwerkzeug, versuchen Sie's mit einem großen Zweiarmabzieher, den Sie zwischen Bremsscheibe und Radnabe ansetzen. Häufig reicht's jedoch schon, wenn Sie den Wellenstumpf mit einem Alu-Durchschlag und Fäustling aus der Radnabe »schlagen«.

[8] Zur Montage hängen Sie die Welle zunächst wieder am Unterboden ein, …

[9] … fetten die äußere Verzahnung und schieben den Wellenstumpf in die Radnabe.

[10] Schrauben Sie die neue Nabenmutter auf den Wellenstumpf und »ziehen« den Stumpf komplett in die Radnabe. Achten Sie derweil auf das Radlager – der innere Ring darf nicht mit dem Wellenstumpf verkanten.

[11] Außen fest? Jetzt setzen Sie die Antriebswelle am Differenzialgehäuse an und ziehen die neuen Schrauben mit 62 Nm (10 mm Variante mit 80 Nm) fest.

[12] An Ihrem 1er sind Wellen mit unterschiedlichen Stümpfen verbaut: Die Bundmutter mit dem M27-Gewinde ziehen Sie mit 420 Nm an den Wellenstumpf, der M24-Version »reichen« bereits 250 Nm um fest zu sein. Damit die Mutter auch fest bleibt, verkeilen Sie mit einem Durchschlag eine glatte Seite an der Antriebswelle.

[13] Beenden Sie die Montage in umgekehrter Reihenfolge.

Antriebsgelenkmanschette wechseln

Gelenkmanschetten sind mittlerweile so ausgelegt, dass sie der Lebensdauer von Antriebswellen kaum noch nachstehen. Dennoch, gegen äußere Einflüsse, etwa messerscharfe Flintsteinchen, die von den Reifen hochgeschleudert werden, haben die Manschetten immer noch keine reelle Überlebenschance. BMW oder der gut sortierte Fachhandel bieten versierten Do it yourselfern demzufolge Reparaturkits, die relativ unproblematisch zu montieren sind. Unsere Beschreibung setzt demontierte Antriebswellen voraus.

Arbeits-schritte

[1] Um das Gelenk zu demontieren, spannen Sie zunächst die Antriebswelle mit Schutzbacken in einen Schraubstock ein.

[2] Hebeln Sie mit einem Schlitzschraubendreher die Abdeckung (1) in Pfeilrichtung vom Gelenk und legen Sie beiseite.

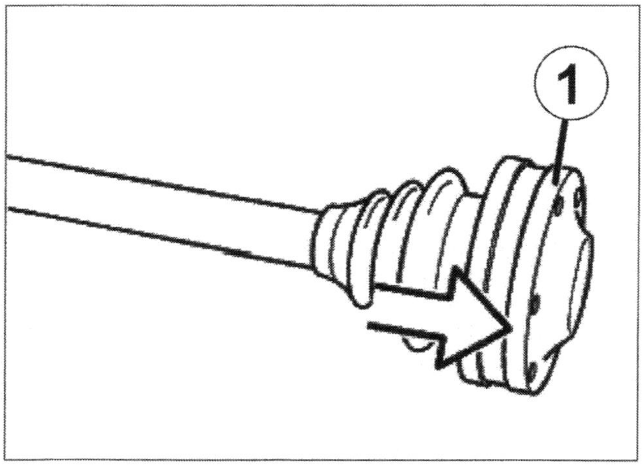

Mit einem Schlitzschraubendreher vom Antriebswellengelend abhebeln – Schutzkappe.

[3] Trennen Sie die Spannbänder (2) mit einem Seitenschneider und entsorgen sie sofort. Jetzt können Sie die Manschette zurückschieben.

[4] Entfernen Sie den Sicherungsring (3) und ...

[5] ... pressen das Gelenk vorsichtig von der Antriebswelle ab.

[6] Entfernen Sie die alte Manschette von der Antriebswelle und entsorgen sie mitsamt »Füllung« als Sondermüll.

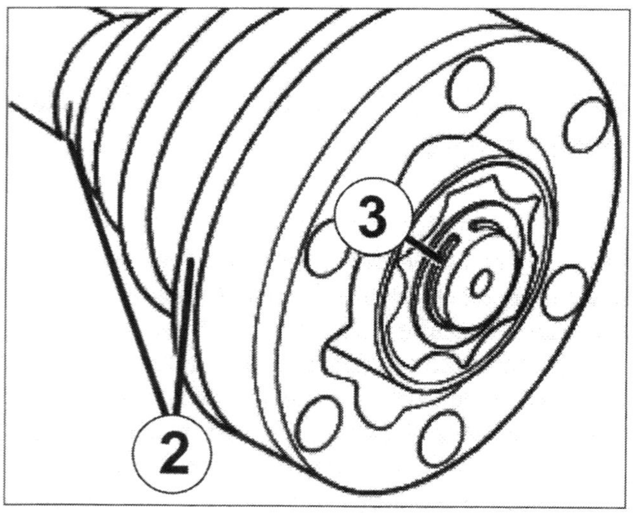

Mit einer Seegeringzange lösen – Sicherungsring.

[7] Reinigen Sie die Welle und schieben den neuen Faltenbalg auf.

[8] Anschließend »befüllen« Sie das saubere Gelenk mit neuem Spezialfett. Ihr BMW-Händler verwendet pro Gelenk ca. 60 Gramm Fett und etwa 100 Gramm bei kompletter Neufüllung.

[9] Jetzt setzen Sie das Gelenk an der Achswelle an und schieben es ganz auf die Verzahnung. Achten Sie darauf, dass der Sicherungsring einrastet. Um den Faltenbalg zu entlüften, setzen Sie zwischen Gelenk und Faltenbalg einen kleinen Schraubendreher an und lassen dort die Luft entweichen.

[10] Legen Sie nun die Spannbänder in die Ringnut und ziehen Sie die Bänder fest.

[11] Beenden Sie den Wechsel in umgekehrter Reihenfolge.

Praxistipp

Massieren Sie das Fett gut ein

Bevor Sie die Spannbänder endgültig fixieren, massieren Sie das neue Fett gut ein. Kneten Sie dazu den Faltenbalg und schwenken Sie dabei auch vorsichtig das Gelenk: Das Fett verteilt sich dann gleichmäßig in der Manschette und im Gelenk. Achten Sie darauf, dass die Manschette ohne Quetschfalten auf der Antriebswelle sitzt.

DAS FAHRWERK

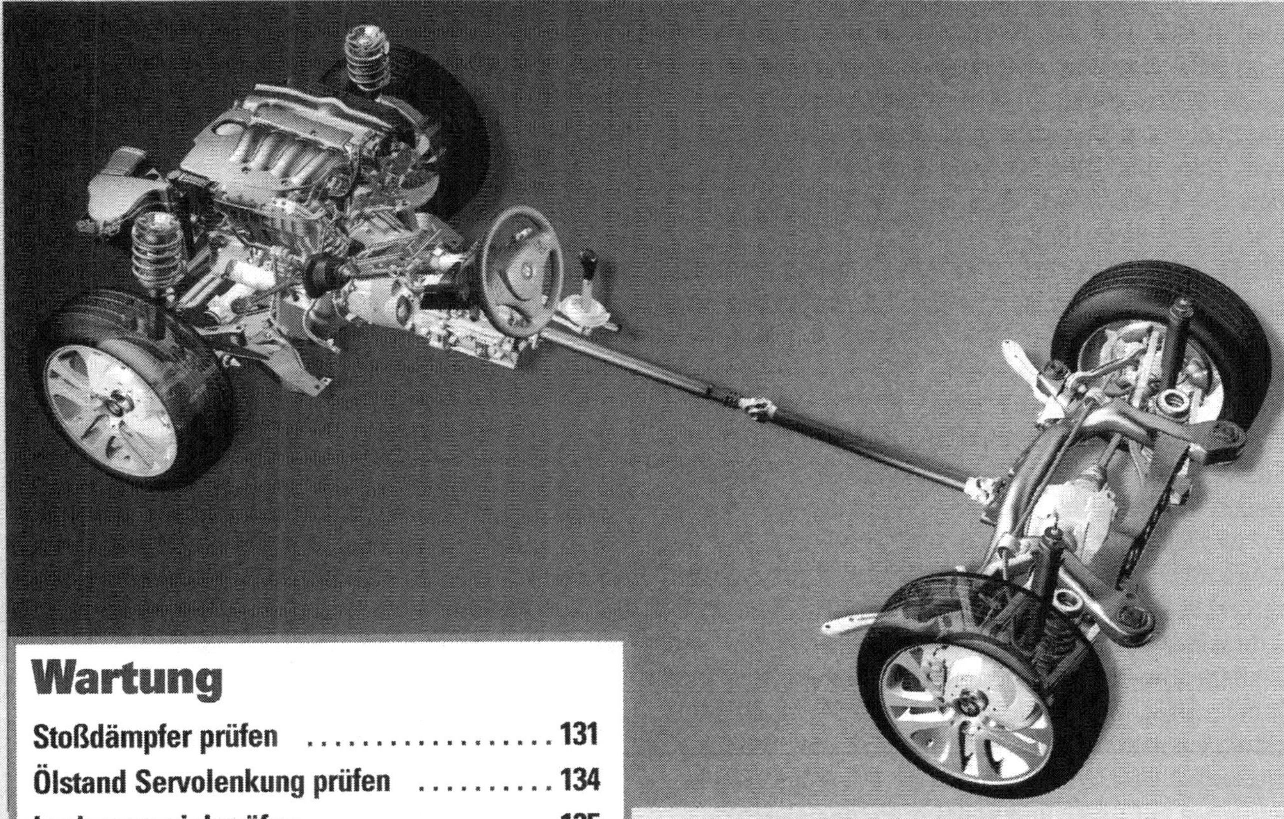

Wartung

Reparatur

Hervorragend geführt: Professionelle Autotester titulierten den 1er-BMW bereits nach ersten ausgiebigen Tests als »reinrassiges Fahrerauto mit agilem Handling und verzeihenden Fahrwerksqualitäten«. Aluminium-Doppelgelenk-Zugstrebenachse vorn, Fünflenker-Hinterachse in Stahlleichtbauweise, Fahrstabilitätssystem (DSC) mit Fahrdynamikmodus (DTC), Traktionsregelung (ASC), elektronische Differenzialsperre, Bremssystem mit Antiblockiersystem (ABS), Vollbremshilfe (DBC), Kurvenbremsregelung (CBC), elektronische Bremskraftverteilung (EBV) – da fehlt's an Nichts. Zumal den kleinen BMW auch noch die besten Verzögerungswerte der Kompaktklasse auszeichnen.

Um dem 1er-Fahrwerk in allen erdenklichen Situationen möglichst »verzeihende« Eigenschaften anzuerziehen, legen sich im »Untergrund« ein halbes Dutzend elektronischer Systeme ins Zeug: dynamische Stabilitätskontrolle (**DSC**) inklusive dynamischer Traktionskontrolle (**DTC**), dynamische Bremsenkontrolle (**DBC**), Antiblockiersystem (**ABS**), Kurvenbremsregelung (**CBC**) oder die elektronische Bremskraftverteilung (**EBV**) begleiten den Einser auf jedem Meter. Fahrer des 130i kommen zusätzlich noch in den Genuss einer DSC mit erweiterten Umfängen. Die Ansammlung von Chips und Bits ist – im Sinne von Fahrwerksbalance, Fahrkomfort, -dynamik und Fahrsicherheit – also durchaus vorzeigbar.
Hinter all den Technik-Synonymen steckt natürlich eine praktische Herausforderung: An den Rädern, also auf der Straße, müssen ABS, DTC & Co. synchronisiert und koordiniert funktionieren. Moderne Fahrwerke sollen die Räder präzise führen – in allen erdenklichen Situationen, auf den unterschiedlichsten Oberflächen und während jeder Bewegung. Damit das reibungslos klappt, stehen all die Systeme in ständigem Kontakt zu- und miteinander. Sobald der 1er brummt und die Fuhre rollt, kursieren in seinem Bordnetz mehr als 300 variierbare ABS-, DSC-, DBC-, DTC-, CBC- und EBV-Datensätze sowie diverse Parameter der Motor- und Getriebesteuerung. Herkömmliche Schaltkreise wären damit völlig überfordert. Im 1er-BMW übernimmt darum ein moderner CAN-Bus den Transfer. Die Funktionsweise des CAN-Bus mitsamt Datenhighway beschreiben wir Ihnen im Kapitel »Fahrzeugelektrik«.

Grau ist alle Theorie – die Wahrheit »liegt auf der Straße«

Soviel zur Theorie. In der Praxis bedeutet das mehr denn je die Suche nach dem Kompromiss, der dem theoretischen Ideal möglichst nahe kommt. Eine Arbeit, die industrielle Großrechner, modernste Software und unzählige Testfahrer rund um den Globus »unter Strom« setzt. Denn die Räder drehen sich nicht nur, sie müssen während der Fahrt – möglichst unbemerkt von Ihnen – noch gezielte Auf- und Abwärtsbewegungen sowie Richtungsänderungen absolvieren – auch beim Bremsen und Beschleunigen gilt es destabilisierende Kräfte zu »zähmen«.
Ein Räder-, Achsen- und Aufhängungsteamwork wird das nur, wenn sämtliche Komponenten aufeinander abgestimmt sind und letztlich auch zueinander passen. Zum Fahrwerk gehören die Federung und Dämpfung, die Radaufhängungen der Vorder- und Hinterachse, die Antriebswellen, die Lenkung sowie Räder und Reifen. Die Bremsen, ebenfalls Bestandteil des Fahrwerks, bringen wir Ihnen in einem gesonderten Kapitel »näher«.

Diffizil – die Fahrwerksauslegung des 1er

Gut funktionierende Radaufhängungen »zaubert« allein kein Computer unter den 1er-Bauch. Da ist immer noch eine gehörige Portion an Ingenieurswissen und Intuition gefragt. Schließlich sollen die Räder ständig in genau definierten Winkeln zur Fahrzeuglängsachse stehen.
Leichter gesagt als getan – überquert Ihr BMW beispielsweise eine Bodenwelle oder durcheilt er soeben eine Kurve, beeinflusst das die Radgeometrie. Würden die Räder derweil kurzfristig den Fahrbahnkontakt verlieren, folgte der Aufbau, der Fliehkraft gehorchend, dem kürzesten Weg ins »Abseits«. Damit das möglichst nicht passiert, bügeln die Radaufhängungen im Zusammenspiel mit den Stoßdämpfern und Federn die Straßenoberfläche weitgehend glatt. Übrigens, Stoßdämpfer dämpfen keine Stöße, sondern schwächen lediglich die Eigenschwingungen der Federn und Reifen ab. Demzufolge müssten Stoßdämpfer eigentlich Schwingungsdämpfer heißen.

Zusammengehörig – Lenkung und Fahrsicherheit

Fahrverhalten und Fahrsicherheit sind unter anderem auch davon abhängig, dass die Vorderräder eindeutig auf Kurs bleiben. Folglich ist das Ansprechverhalten der Zahnstangenlenkung exakt auf die Vorderachskinematik, das Fahrzeuggewicht, die Lenkgeometrie und die Lenkelastizität der Räder abgestimmt. Im 1er-BMW dirigiert die Vorderräder eine hydraulisch unterstützte Zahnstangenlenkung mit degressiver Kennlinie. Das montierte Lenkgetriebe entlastet Ihren Bizeps nur dann mit voller Servokraft, wenn er stark gefordert wird – etwa während des Einparkens oder bei sonstigen Rangierarbeiten: Techniker umschreiben die Eigenart als degressives Lenkverhalten.

Im Detail aufwändig – die Aluminium-Doppelgelenk-Zugstrebenachse

Seit den 60er-Jahren gehören angetriebene Vorderräder, die der Grundkonstruktion des McPherson-Prinzips folgen, zum Standardrepertoire modernen Auto-

mobilbaus. Das hat fahrdynamische und natürlich auch Kostengründe: Andere Konstruktionen können den »McPherson-Beinen« hinsichtlich Preis, Leistung, Standfestigkeit und Komfort kaum das Wasser reichen. Doch die theoretischen Möglichkeiten effizienter Vorderachsaufhängungen scheinen allein mit McPherson längst noch nicht ausgereizt zu sein.
So verwundert es nicht weiter, dass der 1er-BMW als Hecktriebler eine neue Vorderachsinterpretation auf die Straße bringt: Seine Vorderräder diszipliniert eine Doppelgelenk-Federbein-Zugstrebenachse mit Stabilisator. Um den konstruktiven Zielkonflikt zwischen Gewicht und Stabilität möglichst perfekt zu lösen, bestehen die Achskomponenten weitgehend aus Aluminium. Und weil auch die Lenker und Schwenklager aus Aluminium bestehen, sind die ungefederten Massen erheblich reduziert. Naturgemäß hat das Leichtbauprinzip auch positive Einflüsse auf die Gewichtsverteilung: Mit einer statischen Achslastverteilung von 50 : 50 Prozent zwischen Vorder- und Hinterachse kommt der Einser dem theoretischen Ideal schon sehr nah.

Aufwändig konstruiert: die Doppelgelenk-Zugstrebenachse des 1er-BMW in Leichtbauweise.

Hält die Hinterräder stringent auf Kurs – Fünflenker-Hinterachse

Im Gegensatz zur Vorderachse basiert die Hinterhand des 1er nicht auf Leichtmetall sondern auf Stahl in Leichtbauweise. Seine Fünflenker-Hinterachse fußt technisch auf einer Doppelquerlenkerachse, deren ursprüngliche Dreieckslenker jetzt zwei Einzellenker ersetzen.
Vorteil: Unabhängig von den Bauraumverhältnissen sind die Anlenkpunkte unter dem 1er-Bauch weitgehend »willkürlich« wählbar. Besagte Einzellenker sind stabförmig ausgeprägt, sie arbeiten mit kurzen Hebelarmen und bieten eine dementsprechend präzise Radführung. Im 1er führt das zu einer Elastokinematik, die über einen relativ großen Federwegbereich die Hinterräder mit nahezu neutralem Sturz führt. Das verbessert nicht nur die Fahreigenschaften sondern gleichermaßen auch den Fahrkomfort – die relativ kleinen wirksamen Hebelarme reagieren kaum auf Störungen.

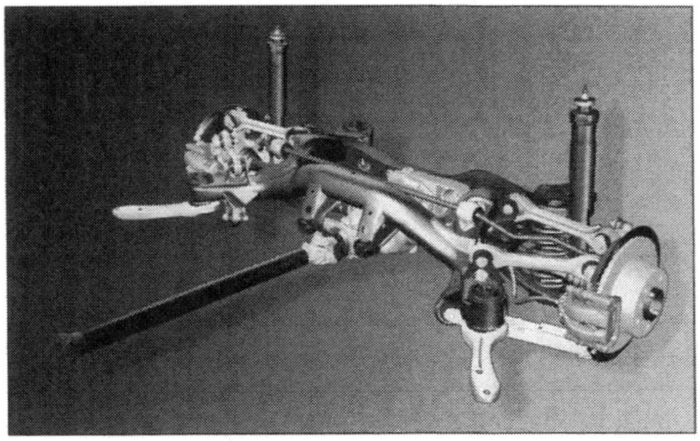

Lange Federwege und sportlich abgestimmt: die Fünflenker Hinterachse am Einser.

Obligatorisch nach zwei verschlissenen Reifensätzen checken – die Stoßdämpfer

Nach etwa zwei verschlissenen Reifensätzen arbeiten Stoßdämpfer noch mit etwa 50 Prozent ihrer ursprünglichen Leistung. Da ihrer Wirkung jedoch langsam und nicht abrupt nachlässt, bemerken Sie den Leistungsverlust nur schwer. Zumal Sie unbewusst, wie übrigens die meisten Autofahrer, Ihren Fahrstil dem verschlechterten Fahrverhalten anpassen: In Extremsituationen freilich führt das zu bösen Überraschungen, die häufig im Abseits enden. Lassen Sie Stoßdämpfer darum einmal jährlich auf dem Prüfstand eines Automobilklubs oder vom TÜV oder DEKRA checken. Die

Begriffe der Lenkgeometrie

Technik-lexikon

Vorspur: In dem Fall stehen die Vorderräder vorne enger zusammen als hinten, »sie rollen aufeinander zu«. Diese Eigenart minimiert den Reibkoeffizienten zwischen Radaufstands- und Straßenoberfläche: Demnach »drängte« das linke Rad nach links und das Rechte nach rechts. Zur Unterstützung der Lenkbewegung und der Lenkkräfte schwenkt bei Kurvenfahrt das kurveninnere Rad stärker ein als das kurvenäußere (Spurdifferenzwinkel) – die Vorspur geht in Nachspur über (Räder stehen hinten enger zusammen als vorn).

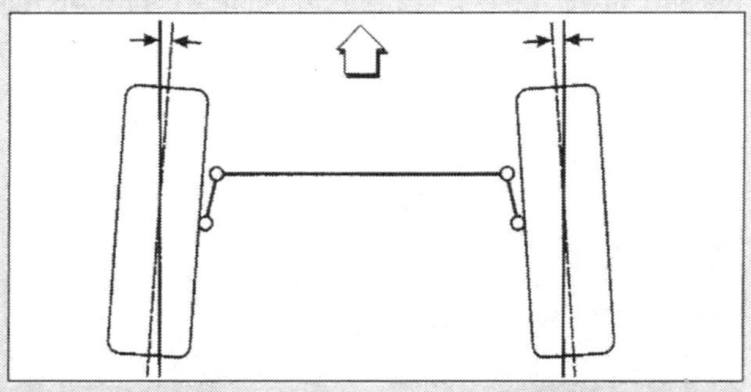

Typisch Vorspur: Die Vorderräder stehen vorn enger zusammen als hinten.

Sturz: Radneigung zu einer Senkrechten. Vermindert Fahrbahnstöße in die Lenkung, reduziert die Lenkkräfte und Reibung der Räder auf der Fahrbahn. Haben die Vorderräder negativen Sturz – stehen sie oben im Radkasten geringfügig enger beieinander als unten am Boden.

Spreizung: Neigung der Lenkungsdrehachse zu einer Senkrechten. Denkt man sich eine Linie dieser Achse zum Boden und misst den Abstand zur Mittellinie durch das Rad (Mittelpunkt der Reifenaufstandsfläche), erhält man den Lenkrollradius. Um die Störkräfte in der Lenkung zu verringern, soll der Lenkrollradius möglichst »klein« sein. Zusammen mit dem Nachlauf bewirkt die Spreizung außerdem, dass sich das Auto bei eingeschlagenen Rädern etwas anhebt. Lässt man das Lenkrad los, stellen sich die Räder selbst in die Mittelstellung zurück (Rückstellmoment).

Nachlauf: Abstand (in Fahrtrichtung) zwischen der gedachten Verlängerungslinie der Lenkdrehachse zum Boden und dem Mittelpunkt der Reifenaufstandsfläche. Durch den Nachlauf werden die Räder gezogen (nicht geschoben). Gezogene Räder neigen dazu, sich selbstständig zu stabilisieren (Teewageneffekt) und die Geradeauslaufstellung beizubehalten.

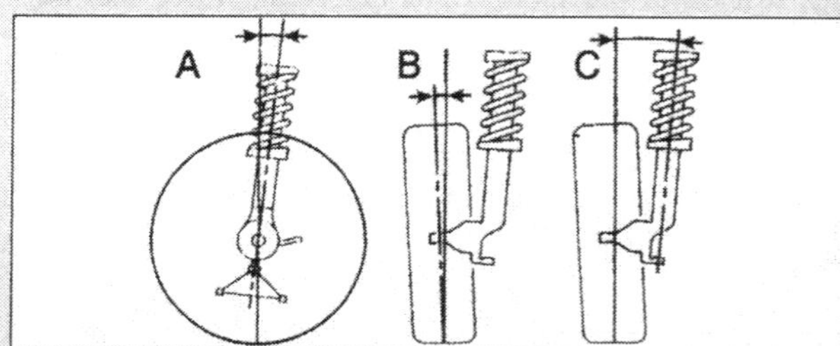

Die geometrischen Kenngrößen:
A: *Nachlauf*, **B**: *Radsturz*, **C**: *Spreizung.*

altbekannte »Schaukelmethode«, bei der Sie den Wagen an den Kotflügeln aufschaukeln, um sein Nachschwingverhalten zu »testen«, ist kein ernst zu nehmender Check. Sie entlarven damit allenfalls total verschlissene Stoßdämpfer. Als sicherheitsbewusster Fahrer achten Sie besser auf folgende Symptome:

- Vibriert das Lenkrad in Ihren Händen? In diesem Fall »tanzen« die Räder über dem Boden oder sind falsch ausgewuchtet.
- Wie verhält sich Ihr Auto in Kurven? Wirkt es indifferent oder wankt gar jeder Bodenwelle hinterher?
- Schwingt Ihr 1er nach Bodenwellen kräftig nach?
- Nutzen seine Reifen ungleichmäßig ab (partiell ausgewaschene Lauffläche)?
- Sind die Stoßdämpfer noch dicht? Geringe Ölschwitzspuren am Gehäuse sind durchaus normal.

Federbein demontieren und montieren

Wechseln Sie die Stoßdämpfer innerhalb der Federbeine grundsätzlich nur paarweise und achten auf die richtige Spezifikation für Ihren 1er. Arbeiten Sie beide »Seiten« besser nacheinander ab und versuchen Ihre »Meisterkür« möglichst nicht parallel an beiden Federbeinen. Da die Handgriffe nahezu identisch sind, beschreiben wir die Arbeit am linken Dämpfer.

Arbeitsschritte

1 Bocken Sie auf ebener Fläche den Vorderwagen rüttelsicher auf und demontieren das linke Lenkschwenklager wie beschrieben.

Do it yourself an Fahrwerk und Lenkung

Gefahrenhinweis

Umfangreichere Arbeiten an Fahrwerk und Lenkung setzen Erfahrung und zudem Spezialwerkzeuge sowie optische oder elektronische Messgeräte voraus. Sollten Sie diesbezüglich nicht voll auf der Höhe sein, betrauen Sie besser Ihre Werkstatt damit.
Versuchen Sie auf keinen Fall beschädigte oder vom Rost zernagte Radaufhängungen, Lenkgestänge sowie Spurstangen zu richten, zu flexen oder gar zu schweißen: sie müssen grundsätzlich Neu- oder brauchbaren Secondhandteilen weichen. Und wenn wir schon den »Zeigefinger erheben«, gleich noch ein Rat: Überlassen Sie nach ernsthafteren Fahrwerksreparaturen die Feineinstellung der Achsgeometrie einer Fachwerkstatt mit optischem Achsmessstand.
Ein vorschriftsmäßig vermessenes und justiertes Fahrwerk hat nämlich maßgeblichen Einfluss darauf, dass Ihr BMW schnurstracks den Vorderrädern folgt und seine Reifen nicht etwa als Radiergummis auf dem Asphalt verschleißt. Naturgemäß hat die Vorderachse besonders großen Anteil an einem stabilen Geradeauslauf – bereits ein deftiger »Bordsteinschubser« bringt sie empfindlich aus dem Lot. Gleichfalls beeinflussen ausgeschlagene Achsgelenke, Spurstangenköpfe, Gummilager sowie »schlampig« ausgeführte Reparaturen das Fahrverhalten negativ.
Als aufmerksamer Fahrer kommen Sie verstellten Vorderrädern mitunter auch ohne Achsmessstand auf die Schliche: Ihr Auto legt dann in Kurven, auf ebener Strecke oder langen Autobahngeraden ein geradezu »nervöses« Fahrverhalten an den Tag. Erst recht, wenn beide Vorderreifen nicht vom gleichen »Reifenbäcker« kommen, eine unterschiedliche Profilierung oder ungleichen Luftdruck aufweisen.
Achten Sie auf folgende Symptome:

- Steht Ihr Lenkrad bei Geradeausfahrt »schief«?
- Kommt das Lenkrad am Kurvenausgang nicht »ohne Nachhilfe« in seine Geradeausstellung zurück?
- Läuft Ihr Wagen auf ebener Straße nicht »freihändig« geradeaus?
- Nutzen beide Vorderreifen nicht gleichmäßig ab?
- »Waschen« die inneren – und äußeren Reifenprofilkanten unterschiedlich aus?

Schon wenn Sie eine der Fragen mit »JA« beantworten, ist Ihr Fahrwerk nicht o. k. Zu Ihrer Sicherheit und zur Entlastung Ihres Geldbeutels lassen Sie den Wagen dann schnellstens optisch vermessen.

[2] Sobald das erledigt ist, ziehen Sie den Bremsschlauch (1) und das ABS-Sensorkabel (2) aus der Federbeinhalterung und lösen die Pendelstütze vom Federbein.

Aus der Federbeinhalterung ziehen: Bremsschlauch und Anschlusskabel.

[3] Anschließend lösen Sie drei Befestigungsmuttern (3) vom Stoßdämpfer und …

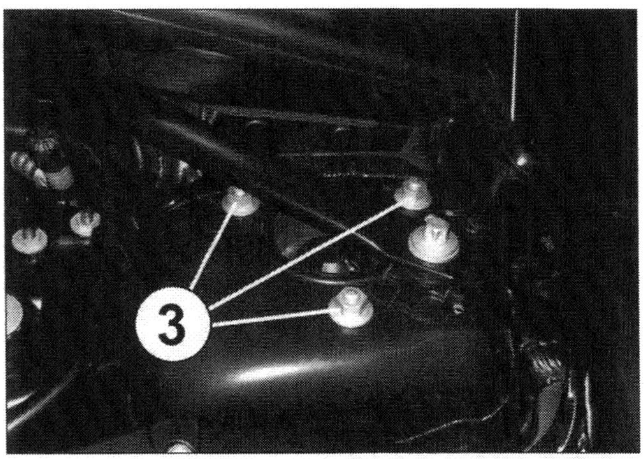

Mit drei Muttern im Federbeindom befestigt: das Federbein.

[4] … ziehen das komplette Federbein nach unten aus dem Radhaus.

Montage

[5] Wenn das neue Federbein zentrisch im Federbeindom »steht«, beenden Sie die Montage in umgekehrter Reihenfolge. Verwenden Sie nur neue Schrauben und Muttern.

[6] Checken Sie nach einer Probefahrt sämtliche Schraubverbindungen und »gönnen« Ihrem 1er dann einen optischen Achsmessstand. Lassen Sie die Vorderachsgeometrie überprüfen bzw. neu einstellen. Falls Ihr Einser die Vorderräder mit einer »Aktivlenkung« steuert, muss auch sie neu justiert werden. Lassen Sie Ihren BMW-Händler den Job erledigen.

Stoßdämpfer hinten erneuern

Wechseln Sie Stoßdämpfer grundsätzlich nur paarweise und achten auf die richtige Spezifikation für Ihren Wagen. Bevor Sie sich gleichzeitig mit beiden Seiten »verzetteln«, erneuern Sie die Stoßdämpfer besser nacheinander.

Arbeitsschritte

[1] Sichern Sie zunächst die Vorderräder mit einem Unterlegkeil, bocken den Hinterwagen rüttelsicher auf und ...

[2] ... demontieren die Hinterräder sowie beide seitlichen Kofferraumverkleidungen wie beschrieben.

[3] Erledigt? Dann stellen Sie einen Rangierwagenheber unter den Hinterachskörper und heben die Achse so weit an, dass beide Stoßdämpferverschraubungen entlastet sind.

[4] Jetzt »entern« Sie in den Kofferraum, ziehen von der oberen Stoßdämpferbefestigung die Schutzkappe ab und ...

[5] ... lösen die Mutter (1) vom Stoßdämpferrohr (2). Erfahrungsgemäß dreht sich die Kolbenstange mit. Für Sie kein Problem, wenn Sie die Stange am Sechskant (3) mit einem Maulschlüssel kontern.

[6] Sobald die Mutter abgedreht ist, ziehen Sie das obere Stützlager (4) vom Stoßdämpferrohr.

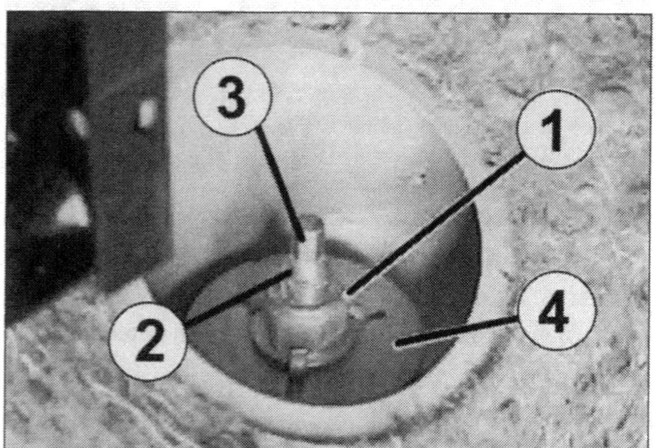

Aus dem Kofferraum zu lösen: obere Stoßdämpferverschraubung.

[7] Unter dem Hinterwagen demontieren Sie beide Schrauben (Pfeile) und bugsieren den Dämpfer dann inklusive Gelenkauge seitlich aus dem Achskörper.

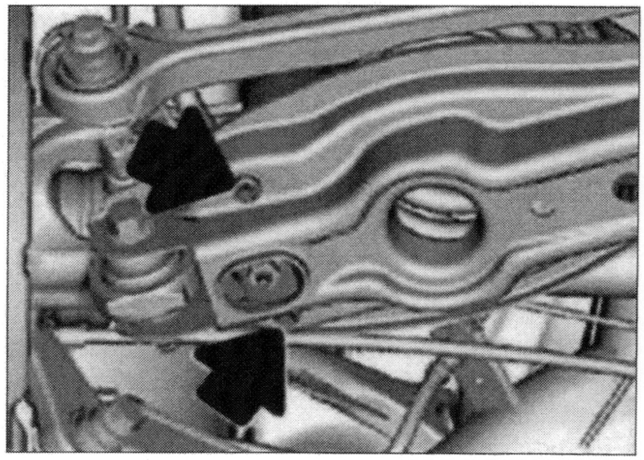

Unter dem Hinterwagen lösen: beide Dämpferverschraubungen.

[8] Die Montage beenden Sie in umgekehrter Reihenfolge. Bugsieren Sie das »Bein« an seinen Arbeitsplatz und ziehen alle Schraubverbindungen fest (oben 30 Nm, unten 60 Nm).

Nach rund 60.000 Kilometern inspizieren – Servolenkung

Die hydraulischen Lenkgetriebe im 1er sind weitgehend wartungsfrei. Den Ölstand checken Sie bei normaler Umgebungstemperatur (ab etwa 15 °C.) und bei »stehendem« Motor. Sollten Sie wider Erwarten den Pegel korrigieren müssen, decken Sie sich vorab bei Ihrem BMW-Händler mit dem richtigen »Saft« ein – die Spezifika stehen übrigens auf dem Vorratsbehälter. Bevor Sie freilich den Ölstand ergänzen, beseitigen Sie natürlich zunächst die Leckage.

Arbeitsschritte

[1] Öffnen Sie den Verschlussdeckel und ...

[2] ... ziehen den Messstab (1) mitsamt Deckel aus dem Vorratsbehälter (2).

[3] »Trocknen« Sie den Peilstab mit einem sauberen, flusenfreien Lappen oder Papiertuch, ...

[4] ... schieben ihn zurück in den Ölbehälter und ziehen ihn umgehend wieder heraus. Sollten Sie die Fehlmenge ergänzen müssen, füllen Sie auf keinen Fall über »max.« auf.

Darf »max.« nicht übersteigen: Lenkungsölpegel im Vorratsbehälter.

[5] Damit Sie die Behälteröffnungen auch zielsicher treffen, verlängern Sie den Einfüllstutzen mit einem kleinen Trichter.

Regelmäßig checken – Lenkungsspiel

Das Lenkungsspiel Ihres BMW ist eine feste Größe. Sollten Sie der Meinung sein, dass die Vorderräder zu viel Eigenleben entwickeln, machen Sie die Probe aufs Exempel. Dazu stellen Sie Ihr Auto zunächst auf einer ebenen Stein- oder Asphaltfläche ab.

Arbeitsschritte

[1] Stellen Sie die Räder geradeaus und ...

[2] ... greifen dann durchs geöffnete Seitenfenster ins Lenkrad und bewegen es ruckartig hin und her.

[3] Achten Sie dabei aufs linke Vorderrad, besser noch auf sein Felgenhorn, es muss sich rhythmisch mitbewegen. Falls nicht, ist entweder das Lenkgetriebe, bzw. ein – oder gleich mehrere – Spurstangenköpfe ausgeschlagen. Der elastische Reifen kann die Bewegungen geringfügig »bremsen«.

[4] Stellen Sie um die Geradeausstellung kein Spiel fest, bei stärkerem Lenkeinschlag jedoch ein Klemmen, ist die Zahnstange verschlissen. Sehen Sie von einer Reparatur ab – tauschen Sie besser gleich das gesamte Lenkgetriebe aus.

Kugelgelenkköpfe und Manschetten prüfen

Die Spurstangenköpfe sind jeweils links und rechts mit den Spurstangenenden verschraubt. Bei defekten Spurstangenköpfen reicht's darum, nur den verschlissenen Kopf und nicht etwa die gesamte Spurstange zu erneuern. Die stählernen Kugelgelenkköpfe sitzen in einer selbstschmierenden Kunststoffschale – eine mit Spezialfett gefüllte Manschette schützt sie vor Schmutz und Feuchtigkeit.

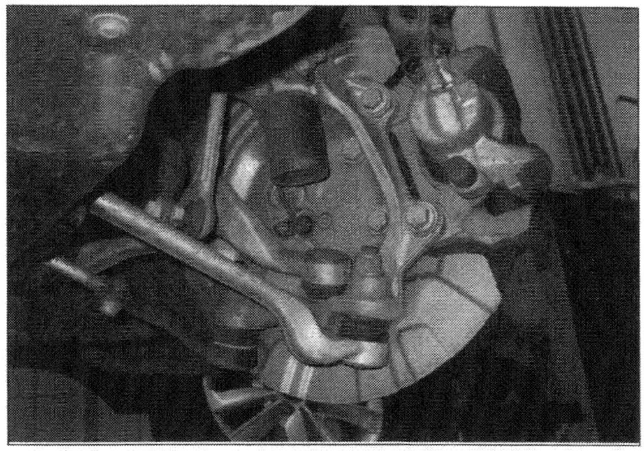

Staubtrocken und ohne Spiel: ein Indiz für intakte Spurstangenköpfe (Pfeile).

Arbeitsschritte

[1] Checken Sie die Kunststoffmanschetten der Spurstangenköpfe auf äußere Beschädigungen (z. B. Haarrisse).

[2] Vergessen Sie bei der Gelegenheit auch nicht das Spiel innerhalb der Gelenke zu prüfen. Sinnvollerweise machen Sie das über einer Grube oder auf einer Vierstempel-Hebebühne – die Räder müssen Bodenkontakt haben.

[3] Lassen Sie von einem Helfer das Lenkrad ruckartig hin und her bewegen. Sie fassen derweil die Gelenkpfannen an. Verschlissene Gelenke spüren Sie ganz deutlich in Ihren Fingerkuppen – intakte Gelenke gleiten geräuschlos und spielfrei in den Kunststoffschalen.

[4] Sollten Sie in Ihren Fingerkuppen leichte Stöße verspüren, tauschen Sie schnellstens das betreffende Gelenk aus.

Spurstangenköpfe erneuern

Arbeitsschritte

[1] Bocken Sie den Vorderwagen rüttelsicher auf ebener Fläche auf und bauen das betreffende Vorderrad ab.

[2] Lösen Sie am Lenkhebel des Lenkschwenklagers die selbstsichernde Mutter des Spurstangenkopfs zunächst nur um einige Umdrehungen und ...

[3] ... drücken den Spurstangenkopf mit einem Klauen- oder Kugelgelenkabzieher aus dem Lenkhebel. Schrauben Sie die Mutter dann ganz ab und ziehen den Spurstangenkopf aus dem Lenkhebel.

[4] Erledigt? Dann lösen Sie die Klemmschraube (1) am Spurstangenkopf und schrauben das Endstück von der Spurstange ab. Nicht jedoch, ohne vorab die »freien« Gewindegänge (2) außerhalb der Spurstange exakt gezählt zu haben. Den neuen Kopf montieren Sie in der gleichen Stellung (freie Gewindegänge). Wenn Sie das präzise hin bekommen, ist die Spurkorrektur evtl. verzichtbar.

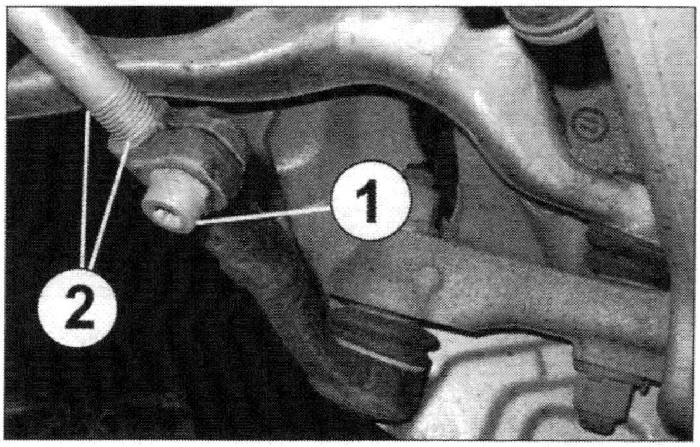

Vor der Demontage abzählen: freie Gewindegänge an der Gewindestange.

Lenkgetriebemanschetten auswechseln

Arbeits-schritte

[1] Demontieren Sie das Spurstangenendstück wie beschrieben und zählen beim Ausdrehen exakt die Gewindegänge (siehe »Spurstangenköpfe erneuern«).

[2] Damit kein unnötiger Dreck das Lenkgetriebe »füllt, cleanen« Sie die Spurstange mit einem Lappen.

[3] Öffnen Sie jetzt die Klemmschellen (1), (2) von der Lenkmanschette (3) und ...

[4] ... ziehen die Manschette von der Spurstange (4) ab.

[5] Bevor Sie die neue Manschette montieren, fetten Sie die Öffnungen gut ein und schieben dann die Manschette vorsichtig auf die Spurstange. Achten Sie darauf, dass die Manschette spannungsfrei in den Nuten der Spurstange sowie des Lenkgehäuses »ruht«. Andernfalls könnte die Manschette verspannen und früher oder später erneut reißen.

[6] Sichern Sie die Manschette mit einem neuen Halteband/Klemmschelle und ...

[7] ... lassen in einer Fachwerkstatt die Vorderachsgeometrie neu vermessen.

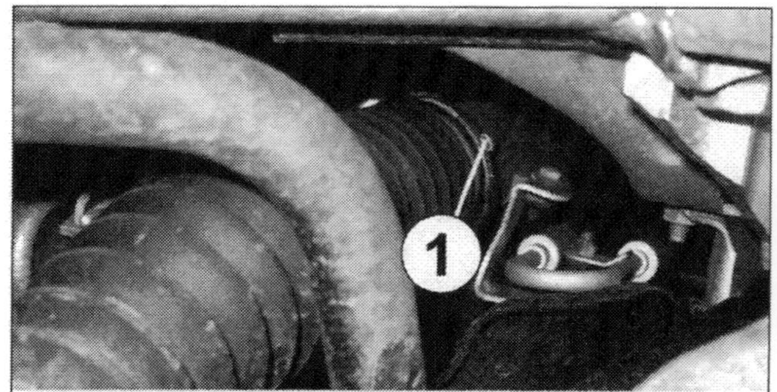

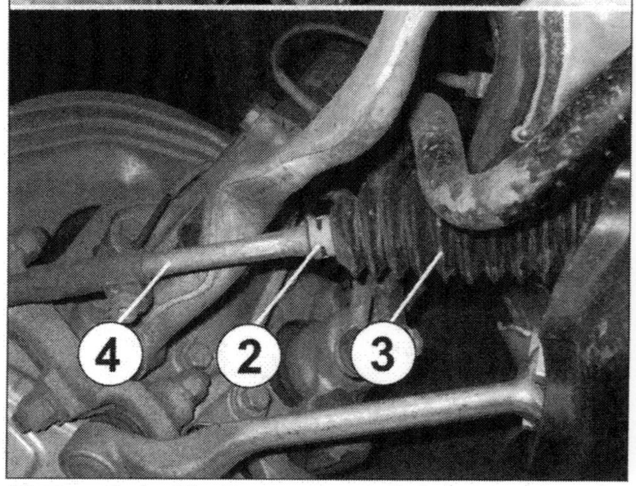

Muss nach der Montage spannungsfrei sitzen: neuer Faltenbalg.

Lenkschwenklager erneuern

Arbeits-schritte

[1] Demontieren Sie, wie beschrieben, die entsprechende Bremsscheibe.

[2] Dann lösen Sie die Inbusschraube (1) des ABS-Sensors (2) und ziehen den Sensor aus dem Lenkschwenklager. Binden Sie das »gute Stück« am Federbein fest.

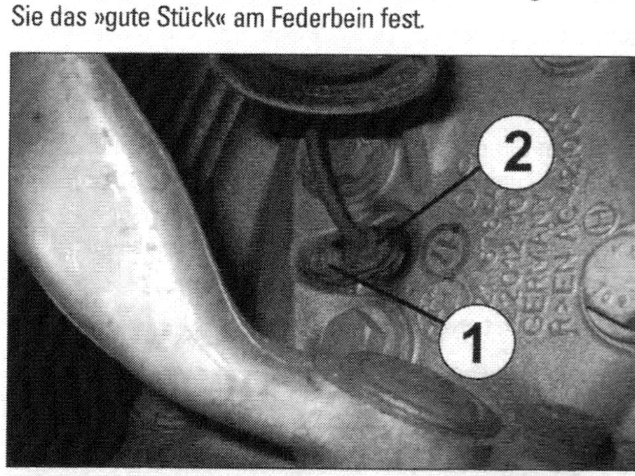

Schraube lösen und aus dem Lenker ziehen: ABS-Sensor.

mit Xenonlicht

[3] Demontieren Sie den Halter (1) der Leuchtweitenregulierung vom Querlenker. Dazu öffnen Sie die Klammer (2) und »klappen« den Winkel einfach beiseite.

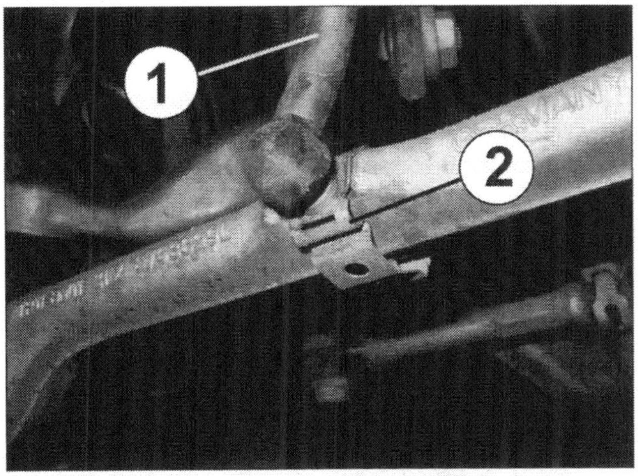

Mit einer Schraube befestigt: Halter der automatischen Leuchtweitenregulierung.

alle

[4] Nun lösen Sie die Mutter (1) des Spurstangenkopfs (2) vom Achsschenkel (3) und ...

[5] ... pressen dann die Spurstange mitsamt Spurstangenkopf aus dem Schenkel.

[6] Demontieren Sie die Mutter (4) vom Führungsgelenk (5) und »hebeln« den Lenker mit einem Montierhebel aus dem Lenkschwenklager.

Vor der Montage »strippen«: das Lenkschwenklager.

[7] Alles gelöst? Dann schrauben Sie noch schnell die Zugstrebe (1) vom Schwenklager ab. Sobald die Mutter (2) los ist, drücken Sie die »Stütze« aus dem Lager. Falls der Bolzen derweil mitdreht, »kontern« Sie ihn mit dem Innentorx.

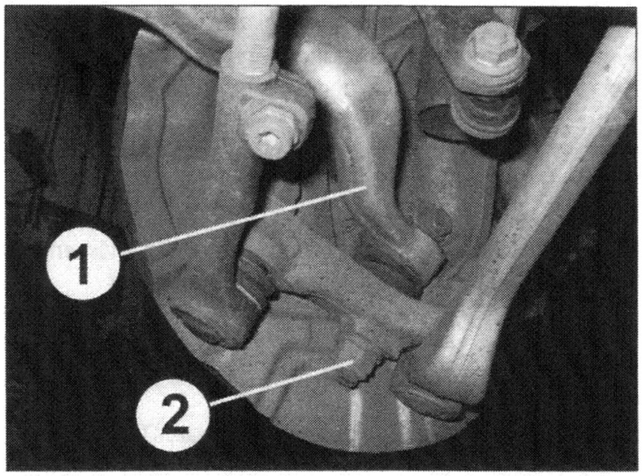

Per Montierhebel aus dem Lenkschwenklager drücken: die Aluminium-Zugstrebe.

[8] Damit Ihnen das »lose« Lenkschwenklager später nicht auf den Boden fällt, sichern Sie es mit einem Schweißdraht im Radlauf und ...

[9] ... schützen auch die Kugelgelenkdichtungen mit einem Lappen gegen Beschädigungen.

[10] Jetzt lösen Sie die Befestigungsschraube (1) am Federbein, nehmen den Halter (2) ab und »biegen« die Federbeinführung (Pfeil) mit einem stabilen Schraubendreher so weit auf, bis Sie das »Konstrukt« auseinander ziehen können.

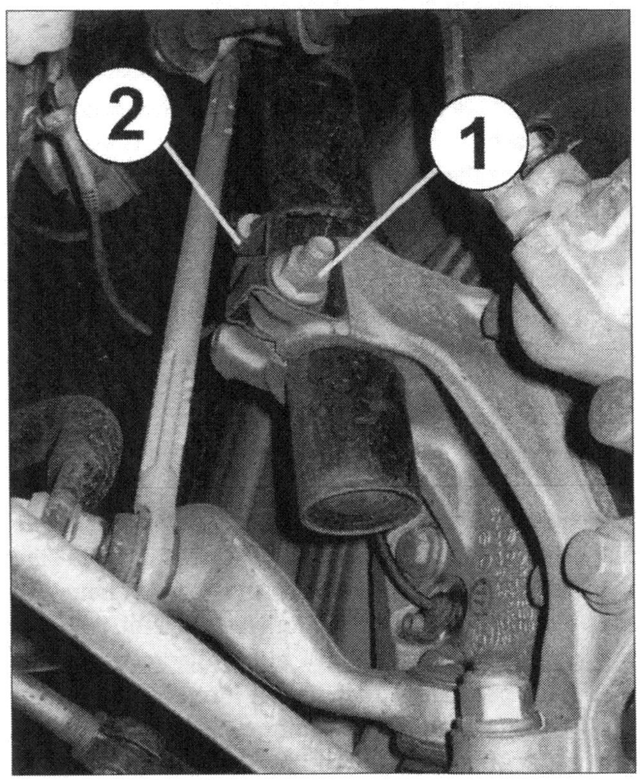

Mit stabilem Schlitzschraubendreher weiten: Federbeinaufnahme am Achsschenkel.

[11] Beenden Sie die Arbeit in umgekehrter Reihenfolge. Verwenden Sie grundsätzlich nur neue Befestigungsmuttern und Schrauben. Checken Sie nach einer Probefahrt sämtliche Schraubverbindungen. Wenn Sie keine Abstriche an das Fahrverhalten machen möchten, »gönnen« Sie Ihrem 1er unbedingt einen optischen Achsmessstand und lassen die Vorderachsgeometrie überprüfen bzw. neu einstellen. Falls Ihr Einser mit einer Aktivlenkung ausgestattet ist, müssen Sie diese bei Ihrem BMW-Händler neu justieren lassen.

Radlagerspiel prüfen

Die Räder drehen sich um wartungsfreie Doppelkugellager. An der Hinterachse »machen« moderne Radlager heutzutage gut und gerne rund 150.000 Kilometer. Ihre Pendants an der Vorderachse sind naturgemäß stärker belastet, sie halten häufig nicht ganz so lange. Radlager wie BMW sie montiert, sind bereits mit der Montage eingestellt.
Aufmerksamen Ohren kündigt sich die anstehende Reparatur übrigens rechtzeitig an: Verschlissene Radlager nerven mit lauten Geräuschen. Mahlgeräusche in Rechtskurven signalisieren Verschleiß am linken Lager, ähnliche Geräusche in Linkskurven disqualifizieren das rechte Radlager. Bevor Sie nun zur Tat schreiten, machen Sie noch folgenden Test:

- Stellen Sie den Wagen auf einer Stein- oder Asphaltfläche ab. Greifen Sie das Rad im oberen Radlauf und »kippen« es rhythmisch im Radlauf kräftig hin und her. Einwandfreie Lager verkraften das lautlos und ohne Spiel.
- Sollten Sie an den vorderen Radlagern zu viel Spiel feststellen, lassen Sie einen Helfer die Bremse treten – Sie »wackeln« derweil am betreffenden Rad. Bleibt das Spiel unverändert, haben Sie auf diese Art und Weise »zufällig« ein defektes Achsgelenk entdeckt.

Radlager auswechseln

Kugellager, Lagerlaufringe, Naben und Lenkschwenklager weisen ab Werk enge Toleranzen auf. Sie sind auf dem Montageband für ihr »späteres Leben« bereits eingestellt und sind fortan wartungsfrei. Sollte an der Hinterachse Ihres BMW ein Radlager den Geist aufgeben, beauftragen Sie besser Ihren BMW-Händler mit dem Austausch. Es sei denn, Sie verfügen über das erforderliche Presswerkzeug und ein entsprechend »geübtes« Händchen. Sobald die vorderen Radlager »heulen«, sind Sie selbst am Ball …

Arbeitsschritte (je Radlagereinheit)

vorne

[1] Bocken Sie auf einer ebenen Fläche den Vorderwagen rüttelsicher auf und demontieren zunächst das betreffende Vorderrad.

[2] Anschließend ist der Bremssattel fällig. Fixieren Sie ihn mit Schweiß- oder Bindedraht im Radkasten. Achten Sie darauf, dass derweil der Bremsschlauch nicht abknickt.

[3] Jetzt lösen Sie an der Bremsscheibe die Sicherungsmadenschraube und ziehen die »Disc« von der Radnabe ab.

[4] Anschließend lösen Sie die vier Befestigungsschrauben (1) der Radlagereinheit und …

[5] … ziehen sie komplett vom Achsschenkel (2) ab.

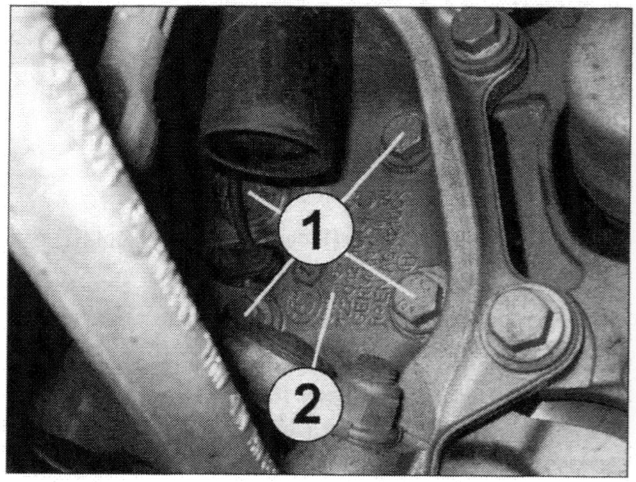

Ein Fall für Do it yourselfer: Vordere Radlagereinheit erneuern.

[6] Vor der Montage »bürsten« Sie mit einer Drahtbürste die Anlageflächen der Radlagereinheit und die des Achsschenkels. Wenn Sie das ordentlich erledigen, sitzt das neue Lager »gerade« vor dem Achsträger.

[7] Beenden Sie die Montage in umgekehrter Reihenfolge. Die neuen Radlagerschrauben ziehen Sie mit 110 Nm an.

Querlenkerlager checken

Die beiden Lager und das Kugelgelenk der vorderen Querlenker sind wartungsfrei. Das äußere Kugelgelenk sitzt in einer Kunststoffschale mit Fettdauerfüllung. Dennoch sollten Sie die Querlenker regelmäßig inspizieren und mit einem Montierhebel das Spiel »abdrücken«: Eindringender Schmutz und Feuchtigkeit hinterlassen ihre Spuren, sie wirken wie Schleifpaste. Folge: Die Gelenke schlagen aus und die Lager korrodieren.

Arbeitsschritte

1 Lenkung mehrmals ruckartig nach links und rechts einschlagen.

2 Kugelgelenke rechts und links optisch auf Beschädigungen prüfen.

3 Setzen Sie dann einen Montierhebel an und »wippen« die Gelenke »gut durch«.

4 Inspizieren Sie beide Lager auf die gleiche Weise. Denken Sie daran, Querlenkerlager müssen von Haus aus eine gewisse Elastizität haben. Sobald sich der Montierhebel allerdings »widerstandslos« schwenken lässt, sind die Lager verschlissen.

Versierte Do it yourselfer werden, mit dem erforderlichen Equipment ausgerüstet, jetzt zur Selbsthilfe greifen wollen. Wir raten Ihnen davon ab, denn die Arbeit ist nicht allein mit dem Tausch eines Lagers oder Kugelgelenks beendet: Stattdessen müssen Sie den kompletten Querlenker demontieren und nach der Reparatur die Vorderachse auch optisch vermessen lassen.

Räder und Reifen

Auf einer – je Rad – etwa postkartengroßen Aufstandsfläche tragen die Pneus Ihren BMW über »Stock und Stein, entschärfen die unterschiedlichsten Fahrbahnen« und übertragen sämtliche Antriebs-, Brems- und Fliehkräfte. Reifen leisten also einen wichtigen Beitrag zum guten Fahrverhalten und damit auch zur aktiven Sicherheit Ihres Autos: Die Karkasse, die Gummimischung, der Silicatanteil und das Computer berechnete Reifenprofil machen heutige Radialreifen zu Hightechprodukten. Bei durchschnittlicher Belastung »besohlen« Sie Ihren BMW etwa alle 40.000 – 50.000 Kilometer auf der Vorder- und nach rund 30.000 – 40.000 Kilometern auf der angetriebenen Hinterachse neu.

Unabhängig von der Laufleistung – erneuern Sie Reifen grundsätzlich nach sieben bis acht Jahren

Sollten Sie überwiegend auf Kurzstrecken unterwegs sein, erneuern Sie die Reifen – unabhängig von der Laufleistung und Restprofiltiefe – nach sieben bis acht Jahren. Winterreifen geben Sie besser schon nach sechs Wintern den Laufpass. Das eventuell verbliebene Restprofil fahren Sie ins Frühjahr hinein ab. Warum die generelle Empfehlung? In den angegebenen Zeiträumen setzen Straßendreck, chemische Umwelteinflüsse, interne Alterungsprozesse und nicht zuletzt die Sonne den Pneus dermaßen zu, dass sie Ihren Job nur noch unzureichend und nicht mehr verlässlich erledigen. Trauen Sie übrigens auch keinem »alten, noch neu aussehenden« Ersatzrad, die neuwertige Optik ist mitunter nämlich nur Fassade – darunter sieht's häufig gefährlich brüchig aus. Reifen altern auch im Kofferraum, dunklen Kellern oder in der Garage: Ein Großteil ihrer Ingredienzien diffundiert an die Oberfläche – der Pneu härtet künstlich von innen nach außen aus.

Technik-lexikon

Ultra-Light-Weight-Reifen (ULW-R)

In der Formel 1 sind sie längst Stand der Technik: Ultra-Light-Weight-Reifen (ULW-R). Auch unter normalen Straßenautos werden die »Superleichtgewichte« immer aktueller – und das aus gutem Grund: Gegenüber einem herkömmlichen Stahlgürtelreifen schleppen ULW-Reifen etwa drei Kilogramm weniger durch die Lande. Wie das? Anstelle von Stahlcord-Gürteleinlagen »fesseln« ULW-Karkassen ultraleichte Aramidfasern. Die Hightechkunststofffaser wiegt etwa sechsmal weniger als Stahl, übertrifft seine Zugfestigkeit jedoch um das Zehnfache. Das erfreut landauf landab nicht nur die »Reifenbäcker«, sondern gleichermaßen auch Bremsenkonstrukteure. Denn mit geringeren rotierenden Radmassen sind höhere ABS-Regelfrequenzen möglich. Im Klartext: Ultra-Light-Weight-Reifen können schneller stoppen – auch auf rutschigen Pisten. Und weil Aramidfasern zudem weniger verletzlich als »Stahlfäden« sind – sie oxidieren beispielsweise nicht nach Reifenpannen – haben sie auch gute Chancen, als Runderneuerte ein »zweites Leben zu erleben«. Darüber hinaus spielen die Pneus über die Zeit den Aufpreis beim Kauf wieder ein: Ultra-Light-Weight-Reifen senken die Kraftstoffkosten.

Serienmäßig im Einser – Run Flat Reifen mit Notlaufeigenschaften

Ihr Einser rollt ab Werk auf Reifen mit Notlaufeigenschaften. Der Fachmann tituliert die Pneus als RFT (Run Flat Tyre). In der freien Übersetzung steht RFT

für Reifen, die eingeschränkt auch ohne Druckluftdruck »weiterrollen«.
Sollte Ihr 1er also einen Plattfuß bekommen, können Sie mit »RFT-Schuhwerk« ohne Reifenwechsel sorglos die nächste Werkstatt anfahren, um erst dort den platten Reifen zu kurieren. Sie sollten dem schlappen Reifen freilich maximal 80 km/h und allerhöchstens 250 Kilometer zumuten. Darüber hinaus kommt auch ein RFT an seine technischen Grenzen. Aber immerhin, RFT reduziert das Leergewicht und schafft mehr Platz im Kofferraum.

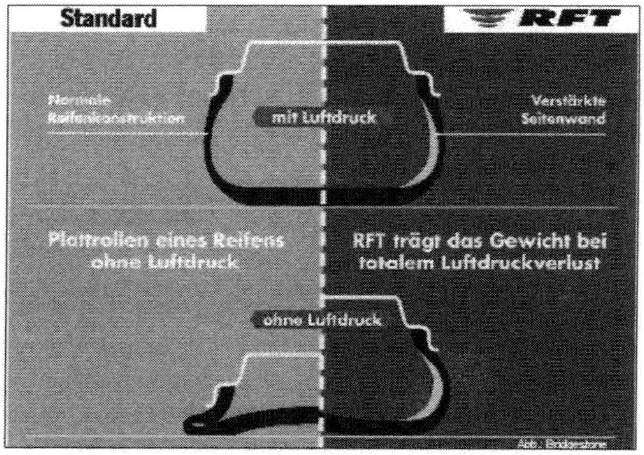

Bringt Sie locker nach Hause: das RFT-System mit Notlaufeigenschaften.

Ab Werk zwei Grundtypen – Felgen für den Einser

Grundsätzlich rollt Ihr 1er auf zwei Felgengrundtypen vom Montageband: Je nach Ausführung und Modell sind's Stahlfelgen der Dimension 6,5J x 16" oder Leichtmetallfelgen der Größe 7J x 16" für den 130er. Optional »besohlt« BMW den Kleinen auch mit diversen Leichtmetallfelgen, das Angebot reicht von 6,5J x 16" bis hin zu 8J x 18".
Welche Reifengrößen und Felgenformate Ihrem 1er grundsätzlich passen, steht in den Kfz-Papieren. Wenn Sie ihm darüber hinaus individuellere Rad/Reifenkombinationen spendieren möchten, orientieren Sie sich nur an zugelassenen Produkten: Qualitativ verlässliche Sonderfelgen sind im Besitz einer Allgemeine Betriebserlaubnis (ABE). Sollten die Formate Ihrer gewünschten »Sonderschuhe« in den Kfz-Papieren unauffindbar sein, erkundigen Sie sich vor dem Kauf und der Montage bei Ihrem BMW-Händler oder bei einem TÜV-/DEKRA-Sachverständigen nach der Freigabe.

Technik-lexikon

Runflat-Reifen (RSC)

Weil Reifenschäden statistisch mittlerweile eher selten auftreten, Reifenpannen jedoch zu Autofahrers unangenehmsten »Reiseerlebnissen« zählen, ist die Diskussion pro oder contra »vollwertigem Reserve-/Notrad« alles andere als entschieden. Als erster Großserienhersteller geht BMW im neuen 1er das Problem völlig anders an: Mit Runflat System Component (RSC) bieten die Münchener ein Notlaufreifensicherheitspaket, das eindeutig weder auf Reserverad noch auf Notrad setzt – jedes RSC-Rad ist nämlich »ein montiertes Reserverad« mit eingeschränkter Nutzungsmöglichkeit.

Wie das? Hinter RSC stehen Notlaufreifen (runflat tyres), EH2-Felgen (Extended Hump) mit besonders ausgeprägtem Felgenhorn und eine elektronisch gemanagte Reifenpannenanzeige (RPA).

Alle drei Akteure würden als Solisten zwar auch die Sicherheit steigern, den Reservereifen jedoch nicht vergessen machen. Erst im Zusammenspiel laufen die Drei zur Höchstform auf: Der Notlaufreifen mit verstärkten Reifenflanken, zusätzlichen Einlegestreifen unterhalb der Lauffläche und einer hitzefesteren Gummimischung wär' theoretisch zwar imstande, als »Plattfuß« mit eingeschränkter Geschwindigkeit (max. 80 km/h) sogar noch weitere 50 bis 250 Kilometer – je nach Beladung – zu rollen. Praktisch freilich klappt das erst, wenn eine EH2-Felge seine verstärkten Reifenflanken auf der Felge fesselt. Die Funktion des »Notlaufrads« wär damit allemal erfüllt, zumal ABS, ASC und DSC voll funktionsfähig bleiben.

Da allerdings höchstens 20 Prozent aller Reifenschäden mit einem schlagartigen Druckverlust enden, bringt der 1er noch RPA ins Spiel. Der Pannenwächter checkt den Luftdruck aller Reifen, indem er permanent die Raddrehzahlen vergleicht und etwaige Abweichungen dem Fahrer per Warnleuchte und Signalton meldet. Das System wirkt ab 15 km/h und warnt bei mehr als 30 Prozent Druckabfall in den Reifen. In dem Fall würde der Reifen noch maximal 2 000 Kilometer schadlos »überleben«.

RPA entbindet Sie jedoch keinesfalls von der regelmäßigen Reifendruckkontrolle. Eher ist das Gegenteil der Fall: Denn RSC verlangt nach jeder Systemveränderung (Luftdruck, Reifenwechsel) ein Setup – die aktuellen Reifensollwerte sind Bestandteil des Funktionsschemas.

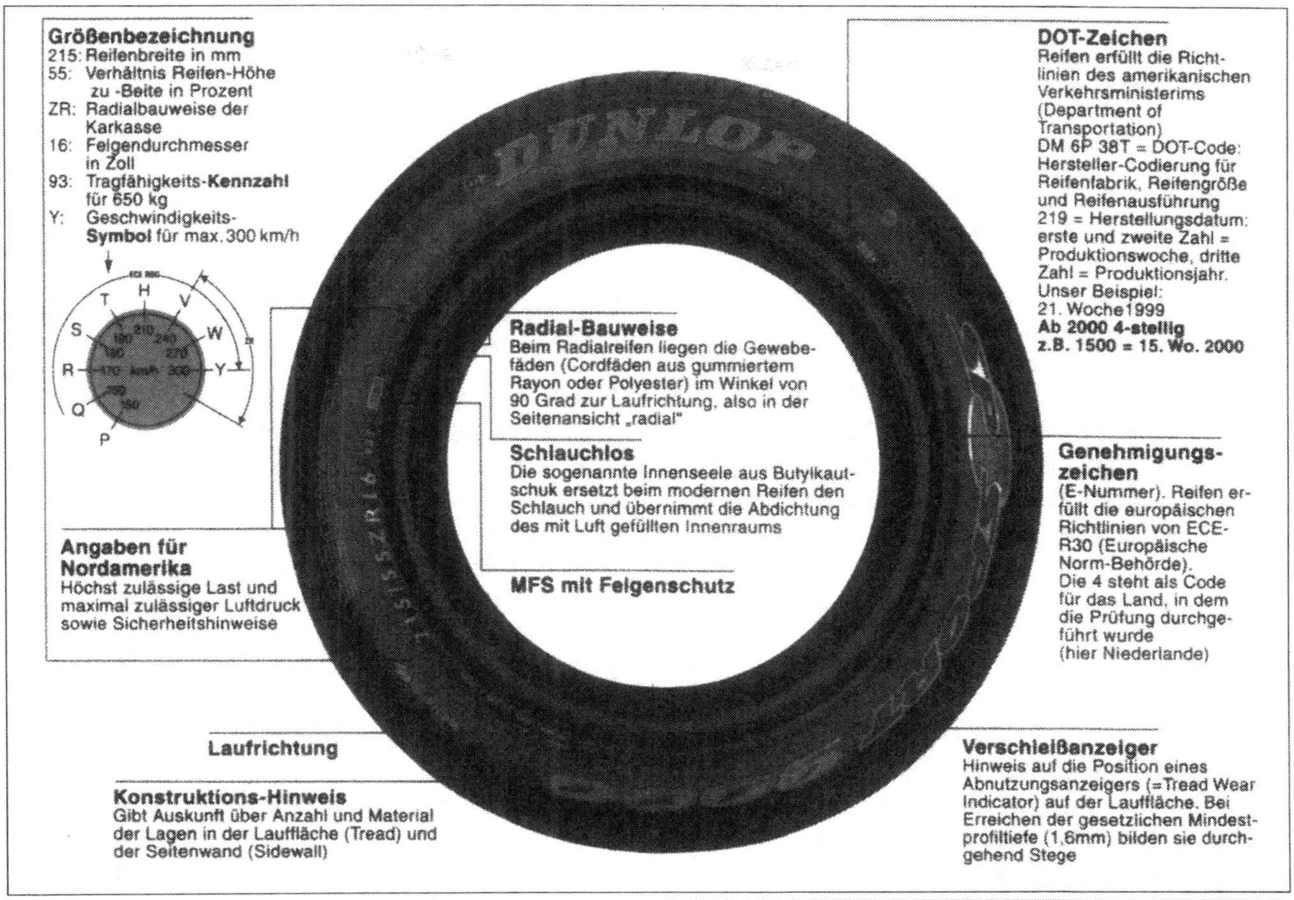

»Visitenkarte«: Reifendaten auf der Flanke. Achten Sie beim Kauf auf die Spezifikationen, damit der neue Reifen wirklich auf ihr Auto passt.

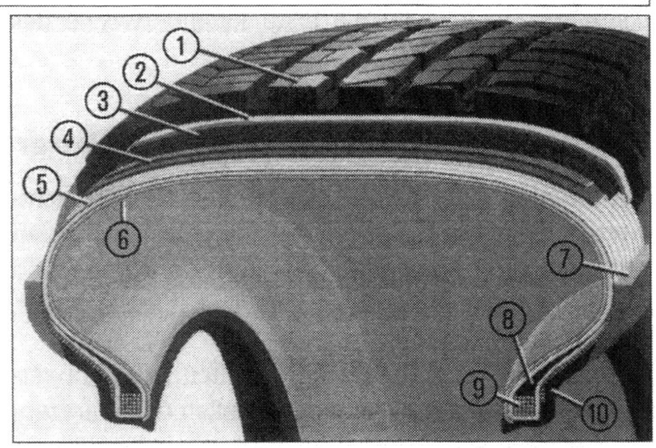

Das vielschichtige Innenleben eines normalen PKW-Reifens: (1) Laufstreifen: Profil und Gummimischung beeinflussen die Eigenschaften, (2) Base: Senkt den Rollwiderstand, (3) Nylon-Spulbandagen: Erhöhen die Hochgeschwindigkeitstauglichkeit, (4) Stahlcord-Gürtellagen: Steigern die Fahrstabilität, (5) Karkasse: Form- und Festigkeitsträger des Reifens, (6) Innenseele: Gasdichte Innenschicht ersetzt den Schlauch, (7) Seitenteil: Schützt Karkasse vor Beschädigungen, (8) Kernprofil: Unterstützt Lenk- und Fahrpräzision, (9) Kern: Sorgt für festen Sitz auf der Felge, (10) Wulstverstärker: Für präzises Lenkverhalten und hohe Fahrstabilität.

Die wichtigsten Reifendaten

Auf den Reifenflanken sind eine Reihe von Ziffern und Buchstaben eingeprägt, die Fachleuten als verschlüsselte »Visitenkarte« dient. Die meisten Autofahrer interessiert ohnehin nur das Reifenformat. 195/55 R 16 bedeutet zum Beispiel, dass der Reifenquerschnitt eine Breite von 195 Millimetern aufweist. Die zweite Zahl bestimmt das Verhältnis von Höhe und Breite des Reifens. Im Beispiel beträgt es 55 Prozent. Je kleiner dieses Verhältnis, um so flacher ist der Reifen. Der Buchstabe »R« steht für Radialbauweise (Gürtelreifen) und die Zahl hinter der Kombination beschreibt den Felgendurchmesser in Zoll – beim 1er also 16, 17 oder 18 Zoll.

Synonym für die Höchstgeschwindigkeit – der Großbuchstabe hinter der letzten Ziffer

Der Großbuchstabe hinter der letzten Ziffer auf der Reifenflanke verrät die zulässige Höchstgeschwindigkeit des Reifens. Ein 205/55 R 16 Reifen mit dem Kennbuchstaben »S« ist für ein Topspeed bis 180 km/h, mit »T« bis 190 km/h zugelassen. Maximal 210 km/h vertragen Reifen mit dem Kennbuchstaben »H« und 240 km/h Pneus tragen ein »V« auf der Flanke. Herkömmliche M+S-Reifen mit dem Kürzel »Q« sind bis 160 km/h freigegeben. Die zweistellige Zahl nahe bei beschreibt die Tragfähigkeit des Reifens. Sie darf, etwa nach einem Reifenwechsel, keinesfalls kleiner als die im Kfz-Brief eingetragene Ziffer sein.

Reifengeburtstermin – die DOT-Nummer

Das tatsächliche Herstellungsdatum verrät Ihnen die »DOT-Nummer« (DOT – Department of Transportation, amerikanisches Verkehrsministerium) auf der Reifenflanke: Seit 2000 ist die DOT-Nummer übrigens nicht mehr drei- sondern vierstellig. Die beiden ersten Ziffern nennen die Produktionskalenderwoche, die folgenden beiden Zahlen das Produktionsjahr. 0106 umschreibt zum Beispiel die erste Kalenderwoche des Jahres 2006.

Winterreifen – Profis bei Wind und Wetter

Winterreifen, oder besser beschrieben als »Schlechtwetterreifen«, sind bereits auf herbstlichen Straßen unangefochten erste Wahl. Bei Eis und Schnee sind die schwarzen Rundlinge erst recht unschlagbar. Warum eigentlich?

Die Laufflächen moderner Winterreifen (Schlechtwetterreifen) bestehen aus einer speziellen Gummirezeptur. Naturkautschuk und Silikat sind hier in besonderer Konzentration miteinander vermischt und extrem filigran profiliert. Diese besondere Kombination baut auf feuchten, glitschigen Straßen und bei Temperaturen unter 7 °C eine bessere Haftfähigkeit als herkömmliche Sommerreifen auf.

Grundvoraussetzung dafür, dass Schlechtwetterreifen die Antriebs- und Bremskräfte sicher auf die Straße übertragen, ist jedoch eine Mindestprofiltiefe von vier Millimetern – weniger Profil disqualifiziert den Pneu als »Winterprofi«. Bestücken Sie in jedem Fall alle vier Räder mit Schlechtwetterreifen – eine Kombination aus Sommer- und Winterreifen kann sich in Gefahrensituationen gefährlich rächen. Da die Weiterentwicklung von Winterreifen mit Riesenschritten vorangeht, achten Sie bitte auch darauf, dass die Reifen möglichst dem gleichen Produktionsjahr entstammen, zumindest jedoch als »gleichaltriges Pärchen« auf einer Achse laufen.

Besser auf »eigene« Felgen montieren – Winterreifen

Winterreifen müssen nicht unbedingt breit sein: Das kleinste freigegebene Reifenformat reicht Ihrem 1er völlig, um auf winterlichen Straßen mobil zu bleiben. Außerdem – Standardpneus sind allemal preisgünstiger als üppige Breitreifen. Die »clever« gesparten Euro investieren Sie sinnvoller in einen zweiten Felgensatz. Zumal jeder Reifenwechsel weder die Felge noch den Reifen schont. Ganz davon abgesehen kommt Sie auf Dauer ständiges Montieren inklusive Auswuchten ohnehin viel teurer als ein zweiter Satz Felgen.

Fahren Sie Winterreifen ruhig mit 0,3 bar höherem Luftdruck als Sommerreifen. Liegt die zulässige Höchstgeschwindigkeit Ihrer Winterpneus unter dem Speedlimit des Autos, ist hierzulande ein Warnaufkleber im Sichtbereich des Armaturenbretts vorgeschrieben. Ihr Reifenhändler hat entsprechende Aufkleber vorrätig. Übrigens, servicefreundliche Reifenhändler oder Fachwerkstätten lagern Ihre Reifen bis zum nächsten Wechsel auch gegen eine geringe Gebühr fachgerecht ein.

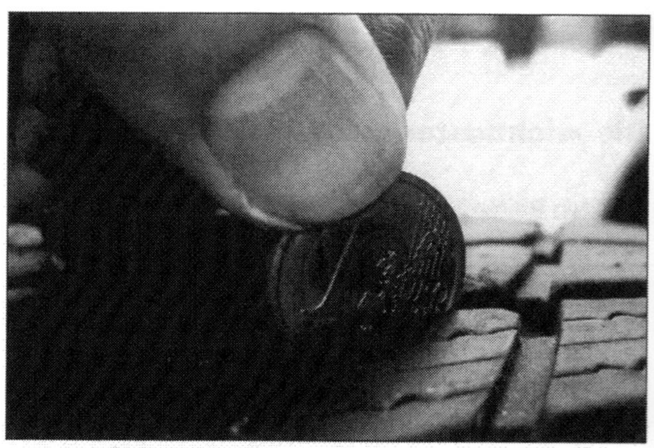

Untauglich für den kommenden Winter: Winterreifen mit mehr als sechs Wintern oder weniger als vier Millimetern Reifenprofil auf den »Sohlen«. Machen Sie nach jeder Saison den Eurotest – sobald Sie den Goldrand an der Profiloberkante erkennen können, fahren Sie das Restprofil getrost im Frühjahr ab.

An kalten Reifen prüfen – Reifendruck

Den vorschriftsmäßigen Druck lesen Sie von der Klebefolie an der Innenseite der Tankklappe ab. Ein Druckverlust von 1,5 Prozent im Monat ist übrigens noch völlig normal, sollten Ihre Pneus mehr Luft lassen, gehen Sie der Sache akribisch auf den Grund: Oftmals »gärt« es dann schon unter der Oberfläche.
Sollten Sie ein Modell ohne Reifendruckkontrollsystem fahren, checken Sie die Luft alle drei bis vier Wochen an möglichst kühlen Reifen – also bevor Sie auf »Tour« gehen. Denn während der Fahrt erwärmt sich der Reifen. Folge: Sie erhalten ungenaue Werte, der Reifendruck steigt zwangsläufig mit der Temperatur.

Häufigster Grund für Reifenplatzer: zu geringer Luftdruck. Unter hoher Belastung wird die Karkasse dann zu heiß und löst sich – ohne Vorankündigung – in ihre Bestandteile auf.

Nicht vergessen – Ventilschutzkappen aufschrauben

Nach dem Luftcheck vergessen Sie bitte nicht die Schutzkappen auf den Reifenventilen. Falls doch, hat's bald mit der relativen Dichtheit ein Ende. Denn wenn erst einmal Schmutz ins Ventil gelangt, verliert der Reifen ständig Luft. Sie potenzieren damit die Gefahr eines Reifenplatzers, »todsicher« – früher oder später. Ein höherer Luftdruck (etwa 0,2 – 0,3 bar) kann dagegen durchaus vorteilhaft sein: Die Lenkung arbeitet feinfühliger, die Reifen halten länger und der Kraftstoffverbrauch sinkt geringfügig. Nachteil: Ihr 1er rollt etwas straffer ab.

Praxistipp

Räder richtig tauschen

Die Verweildauer der Reifen strecken Sie übrigens dann, wenn Sie regelmäßig die Räder einer Fahrzeugseite von vorne nach hinten, also nicht über Kreuz, wechseln. Die Reifen nutzen so gleichmäßiger ab. Ein Nachteil dieser Methode: Beim Wechsel in kurzen Kilometerabständen können Sie mögliche Fehler an der Radaufhängung, Lenkung und den Stoßdämpfern nicht mehr deutlich am Reifenprofil erkennen. Achten Sie beim Reifentausch generell darauf, dass die Achsen paarweise mit Reifen des gleichen Fabrikats, des gleichen Profils und mit vergleichbarer Profiltiefe (+/- 1 mm) bestückt sind. Im Idealfall entstammen die Reifen dann noch dem gleichen Produktionsjahr.

Rad wechseln

Ab Werk schickt BMW den Reservereifen respektive das modernere Notrad aufs Altenteil: Der 1er fährt serienmäßig mit »Notlaufreifen« über Stock und Stein. Notlauf umschreibt die Eigenschaft, dass Sie im Umkreis von maximal 250 Kilometern immer noch einen sicheren Hafen erreichen können – vorausgesetzt, Sie zügeln ab 80 km/h Ihren Gasfuß. Damit das möglichst selten vorkommt, misst der 1er Meter für Meter den Reifendruck und warnt frühzeitig vor gefährlichem Luftverlust. Den aktiven Reifenwechsel möchten wir Ihnen dennoch nicht »vorenthalten«, auf winterlichen Straßen kapituliert der Notlaufreifen nämlich genauso frühzeitig wie seine konventionellen Artgenossen …

Arbeitsschritte

[1] Ziehen Sie zunächst die Handbremse an und legen sicherheitshalber noch den ersten oder Rückwärtsgang ein. An »öffentlichen Straßenrändern« schalten Sie zusätzlich noch den Warnblinker ein und stellen ein Warndreieck in gebührendem Abstand vor die »Baustelle«. Sollten Sie das vergessen, verstoßen Sie gegen die StVZO.

[2] Sollte Ihr BMW Stahlfelgen haben, ziehen Sie zunächst mit der »Greifklammer« oder einem Schraubendreher aus dem Bordpannenset die Radzierblende ab. Den Schraubendreher setzen Sie als Hebel zwischen Felge und Blende an, die Klammer stecken Sie in die Aussparungen am äußeren Blendenwulst.

[3] Zum Radwechsel lösen Sie die Radschrauben zunächst nur um eine Umdrehung und …

[4] … heben dann den Wagen an. Den Wagenheber setzen Sie bitte nur waagerecht in Höhe der Aufnahmepunkte an. Der »richtige« Platz ist an der Presskante des Seitenschwellers ausgespart. Um Zeit zu sparen, drehen Sie den Heber zunächst per Hand auf die richtige Grundhöhe. Die Kurbelstange setzen Sie erst dann in der Spindelöse an, wenn sich der Wagen bereits langsam aus den Federn hebt. Achten Sie darauf, dass der Wagenheberfuß jetzt senkrecht unter dem Schweller und satt auf dem Untergrund steht.

Möglichst waagerecht in Höhe der Aufnahmepunkte unter dem Seitenschweller ansetzen: Spindelwagenheber.

[5] Erst wenn Ihr Wagen »stabil« auf drei Rädern steht, drehen Sie die Radschrauben ganz los, …

[6] … ziehen das zu wechselnde Rad von der Nabe und setzen das andere zunächst nur provisorisch an.

[7] Richten Sie das Rad so an der Nabe aus, dass die Bolzenöffnungen mit den Gewindebohrungen in der Radnabe fluchten.

[8] Drehen Sie dann die Radbolzen ein und ziehen sie handfest vor.

[9] Lassen Sie den Wagen ab und ziehen die Radbolzen fest. Spätestens jetzt drängt sich ein Radkreuzschlüssel auf, damit können Sie nämlich die Bolzen gefühlvoller anziehen. Das Anzugsdrehmoment soll etwa 110 Nm bis 120 Nm nicht übersteigen: »Knallen« Sie die Bolzen also nicht mit einem verlängerten Radschlüssel an, sondern ziehen sie durchaus gefühlvoll fest.

[10] Wenn Sie die Radabdeckung (Stahlfelge) ansetzen, achten Sie darauf, dass die Ventilöffnung dem Ventil auch Platz lässt.

[11] Ziehen Sie die Radbolzen nach ca. 10 Kilometern kurz nach.

Praxistipp

So lagern Sie Reifen richtig

Nach dem Reifentausch brauchen die pausierenden Pneus einen dunklen, kühlen und trockenen Lagerplatz. Benzin, Öl, Fett und andere Chemikalien haben in der Nähe von den Reifen nichts zu suchen.

- Markieren Sie zunächst Laufrichtung und Position der Reifen mit Ölkreide aus dem Verbandkasten (VR = vorne rechts, VL = vorne links, HR = hinten rechts, HL = hinten links).
- Nehmen Sie die Reifen ab, reinigen sie mit Waschwasser und einem guten »Schuss« Geschirrspülmittel. Trocknen Sie geputzten Reifen gut ab und vergessen auch nicht, ihre Profilrillen von sämtlichen Fremdkörpern zu »befreien«.
- Komplette Räder »parken« Sie liegend übereinander – am besten auf einer Holzpalette.
- Reifen ohne Felgen stellen Sie einfach nebeneinander auf. Drehen Sie die Pneus von Zeit zu Zeit.

Luftdruckwerte bei kalten Reifen (bar)

Motor	Reifengröße	Normalbelastung bis 4 Personen		Volle Belastung über 4 Personen	
		vorne	hinten	vorne	hinten
116i	185/60 R16	2,2	2,5	2,6	3,0
118i	195/55 R16	2,2	2,5	2,6	3,0
120i	205/55 R16	2,0	2,1	2,4	2,6
	205/50 R17	2,0	-	2,4	-
	205/50 R17	2,0	2,3	2,4	2,8
	225/45 R17	-	2,1	-	2,6
	225/40 R18	-	2,3	-	2,8
	205/45 R18	2,2	-	2,6	-
130i	205/50 R17	2,2	2,7	2,7	3,2
	225/45 R17	-	2,6	-	2,9
	205/45 R18Y	2,2	2,5	2,4	2,9
	225/40 R18Y	2,2	2,5	2,4	2,9
	205/45 R18W	2,5	2,9	2,8	3,3
	225/40 R18W	2,5	2,9	2,8	3,3
118d	195/55 R16	2,3	2,7	2,7	3,1
120d	205/55 R16	2,1	2,3	2,5	2,7
	205/50 R17	2,1	2,5	2,5	2,9
	225/45 R17	2,1	2,3	2,5	2,7
	205/45 R18	2,3	2,5	2,7	2,9
	225/40 R18	2,3	2,5	2,7	2,9

DIE BREMSANLAGE

Wartung

Reparatur

Bis die Funken fliegen: Physikalisch verwandelt jeder Bremsvorgang – hier während eines Prüfstandlaufs – kinetische Energie in Wärme. Auf der Straße, beispielsweise mit Caravan am Haken, bei zügigen Bergabfahrten oder auf der Autobahn, wird es der Bremse mitunter so heiß, dass die Scheiben glühen und die Funken fliegen. Einen Großteil der Überschusswärme leiten Bremszangen und die Bremshydraulik an die Atmosphäre ab. Derweil kann die Bremsflüssigkeit ihren Siedepunkt überschreiten. Die Achsen des 1er verzögern Faustsättel an innen belüfteten Bremsscheiben, die Handbremse wirkt per Seilzüge auf die Hinterräder.

Die Straßenverkehrs-Zulassungsordnung (StVZO) schreibt zwei unabhängig voneinander wirkende Bremssysteme (Fuß- und Feststellbremse) vor. In Ihrem 1er-BMW splittet darüber hinaus ein Tandem-Hauptbremszylinder die Betriebsbremse in zwei diagonal vernetzte Bremskreise – ein Kreis wirkt jeweils auf ein Vorder- und das gegenüberliegende Hinterrad. Vorteil der diagonalen Aufteilung: Bei Ausfall eines Bremskreises sind immer noch 50 Prozent der Bremskraft abrufbar. Das steigert Ihre Chancen, »unverbeult« vor einem plötzlich auftauchenden Hindernis stoppen zu können. Übrigens, ab und an fällt ein Bremskreis auch »schleichend« aus – seien Sie bei einem verlängerten Bremspedalweg bereits misstrauisch – schon bevor Ihnen die »brennende« Bremskontrollleuchte »Gefahr in Verzug« signalisiert!

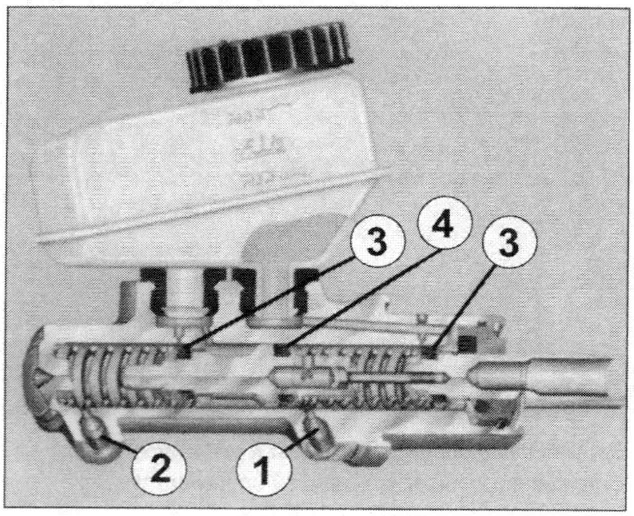

Jobsharing: In einem Tandem-HBZ wirken zwei Bremskolben. (1) Druckstangenbremskreis, (2) »schwimmender« Hauptbremskreis, (3) Primärmanschetten, (4) Trennmanschette.

Bremsencheck – beim geringsten Selbstzweifel ein Fall für die Werkstatt

Wartungsarbeiten an der Bremsanlage sind grundsätzlich kein Hexenwerk. Dennoch legen Sie nur dann »Hand an die Bremse«, wenn Ihnen die auszuführende Reparatur wie »geschmiert« von den Händen geht: Ansonsten nutzen Sie das aktuelle Know-how einer Fachwerkstatt. Schließlich entscheiden die Bremsen ja auf jedem Meter über Ihre und die Sicherheit anderer Verkehrsteilnehmer.

Die Besonderheiten der Betriebsbremse

Für Ihren 1er wurde die Bremse zwar nicht neu erfunden, doch die Anlage weist durchaus nennenswerte »Schmankerln« auf: Ihr Auto stoppt zum Beispiel mit einem diagonal geteilten Antiblockierbremssystem (**ABS**), elektronischer Bremskraftverteilung (**EBV**) und Kurvenbremskontrolle (**CBC**). Auch **ASC + T**, die automatische Stabilitäts- und Traktionskontrolle und die Vollbremshilfe (**DBC**), sind mit von der Partie. In Grenzsituationen kommen Ihnen im schlingernden 1er noch **DSC**-Sensoren (Dynamische-Stabilitätskontrolle) mitsamt einem Fahrdynamikmodus (**DTC**) an Motor und Rädern zu Hilfe: DSC kappt im Verbund mit DTC zunächst für einige Sekunden die Motorleistung, sollte das wirkungslos verpuffen, bremsen beide Regisseure gezielt die Vorder- und Hinterräder ein.

ABS, **ASC**, **CBC**, **DSC** und **DTC** steigern die aktive Fahrsicherheit. Als interaktives System unterstützt das Helferquintett den Fahrer in gefährlichen Situationen. Es reduziert mit progressiver Kennung die Motorleistung und bremst einzelne Räder gezielt ab. Im aktiven Zustand »provoziert« ASC ein Giermoment, welches den Wagen automatisch stabilisiert. Das System arbeitet mit einem »aktiven« pneumatischen Bremskraftverstärker völlig autonom. Zur Euphorie besteht allerdings kein Anlass: ASC hält in Grenzbereichen der Fahrdynamik den Wagen zwar auf Kurs, doch eine »ab Werk montierte Lebensversicherung« ist es keinesfalls: Wenn »kopflose« Chauffeure erst einmal die Grenzen der Fahrphysik »übereilen«, stehen alle elektronischen Helferlein auf verlorenem Posten, der »Abflug in die Botanik« ist unausweichlich – einerlei ob mit oder ohne ABS, ASC, CBC, DSC und DTC!

»T« verschafft den Vorderrädern auf vereisten oder glatten Straßen Grip. **CBC** wacht darüber, dass der Wagen nicht unvermittelt aus der Kurve schiebt. **EBV** ersetzt den mechanischen Bremskraftregler an der Hinterachse. **DBC**, der automatische Bremsassistent, erkennt anhand der Trittgeschwindigkeit aufs Bremspedal das tatsächliche Gefahrenpotenzial und leitet, je nach Situation, automatisch eine Vollbremsung ein.

Voll diagnosefähig – modulares Bremssystem

Das modulare Bremssystem des 1er-BMW ist diagnosefähig: Fehlercodes »archiviert« ein permanenter Speicher bis auf Abruf. Um die Möglichkeiten von ABS, ASC, ASC + T, CBC, DSC, DBC und EBV bis zur

Gänze auszuloten, fährt Ihr Wagen einen Gierraten- und Lenkwinkelsensor im »Fahrwerksmittelpunkt spazieren«. Der Gierratensensor erkennt instabile Fahrsituationen und der Lenkwinkelsensor analysiert den tatsächlichen Lenkeinschlag der Vorderräder.

Kompakt und sensibel: das ABS-Steuergerät (1) inklusive Vorderradnabe (2). Das 4-Kanal Modul variiert unter anderem auch die Bremskraft zwischen Vorder- und Hinterachse (EBD). Außerdem läuft vor jedem Fahrtbeginn ein kompletter Systemcheck im Steuergerät ab. Den Befund signalisiert die ABS-Kontrollleuchte im Armaturenbrett: Ohne besondere Vorkommnisse erlischt das Licht etwa drei Sekunden nach Fahrtbeginn. Falls nicht, lassen Sie Ihren BMW-Händler den Fehler »auslesen«.

Abhängig von der Motorisierung – die Bremsscheibenformate

Generell verzögert Ihr 1er mit vier Bremsscheiben: Die vorderen innen belüfteten messen bei 22 Millimeter Scheibenstärke im Durchmesser 284 Millimeter (120i, 120d – 292mm; 130i – 24 mm/330mm). An der Hinterachse »stoppen« 10 Millimeter starke Scheiben mit 280 Millimeter Durchmesser (120i – 20 mm/296 mm; 120d – 30 mm/296 mm; 130i – 30 mm/300 mm). Alle vier Bremsscheiben kühlt der Fahrtwind – die Handbremse wirkt mechanisch auf die Hinterräder.

Und damit die Faustbremssättel ihre Scheiben auch ohne »derbe Fußtritte« richtig in den Griff bekommen, assistiert ihnen ein aktiver, pneumatischer Tandembremskraftverstärker mit Bremsassistent. Ab einer fest programmierten Pedalkraft (Panikbremsvorgang) und »Trittgeschwindigkeit« nimmt der Bremsdruck mit »Assistent« nicht mehr linear, sondern progressiv zu. Das verkürzt den Anhalteweg – mitunter gerade um die »teueren und gefährlichen letzten Zentimeter«. Denn anhand Ihrer Trittgeschwindigkeit aufs Bremspedal »erkennt« der Bremsassistent die Situation vor dem Stoßfänger und leitet automatisch alle erforderlichen Maßnahmen ein – egal ob Sie fest genug oder zu lasch auf dem Pedal »stehen«.

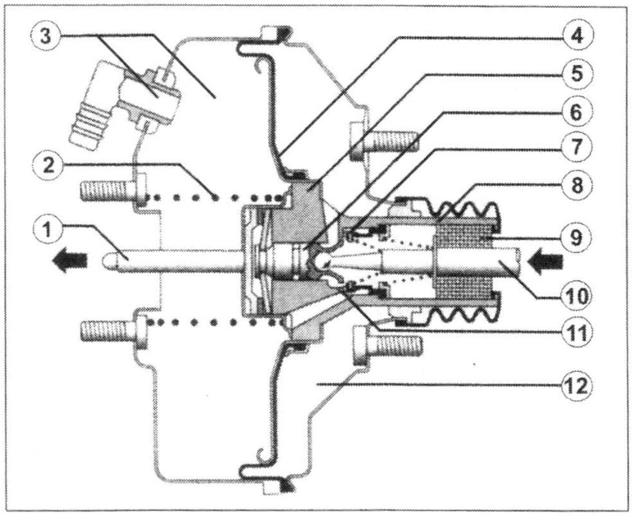

Zweikammerbremskraftverstärker – grundsätzlicher Aufbau. (1) Druckstange (zum HBZ); (2) Druckfeder; (3) Unterdruckkammer mit Unterdruckanschluss; (4) Membrane mit Membranteller; (5) Arbeitskolben; (6) Fühlkolben; (7) Doppelventil; (8) Ventilgehäuse; (9) Luftfilter; (10) Kolbenstange (vom Bremspedal); (11) Ventilsitz; (12) Arbeitskammer.

Selbst nachstellend – die Bremssegmente

Im 1er bleiben die Bremssegmente automatisch auf Distanz zu den Bremsscheiben. Auch die per Seilzug auf die Hinterräder wirkende Handbremse müssen Sie nicht nachstellen – dass »erledigt« eine Automatik für Sie.

Stand der Bremsflüssigkeit prüfen

Ihr BMW hat Bremssystemwarnleuchten im Armaturenbrett. Normalerweise bleiben sie während der Fahrt »dunkel«, falls nicht, seien Sie auf der Hut: Im harmlosesten Fall haben Sie freilich nur vergessen, die Handbremse zu lösen.

Haben Sie nicht? Dann checken Sie zunächst den Bremsflüssigkeitsstand im Vorratsbehälter, er sitzt auf dem HBZ in Fahrtrichtung links. Flackert während der Fahrt die gleiche Leuchte ab und an auf, gehen Sie davon aus, dass Bremsflüssigkeit fehlt und ein Bremskreis bereits streiken könnte. Der zweite Kreis ist dann in der Regel noch funktionstüchtig, so dass Sie mit defensiver Fahrweise die nächste Werkstatt erreichen können. Unser Rat: Vertrauen Sie an einem so sicherheitsrelevanten Bauteil wie der Bremse keiner »Automatik« – schauen Sie Ihrem 1er ab und an besser selbst unter der Motorhaube nach dem Rechten.

Arbeitsschritte

1 Der Bremsflüssigkeitsvorratsbehälter sitzt in Höhe der Spritzwand in Fahrtrichtung links.

2 Selbst bei intakter Bremsanlage sinkt der Flüssigkeitspegel. Grund: Analog zum Verschleiß der Bremssegmente »wandern« die Bremskolben aus den Bremszangen. Das hinter den Kolben entstehende größere Zylindervolumen gleicht die aus dem Vorratsbehälter nachfließende Bremsflüssigkeit aus.

3 Solange die Bremsflüssigkeit im Vorratsbehälter zwischen »min« und »max« pendelt, ist die Funktion beider Bremskreise gewährleistet.

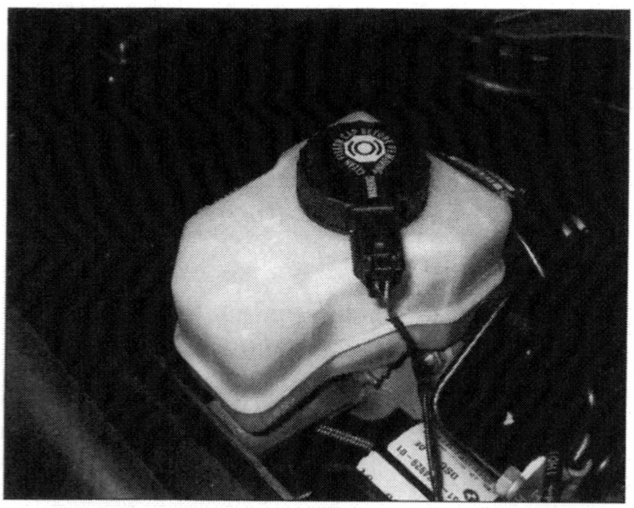

Transparent: Der Bremsflüssigkeitsvorratsbehälter auf Spritzwandhöhe links im Motorraum.

Bremsanlage prüfen

Arbeitsschritte

1 Um eventuelle Leckagen eindeutig lokalisieren zu können, muss Ihr BMW von unten trocken sein. Suchen Sie sich also besser keinen Regentag für den optischen Check aus.

2 Prüfen Sie sämtliche Bremsleitungen, Schlauchanschlüsse sowie die Bremssättel. Dunkle Flecken und feuchte Stellen sind ein sicheres Indiz für Undichtigkeiten.

3 Inspizieren Sie auch die Elastizität der Bremsschläuche, achten Sie derweil auf mögliche Scheuerstellen. Die Schläuche dürfen weder irgendwo anstoßen noch spröde oder gequollen sein. Falls doch: Sind stante pede NEUE fällig.

4 Bremsleitungen moderner Autos schützt eine Kunststoffschicht über Jahre wirksam gegen Rost. Reinigen Sie daher die Leitungen nur mit einem Pinsel und Kaltreiniger, »kratzen« Sie niemals mit einem Schraubendreher, Schmirgelleinen oder einer Drahtbürste die Schutzschicht an. Für den Fall, dass Sie bereits Schäden entdecken, »retten« Sie den Bereich mit einer Rostschutzgrundierung inklusive Decklack. Sobald allerdings schon Rostnarben, Verformungen oder Steinschläge ihre Spuren auf den Oberflächen hinterlassen haben, erneuern Sie die Leitungen.

5 Vergewissern Sie sich, dass Staubschutzkappen alle Entlüftungsventile verschließen. Falls nicht, reinigen Sie verdreckte Ventile mit Druckluft und stecken dann ein neues Käppchen auf.

6 Gewöhnen Sie sich an, mindestens einmal wöchentlich den Bremsdruck zu checken. Dazu treten Sie das Bremspedal ca. eine Minute lang mit voller Kraft durch – etwa so wie bei einer Vollbremsung. Sobald das Pedal derweil »aufs Bodenblech wandert«, haben Sie es mit defekten Bremsmanschetten im Hauptbremszylinder oder in den Bremszangen zu tun. Exakt können Sie eine Bremsdruckprobe allerdings nur mit einem Druckstandsanzeiger ausführen – ein typischer Fall für die Werkstatt.

Bremskraftverstärker prüfen

Arbeitsschritte

1 Treten Sie bei abgestelltem Motor das Bremspedal mehrmals durch und verharren in der tiefsten Stellung.

2 Dann starten Sie den Motor: Das »fest getretene« Pedal muss jetzt noch ein paar Millimeter nachgeben. Falls nicht, sind folgende Ursachen denkbar:

- Unterdruckschlauch vom Ansaugrohr zum Bremskraftverstärker undicht: In diesem Fall ersetzen Sie den Schlauch und prüfen die Anschlussflansche.
- Rückschlagventil im Unterdruckschlauch defekt: Nehmen Sie zur Ventilkontrolle den Unterdruckschlauch am Bremskraftverstärker ab und lassen den Motor mit Leerlaufdrehzahl laufen. Falls Sie keine rhythmischen Ansauggeräusche hören, verschließen Sie das freie Schlauch-

ende mit einer Fingerkuppe. Wenn sich dabei kein Vakuum im Schlauch aufbaut, ist das Ventil defekt.

- Gummidichtung zwischen Hauptbremszylinder und Bremskraftverstärker porös: Demontieren Sie zum Austausch den Hauptbremszylinder vom Bremskraftverstärker und erneuern dann den Dichtring.
- Luftfilter am Druckstößel des Bremskraftverstärkers verdreckt: Ziehen Sie den Filter mit einem Drahthaken von der Druckstange ab. Den neuen Filter schneiden Sie bis zum Mittelpunkt auf, dann können Sie den Druckstößel in seinen Sitz drücken. Achten Sie darauf, dass der Filter den Stößel fest umschließt. Falls nicht, tritt ungecleante Luft in den Bremskraftverstärker ein.
- Verstärkermembrane defekt: Eine Reparatur ist ausgeschlossen – freunden Sie sich mit einem komplett neuen Bremskraftverstärker an.

Bremsen auf Funktion prüfen

Auf öffentlichen Straßen checken Sie die Bremsanlage bitte nur dann, wenn andere Verkehrsteilnehmer unbehelligt bleiben: Eine möglichst abgelegene Straße mit gleichmäßiger Oberfläche bietet beste Voraussetzungen. ABS gebremste Autos hinterlassen keine durchgängigen Bremsspuren mehr. Wenn Sie allerdings ganz zu Anfang des Bremsvorgangs einen »leichten Verriss« am Lenkrad bemerken, gehen Sie davon aus, dass Ihr Wagen ohne ABS »aus der Spur laufen würde«. In dem Fall checken Sie den optischen Zustand der Bremssegmente sowie die Beschaffenheit der Scheiben.

Arbeitsschritte

1 Fahren Sie etwa 25 km/h, treten dann die Kupplung und bremsen gleichzeitig mit voller Kraft. Die ABS-Sensoren müssen jetzt gleichmäßig regeln. Mit der Handbremse stoppen Sie Ihren 1er anschließend aus etwa 10 km/h. Auch wenn der Wagen in der Spur bleibt, vergleichen Sie die »Radierspuren« der Hinterräder – sie müssen gleich lang sein.

2 Im zweiten Schritt bremsen Sie Ihren BMW aus etwa 50 km/h zunächst sanft und dann scharf bis zum Stillstand ab. Verkrampfen Sie derweil nicht am Lenkrad und korrigieren während der Aktion auch nicht die Fahrtrichtung. Bei gleichmäßig verzögernder Bremse dürfen Sie niemals das Gefühl haben, Ihr Wagen könnte ausscheren. Falls doch, zieht die Bremse einseitig – Ihr Auto würde ohne ABS tatsächlich im Abseits landen. In dem Fall bestätigen oder entkräften Sie Ihren Verdacht besser in einer Fachwerkstatt mit Bremsenprüfstand.

3 Um die Freigängigkeit der Bremssegmente zu checken, lassen Sie Ihren 1er im dritten Schritt auf einer leicht abschüssigen Strecke aus dem Stand losrollen. Nimmt er »locker« Fahrt auf, sind alle Räder frei – das Spaltmaß zwischen den Bremssegmenten und Bremsscheiben ist o. k.

4 Checken Sie unmittelbar nach dem »Bremsentest« auch die Felgentemperatur: Legen Sie dazu Ihre Hand auf den Felgenstern – alle Räder müssen in etwa gleich warm, jedoch nicht unterschiedlich »heiß« sein. Auch das ist ein Indiz für gleichmäßig verzögernde Bremsen.

Bremssegmente – schauen Sie etwa alle 20.000 Kilometer nach dem Verschleiß

Die vorderen Scheibenbremssegmente verschleißen schneller als ihre Kollegen an der Hinterachse. Bei normaler Fahrweise checken Sie die Beläge etwa alle 20.000 Kilometer – generell jedoch einmal jährlich. Messen Sie weniger als neun Millimeter, inklusive Trägerplatte, tauschen Sie die Beläge vorsichtshalber paarweise aus.

Arbeitsschritte

1 Um den Belag »richtig« inspizieren zu können, schrauben Sie das jeweilige Rad ab.

2 Nehmen Sie einen Euro und halten ihn zwischen Bremsscheibe und Belagträger. Sind Münze und Beläge in etwa gleich stark (etwa zwei Millimeter), »spendieren« Sie der betreffenden Achse schnellstens neue Segmente.

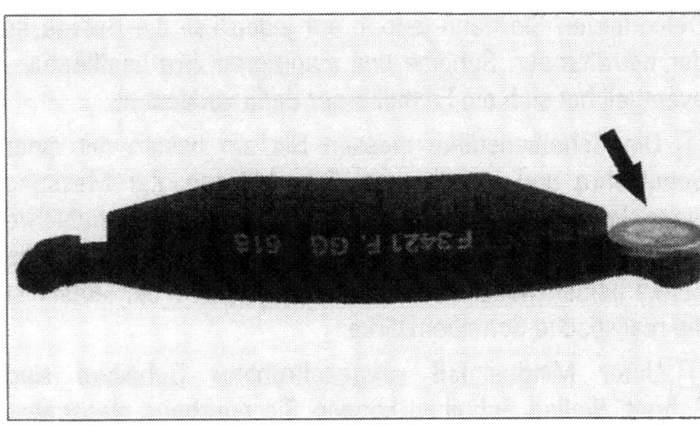

Sind mindestens doppelt so stark wie ein Euro (Pfeil): Bremssegmente mit genügend Sicherheitsreserven.

Bremspedalleerweg checken

Praxistipp

Mit dieser Prüfung erkennen Sie grundsätzlich keine verschlissenen Bremsbeläge, dafür jedoch die Freigängigkeit der Bremssättel. Nur in »gängigen« Sätteln reichen die Elastizität der Bremskolbendichtung und der serienmäßige Taumelschlag (rund 0,03 Millimeter) der Bremsscheibe aus, um die Bremsbeläge – nach jedem Bremsvorgang – automatisch von der Bremsscheibe abzurücken. Bei gelöstem Pedal bleiben die Belaggrundstellung zur Bremsscheibe und der Bremspedalweg gleich – zumindest so lange, wie die Beläge nicht total verschlissen sind. Den Leerweg des Bremspedals checken Sie bei laufendem Motor.
Ein Drittel, gemessen am gesamten Pedalweg, ist völlig normal. Falls Sie das Pedal tiefer durchdrücken können, gehen Sie von verschlissenen – oder evtl. im Sattel verklemmten – Bremssegmenten aus. In seltenen Fällen »klemmt« auch der Sattel.
Sollte sich der Pedalweg nach mehrmaligem Pumpen verkürzen, haben Sie möglicherweise Luft im System: Ergründen Sie die Ursache, beheben den Schaden und entlüften die Anlage dann wie beschrieben.

Bremsscheibenverschleiß kontrollieren

Bocken Sie den Wagen auf einer ebenen Fläche rüttelsicher auf und nehmen die Räder der betreffenden Achse ab: Checken Sie bei gleicher Gelegenheit auch die Bremsbeläge.

Bremsscheiben-Abmessungen (in mm)

	Vorderachse	Hinterachse
Scheibendurchmesser	284/292*/**/300***	280/296*/300**/***
Scheibenstärke (neu)	22/24***	10/20**/30***
Verschleißgrenze	20,4/22,4***	8,4/18,4**/***

*120i, **120d, ***130i

Arbeitsschritte

[1] Leicht bläulich angelaufene Bremsscheiben sind völlig normal.

[2] Tiefe Riefen in den Scheiben verursachen erfahrungsgemäß verklemmte Fremdkörper (grober Straßenschmutz) bzw. verhärtete oder verschlissene Bremssegmente. Bis zu drei Millimeter tiefe Frässpuren sind gerade noch tolerabel. Demontieren Sie dann jedoch auf jeden Fall die Beläge an der betreffenden Scheibe und inspizieren ihre Lauffläche – eventuell hat sich ein Fremdkörper darin verklemmt.

[3] Die Scheibenstärke messen Sie am besten mit einer Schublehre und jeweils zwei Euro-Münzen. Zur Messung legen Sie je Scheibenseite eine Münze zwischen Schublehre und Bremsscheibe. Vom Ergebnis ziehen Sie dann noch die Stärke beider Münzen (etwa 4 Millimeter) ab – der »Rest« ist die realistische Scheibenstärke.

[4] Unter Mindestmaß »abgeschrubbte« Scheiben sind Schrott. Riefige Scheiben können Sie durchaus planschleifen (lassen). Erneuern oder planen Sie Bremsscheiben stets paarweise.

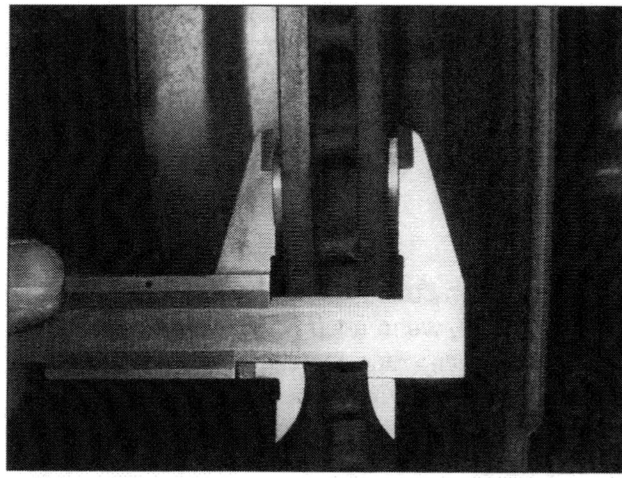

Ablesen und subtrahieren: Um den richtigen Wert zu ermitteln, müssen Sie nach der Messung die Stärke beider Münzen (Pfeile) subtrahieren.

Bremsanlage entlüften

Luftblasen im Bremssystem »degradieren« jede Bremse zur »Luftpumpe« – entlüften Sie die Anlage also umgehend. Zum Beispiel nach Arbeiten, zu denen Sie das Hydrauliksystem öffnen mussten (Bremsschläuche, Bremsleitungen, Schraubverbindungen, Entlüfternippel). Häufig reicht es, »nur« den betreffenden Bremskreis zu entlüften. Ganz auf Nummer SICHER gehen Sie allerdings, wenn Sie beide Bremskreise entlüften.
Stellen Sie Ihren Wagen auf einer ebenen Fläche ab. Während des gesamten Entlüftungsvorgangs darf der Pegel im Bremsflüssigkeitsvorratsbehälter niemals unter »min« abfallen. Falls doch, gelangt über die Nachfüllbohrungen umgehend neue Luft ins System. Ergänzen Sie den Stand IMMER nur mit neuer Bremsflüssigkeit (DOT 4 – SAE J 1703).

Übrigens – Bremsflüssigkeit greift Lackoberflächen an. Achten Sie also darauf, dass Ihnen keine Bremsflüssigkeit auf den Lack tropft. Falls doch, spülen Sie die Flächen umgehend mit klarem Wasser ab.

Arbeitsschritte

[1] Öffnen Sie den Verschlussdeckel des Vorratsbehälters und ...

[2] ... halten dann die vorgegebene Entlüftungsreihenfolge konsequent ein. Beginnen Sie mit dem Entlüftungsventil hinten rechts und wechseln dann zum Ventil hinten links. An der Vorderachse starten Sie am rechten – und enden mit dem linken Ventil.

[3] Bevor Sie den Entlüfternippel am betreffenden Bremssattel öffnen, ziehen Sie die Staubschutzkappe ab und blasen die Entlüftungsbohrung kurz mit Druckluft sauber.

[4] Erledigt? Dann schieben Sie einen sauberen, transparenten Kunststoffschlauch – evtl. von der Scheibenwaschanlage oder Aquarienbelüftung – über den Entlüfternippel und tauchen das freie Schlauchende in eine leicht mit Bremsflüssigkeit gefüllte Kunststoffflasche oder in einen Auffangbehälter.

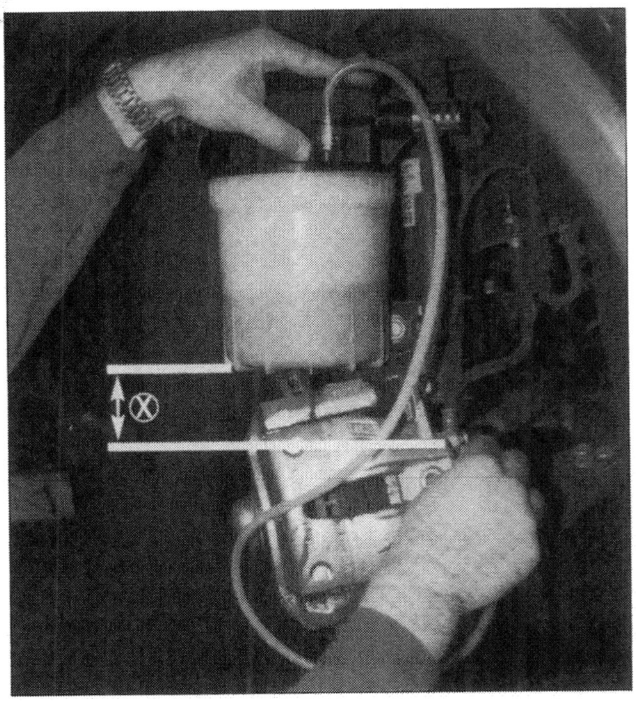

Wichtig: Platzieren Sie den Auffangbehälter etwa 30 Zentimeter über dem Entlüftungsnippel. Die Außenluft hat dann keine Chance, vorbei an den Gewindegängen, ins Bremssystem zu gelangen.

Die Bremsflüssigkeit

Technik-lexikon

Hauptbestandteile der Bremsflüssigkeit sind Glykol und Polyglykoläther, eine Mischung also, die bis – 40 °C voll fließfähig bleibt und erst bei etwa 270 °C siedet. Die Rezeptur verrät es schon: Bremsflüssigkeit ist hygroskopisch und somit nicht alterungsbeständig. Denn hygroskopische Flüssigkeiten »lechzen« förmlich nach Wasser – sie bedienen sich dazu aus der Luft. In einem dichten Bremssystem reicht zum Beispiel die Entlüftungsbohrung des Vorratsbehälter-Verschlussdeckels allemal aus, um jährlich etwa zwei Prozent aufzunehmen. Bei einem Wassergehalt von rund 2,5 Prozent sinkt der Siedepunkt schon auf etwa 150 °C. Übrigens völlig ausreichend, um bei stark erhitzten Bremsen (Gebirgsfahrt, Vollbremsungen, Gespannbetrieb) bereits die ersten Dampfblasen im System »steigen« zu lassen.
Dampfblasen wirken im Bremssystem wie Luft – das Bremspedal lässt sich bis auf die Bodenplatte durchtreten. Zu Ihrer Sicherheit wechseln Sie daher die Bremsflüssigkeit konsequent nach spätestens zwei Jahren – unabhängig von der Laufleistung. Wenn Sie Ihren 1er regelmäßig in der Vertragswerkstatt warten lassen, geschieht das automatisch.

Wie Sondermüll entsorgen – alte Bremsflüssigkeit

Bremsflüssigkeit ist giftig. Halten Sie den »Saft« von offenen Wunden fern. Metall- und Gummiformeile sind zwar immun gegen Bremsflüssigkeit, doch gegenüber Autolack wirkt sie um so aggressiver. Gebrauchte Bremsflüssigkeit wird wie Sondermüll entsorgt. Desgleichen neue Bremsflüssigkeit, die längere Zeit (maximal zwei Jahre) in einem offenen Behälter aufbewahrt wurde.

[5] Den Entlüftungsnippel lösen Sie jetzt maximal um eine Umdrehung. Auf Zuruf »tritt« Ihr Helfer jetzt das Bremspedal langsam bis zum Bodenblech durch und lässt es zügig wieder nach oben »fahren«.

[6] Bis zum nächsten »Tritt« wartet er etwa 3 Sekunden – der HBZ muss sich erst wieder füllen – und Sie achten derweil darauf, dass die Schlauchöffnung immer unterhalb des Flüssigkeitspegels im Auffangbehälter zu liegen bleibt.

[7] Den Vorgang wiederholen Sie so lange, bis keine Luftbläschen mehr aus dem Entlüftungsschlauch entweichen und stattdessen saubere Bremsflüssigkeit austritt.

[8] Jetzt hält Ihr Helfer auf Kommando das Bremspedal am Boden. Sie schließen derweil den Entlüftungsnippel. Passiert? Dann »darf« das Pedal wieder hochfahren.

[9] Ziehen Sie den Schlauch vom Entlüftungsnippel ab und ergänzen die Bremsflüssigkeit im Vorratsbehälter.

[10] Den gleichen Vorgang wiederholen Sie so lange an allen Rädern – bis Ihr Assistent »harten« Bremsdruck am Pedal spürt.

[11] Ergänzen Sie dann im Ausgleichsbehälter die Flüssigkeit bis »max« und drehen den Verschlussdeckel wieder auf.

[12] Vergessen Sie anschließend bitte nicht, auf einer »vorsichtigen« Probefahrt die Bremsfunktion zu checken.

Bremsflüssigkeit wechseln

Fachwerkstätten wechseln die Bremsflüssigkeit mit einem speziellen Befüllgerät. Sie können sich aber auch selbst ans Werk machen – die Arbeit ist die gleiche wie beim Entlüften. Für das gesamte System benötigen Sie rund einen Liter Bremsflüssigkeit (achten Sie auf die richtige Spezifikation).

Arbeitsschritte – alle 2 Jahre

[1] Lösen Sie den Verschlussdeckel des Bremsflüssigkeitsbehälters und …

[2] … saugen mit einer Pipette oder einer sauberen Injektionsspritze die alte Bremsflüssigkeit aus dem Vorratsbehälter.

[3] Befüllen Sie den leeren Behälter mit frischer Flüssigkeit.

[4] Die dann folgenden Arbeitsschritte sind die gleichen, wie unter Bremsanlage entlüften beschrieben. Alte Bremsflüssigkeit ändert ihr Aussehen: Ihr Farbton wirkt milchiger. Warten Sie also an jedem Radzylinder bis tatsächlich saubere »neue« Flüssigkeit austritt.

Praxistipp

So stoppen Sie auslaufende Bremsflüssigkeit

Wenn Sie eine Bremsleitung (oder einen Bremsschlauch) für geraume Zeit lösen müssen, läuft Ihnen automatisch auch der Vorratsbehälter leer. Es sei denn, Sie öffnen vorher einen Entlüftungsnippel des betreffenden Bremskreises und »verlängern« ihn mit einem Entlüftungsschlauch in einen sauberen, leicht mit Bremsflüssigkeit gefüllten Auffangbehälter. Danach treten Sie das Bremspedal voll durch und blockieren es mit einem Kantholz oder entsprechendem Gewicht auf dem Bodenblech. Die dann im HBZ verschlossen Zulaufbohrungen versperren der Bremsflüssigkeit den Weg ins Freie.

Bremsschläuche aus- und einbauen

Arbeitsschritte

[1] Lösen Sie generell zuerst die Überwurfmutter der Bremsleitung und erst danach die andere Schlauchseite. Achten Sie darauf, dass Sie die Leitung nicht verdrehen.

[2] Die meisten Bremsschläuche sichert ein Blechbügel am Halter gegen Verrutschen. Vergessen Sie also auch den Halter nicht …

[3] Bei der Montage ziehen Sie zuerst das Außengewinde an, dann »verkuppeln« Sie die andere Seite mit der Überwurfmutter.

[4] Verdrehen Sie niemals einen Bremsschlauch: Den richtigen Sitz erkennen Sie am durchgehenden Farbstreifen, dem Gummianguss oder dem Gummiprofil entlang dem Schlauch.

[5] Entlüften Sie nach der Montage das Bremssystem wie beschrieben und …

[6] … checken, ob der Bremsschlauch auch bei eingefedertem Rad den nötigen Freigang hat. Falls nicht, verschieben Sie den Abstandhalter und kontrollieren Ihre Arbeit nach einer längeren »vorsichtigen« Probefahrt erneut.

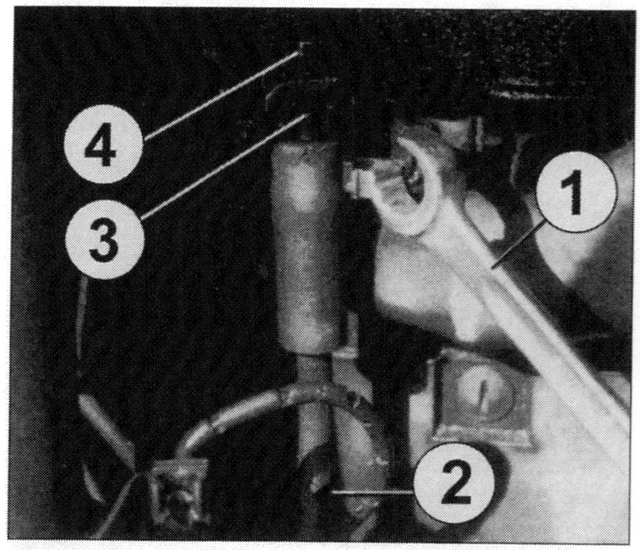

Bremsschlauchmontage: Verwenden Sie einen Leitungsschlüssel (1). Sobald Bremsschläuche (2) mit Fahrwerksteilen oder der Karosserie verbunden sind, sichert ein federnder Schlauchhalter (3) die Schraubverbindung zur Bremsleitung (4). Achten Sie bitte darauf, dass der Bremsschlauch nach der Montage genügend »Spielraum« im Radlauf an den Federbeinen bzw. Stoßdämpfern und an den Achskomponenten hat.

Benötigt Freigang: Bremsschlauch zum Einfedern.

Scheibenbremssegmente tauschen

Tauschen Sie Bremssegmente grundsätzlich nur paarweise auf beiden Achsseiten. Ansonsten entstehen an den Bremsscheiben unterschiedliche Reibkoeffizienten, die Ihren BMW auch mit ABS und spätestens bei der ersten Vollbremsung aus dem Ruder laufen lassen. Neue Bremsbeläge ändern während der ersten 500 Betriebskilometer noch ihre Materialstruktur: Vermeiden Sie währenddessen häufige Vollbremsungen. Ansonsten könnten die Beläge unter dem spontanen »Hitzeschock« schnell verhärten und fortan Ihrer Topform »hinterher« bremsen. Achten Sie zudem peinlich genau darauf, dass Bremsenersatzteile eine Herstellerfreigabe und eine gültige ABE haben (**MÜSSEN**). Lassen Sie im Zweifelsfall »die Finger« von dubiosen Wühltischschnäppchen und decken sich besser mit Originalersatzteilen bei Ihrem BMW-Händler ein. BMW verbaut, je nach Modell, Bremsen von Teves und TRW: Wir gehen selbstverständlich auf beide Hersteller ein.

Arbeitsschritte

Vorderachse

[1] Bocken Sie den Vorderwagen rüttelsicher auf einer ebenen Fläche auf und demontieren die Räder.

[2] Jetzt schlagen Sie die Lenkung ganz ein. Sie können dann an der Bremszange der jeweils »eingeschlagenen« Bremsscheibe besser hantieren.

(Teves)

[3] Hebeln Sie die Haltefeder (1) mit einem Schraubendreher vom Bremssattel und ...

(links)

[4] ... ziehen den Bremsbelagverschleiß-Sensor aus dem Bremsbelag. Damit Sie das Kabel nicht weiter stört, »wickeln« Sie es sorgsam um das Federbein.

Per Schraubendreher aushebeln: die Haltefeder mitsamt der Bremsbelagverschleißanzeige.

beide Seiten

[5] Falls »noch« vorhanden, ziehen Sie beide Schraubenabdeckungen (1) mit einer Zange aus den Gummitüllen, ...

[6] ... lösen die darunter liegenden Führungsbolzen und ziehen dann den Bremssattel (2) vom Bremsträger (3). Sollte der Rahmen klemmen, quetschen Sie einen stabilen Schraubendreher auf der Außenseite zwischen Bremsscheibe und Belag. Hebeln Sie in dieser Stellung den Rahmen samt Gleitkolben ein wenig hin und her. Das schafft Platz und erleichtert Ihnen die Demontage – besonders wenn die Bremsscheiben bereits stärker eingelaufen sind.

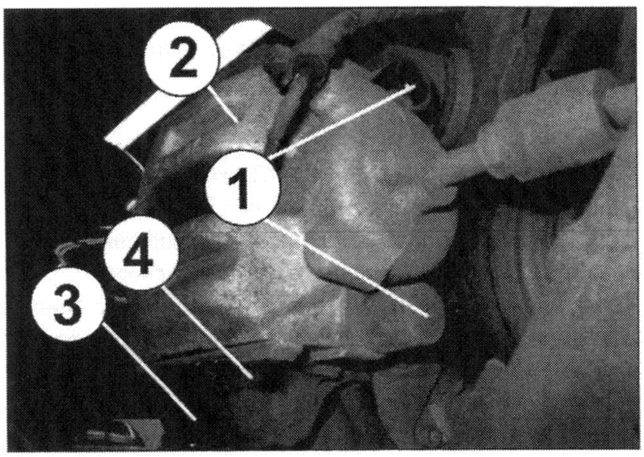

Immer Step for Step vorgehen – zuerst die Führungsbolzen lösen und dann den Bremssattel abziehen. Eventuell schon vorab mit einem Schraubendreher zwischen Belag und Scheibe den nötigen Freiraum schaffen.

[7] Ziehen Sie jetzt die Bremsbeläge (4) aus dem Bremssattel und »entsorgen« sie als Sondermüll.

[8] Den »leeren« Bremssattel hängen Sie mit Bindedraht am Federbein auf.

TRW

links

[9] Ziehen Sie den Bremsbelagverschleiß-Sensor (1) aus dem Bremsbelag. Damit Sie das Kabel nicht weiter stört, »wickeln« Sie es sorgsam um das Federbein.

beide Seiten

[10] Demontieren Sie den unteren Bremssattelführungsbolzen (2). Dazu kontern Sie mit einem Maulschlüssel den Bolzen am Sechskant (3).

[11] Erledigt? Dann schwenken Sie den »Sattel« nach oben, ...

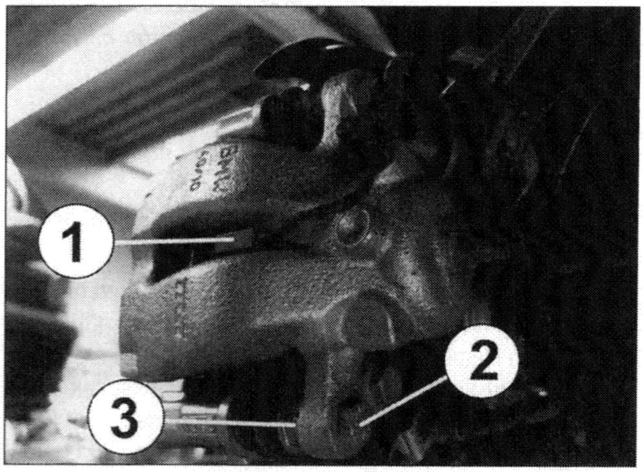

Bremssattel hochschwenken und Bremskolben zurückdrücken: bevor Sie die Segmente tauschen können.

[12] ... ziehen die Bremssegmente aus dem Halterahmen und »entsorgen« sie als Sondermüll.

beide Hersteller

[13] Vor der Montage setzen Sie mit einer großen Wasserpumpenzange oder Schraubzwinge den Gleitkolben vollständig in den Zylinder zurück. Geben Sie Acht und beschädigen dabei weder den Kolben noch die Staubmanschette.

Vorsicht: Beim Zurücksetzen des Gleitkolbens kann Bremsflüssigkeit aus dem Vorratsbehälter austreten. Damit die »Pfütze« nicht den Lack angreifen kann, spülen Sie sofort gründlich mit klarem Wasser nach.

[14] Entfernen Sie den Belagabrieb auf den Bremsbelagführungen mit Bremsenreiniger bzw. mit Alkohol, keinesfalls jedoch mit Benzin. »Putzen« Sie die Zange mit einem Lappen, einer Flaschenbürste oder mit einer harten Zahnbürste. Besonders hartnäckige Staubkrusten kratzen Sie vorsichtig mit einem flachen Schraubendreher ab. Verletzen Sie in »blinder Putzwut« allerdings nicht die Gleitkolbenstaubmanschette.

[15] Jetzt inspizieren Sie die Bremsscheibe: Haben sich auf der Oberfläche Fett, Straßenschmutz oder tiefe Riefen »eingenistet«? Prüfen Sie im gleichen Aufwasch auch die Scheibenstärke (Verschleißgrenze).

[16] Vor der Montage reiben Sie die Kontaktflächen der Bremsbelagträger leicht mit wärmebeständigem Gleitmittel (Kupferpaste) ein. Paste darf auf keinen Fall auf die Bremsflächen gelangen.

[17] Fertig? Dann schieben Sie die Bremssegmente in den Bremssattel, ...

[18] ... setzen den »gefüllten« Bremssattel auf den Bremsenträger und schrauben ihn mit einem neuen Führungsbolzen fest.

[19] Dem Teves-Sattel fehlt jetzt noch die Haltefeder – montieren Sie das gute Stück.

[20] Im nächsten Schritt pumpen Sie nun das Bremspedal so lange, bis die neuen Segmente an den Scheiben anliegen: Sie spüren das am Widerstand im Bremspedal.

[21] Vergessen Sie bitte nicht, den Bremsflüssigkeitsstand im Vorratsbehälter zu checken. Überschüssige Flüssigkeit saugen Sie mit einer Pipette bis »max.« ab, fehlende Flüssigkeit ergänzen Sie mit »frischem Saft« bis auf »max.«.

[22] Montieren Sie die Räder und stellen den 1er zurück auf die »Füße«.

[23] Die neuen Segmente bremsen Sie auf einer Nebenstraße vorsichtig ein. Verzögern Sie die »Fuhre« einige Male ganz »piano« von etwa 100 km/h auf 50 km/h. Zwischendurch lassen Sie die Bremsbeläge immer wieder gut auskühlen.

Hinterachse

[1] Bocken Sie die Hinterachse rüttelsicher auf einer ebenen Fläche auf und demontieren die Räder.

Teves

[2] Hebeln Sie die Haltefeder (1) mit einem Schraubendreher vom Bremssattel und ...

rechts

[3] ... ziehen den Bremsbelagverschleiß-Sensor aus dem Bremsbelag. Damit Sie das Kabel nicht weiter stört, »wickeln« Sie es sorgsam um die Antriebswelle.

beide Seiten

Mit einem stabilen Schraubendreher aus dem Bremssattel »hebeln« – Haltefeder und Bremsbelagverschleißanzeige an der Hinterachse.

[4] Falls »noch« vorhanden, ziehen Sie beide Schraubenabdeckungen (1) mit einer Zange aus den Gummitüllen, ...

[5] ... lösen die darunter liegenden Führungsbolzen und ziehen dann den Bremssattel (2) vom Bremsträger (3). Sollte der Rahmen klemmen, quetschen Sie auf der Außenseite einen stabilen Schraubendreher zwischen Bremsscheibe und Belag. Hebeln Sie in dieser Stellung den Rahmen samt Gleitkolben ein wenig hin und her. Das schafft Platz und erleichtert Ihnen die Demontage – besonders wenn die Bremsscheiben bereits stärker eingelaufen sind.

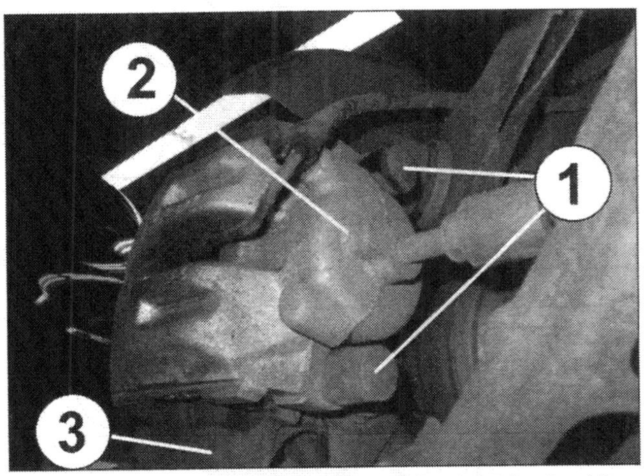

Schnell zu erledigen: Bremsbelagwechsel an der 1er-Hinterachse mit Teves Bremsanlagen.

[6] Ziehen Sie jetzt die Bremsbeläge aus dem Bremssattel.

[7] Den »leeren« Bremssattel hängen Sie mit Bindedraht am Federbein auf.

TRW

rechts

[8] Ziehen Sie den den Bremsbelagverschleißsensor aus dem Bremsbelag. Damit Sie das Kabel nicht weiter stört, »wickeln« Sie es sorgsam um die Antriebswelle.

beide Seiten

[9] Dann demontieren Sie den unteren Bremssattelführungsbolzen (1). Dazu kontern Sie mit einem Maulschlüssel den Bolzen am Sechskant (2).

[10] Erledigt? Schwenken Sie den »Sattel« nach oben, ...

[11] ... ziehen die Bremssegmente (3) aus dem Halterahmen und entsorgen die alten als Sondermüll.

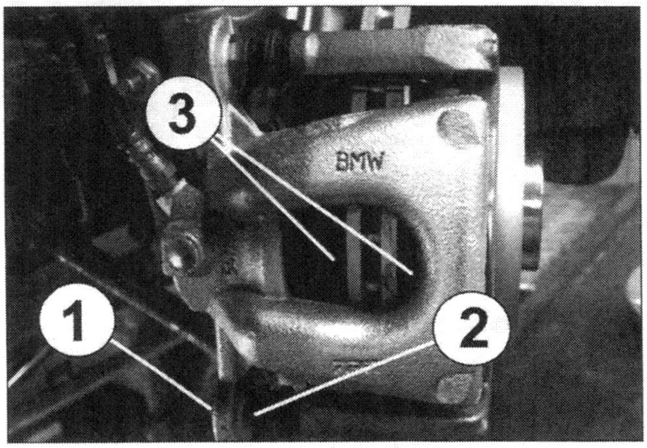

Bremssattel hochschwenken und Bremskolben zurückdrücken: bevor Sie die Segmente tauschen können.

beide Hersteller

[12] Folgen Sie ab Punkt 13 der Montageanleitung »Vorderachse«.

Bremsscheiben aus- und einbauen

Erneuern Sie Bremsscheiben grundsätzlich nur paarweise und tauschen gleichzeitig auch die Bremssegmente mit aus. Falls nicht, »verschenken« Sie fortan leichtfertig einen Großteil der theoretisch möglichen Bremswirkung. Arbeiten Sie immer nur auf einer Fahrzeugseite.

Arbeitsschritte

[1] Demontieren Sie die Bremssättel mitsamt Bremssegmenten und »hängen« sie mit Schweißdraht an den Federbeinen bzw. Antriebswellen auf.

Vorderachse

[2] Jetzt lösen Sie vom Lenkschwenklager beidseitig die Be-

festigungsschrauben (1) des Bremsträgers (2). Den Träger legen Sie beiseite.

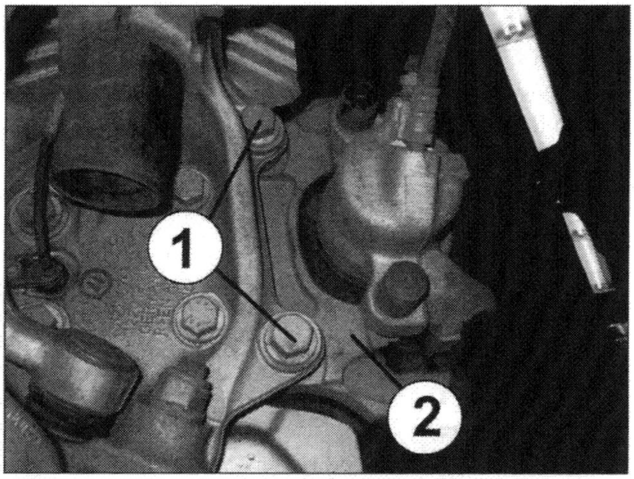

Vom Lenkschwenklager demontieren: den Bremsträger an der Vorderachse.

Hinterachse

3 Lösen Sie beide Befestigungsschrauben (1) des Bremsenträgers (2) und ...

4 ... ziehen ihn vom Achsträger.

Vom Achsträger abziehen: hintere Bremszange.

beide

5 Lösen Sie die Arretierschraube an den Bremsscheiben und ziehen die Discs von den Radnaben.

6 Sollten die Scheiben nicht »locker« auf den Naben sitzen, helfen Sie »gefühlvoll« mit einem Gummihammer nach. Vergessen Sie jedoch auf keinen Fall, die Scheiben währenddessen zu drehen – ansonsten könnten sie sich verziehen.

7 Bevor Sie die Scheiben wieder montieren, säubern Sie die Anlageflächen der Radnaben und Bremsscheiben gründlich mit einer Drahtbürste und ...

8 ... schieben sie erst dann wieder auf die Radnaben.

9 Wenn Sie die Anlageflächen gut gesäubert haben, ist die Chance groß, dass beide Scheiben ohne unzulässigen Taumelschlag rund laufen. Ansonsten wird Ihr Bremspedal pulsieren ...

10 Beenden Sie die Montage in umgekehrter Reihenfolge und ziehen die Halterahmen mit 110 Nm gegen die Lenkschwenklager oder mit 65 Nm an den Achsträger. Wenn Sie die hinteren Bremsscheiben erneuert haben, checken Sie zudem die Einstellung der Feststellbremse.

Bremssattel und Bremskolben gangbar machen – Staubmanschette wechseln

Bei porösen oder nachlässig montierten Staubmanschetten dringen Schmutz und Feuchtigkeit in die Hydraulikzylinder der Faustsättel ein. In der Folgezeit korrodiert der Gleitkolben dann langsam aber sicher.

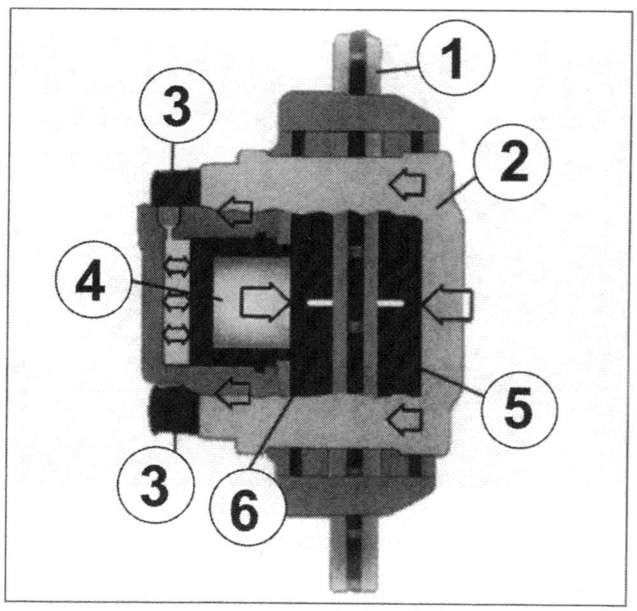

»Umkrallt die Bremsscheibe (1) wie eine Faust«: Faustsattel (2) im Schnitt. Der Sattel »schwimmt« auf den Gleitstiften (3) und presst bei jedem Bremsvorgang mit nur einem Bremskolben (4) das äußerere Bremssegment (5) automatisch gegen die Scheibe. Faustsättel gleichen den Bremsbelagverschleiß automatisch aus.

Folge: hoher Bremsbelag- und Scheibenverschleiß, ungleichmäßige Bremswirkung. Wenn Ihr Auto die Symptome zeigt, gehen Sie folgendermaßen vor.

Arbeits-schritte

1 Demontieren bzw. montieren Sie die Bremsbeläge wie beschrieben und …

2 … überprüfen in den Belagschächten zuerst den Belagfreigang. Ggf. reinigen Sie die Schächte mit einer harten Zahnbürste oder einem passenden Schlitzschraubendreher. Achten Sie darauf, dass Sie die Staubmanschetten nicht beschädigen oder von ihrem Sitz lösen. Bevor Sie die Bremsbeläge wieder einsetzen, bestreichen Sie alle Kontaktflächen mit hitzefester Kupferpaste.

3 Selbstverständlich müssen auch die Bremssättel freigängig sein. Falls nicht, reinigen und bestreichen Sie die Gleitflächen leicht mit hitzebeständiger Kupferpaste.

Bremskolben prüfen

1 Bevor Sie den Bremskolben auf »Freigang« prüfen, fixieren Sie ein passendes Holzbrettchen (ca. 25 mm stark) als Endanschlag zur Bremsscheibe. Die Maßnahme schützt den Kolben mitsamt Dichtring vor Beschädigungen – der Kolbenweg ist damit auf den maximalen Arbeitshub begrenzt. Damit der volle Bremsdruck auf den »freien« Kolben einwirken kann, muss der gegenüberliegende Bremssattel mit Segmenten montiert sein.

2 Die Voraussetzungen stimmen? Dann schieben Sie einen Montierhebel zwischen Kolben und provisorischem Endanschlag. Ein Helfer pumpt derweil so lange das Bremspedal durch, bis der Kolben dem Druck »weicht« und aus dem Sattel gleitet. Sobald der Kolben den Montierhebel am provisorischen Endanschlag blockiert, pressen Sie ihn per Hebel zurück in den Zylinder. Die Prozedur wiederholen sie so lange, bis der »widerspenstige« Kolben leichtgängig im Zylinder hin und her gleitet.

Achtung: Bleiben Sie damit erfolglos, lassen Sie den Sattel besser in einer Fachwerkstatt überholen oder tauschen ihn gegen ein Neuteil aus.

Staubmanschette erneuern

1 »Heben« Sie die alte Staubmanschette vorsichtig mit einem gebogenen Schweißdraht oder kleinen Winkelschraubendreher aus der Bremssattel- und Gleitkolbennut. Beschädigen Sie währenddessen nicht die Dichtfläche des Gleitkolbens. Achten Sie gleichfalls peinlich genau darauf, ob bereits Bremsflüssigkeit zwischen Kolben und Zylinder austritt. Schon bei kleinsten Leckagen lassen Sie den Sattel besser in einer Fachwerkstatt überholen oder tauschen ihn gegen ein Neuteil aus.

2 Bevor Sie die neue Staubmanschette montieren, reinigen Sie die Nut am Kolben und Sattel mit Brennspiritus oder sauberer Bremsflüssigkeit. Die gereinigten Flächen konservieren Sie anschließend mit Vaseline.

3 Erledigt? Dann »fädeln« Sie die neue Staubmanschette vorsichtig in beide Nuten ein. Achten Sie darauf, dass die Manschette »satt« sitzt. Erst dann …

4 … pressen Sie den Kolben mit einem Montierhebel in den Zylinder zurück.

5 Die Bremsbeläge montieren Sie wie beschrieben.

6 Vergessen Sie auch nicht nach der Bremsflüssigkeit im Vorratsbehälter zu schauen. Sollte der Behälter übergelaufen sein, neutralisieren Sie die Pfütze sofort mit reichlich Wasser. Falls Sie das vergessen, frisst die Flüssigkeit den Lack an.

7 Bevor Sie den Wagen auf die Räder stellen, prüfen Sie das gesamte Bremssystem auf Dichtheit. Erst danach beenden Sie die Montage in umgekehrter Reihenfolge.

Die Feststellbremse

Die Handbremse (Feststellbremse) hindert Ihren 1er-BMW gegen unbeabsichtigte »Rollversuche« oder sichert ihn bei Berganfahrten. Sie wirkt mit Seilzügen über den Handbremshebel mechanisch auf die Hinterräder. Der Handbremshebel strafft die Seilzüge, verdreht damit auf beiden Seiten einen Hebel am Bremssattel, der wiederum einen Verstellnocken innerhalb des Sattels verstellt. Die Handbremsbeläge arbeiten innerhalb der Bremsscheiben in 160 Millimeter großen Bremstrommeln.

Handbremse prüfen

Arbeits-schritte

1 Lassen Sie Ihren 1er im Leerlauf auf einer leicht abschüssigen Straße rollen. Sobald Sie den Handbremshebel bis zur dritten Raste gezogen haben, sollte der Wagen bereits leicht verzögern.

[2] Ziehen Sie den Hebel weiter hoch. In der vierten, spätestens jedoch in der sechsten Raste sollten die Hinterräder gleichzeitig blockieren.

[3] Falls nicht, sind entweder die Beläge verschlissen oder die Handbremszüge gedehnt.

Handbremse einstellen

Bevor Sie loslegen, checken Sie die Handbremsseile, sie müssen knick- und spannungsfrei in den Führungen liegen und von allen Clipsen fixiert sein.

Arbeitsschritte

[1] Bocken Sie die Hinterachse auf und checken, ob beide Räder leicht drehen.

[2] Stülpen Sie am Handbremshebel die Schutzmanschette (1) nach oben, …

[3] … drücken mit einem Schlitzschraubendreher (2) den Anschlag (3) der Nachstellfeder so weit nach hinten, bis er in den Hacken (4) einrastet.

[4] Natürlich liegt der Handbremshebel dabei »press« am Bodenblech.

[5] Jetzt lösen Sie auf jeder Seite eine Radschraube und »durchleuchten« das Loch mit einer Taschenlampe.

[6] Sobald Sie etwa die »acht Uhr Position« erreichen, wird die Handbremsnachstelleinrichtung sichtbar.

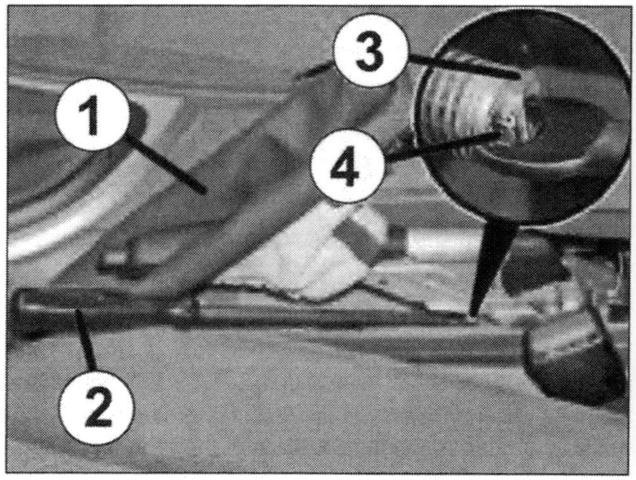

Im ersten Schritt arretieren: die Nachstellfeder.

[7] Jetzt verstellen Sie mit einem langen Schraubendreher die Sternschraube so weit, bis das Rad blockiert.

[8] Erledigt? Dann lösen Sie die Mechanik so weit, bis das Rad frei dreht.

[9] Am anderen Rad gehen Sie in gleicher Weise vor. Sobald Sie dort fertig sind,

[10] … entriegeln Sie wieder die Nachstellfeder im Innenraum.

[11] Beenden Sie die Arbeit in umgekehrter Reihenfolge und …

[12] … checken das Ergebnis auf einer Nebenstraße. Sollte Ihnen dann bei einer Blockierbremsung das Heck versetzen, korrigieren Sie die Grundeinstellung, so lange, bis Ihr 1er »spurt«.

Bremse

Störungsbeistand

Störung	Ursache	Abhilfe
A Bremse quietscht.	**1** Resonanzgeräusche zwischen Bremsscheibe und Belägen.	Beläge wechseln, ggf. Bremsbelagträgerplatte auf der Rückseite mit Anti-Quietschpaste einstreichen.
	2 Beläge verschlissen bzw. verhärtet.	Erneuern.
	3 Bremsflächen der Scheiben stark verschmutzt, verschmiert oder abgenutzt.	Scheiben reinigen. Ggf. austauschen.
	4 Belagführung am Bremssattel verschmutzt oder verrostet.	Säubern bzw. blank schleifen.
	5 Festsitzender Kolben im Bremssattel.	Gängig machen oder Bremssattel überholen lassen.
	6 Festsitzender Kolben im Radbremszylinder.	Gängig machen bzw. Bremszylinder austauschen (lassen).
	7 Neue Bremsbeläge tragen noch nicht vollflächig.	Außenkanten mit Schruppfeile brechen, evtl. Beläge egalisieren.

Bremse

Störungs-beistand

Störung	Ursache	Abhilfe
B Bremswirkung lässt nach (Fading).	1 Pedalweg normal: a) Beläge verölt, verbrannt oder verhärtet. b) Siehe A3 und 7.	 Bremsbeläge ersetzen.
	2 Pedalweg kurz: Bremskraftverstärker arbeitet nicht oder kein Unterdruck am Verstärker.	Bremskraftverstärker bzw. Unterdruckleitung auf Knicke prüfen; Unterdruckventil verstopft; prüfen und evtl. ersetzen (lassen).
	3 Pedalweg lang: a) Siehe A5. b) Ein Bremskreis ausgefallen.	 Kontrollieren, schadhafte Teile auswechseln lassen.
	4 Falscher Belag.	Bremsbeläge tauschen.
	5 Hinterradbremse defekt.	Bremsanlage prüfen (lassen).
	6 Vakuumpumpe defekt.	Kontrollieren, schadhafte Teile auswechseln lassen
C Bei hohem Bremspedaldruck schwache Bremsleistung.	1 Siehe A2 bis 7.	
	2 Siehe B1 bis 5.	
D Bremspedalweg schwammig.	1 Luft in der Anlage.	Bremsanlage prüfen, entlüften.
	2 Bei überbeanspruchter Bremse (Gebirgsfahrt, Anhängerbetrieb) Dampfblasenbildung (Bremsfading).	Anhalten, Bremse abkühlen lassen. Verhalten fahren und bremsen, häufiger einen Gang herunter schalten (Motorbremse).
	3 Hauptbremszylinder nicht richtig befestigt.	Befestigung prüfen.
E Bremspedal lässt sich ganz durchtreten, keine Bremswirkung.	1 Hauptzylinder ausgefallen.	Austauschen.
	2 Bremsschlauch oder Leitung gerissen, Dichtung leck.	Ersetzen.
	3 Bremsflüssigkeit zu alt oder überhitzt (Dampfblasenbildung).	Erneuern.
F Pedalweg zu lang.	1 Scheiben unrund, Beläge verschoben.	Scheibe und Beläge prüfen und evtl. ersetzen.
	2 Falsch eingestellt.	Einstellen (lassen).
	3 Bremsflüssigkeit läuft aus.	Hydrauliksystem auf Dichtheit prüfen; Mangel beheben lassen.
G Stand der Bremsflüssigkeit zu gering.	1 Bremsscheiben oder Beläge verschlissen.	Bremsscheiben bzw. Beläge prüfen, ersetzen (lassen).
	2 Leck in der Hydraulik.	Hydraulik auf Leck prüfen und Mangel beheben lassen.
H Bremsen ziehen einseitig.	1 Bremsscheiben defekt oder unterschiedliche Beläge.	Prüfen, evtl. ersetzen.
	2 Siehe A2 und 7.	
	3 Falsche Reifen oder falscher Reifendruck.	Prüfen; richtige Reifen aufziehen, Reifendruck kontrollieren.
	4 Lenkung defekt.	Prüfen lassen.
	5 Stoßdämpfer verschlissen.	Prüfen, evtl. ersetzen.
I Beläge stark oder ungleichmäßig verschlissen.	1 Bremsscheiben sind korrodiert oder weisen Riefen auf.	Prüfen, evtl. ersetzen.
	2 Siehe A5.	Prüfen
J Handbremse zieht einseitig.	1 Handbremse falsch eingestellt.	Prüfen, evtl. ersetzen (lassen).
	2 Handbremsbacken verschlissen	

DIE FAHRZEUG-ELEKTRIK

Nutzen Datenbusse, filigrane Zentralstecker und verästelte Kabelbäume: Bordnetze in modernen Autos. Datenbusse minimieren die »Reaktionszeit« des elektronischen Managements, zudem setzen sie korpulente Kabelbäume innerhalb der Bordelektrik auf Diät. Beileibe kein triftiger Grund, um der Elektrik des 1er demonstrativ den Rücken zu kehren: Auch in seinem Bordnetz laufen die »Ströme wie eh und je von A nach B«. Denn ganz ohne bunte Kupferkabel und feingliedrige Zentralstecker würde auch der 1er eine »Immobilie« bleiben – egal ob mit oder ohne Datenbus. Die große »Herausforderung« liegt mehr oder weniger darin, im Fall der Fälle den richtigen Stromlaufpfad zu finden. Ohne die Unterstützung aktueller Schaltpläne räumen wir Ihnen dabei wenig Chancen ein. Decken Sie sich vor weitergehenden »Inspektionen« an der Elektrik besser damit ein, Ihr BMW-Vertragshändler oder auch Bosch Car-Service-Dienste sind damit bestückt. Legen Sie dort am besten Ihren Fahrzeugschein auf den Verkaufstresen – der Rest ist dann nur noch eine Frage von Verhandlungsgeschick und – mitunter von good will Ihres Gegenübers.

Wartung

Reparatur

Ohne Batterie, Anlasser, Generator, CAN-Bussen und einigen Kilometern Kupferkabel bewegt sich im 1er-BMW fast NICHTS – zumindest nicht koordiniert: Mit leerer Batterie streikt der Anlasser, ohne Anlasser schweigt der Motor, ohne Motor pausiert der Generator – und ohne »CAN-Bus-Datencocktails« arbeiten die Global-Player ohnehin nicht mehr.

Elektrische Energie – seit über 100 Jahren der »Lebenssaft« fürs Motormanagement

Wie weiland dem Benz Patentmotorwagen von anno 1886, helfen »Ströme« auch heutigen Autos auf die Sprünge: Der erste Zündfunke war nicht weniger »stromabhängig« als gegenwärtige Motormanagements. Die Beleuchtung, das Innenrauminfotainment oder der GPS-Routenrechner – ohne elektrische Energie undenkbar. Richtig automobiler Fortschritt geht immer rasanter mit Elektrik und elektronischen Modulen sowie deren Subsystemen einher.
Bei so viel Abhängigkeit erscheint es nicht weiter verwunderlich, dass viele Autofahrer unangenehme Erlebnisse mit Batterie, Anlasser und Generator verbinden. Die Ursache dafür lag und liegt häufig unter der Motorhaube, also dem Arbeitsplatz und der Peripherie des Elektrikquartetts. Zu seiner Entlastung sei allerdings angeführt, dass die dort vorherrschenden Arbeitsbedingungen nicht gerade ideal sind: Mal ist es zu kalt, mal zu warm, vielfach feucht und mitunter gar triefend nass. Die meisten elektrischen Verbraucher beanspruchen zudem exponierte Plätze – Störungen in der Bordelektrik/-elektronik sind da vorprogrammiert. Zudem kapituliert die Batterie bisweilen vor klirrender Kälte und großer Hitze.

Einfach zu beheben – kleinere Störungen im Bordnetz

Nach der Lektüre dieses Kapitels sollte Ihnen freilich kein überzeugendes Argument mehr einfallen, um vor einem »toten« Schalter oder einer »schwarzen« Lampe zu kapitulieren. Oft »wackelt« dahinter nämlich nur ein Kabelstecker oder ein korrodierter Kontakt widersetzt sich der »Verbindung«. Viele Unpässlichkeiten an der Bordelektrik sind nach wie vor ein Fall für Ihre »Hausapotheke«. Selbst dann, wenn Ihnen nicht gerade der Ruf des »begnadeten Kupferwurms« vorauseilt …

Ein Fall für den Profi – Fehlersuche innerhalb von Datenhighways

Öffnen Sie Ihren Werkzeugschrank besser nicht, wenn es um ernsthafte Fehlersuche bzw. Diagnosen innerhalb der Datenhighways geht: CAN-Busse sind nämlich kein »Spielplatz« für Besserwisser. Lassen Sie den Wagen in dem Fall von einem BMW-Händler oder ausgewiesenen Elektronikexperten diagnostizieren.
Um »mundgerechte« Datenmenüs an ihre Adressaten zu verschicken oder im Umkehrschluss als »Tatortbeschreibungen« zu analysieren, sind im BMW-1er gleich mehrere Dutzend Sensoren aktiv. Ohne Funktions- und Schaltpläne sind selbst ausgewiesene Experten bei der Fehlersuche überfordert – und das erst recht, wenn ihnen spezielles Diagnoseequipment fehlt. Daher unsere ganz konkrete Frage: Wie wird es Ihnen in der Welt der CAN-Bus Technologie ergehen, wenn Sie ohne Hilfestellung darin abtauchen? Geben Sie sich die ehrliche Antwort – bevor Sie im Abseits landen …
Doch keine Scheu, vor einfachen Handgriffen an der 1er-Elektrik müssen Sie nicht kapitulieren. Zumindest dann nicht, wenn Sie sich immer mal wieder mit Basiswissen »füttern«. Los geht's …

CAN-Datenbus / Multiplextechnik

Um große Datenmengen über weite Distanzen zu koordinieren, beispielsweise in automatischen Fertigungsprozessen oder im modernen Gebäudemanagement, sind **CAN**-Datenbusse (**C**ontroller **A**rea **N**etwork) und Multiplextechnik seit langem Stand der Technik. Mittlerweile haben sie auch im Automobil immer häufiger das Sagen.
Vorteil, anstelle in unzähligen Zu- und Ableitungen kommunizieren Multiplexkonfigurationen lediglich über zwei digitale Signalleitungen. Ausgehend vom Rechner füttert die eine Leitung den Controller mit chiffrierten Informationen, die andere liefert, via Controller, chiffrierte »Situationsberichte« beim Rechner ab.
Im Idealfall realisiert den »Informationsaustausch« eine Station: Elektroniker sprechen von **BCM** (**B**ody **C**ontrol **M**odulen). BCM verwalten digitale Datensätze, die mit konventioneller Technik selbst baumdicke Kabelbäume »verstopfen« würden – von der Übertragungsgeschwindigkeit ganz zu schweigen.
Als »Spediteur bzw. Dolmetscher« fungiert ein CAN-Transceiver. Er bekommt vom Controller aufbereitete

Technik-lexikon

Grundbegriffe der Elektrik

Elektrische Spannung (Strom) fließt nur in geschlossenen Stromkreisen. Stromkreise bestehen aus Erzeuger (z.B. Batterie, Generator), Verbraucher (z. B. Glühlampe, Anlasser, Elektromotor) und den Kabelsträngen mit ihren einzelnen Leitungen. Stromkabel sind gewissermaßen die Nervenstränge zwischen Erzeuger und Verbraucher. Das folgende Beispiel veranschaulicht Ihnen die Grundfunktion eines elektrischen Stromkreises. Stellen Sie sich bitte eine Wasserleitung vor, in der unter bestimmtem Druck eine definierte Menge Wasser von A (Erzeuger) nach B (Verbraucher) fließt. Nichts anderes passiert in den Stromkreisen Ihres Autos. Zum Beispiel auch dann, wenn Ihnen beim Öffnen der Tür automatisch »ein Licht aufgeht«. Und das sind die »Beteiligten«:

Spannung: Entspricht dem Druck in der Wasserleitung. Die Maßeinheit für Spannung ist Volt (V).

Strom: Entspricht der Wassermenge, die in einer definierten Zeit in der Wasserleitung fließt. Die Maßeinheit für Strom ist Ampere (A).

Leistung: Entspricht dem Produkt aus Spannung und Strom. Es gibt an, wie viel Leistung ein elektrischer Verbraucher von einem Stromerzeuger bekommt. Die Maßeinheit für Leistung ist Watt (W).

Widerstand: Entspricht einem Wasserhahn. Ist der Hahn voll geöffnet, strömt ungehindert Wasser in die Leitung (Widerstand ∞). Ein verschlossener Hahn erhöht den Widerstand kontinuierlich, bis schließlich kein Wasser mehr fließt (Widerstand ∞). Die Maßeinheit für Widerstand ist Ohm (Ω).

Kabel: Entspricht der Wasserleitung. Die erforderliche Stärke der Leitung (Querschnitt) bestimmt der Verbraucher: Ein Kontrolllämpchen kommt mit einer Kabelstärke von 0,5 mm² aus. Der Anlasser verlangt dagegen ein starkes 16-mm²-Kabel: In unserem Beispiel der Wasserleitung entspräche das dem Hauptwasseranschluss vor der Wasseruhr.

Daten angeliefert, wandelt sie in elektrische Signale um und speist sie als Steuerbefehle ins Netz. Auf der anderen Leitung schickt der Transceiver aktuelle Situationsbeschreibungen der »Endabnehmer« an den CAN-Controller zurück. Von hier geht's, zum Plausibilitätscheck, weiter ins Steuergerät. Plausibilitätscheck bedeutet: Wenn die Abgänge nicht mit den Eingängen korrespondieren, schaltet das System automatisch auf »Notversorgung« um. Sie bekommen die Unpässlichkeit per Kontrollleuchte im Armaturenbrett mitgeteilt und »runzeln« als Do it yourselfer wahrscheinlich die Stirn. Nicht so Ihr BMW-Händler: Er kommt dem »Bug« mittels Diagnoseequipment auf die Schliche und tauscht das malade Modul einfach aus.

CAN-Bussysteme managen mittlerweile den Datentransfer vom ABS-Bremssystem bis hin zur Zündkerze – vom Armaturenbrett bis zur Zentralverriegelung – von der Getriebesteuerung bis hin zum Motormanagement: Kurzum, in Ihrem 1er gehen binnen kürzester Zeit zigtausende von Steuerimpulsen auf den Daten-Highway. Ob, wo, wie und wer die Informationen nun tatsächlich nutzt, hängt allein von ihrer Aufbereitungsart bzw. von ihrem Code ab. Anders gesagt: Jeder Empfänger »spricht, versteht, antwortet und reagiert nur auf seinen Dialekt«, der Rest kursiert so lange im Netz, bis der richtige Empfänger gefunden ist.

Batterie und Anlasser

Sechs in Reihe geschaltete Zellen sind das Herz einer 12-Volt-Starterbatterie. Eine Zelle besteht aus einer Kombination positiver und negativer Platten, die in einer Art chemischen Teamworks jeweils etwa zwei Volt Spannung produzieren. Die Platten bestehen aus

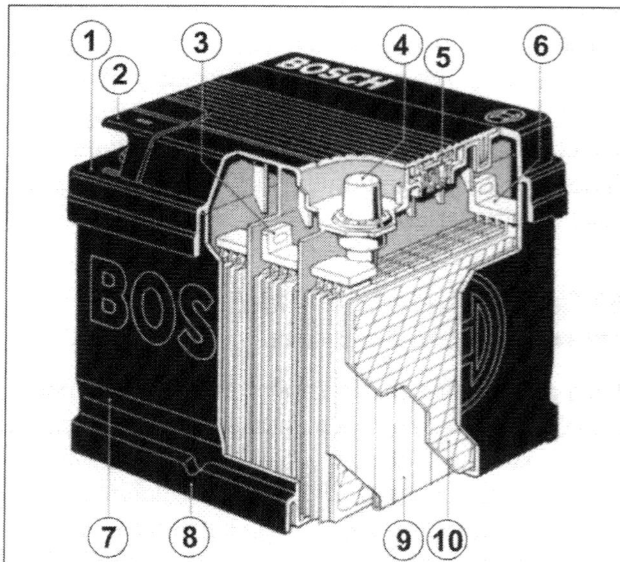

Kraftpaket: wartungsfreie Batterie. (1) Blockdeckel, (2) Polabdeckkappe, (3) Direktzellenverbinder, (4) Endpol, (5) Zellenverschlussstopfen (unter der Abdeckplatte), (6) Plattenverbinder, (7) Blockkasten, (8) Bodenleiste, (9) in Folienseparatoren »eingetaschte« Plusplatten, (10) Minusplatten.

mit einer aktiven Masse gefüllten Hartbleigittern. Auf der positiven Plattenseite kommt Bleidioxid zum Zuge, das Reaktionsmittel der negativen Platte – reines Blei. Zwischen den beiden sitzt ein Separator – er trennt die Platten voneinander, lässt die Batterieflüssigkeit (Elektrolyt) jedoch in mikroskopisch feinen Poren zirkulieren. Elektrolyt ist eine leitfähige Flüssigkeit, die zu etwa 37 Prozent aus konzentrierter Schwefelsäure und 63 Prozent destilliertem Wasser besteht.

Speichert elektrische Energie – die Batterie

Im abgeschotteten Inneren der Batterie laufen energetische Prozesse ab. Initiiert von der Batteriesäure wandeln Batterien chemische Energie in elektrische Energie. Der wichtigste Abnehmer für den »Powersaft« ist der Anlasser. Seine Durchzugskraft ist abhängig von dem Energiepolster, das die Batterie während der Fahrt aufnimmt und speichert: Je nach Motor und Anlassertyp »lutscht« der Starter während eines Kaltstarts kurzzeitig bis zu 2000 Watt – dafür muss die Batterie in Höchstform sein.

Säurestand der Batterie kontrollieren – Kontakte pflegen

Ab Werk parkiert der 1er eine weitgehend wartungsfreie Batterie im Kofferraum. Sobald Sie den Stromspeicher näher begutachten, entdecken Sie auf seinem Gehäusedeckel ein »magisches Auge«. Grün gefärbt ist die Batterie noch voll im Saft. Schwarz signalisiert

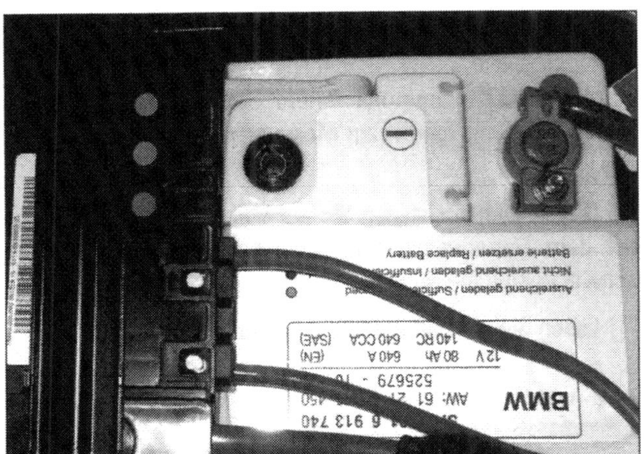

Visuell im Bilde: Die Farbe des magischen Auges (Pfeil) signalisiert den Batterieladezustand.

dagegen eine schlappe Batterie: morgendliche Kaltstarts und Kurzstreckenverkehr verkraftet der Stromspeicher dann nur noch widerwillig – wenn überhaupt. Und wenn Ihnen das Batterieauge gelb gefärbt entgegen blickt, ist eine neue Batterie fällig. Wie alt die Batterie tatsächlich ist, erkennen Sie übrigens am Prägestempel des Batterieminuspols.

Die Lebensdauer einer Batterie hängt stark von den Einsatzbedingungen ab: Jeder Kaltstart, überwiegende Kurzstrecken mit vielen Ampelstopps und Stop-and-go-Verkehr, oder zusätzliche Bordverbraucher (Klimaanlage, beheizbare Heckscheibe, Innenraumgebläse, Fahrlicht, etc.) stressen den Stromspeicher mehr als regelmäßiger Langstreckenbetrieb. BMW attestiert den Batterien eine durchschnittliche Lebensdauer von etwa fünf Jahren.

Beim Batterieaustausch taucht dann erstmals die Frage auf: »**Wartungsarm**« oder »**offene Zellen**«? Am Verkaufstresen werden Sie auf »Wartungsarm« gepolt, das Argument »pflegeleicht« folgt unmittelbar als Kaufanreiz. In wartungsarmen Batterien kondensiert die »verdampfte« Flüssigkeit in einem Leitungslabyrinth oberhalb der Zellen. Von dort tropft das Wasser wieder in die Zelle zurück – der Kreislauf ist nahezu unendlich und die Zellen stets »gewässert«.

Doch sollten Ihnen die Euro nicht ganz so locker sitzen, entscheiden Sie sich als Do it yourselfer für eine Ersatzbatterie mit offenen Zellen. Batterien mit offenen Zellstrukturen »dürstet« es gelegentlich allerdings nach destilliertem Wasser: Besonders an heißen Tagen, nach hohen Belastungen oder bei einem defekten Spannungsregler vergast der Wasseranteil aus der Batterieflüssigkeit in die Atmosphäre. Demzufolge sinkt der Flüssigkeitspegel oberhalb der Zellstruktur. Achten Sie auf »trockene« Zellengitter und füllen jede Zelle so weit mit destilliertem Wasser auf, dass der Flüssigkeitspegel gut 1,5 Zentimeter oberhalb der Zellen steht.

Arbeitsschritte

[1] Bevor Sie den Säurestand checken, schrauben oder knippen Sie die Verschlussstopfen oberhalb des Batteriegehäuses heraus.

[2] Vorschriftsmäßig befüllt, muss die Batteriesäure mindestens bis zur »min«-Markierung des Zellgehäuses reichen (die Platten sind dann noch um etwa einen Zentimeter bedeckt).

[3] Die Fehlmenge einer geladenen Batterie ergänzen Sie bis zum oberen Strich der »max«-Markierung (ca.1, 5 Zentimeter oberhalb der Platten) mit destilliertem Wasser.

[4] Eine stark entladene Batterie befüllen Sie zunächst nur so weit, bis die Zellen gerade 'mal bedeckt sind – der Batterieflüssigkeitsstand steigt während des Ladevorgangs automatisch an. Falls nicht genügend, ergänzen Sie die Fehlmenge bis zur »max«-Markierung.

[5] Die »max«-Markierung halten Sie übrigens generell ein. Denn aus überfüllten Zellen tritt später Säure an den Verschlussstopfen oder an der seitlichen Entlüftungsbohrung aus. Das führt zu »blühender« Korrosion und weißen Säurekristallen an der Batterieoberfläche, gleichwie im Umfeld ihres Standplatzes.

[6] Falls geschehen, lösen Sie die Kristalle vorsichtig mit einer Messingbürste und spülen den »Dreck« danach mit reichlich Wasser ab. Vergessen Sie nicht, vorher die Klemme 31 (Minuspol) der Batterie abzuklemmen.

Kontakte pflegen

[1] Waschen Sie Oxidkristalle an den Batterieklemmen mit warmem Sodawasser ab. Noch besser verwenden Sie einen speziellen Reiniger, zum Beispiel »Neutralon«.

[2] Danach fetten Sie die Batteriepole und Kabelklemmen leicht mit Säureschutzfett (Bosch), nicht jedoch mit normalem Fett ein. Das ist für diesen Job nämlich denkbar ungeeignet und beschleunigt die Kristallbildung eher noch. Verteilen Sie auch möglichst kein Fett zwischen die Polkontaktflächen.

Säuredichte messen (offene Zellstruktur)

Macht die Batterie, obwohl vorschriftsmäßig gefüllt, einen »schlappen« Eindruck, prüfen Sie ihren Ladezustand mit einem Säureheber (Aräometer). Aräometer messen die Elektrolytenkonzentration in der Batterieflüssigkeit. Natürlich können Sie den Ladezustand auch mit einem Multimeter checken: Anhand der gemessenen Ruhespannung lässt sich der Batterieladezustand in etwa bestimmen.

Arbeitsschritte

[1] Bevor Sie messen, »gönnen« Sie der Batterie mindestens sechs Stunden »Ruhe«.

[2] Entfernen Sie dann die Batterie-Verschlussstopfen, ...

[3] ... halten das Messgerät senkrecht in die Flüssigkeit und saugen dann so viel Batteriesäure an, dass die Messspindel frei im Zylinder schwimmt.

Säuregewicht

Säuregewicht (kg/l)	1,28	1,2	1,12
Zustand der Batterie	voll	halbvoll	leer

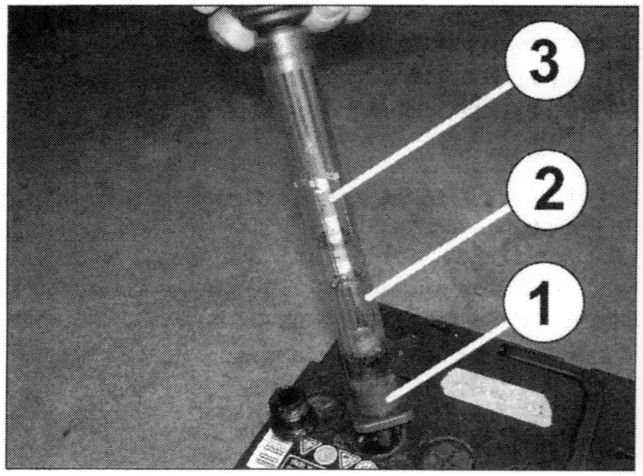

Säuredichte messen: nur an Batterien mit offener Zellstruktur möglich. Die Säuredichte messen Sie an jeder einzelnen Batteriezelle. Halten Sie dazu den Säureheber (1) senkrecht und saugen nur so viel Batterieflüssigkeit aus der Zelle, dass der Schwimmer (Aräometer, (2)) freigängig wird. Bei einer »gesunden« Batterie sind die Zellen nahezu gleich stark. Vergleichen Sie das auf der Skala (3) am oberen Aräometerende.

Spannung messen

[1] Liegt der letzte Ladevorgang weniger als sechs Stunden zurück, schalten Sie für etwa 30 Sekunden das Abblendlicht ein: Das »weckt« die Batterie auf und nivelliert etwaige Spannungsspitzen.

[2] Nach weiteren vier bis fünf Minuten Wartezeit prüfen Sie die Batteriespannung mit einem Spannungsmesser oder Multimeter. Schalten Sie zur Messung alle Stromverbraucher aus.

[3] Das Multimeter stellen Sie auf Volt (V) und verbinden es mit dem Batterieplus- und Minuspol (rote Klemme Plus, schwarze Klemme Minus).

[4] Lesen Sie die Batteriespannung auf der Skala ab.

Spannung

Spannung (V)	12,66 u. m.	12,48	12,3
Zustand der Batterie	voll	¾ voll	halbvoll

Mit dem Multimeter machbar: Batteriespannung messen. Unter 12,3 Volt Ruhespannung laden Sie die Batterie schnellstens nach.

Batterie laden

Tief entladene Batterien sind dem »Tode« nahe – egal, wie viel Jahre sie bereits auf dem Buckel haben. Gut zu wissen, denn Flüssigkeitsbatterien, wie im 1er montiert, haben die unangenehme Eigenschaft, während längerer Stillstandszeiten täglich etwa ein Prozent Ihrer Kapazität zu verlieren. Laden Sie daher eine demontierte oder »winterschlafende« Batterie monatlich nach. Falls nicht, kristallisiert die Schwefelsäure und setzt sich an den Zellgittern ab. Folge: Mit der Zeit »verglasen« die Zellen und machen schlapp. Zudem gefrieren entladene Batterien bei Minustemperaturen – unterhalb – 4 °C kann das Gehäuse dann sogar platzen. Aufgeladenen Batterien macht Kälte dagegen wenig zu schaffen. Sollte die Batterie noch montiert sein, klemmen Sie vor der »Erhaltungsladung« auf jeden Fall das Minuskabel (Masseanschluss) ab.

Arbeitsschritte

[1] Schwarzes Minuskabel (Masseanschluss) abklemmen. Pluskabel des Ladegeräts (rot) an Pluspol, Minuskabel (schwarz) an Minuspol der Batterie anklemmen.

[2] Der Ladestrom sollte zunächst etwa 10% der Batteriekapazität betragen (z. B. 6,6 A bei einem 66-Ah-Akku) und während des Ladevorgangs automatisch abnehmen.

[3] Während des Ladevorgangs bilden sich oberhalb der Zellen winzige Gasbläschen aus Wasser- und Sauerstoff. Das Gemisch entweicht aus den Entlüftungsbohrungen oder der Zentralentlüftung in die Atmosphäre. Die Rede ist von hochexplosivem Knallgas. Vorsicht also in geschlossenen Räumen. Wenn Ihnen dort beißender Geruch in die Nase sticht, ist die Konzentration bereits gefährlich.

[4] Sorgen Sie also grundsätzlich für eine wirkungsvolle Entlüftung des Arbeitsplatzes. Das gilt vor allem, wenn hohe Ladeströme fließen. Knallgas kann sich übrigens schon an den »Funken«, die beim Ab- oder Anklemmen des Ladegeräts bzw. der Batteriekabel entstehen, entzünden. Beachten Sie die Sicherheitsvorschriften.

Monatlich nachladen: Batterie im »Winterschlaf«.

Batterie aus- und einbauen

Bevor Sie die Batterie abklemmen, notieren Sie sich die Sicherheits- und Bedienungscodes. So zum Beispiel den Radiodiebstahlcode, die gespeicherten Stationssender usw. Falls Sie das unterlassen, ist hernach die Überraschung groß: Das Radio bleibt stumm. Ärgerlicher noch – auch das Motormanagement »vergisst« einen Großteil seiner Informationen. Es schaltet auf Notprogramm, regeneriert normalerweise jedoch im Fahrbetrieb nach etwa 15 Kilometern. Sollte Ihr Auto jedoch weiter zicken, suchen Sie Ihren BMW-Händler auf und lassen ihn das Datenmenü neu einlesen. In nur wenigen Minuten ist der Bordrechner wieder fit wie am ersten Tag.

»Dieser Hinweis gilt grundsätzlich immer dann, wenn die Batterie länger als eine Stunde abgeklemmt oder tief entladen war.«

Arbeitsschritte

[1] Liften Sie die Kofferraummatte und klemmen zuerst Klemme 31, den Minuspol (1) ab. Sie vermeiden damit einen ungewollten Kurzschluss.

[2] Erst jetzt lösen Sie Klemme 30, den Pluspol (2) von der Batterie. Dazu hebeln Sie zunächst die Blende (3) vom Halter (4). Den Halter fixieren zwei Schrauben (5).

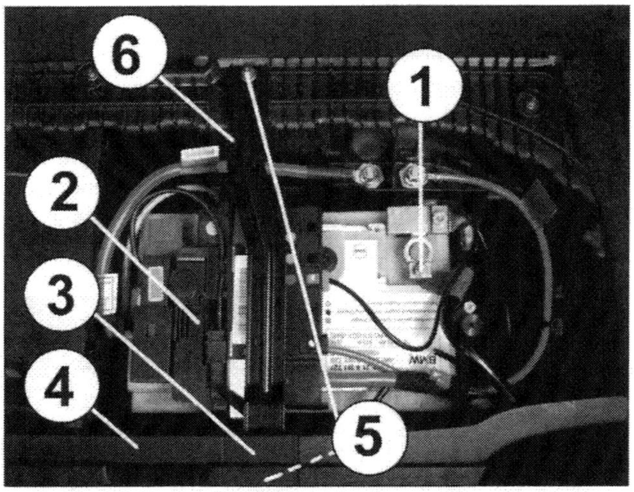

Zur Demontage nacheinander lösen: Minuspol, Blende und Befestigungsbügel über der Batterie.

[3] Sobald der Halter gelüftet ist, ...

[4] ... »strippen« Sie den Kontaktschuh über Klemme 30. Sie hebeln die Abdeckungen (1) von den Kontakten und ...

[5] ... lösen dann die elektrischen Anschlüsse (2).

[6] Vergessen Sie nicht, den Mehrfachstecker (3) des IBS-Kabels abzuziehen.

[7] Dann spreizen Sie beide Verriegelungsbügel (4) am unteren Ende auseinander und ziehen den Kontaktschuh nach oben von Klemme 30 ab.

[8] Sobald der Pluspol (1) inklusive Sicherheitsbatterieklemme (2) von der Batterie getrennt ist, ziehen Sie die Entlüftungsleitung (3) aus der Batterie und lösen den Halter (4).

[9] Jetzt können Sie die Batterie aus dem Kofferraum heben.

[10] Wenn Sie die Batterie wieder montieren, achten Sie darauf, dass sie rüttelfrei auf der Konsole steht. Ansonsten zerbröseln Ihnen die Bleiplatten während der Fahrt.

[11] Beenden Sie die Montage in umgekehrter Reihenfolge und streichen die Pole, gegen Sulfatieren, leicht mit Säureschutzfett oder Vaseline ein.

[12] Geben Sie nun die Funktionscodes neu ein und lassen den Motor etwa drei Minuten »brummen«. Das Motormanagement braucht die Zeit zur Regeneration.

»Lutschen« den Akku leer – stille Bordverbraucher

Macht eine völlig intakte Batterie plötzlich schlapp, »verköstigt sich meistens ein stiller Verbraucher an ihr«. Mit einer Strommessung legen Sie dem ungebetenen Gast schnell das Handwerk. Dazu stellen Sie Ihr Multimeter auf »Strom (A)«. Messen Sie zunächst die »größeren Ströme« (ab etwa 15 Ampere) – vielleicht werden Sie da bereits pfündig. Falls nicht, kreisen Sie den »Mitesser« zielgerichtet ein.

Arbeits-schritte

[1] Öffnen Sie die Heckklappe und verriegeln das Klappenschloss zum »Schein« mit einem Schraubendreher. Dazu drücken Sie den Schließmechanismus (1) mit der Klinge einfach in Pfeilrichtung zurück.

[2] Um Ihren BMW in den »vorläufigen Ruhezustand« zu versetzen, öffnen Sie die Fahrertür, entern den »Chefsessel«, schließen die Tür und schalten die Zündung für 10 Sekunden ein.

[3] Danach steigen Sie aus und schließen ab.

[4] Nach etwa 16 Minuten, gar 70 Minuten dauert die »Einschlafphase« mit Telefon an Bord, können Sie die Ruhestrommessung beginnen.

[4] Liften Sie das Batteriemassekabel vom Minuspol und »klemmen« ein Multimeter zwischen Minuspol und Kabelklemme. Signalisiert Ihr Multimeter einen Stromfluss von mehr als 50 mA, saugt erfahrungsgemäß ein »stiller« Verbraucher die Batterie aus.

[6] Schließen Sie dann das Massekabel wieder an, öffnen den Sicherungskasten und »ziehen« die erste Sicherung. Klemmen Sie das Multimeter zwischen die freien Kontakte. Bleibt der Zeiger »im Keller«, ist der betreffende Stromkreis ok. Doch auch geringe »Ströme« (etwa 25 mA) sind noch kein Alarmsignal: Geräte wie Bordcomputer, Uhren, Radios und Alarmanlagen »hängen« ständig an der Batterie. Ihr Stromverbrauch ist freilich viel geringer als der eines defekten Verbrauchers.

[7] Wiederholen Sie die Messungen, bis Sie eine heiße Spur auftun. Danach heißt's, nur noch die Sicherungstabelle zu studieren.

[8] Bevor Sie die Heckklappe schließen, entriegeln Sie noch schnell das Schloss. Dazu ziehen Sie einfach den Heckklappengriff als wenn Sie den Gepäckraum öffnen würden.

Der Generator

Drehstromgeneratoren (Lichtmaschinen) beliefern das Bordnetz mit Strom, ihre überschüssige Energie deponieren sie in der Batterie. Drehstromlichtmaschinen sind nichts anderes als kompakte »Stromkraftwerke«: In Ihrem 1er arbeiten unisono 14,2 Volt Generatoren, je nach Ausstattung mit 45 bis 80 Ampere Leistung. Den Generatorantrieb besorgt ein Keilrippenriemen, er lässt den Läufer mit etwa doppelter Motordrehzahl »kreisen«.

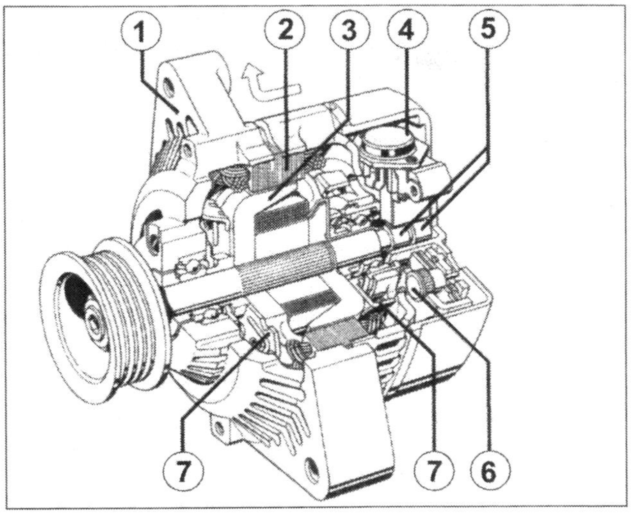

»Kleinkraftwerk« unter der Motorhaube: Kompaktgenerator im 1er-BMW. (1) Gehäuse, (2) Ständer, (3) Läufer, (4) elektronischer Feldregler mit Bürstenhalter, (5) Schleifringe, (6) Gleichrichter, (7) Lüfter.

Regelt die Bordspannung – der Spannungsregler

Je schneller der Generator dreht, umso mehr Spannung liefert er – das funktioniert ähnlich wie bei einem Fahrraddynamo. Doch längerfristig wären die Überlebenschancen aller Bordverbraucher dann gleich null. Darum »bremst« die Förderleistung ein Spannungsregler an der Rückseite des Generators ein. Je nach Batterie- und Umgebungstemperatur beträgt die Betriebsspannung zwischen 13,8 und 14,2 Volt. Moderne Generatoren sind praktisch wartungsfrei. Mittlerweile halten selbst die Schleifkontakte gut und gerne 150.000 bis 200.000 Kilometer. Falls Ihr Generator vorzeitig »zicken« sollte, ordern Sie Ersatz bei Ihrem BMW-Händler. Im Regelfall noch preisgünstiger: Legen Sie das marode »Kleinkraftwerk« zur Revision einem Bosch Car-Service-Dienst auf die Werkbank.

Spannungsregler checken

Arbeits-schritte

1 Demontieren Sie die Polabdeckungen an der Batterie und schließen Sie ein Multimeter (Stellung »V«) an. Wichtig ist der Bereich zwischen zwölf und 16 Volt.

2 Lassen Sie dann den Motor etwa zwei Minuten bei mittlerer Drehzahl (etwa 3000 – 4000 min^{-1}) laufen. Schalten Sie währenddessen die Beleuchtung und evtl. noch die beheizbare Heckscheibe ein. Das fordert den Generator und bringt ihn schneller auf Betriebstemperatur.

3 Schalten Sie dann die Verbraucher aus und nur das Frischluftgebläse auf Stufe 2 dazu. Das enspricht etwa einer Strombelastung zwischen drei bis sieben Ampere.

4 Bei intaktem Regler lesen Sie jetzt eine Regelspannung zwischen 13,5 – 14,8 Volt vom Multimeter ab.

5 Bei zu geringer Spannung könnten die Schleifkohlen des Generators dahin sein, bei erhöhter Spannung ist der Regler defekt. In beiden Fällen sollten Sie den Generator Ihrem BMW-Händler oder einem Bosch-Stützpunkt zur Revision auf die Werkbank legen.

Motor »fremdstarten« – mit Starthilfekabeln kein Problem

Zur Starthilfe verwenden Sie besser nur spezielle Elektronik-Starthilfekabel mit Überlastschutz. Jene »Nabelschnüre« bewahren die elektronischen Bauteile Ihres BMW vor gefährlichen Spannungsspitzen. Damit Sie zum Fremdstarten Ihres 1er nicht grundsätzlich in den Gebäckraum müssen, hat BMW in Höhe des rechten Federbeindoms einen »Fremdstartpol« (Klemme 30) installiert. Er »verlängert« praktisch den Batterieplus-pol in den Motorraum.

Standard im 1er: Anschlusspunkte im Motorraum. (1) Pluspolanschluss, (2) Minuspolanschluss.

Arbeits-schritte

1 Lassen Sie den Helfer möglichst nah an den »Fremdstartpol » heranfahren. Die Starthilfekabel sollten nicht unter Zug stehen. Selbstverständlich hängen an der »schlappen« Batterie **KEINE** Verbraucher mehr.

[2] Klemmen Sie dann die Starterkabel grundsätzlich zuerst an die leere und dann an die volle Batterie.

[3] Um Funkenflug« vorzubeugen, verbinden Sie zuerst den Batteriepluspol der Starterbatterie mit dem Fremdstartpol in Ihrem 1er (rotes Kabel (1)) und ...

[4] ... danach beide Minuspole mit dem schwarzen Starthilfekabel. Wenn die Kabellänge des Massekabels nicht ausreicht (Batterie im Gepäckraum), nutzen Sie an Ihrem Wagen eine »satte« Masseverbindung, zum Beispiel am Federbeindom oder direkt am Motorblock (2).

[5] Lassen Sie sich nun ein paar Minuten Zeit, dann fließt bereits »Saft« aus der Vollen in die leere Batterie.

[6] Starten Sie dann den Havaristen. Sollte das nicht sofort gelingen, legen Sie immer wieder kleine Pausen ein – ansonsten könnte es dem Anlasser zu warm werden. Vergessen Sie bitte nicht, die Kapazität der noch vollen Batterie ist nicht unendlich: Wenn Ihr Auto also nach einigen vergeblichen Versuchen immer noch keinen Mucks sagt, »quetschen« Sie die Spenderbatterie nicht auch noch vollends aus – Sie müssten dann nämlich einen weiteren Helfer finden ...

[7] Sobald der Motor brummt, trennen Sie die Verbindung: Klemmen Sie bei laufendem Motor zuerst das schwarze Fremdstartkabel am Minuspol der »leeren« und dann an der vollen Batterie ab. Mit dem roten Kabel verfahren Sie anschließend auf die gleiche Art und Weise.

[8] »Füttern« Sie die leere Batterie jetzt unmittelbar auf einer Probefahrt. Schalten Sie derweil möglichst wenig Bordverbraucher ein. Schon nach etwa 30 Kilometern reicht die Kapazität, um den nächsten Startvorgang zu realisieren.

Wagen anschieben

Praxistipp

Ihre »Muskelkraft« macht nur dann Sinn, wenn Ihr Wagen ein manuelles Schaltgetriebe hat und sein Motor »theoretisch« in Ordnung ist. Sobald Sie zum Beispiel die Zündfunken unter der Motorhaube »knistern« hören, schonen Sie besser Ihre Kräfte. Das kann sich sogar positiv auf Ihr Budget auswirken, denn wenn Zündfunken unkoordiniert den Weg des geringsten Widerstands gehen, zerstören irgendwann unverbrannte Frischgase den Katalysator.

[1] Schalten Sie die Zündung an und legen den zweiten Gang ein.

[2] Kuppeln Sie aus und LASSEN das Auto unter tatkräftiger Hilfe freundlicher Zeitgenossen anschieben.

[3] Sobald die Fuhre ausreichend in Schwung ist, kuppeln Sie abrupt ein – der Motor dreht durch und müsste anspringen.

[4] Sobald er »brummt«, schalten Sie in Leerlauf, ziehen die Handbremse an und geben gefühlvoll Gas.

[5] Sollten Ihre »Schieber« nicht kräftig genug sein, versuchen Sie das gleiche Spielchen im dritten Gang.

Wagen anschleppen

Praxistipp

Wenn Sie den Schaltkomfort einer Automatik genießen, haben Sie jetzt schlechte Karten: Ihr 1er ist »unanschleppbar«. Andernfalls dehnen Sie die »Seilschaft« keinesfalls »unendlich« aus: Sollte der Motor nicht stante pede anspringen, könnte der Katalysator ernsthaft Schaden nehmen. Unverbrannte Frischgase machen seinen Innereien den Garaus (siehe »Praxistipp Wagen anschieben«). Erst recht, wenn sie unkoordiniert im Auspuff verpuffen. Und noch ein Rat: »Verkuppeln« Sie sich immer nur mit einem erfahrenen »Schlepper« und klären vorher mit ihm die »Spielregeln« ab. Denken Sie auch daran, dass Ihr Auto mit stehendem Motor ein »knochenhartes« Bremspedal und einen längeren Bremsweg hat (Bremskraftverstärker wirkungslos).

[1] Schalten Sie die Zündung an und legen den zweiten Gang ein.

[2] Kuppeln Sie aus und LASSEN den Zugwagen jetzt »weich« anfahren.

[3] Bei etwa 15 km/h kuppeln Sie weich ein. Bleiben Sie derweil mit einer Hand am Handbremshebel stets bremsbereit.

[4] Sobald der Motor läuft, schalten Sie in Leerlauf und geben gefühlvoll Gas.

[5] Hupen Sie den »Schlepper« kurz an und bremsen dann die »Fuhre« sanft ab.

Vor der Seilschaft eindrehen: Abschleppöse.

Spannung, Strom und Widerstand messen

Technik-lexikon

Für den Fall, dass Sie der Elektrik Ihres Autos selbst auf den Grund gehen möchten, halten gut sortierte Fachgeschäfte eine Vielzahl von Test- und Prüfgeräten auf Lager. Mit einer einfachen **Prüflampe** testen Sie beispielsweise den Stromfluss eines Kreises: je heller die Lampe leuchtet, umso höher die Spannung. Für elektronische Motormanagements allerdings besser geeignet ist der **Spannungsprüfer** mit Leuchtdioden. Je nach Ausführung zeigen diese Geräte Gleich- und Wechselspannungen zwischen sechs und rund 700 Volt an. Die Anzeige erfolgt optisch über ein Leuchtdiodenband. Das Multitalent eines jeden Do it yourselfers ist freilich das **Multimeter**: Es misst Spannung, Strom (Gleich-/Wechselstrom) und den Widerstand. Geeignete Geräte mit digitaler Anzeige gibt's bereits ab etwa sieben Euro. Zur eigenen Stromversorgung benötigen Multimeter meistens eine Batterie.

Spannung messen: Wenn Sie beispielsweise mit einem Multimeter die Batterie Ruhespannung messen möchten, verbinden Sie die Batterieklemme 31 (Minuspol) mit dem schwarzen Kabel (»–« gekennzeichnet). Falls die Klemme schlecht erreichbar sein sollte, klemmen Sie das schwarze Kabel direkt an Masse. Das rote Anschlusskabel (»+« gekennzeichnet) verbinden Sie mit Batterieklemme 30 (Pluspol) oder direkt mit der zu messenden Leitung. Zeigt das Instrument etwa 10,4 Volt an, ist wahrscheinlich eine Batteriezelle dahin. Erhärten Sie den Verdacht mit einer Spannungsprüfung während des Anlassvorgangs – Messergebnisse von 5 Volt (+/- 0,5 V) sind Indiz für einen »schlappen« Akku.

Strom messen: Unterbrechen Sie den zu messenden Stromkreis und klemmen das Messgerät dazwischen. Am bequemsten geht's, wenn Sie am Verbraucher den betreffenden Steckkontakt abziehen und das Messgerät einfach zwischen Stecker und Kontaktzunge schalten. Vorsicht: Achten Sie stets auf den maximalen Messbereich Ihres Multimeters. In Verbrauchern wie z. B. dem Anlasser fließen sehr hohe Ströme – Ihr Multimeter könnte damit überfordert sein.

Widerstand messen: Fließt der Strom in einem Schaltkreis ungehindert, signalisiert Ihnen das die Skala mit dem Messwert »0«. Defekte Kabel oder Schalter belegt Ihr Multimeter mit dem Messwert unendlich (Ω). Zudem können Sie mit dem Multimeter auch den Innenwiderstand elektrischer Bauteile prüfen.

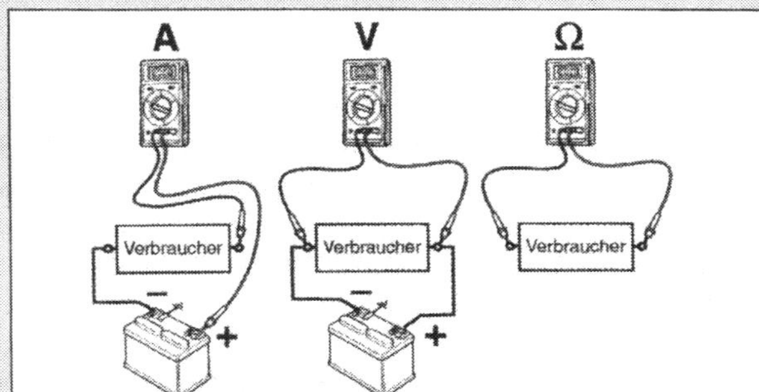

So schließen Sie das Multimeter an: Strom (A), Spannung (V) und Widerstand (Ω). Verbraucher sind z. B. Lampen, Elektromotoren oder Anlasser.

Fahren mit defekter Lichtmaschine

Praxistipp

Mit streikender Lichtmaschine oder defektem Regler können Sie eingeschränkt weiterfahren: Die Batterie speist dann alle Verbraucher – wenn sie relativ gut geladen war – für etwa fünf Stunden. Allerdings nur dann, wenn Sie derweil alle überflüssigen Verbraucher (AC, beheizbare Heckscheibe, Frischluftgebläse, etc.) konsequent ausschalten.

- Bevor Sie losfahren, ziehen Sie an der Generatorrückwand noch schnell den Mehrfachstecker ab. Vorteil: Die Batterie entlädt sich dann nicht über den defekten Generator bzw. Spannungsregler.
- Unterbrechen Sie die Fahrt nicht unnötig – bei jedem Startvorgang schluckt der Anlasser kostbaren Saft.
- Wenn möglich, lassen Sie den Wagen anrollen.
- Schalten Sie auf jeden Fall alle unnötigen Verbraucher, etwa die AC, die beheizbare Heckscheibe, das Gebläse und das Radio aus.
- Machen Sie vom Scheibenwischer mitsamt der Scheibenwaschanlage nur ganz sporadisch gebrauch.
- Bei Dunkelheit fahren Sie möglichst nur mit Abblendlicht.

Batterie und Lichtmaschine

Störungsbeistand

Störung	Ursache	Abhilfe
A Rote Ladekontrolle brennt nicht bei eingeschalteter Zündung.	**1** Batterie leer.	Mit Starthilfekabeln starten oder Wagen anschleppen.
	2 Batteriekabel gebrochen, Kabelklemmen lose oder oxidiert.	Batteriekabel und -klemmen kontrollieren.
	3 Kontrollleuchte defekt.	Ersetzen.
	4 Kabelweg zwischen Zündschloss, Kontrolllampe und Lichtmaschine unterbrochen.	Stromweg mit Prüflampe kontrollieren.
	5 Spannungsregler defekt.	Regler austauschen.
	6 Lichtmaschine schadhaft.	Lichtmaschine überholen lassen oder austauschen.
	7 Feuchtigkeit bildet einen isolierenden Schmierfilm zwischen Schleifringen und Kohlen (z. B. nach Motorwäsche) der Lichtmaschine.	Lichtmaschine mit Druckluft ausblasen, evtl. Schleifringe und Kohlen säubern.
B Ladekontrolle brennt oder glimmt bei laufendem Motor.	**1** Keilriemen lose bzw. gerissen.	Keilriemenspannung kontrollieren, bzw. Keilriemen erneuern.
	2 Mangelnder Kontakt an Kabelanschlüssen der Lichtmaschine oder unterbrochene Kabel.	Kabelanschlüsse und Kabel prüfen.
C Batterieoberfläche feucht.	**1** Batteriezellen mit destilliertem Wasser überfüllt.	Ausgasen lassen. Keine Säure absaugen.
	2 Batterieverschlüsse verstopft.	Entlüftungsbohrungen mit Stecknadel säubern.
D Batterie gast stark.	Spannungsregler defekt.	Regler prüfen bzw. erneuern.

Antriebsriemen – auf die Vorspannung kommt's an

Antriebsriemen müssen straff, jedoch nicht zu stramm vorgespannt sein. Sobald sie auf Fingerdruck drei bis fünf Millimeter nachgeben, stimmt die Vorspannung. Suchen Sie sich zur Prüfung eine »freie« Stelle zwischen den Riemenscheiben aus.
Schlaff gespannte Antriebsriemen verursachen, vornehmlich beim Beschleunigen, jämmerliche Quietschgeräusche. Ihre Riemenflanken verbrennen dann im Nu an den Riemenscheiben. Hauptgeschädigter dieses Spiels ist der Generator, ihm fehlt's fortan am nötigen Antrieb. Und das wiederum zehrt an der Batterie, speziell im Kurzstreckenverkehr mit vielen Kaltstarts.
In Extremfällen verursacht ein schlaffer Antriebsriemen sogar überhöhte Motortemperaturen und damit teure Folgeschäden (z.B. Kolbenfresser, durchgebrannte Zylinderkopfdichtung, etc.). Obwohl den Riementrieb des 1er ein automatischer Riemenspanner unter Spannung setzt, schenken Sie dem Antriebsriemen ab und an einen kritischen Blick, besonders im Herbst und Winter. Ihr Interesse bewahrt Sie vor Schraubererlebnissen am »zugigen Straßenrand in Irgendwo«.
»Überspannte« Riemen laufen zwar nahezu geräuschlos, doch auf Dauer ruinieren sie die Lager der angetriebenen Nebenaggregate wie z. B. Generator, Wasserpumpe, AC-Verdichter etc. Außerdem überdehnen die Gewebeeinlagen und reißen – irgendwann.

Antriebsriemen prüfen

Arbeitsschritte

1 Kontrollieren Sie den Antriebsriemen auf Risse oder Ausfransungen in der »Karkasse«.

2 Oft »schwächt« den Riemen nur ein einziger, dafür aber »tödlicher« Riss. Wenn der unglücklicherweise gerade unter einer der Riemenscheiben »im Schatten« steht, ist der Ärger vorprogrammiert. Um das zu vermeiden, drehen Sie den Motor besser einige Male per Hand durch und checken derweil die Riemenoberfläche ganz akribisch.

3 Achten Sie auf:

- unregelmäßige Schleifspuren an den Riemenflanken.
- poröse, ausgefranste Riemenflanken oder Oberfläche.
- Altersrisse rundum.
- ölverklebte Oberfläche (Radialwellendichtring an der Kurbelwellenriemenscheibe undicht).

Praxistipp

Wenn der Antriebsriemen reißt

Einer plötzlich »brennenden« Ladekontrollleuchte geht meistens ein gerissener Antriebsriemen voraus. Unmittelbar davor bemerken Sie im Motorraum häufig einen harten Schlag gegen den Radlauf oder das Frontblech.

Fahren Sie auf keinen Fall ohne Antriebsriemen weiter, Ihr Auto bekommt dann in kürzester Zeit einen Hitzekollaps. Denn ohne Keilriemen »pausiert« auch die Wasserpumpe. **Übrigens:** Die Mär der als Antriebsriemen »zweckentfremdeten Damenstrumpfhose« vergessen Sie besser sofort – das funktioniert schon längstens nicht mehr. Entweder montieren Sie an Ort und Stelle einen Ersatzriemen, oder Sie lassen den Wagen in die nächste Werkstatt abschleppen.

Antriebsriemen wechseln

Beim 1er-BMW hält ein automatischer Riemenspanner den Antriebsriemen »auf Zug«. Der Spannrolle sollten Sie freilich von Zeit zu Zeit einen Blick gönnen. Zunächst bei stehendem Motor und dann im Leerlauf. Achten Sie auf die Bewegungen der Rolle: Sobald Sie einen »großen Verbraucher«, z. B. die Klimaanlage, beheizbare Heckscheibe, Fahrlicht etc., einschalten, wird eine intakte Spannrolle leicht pendeln – übrigens auch wenn Sie dem Motor einen Gasstoß geben. Sollte die Rolle generell pendeln, ist erfahrungsgemäß der Antriebsriemen verschlissen. Achten Sie darauf, dass der neue Riemen die gleiche Bezeichnung trägt wie sein »Vorläufer«.

Arbeitsschritte

1 Klemmen Sie das Batteriemassekabel im Gepäckraum ab und bocken dann den Vorderwagen rüttelsicher auf.

2 Zunächst lösen Sie – oberhalb des Kühlers – drei Schrauben des Luftsammlers und …

3 … demontieren das Luftfilterelement, wie beschrieben.

116i, 118i, 120i

4 Sie haben jetzt den nötigen Freiraum um die Riemenspannvorrichtung am Sechskant (1) zu lösen und …

5 … mit einem passenden Durchschlag die Spannrolle in der Bohrung (2) zu fixieren.

6 Bugsieren Sie den entspannten Riemen aus dem Riementrieb.

An der Spannrolle lockern: den Antriebsriemen vor der Demontage.

130i

[7] Demontieren Sie den elektrischen Kühlerlüfter, ...

[8] ... lösen dann die Spannrolle (1) am Drehpunkt (2) und ...

[9] ... fixieren die lose Rolle mit einem passenden Durchschlag in der Bohrung (3).

[10] Bugsieren Sie den entspannten Riemen (4) aus dem Riementrieb.

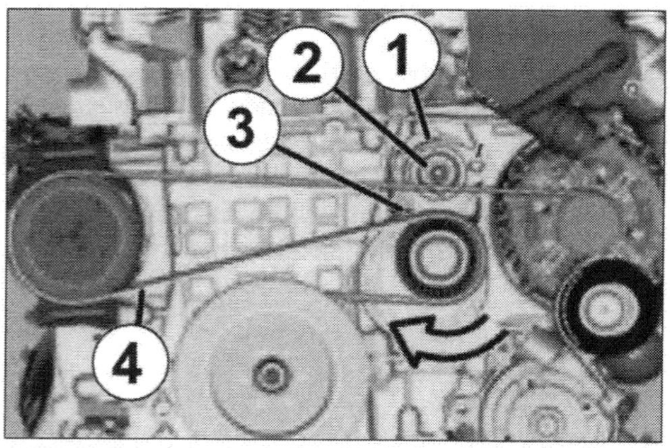

Kühlerlüfter demontieren und die lose Rolle fixieren: zur Demontage des Antriebsriemens.

alle

[11] Bevor Sie den neuen Riemen auflegen, checken Sie die Riemenscheiben auf Verschleiß und tadellosen Rundlauf.

[12] Alles o. k.? Dann »fädeln« Sie den neuen Keilrippenriemen ein. Achten Sie unbedingt darauf, dass er korrekt in allen Riemenscheiben läuft – die Laufrichtung muss mit dem Richtungspfeil auf der Riemenschulter korrespondieren.

[13] Sobald der Riemen richtig spurt, lösen Sie die Spannvorrichtung. Mitunter müssen Sie der »Rolle« kurz mit dem Montierhebel nachhelfen. In dem Fall achten Sie darauf, dass der neue Riemen nicht zu straff läuft. (Siehe Einlauftext: Antriebsriemen wechseln)

[14] Beenden Sie die Montage in umgekehrter Reihenfolge und ...

[15] ...lassen dann den Motor etwa fünf Minuten laufen. Derweil spendieren Sie ihm immer mal wieder einen kurzen Gasstoß. Achten Sie dann darauf, dass der neue Riemen gleichmäßig »rund« läuft und korrekt gespannt bleibt.

Dieselmotor

Der 1er- Diesel lässt gleich zwei Riemen »laufen«: Einer treibt die Servopumpe und der andere den Generator an.

Servopumpe

[1] Demontieren Sie den elektrischen Kühlerlüfter und ...

[2] ... lösen den Antriebsriemen (1) der Servopumpe. Dazu »fädeln« Sie einen Montierhebel zwischen Antriebsriemen und Riemenscheibe und lassen den Riemen nach vorne aus den Laufrollen ausspuren. Damit das möglichst schonend klappt, drehen Sie die Riemenscheibe am Sechskant (2) zeitgleich in Pfeilrichtung. Übrigens, BMW-Monteure nutzen anstelle des Montierhebels das Spezialwerkzeug »513180«.

[3] Wenn Sie den alten Riemen erneut montieren möchten, zeichnen Sie sich vorab seine Laufrichtung. Er läuft nach der Zweitmontage dann geschmeidiger »durch« die Rollen.

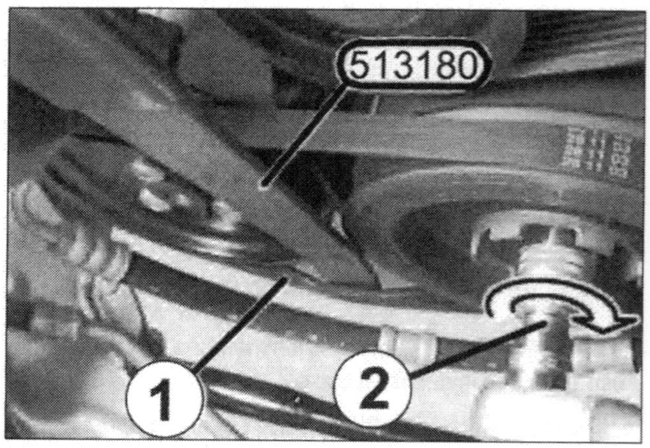

Per Spezialwerkzeug oder mit einem Montierhebel aus ausspuren: Antriebsriemen der Servopumpe.

Generator

[4] Den Generatorantriebsriemen lockern Sie an der Spannrolle (1). Dazu entspannen Sie die Rolle im Drehpunkt (2) und ...

[5] ... drücken sie in Pfeilrichtung soweit beiseite, bis der Riemen schlaff in den Riemenscheiben hängt.

[6] Jetzt fixieren Sie die Rolle in der Bohrung (3) und nehmen den Antriebsriemen ab.

[7] Bevor Sie den neuen Riemen auflegen, checken Sie die Riemenscheiben auf Verschleiß und tadellosen Rundlauf.

[8] Alles o. k.? Dann spuren Sie den neuen Keilrippenriemen ein. Achten Sie unbedingt darauf, dass er korrekt in allen Riemenscheiben läuft – die Laufrichtung muss mit dem Richtungspfeil auf der Riemenschulter korrespondieren.

Spannrolle lösen und fixieren: zur Demontage des Generatorantriebsriemens.

[9] Sobald der Riemen richtig spurt, lösen Sie die Spannvorrichtung. Mitunter müssen Sie der »Rolle« kurz mit dem Montierhebel nachhelfen. In dem Fall achten Sie darauf, dass der neue Riemen nicht zu straff läuft. (Siehe Einlauftext: Antriebsriemen wechseln)

[10] Beenden Sie die Montage in umgekehrter Reihenfolge ...

[11] ... lassen dann den Motor etwa fünf Minuten laufen. Derweil spendieren Sie ihm immer mal wieder einen kurzen Gasstoß. Achten Sie dann darauf, dass der neue Riemen gleichmäßig »rund« läuft und korrekt gespannt bleibt.

Generator aus- und einbauen

Obwohl Generatoren in der Praxis nur noch selten ihren Job quittieren, beschreiben wir die Montage und Demontage beispielhaft für die Einser-»Dieselflotte«.

Arbeitsschritte

[1] Klemmen Sie das Batteriemassekabel ab und ...

[2] ... demontieren den Antriebsriemen.

[3] Jetzt schrauben Sie oberhalb des Generators den Druckwandler (1) ab.

[4] Dazu lösen Sie an der Plusleitung die Mutter (2) und ...

[5] ... ziehen den Anschlussstecker (3) vom Generator.

[6] Jetzt »hängt« der Generator noch an zwei Schrauben (Pfeile). Sobald die gelöst sind ...

[7] ... jonglieren Sie den Generator (4) nach oben aus dem Motorraum.

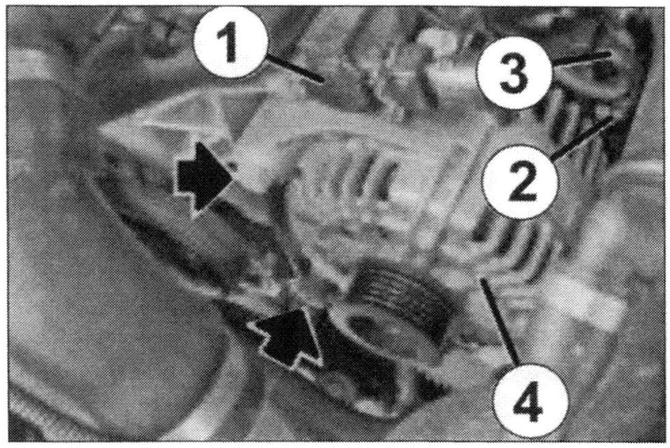

Nach oben aus dem Motorraum ziehen: den Generator am 1er-Diesel.

[8] Beenden Sie die Montage in umgekehrter Reihenfolge.

Praxistipp

Antriebsriemen montieren

»Würgen« Sie einen Antriebsriemen niemals mit Gewalt in den Riementrieb. Ihr Tun provoziert in seinem Unterbau unweigerlich verdeckte Bruchstellen.

Nach der Montage eines gebrauchten Antriebsriemens lassen Sie den Motor mit »großen« Verbrauchern (beheizbare Heckscheibe, Gebläse, Fahrlicht, AC, etc.) etwa 3 Minuten im Stand laufen und prüfen dann die Vorspannung. Einem neuen Antriebsriemen bürden Sie unter gleichen Bedingungen etwa zehn Minuten auf. Bevor Sie den Motor abstellen, geben Sie dem Riemen noch »einige kurze Gasstöße«, das Laufflächenprofil passt sich den Riemenscheiben so geschmeidiger an.

Nach etwa 1.000 Kilometern checken Sie den Riemen erneut. Wenn er jetzt mit drei bis fünf Millimeter Vorspannung läuft und Sie auch keine mechanischen Beschädigungen entdecken, ist Verlass auf das gute Stück.

Starter aus- und einbauen

Ähnlich wie Generatoren, sind auch Starter (Anlasser) heutzutage eher unproblematische Bauteile. Doch manchmal steckt der Teufel eben im Detail – daher unsere Arbeitsanleitung.

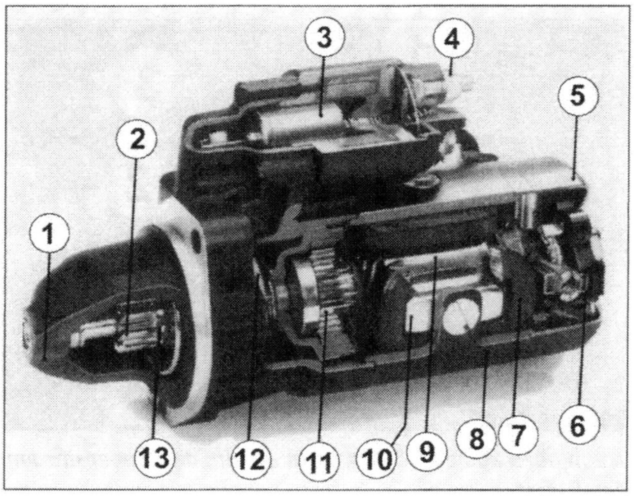

Kompaktes Kraftpaket: Schub-Schraubtrieb-Anlasser mit Vorgelege. (1) Antriebslager, (2) Starterritzel, (3) Einrückrelais, (4) Anschlussklemme 30, (5) Kommutatorlager, (6) Bürstenhalterplatte mit Kohlebürsten, (7) Erregerwicklung, (8) Polgehäuse, (9) Anker, (10) Polschuh, (11) Planetengetriebe (Vorgelege), (12) Einrückhebel, (13) Einspurgetriebe.

Malade Starter »blockiert« übrigens meistens der Magnetschalter, ab und an sind auch die Schleifkohlen verschlissen. Äußerst selten »frisst« dagegen die Ankerwelle in den Lagerstellen. Falls doch, sollten Sie sich für einen Austauschanlasser oder ein gebrauchtes Aggregat aus einem neuwertigen Unfallwagen entscheiden.

Sollte der Starter am »Otto-Einser« mucksen, endet die Demontage mitunter mit großem Frust: Außer einem »gelenkigen« Händchen sind noch diverse Spezialwerkzeuge vonnöten. Beim Diesel-1er gibt's derlei Schwierigkeiten nicht. Wir beschreiben den Diesel.

Arbeitsschritte 118d, 120d

[1] Klemmen Sie die Batterie ab und ...

[2] ... folgen den Arbeitsschritten »Glühkerzen aus- und einbauen« auf Seite 98 bis Arbeitsschritt 8.

[3] Alles erledigt? Dann schrauben Sie am Magnetschalter (1) beide Stromkabel (2), (3) ab, ...

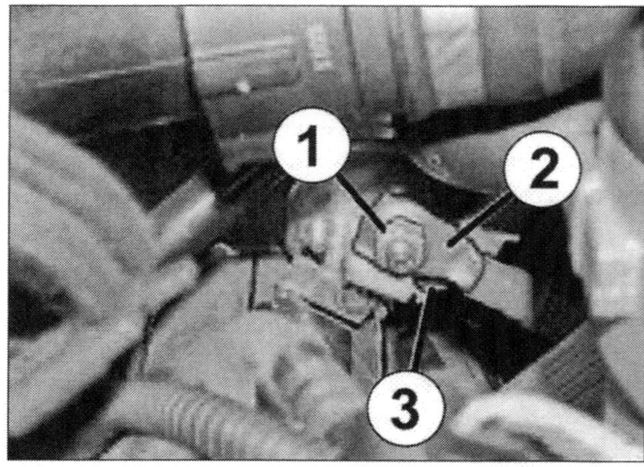

Vom Anlasser lösen: Anschlussmutter am Anlasser.

[4] ... demontieren die Anlasserschrauben (Pfeile) und ziehen den Starter (1) seitlich aus der Kupplungsglocke heraus.

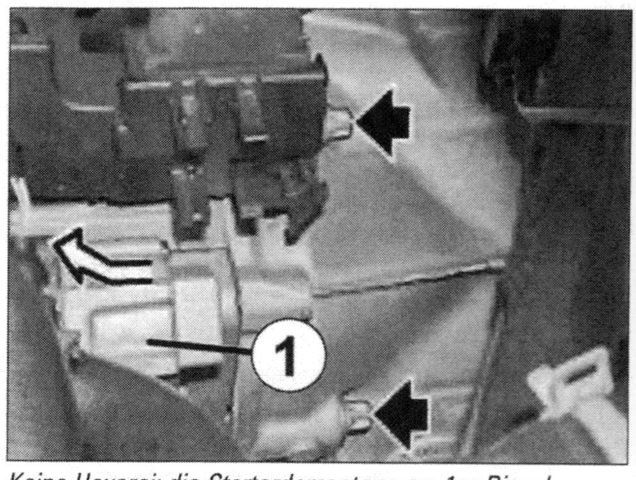

Keine Hexerei: die Starterdemontage am 1er-Diesel.

[5] Beenden Sie die Montage in umgekehrter Reihenfolge. Achten Sie darauf, dass die Anschlusskabel frei über dem Magnetschalter verlaufen.

Anlasser

Störungs-beistand

Störung	Ursache	Abhilfe
A Starter dreht zu schwergängig oder gar nicht.	**1** Kontrolllampen brennen schwach oder verlöschen:	
	a) Batterie entladen,	Mit Starthilfekabeln starten, Auto anschieben/anschleppen.
	b) Kabelanschlüsse lose oder oxidiert,	Kabel befestigen, Anschlüsse säubern, Keilriemenspannung prüfen.
	c) Starter hat Masseschluss.	Starter überholen lassen oder austauschen.
	2 Kontrolllampen brennen hell, Klicken aus Richtung Starter – kurz auf den Magnetschalter klopfen. Dreht der Starter immer noch nicht:	
	a) Kohlebürsten bzw. Anschlüsse im Starter gelöst,	Starter überholen lassen oder austauschen.
	b) Kontakte im Magnetschalter verschmort (verklebt),	Magnetschalter erneuern bzw. Starter überholen lassen oder austauschen.
	c) Starterwicklung schadhaft.	Starter überholen lassen oder austauschen.
	3 Kontrolllämpchen brennen hell, keinerlei Startergeräusche:	Anschlüsse überprüfen.
	a) Klemme 1 am Magnetschalter lose,	Klemme neu befestigen.
	b) Klemme-1-Leitung vom Zündschloss zum Magnetschalter unterbrochen.	Leitung mit Prüflampe auf Durchgang kontrollieren, Klemmen auf festen Sitz prüfen.
B Starter läuft, dreht den Motor jedoch nicht durch.	**1** Ritzel verschmutzt oder verschlissen.	Ritzel reinigen bzw. erneuern.
	2 Einrückvorrichtung klemmt.	Starter überholen lassen.
	3 Zahnkranz auf Motorschwungscheibe beschädigt.	Wagen bei eingelegtem Gang ein Stück vorschieben. Erneut starten. Beschädigte Teile ersetzen lassen.
C Magnetschalter schaltet rhythmisch ein und aus, Starter läuft nicht.	Batterie stark entladen, Startspannung zu schwach.	Batterie laden.
D Starter läuft weiter, obwohl Startknopf nicht mehr gedrückt wird.	**1** Magnetschalter hängt oder Kontakte verklebt.	Zündung ausschalten, notfalls Batterie abklemmen. Magnetschalter erneuern, evtl. Starter austauschen lassen.
	2 Zünd-/Anlassschalter defekt.	Schalter ersetzen.
E Ritzel spurt nach Anspringen des Motors nicht aus.	Rückstellfeder des Einrückhebels defekt, Schubschraubtrieb verschlissen.	Zündung abschalten. Starter auf Prüfstand kontrollieren, schadhafte Teile ersetzen, ggf. Starter austauschen.

Die Außenbeleuchtung

Zur Außenbeleuchtung Ihres Autos gehören die Hauptscheinwerfer, Rück- und Bremsleuchten, Rückfahrscheinwerfer, Nebellampen, Nebelschlussleuchte sowie die Blink- und Kennzeichenleuchten. Die restlichen Lichtquellen beschreiben wir im Kapitel »Der Innenraum«.

Die Hauptscheinwerfer bestehen aus drei Komponenten: der Lichtquelle, dem Reflektor und der vorgelagerten Abdeckscheibe (Streuscheibe). Als Lichtquelle in den Haupt- und Nebelscheinwerfern bemüht der 1er Halogengaslampen – optional »strahlt« er auch mit Xenon-Licht.

Im Serientrimm erleuchten Hauptscheinwerfer mit Kunststofffreiformreflektoren die Straße. Ihre »Polycarbonat-Streuscheiben« haben die Funktion eines transparenten »Kunststofffensters«: Sie schützen die Scheinwerferinnereien vor Witterungseinflüssen, Straßenschmutz und äußeren Beschädigungen.

Darum macht es für den Streubereich übrigens auch keinen Unterschied, ob die Scheinwerferabdeckscheiben profiliert oder glasklar sind: Freiformreflektoren projizieren ihren Lichtstrahl in einer Vielzahl von Reflektorsektoren mit unterschiedlichen geometrischen Formen. Anders gesagt: Allein die zur Reflektorachse differierenden Neigungswinkel der Lichtstrahlen richten den Lichtkegel mit seinen diversen Brennpunkten auf der Straße aus.

Helle »Augen«: Ab Werk leuchtet der 1er sein Lichtfeld mit Kunststofffreiformreflektoren aus. Xenon-Scheinwerfer mit dynamischer Leuchtweitenregelung und Hochdruckreinigungsanlage gibt's nur gegen Cash.

Praxistipp

Linksverkehr mit Freiformreflektoren

Anders als normales asymmetrisches Abblendlicht, können Sie den rechten »Lichtfinger« von Freiformreflektoren nicht einfach mit Abdeckband auf dem Streuglas »amputieren«. Um den Gegenverkehr nicht zu blenden, müssen Sie stattdessen komplette Scheinwerfertöpfe tauschen: ein finanziell aufwendiges »Vergnügen«. Es sei denn, Sie ignorieren die »neuen Töpfe«, stellen das Licht pauschal einfach rund 1,5 Zentimeter »tiefer« und akzeptieren für die Reisedauer schlechteres Licht.

»Maßkonfektion« – jeweils eine Lampe fürs Fern- und Abblendlicht

Als »Abblendlicht« umschreibt der Gesetzgeber eine spezielle Lichtverteilung mit asymmetrischer Hell-/Dunkel-Grenze. In Ländern mit Rechtsverkehr konzentriert sich das Lichtmaximum auf die rechte Fahrbahnseite, ansonsten steht der »linke Straßengraben« im Brennpunkt. Die 1er-Scheinwerfer »befeuern« die Straße jeweils mit einer H7/55 Watt Halogenlampe.

Sinnvoll – Ersatzlampenset an Bord

Hierzulande gilt die Vorschrift: Alle äußeren »Beleuchtungskörper« müssen ständig funktionieren. Vorausschauende Fahrer haben darum ein Ersatzlampenset an Bord. Im 1er »strahlen« generell 12 V-Lampen:

Abblendlicht	–	H7/55W
Fernlicht	–	H7/55W
Nebelscheinwerfer	–	H11/55W
Blinklicht vorne	–	Kugellampe PY 21W oder PY 21W Silver Vision
Standlicht vorne	–	Glassockellampe 5W
seitliche Blinker	–	Glassockellampe WY 5W oder WY 5W Silver Vision
Blinklicht hinten	–	Kugellampe PY 21W
Nebelschlusslicht	–	Kugellampe P 21W
Brems-/Schlussleuchte	–	Kugellampe P 21W
Zusatzbremsleuchte	–	LED-Band
Rückfahrlicht	–	Kugellampe P 21W
Kennzeichenleuchte	–	Glassockellampe C 5W
Gepäckraumleuchte	–	Soffittenlampe 10W
Innenleuchte	–	Xenon 6W
Leseleuchte	–	Xenon 2 X 6W
Fußraumleuchten	–	Glassockellampe 5W
Handschuhfachleuchte	–	Soffittenlampe 5W
Make-up Spiegelleuchte	–	Soffittenlampe 10W

Keine große Aktion – Scheinwerferlampen wechseln

Die Fahr-, Fern-, Stand- und Blinklichtlampen sind allesamt vom Motorraum aus zugänglich. Zum Lampentausch öffnen Sie lediglich die Haube, clipsen beide Drahtbügel (Pfeile) nach außen und ziehen die betreffende Lampenabdeckung aus beiden Führungsnasen. Achten Sie übrigens generell darauf, dass zum Lampenwechsel das Licht ausgeschaltet ist. **Wichtig**: Neue Glühlampen fassen Sie mit möglichst sauberen Händen immer nur am Sockel an. Ansonsten würden Ihre Fingerabdrücke »mit dem ersten Licht« am heißen Glaskolben verdampfen und als Ornament auf dem Glaskolben und als Schleier auf den Reflektoren erhalten bleiben. Die Leuchtkraft der betreffenden Leuchte würde dadurch erheblich herabgesetzt. Sollten Sie dennoch nicht umhin kommen, die neue Lampe am Glaskolben in die Fassung zu bugsieren, bemühen Sie ein »sauberes« Papiertuch und cleanen hernach das Glas mit einem in Alkohol oder Brennspiritus getränkten fusselfreien Lappen. Verwenden Sie außerdem nur Ersatzlampen mit einem UV-Filter.

Praxistipp

Scheinwerfer-einstellung checken – nach jedem Lampenwechsel

Da sich beim Lampentausch der Reflektor des »blinden« Scheinwerfers verstellen kann, stellen Sie Ihren 1er zunächst vor einer möglichst dunklen Wand ab und markieren die Lichtkegel der intakten Lampen mit einem Kreidestrich an der Wand. Vergleichen Sie nach dem Lampenwechsel den Leuchtwinkel der neuen Lampe mit ihrem alten Gegenüber bzw. dem noch intakten »Faden« der Vorgängerin. Falls Ihr Auto demnach erkennbar »schielen« sollte, lassen Sie seine »Augen« an einem optischen Scheinwerfereinstellgerät bei Ihrem BMW-Händler oder bei einem Bosch-Car-Service justieren. Das sollten Sie ohnehin einmal jährlich tun! Oder fühlen Sie sich jenen rund 36 Prozent der Automobilisten zugehörig, die ihr Vehikel mit verstellten Scheinwerfern durch die Lande kutschieren. Übrigens: Traditionell ist hierzulande der Lichttest zwischen dem 01. bis 31. Oktober beim ADAC, Ihrem BMW-Händler oder in Bosch Car-Service-Stützpunkten kostenlos.

Zum Lampentausch öffnen: Motorhaube und Verschlussbügel (Pfeile) der Lampengehäuse.

Halogenscheinwerfersystem

Arbeitsschritte (je Lampenwechsel)

Abblendlicht, Fernlicht

1 Öffnen Sie die Motorhaube und demontieren die Lampenabdeckung vom Scheinwerfer.

2 Sobald der Deckel »ab« ist, ziehen Sie den betreffenden Kabelstecker von der Lampe, …

3 … drücken dann den Befestigungsbügel (1) nach außen und klappen den entspannten Draht nach unten weg.

4 Greifen Sie die »blinde« Lampe (2) am Anschlussstecker und ziehen sie aus der Fassung.

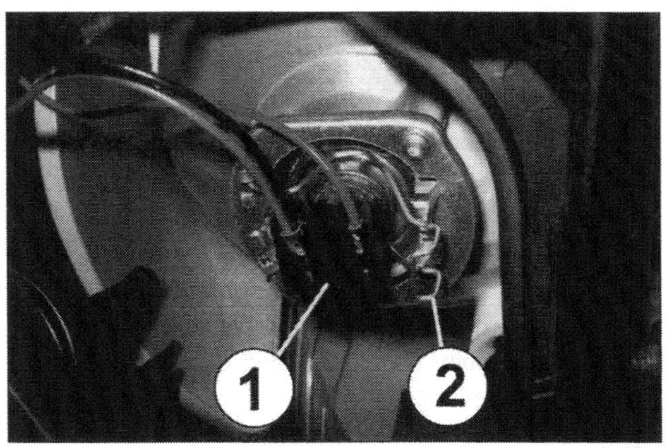

Punkt für Punkt vorgehen: zum Lampenwechsel. (1) Abblendlicht, (2) Fernlicht.

5 Die neue Lampe setzen Sie »passend« in die Fassung, klappen den Spannbügel nach oben, verschieben ihn nach innen und rasten ihn in die Spannöse ein. Checken Sie, dass die Lampe auch tatsächlich fest sitzt.

[6] Vergessen Sie jetzt nicht den Stromanschluss und die Lampenabdeckung zu montieren. – Fertig!

Vordere Blink-, Stand- und Parkleuchten

Die vorderen Blink-, Stand- und Parkleuchten sind im Hauptscheinwerfergehäuse integriert.

Stand- und Parkleuchten

Halogen-Licht

[1] Lösen Sie die Hauptscheinwerferabdeckkappe und nehmen sie ab.

[2] Jetzt ziehen Sie die Lampenfassung (1) gleichmäßig aus dem Reflektor.

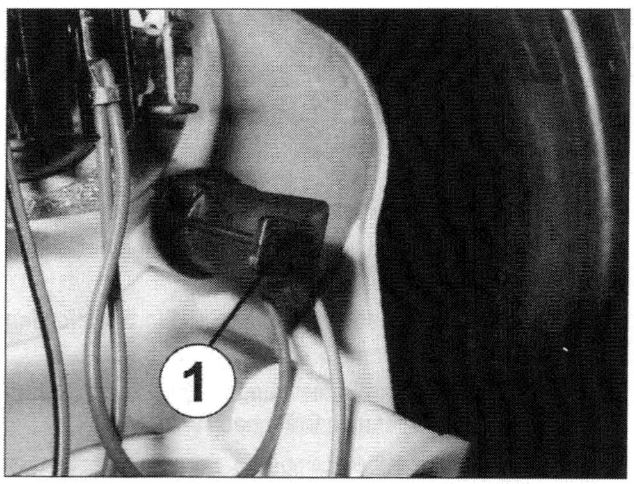

Zusammen mit der Lampe aus dem Reflektor ziehen: die Lampenfassung.

Xenon-Licht

[3] Drehen Sie den Lampenhalter mit leichtem Druck nach links und ...

[4] ... ziehen die alte Lampe – mitsamt Kabelanschluss – so weit aus dem Lampengehäuse, ...

[5] ... bis Sie die defekte Lampe bequem wechseln können. Drehen Sie die Lampe dazu mit leichtem Druck nach links und ziehen sie aus der Fassung.

alle

[6] Tauschen Sie eine defekte Lampe immer nur gegen eine Neue aus.

[7] ... montieren Sie die Lampe in umgekehrter Reihenfolge, ohne dabei das Glas zu berühren.

Blinklicht

[1] Öffnen Sie die Motorhaube, greifen Sie von oben die betreffende Fassung (1), ...

[2] ... drehen Sie den Lampenhalter mit leichtem Druck nach links und ...

[3] ... ziehen Sie die alte Lampe – mitsamt Kabelanschluss – so weit aus dem Lampengehäuse, ...

[4] ... bis Sie die Lampe bequem wechseln können. Drehen Sie die Lampe dazu mit leichtem Druck nach links und ziehen sie anschließend aus der Fassung.

[5] Die neue Lampe montieren Sie in umgekehrter Reihenfolge. Achten Sie darauf, dass beide Führungsnasen richtig in der Lampenfassung sitzen.

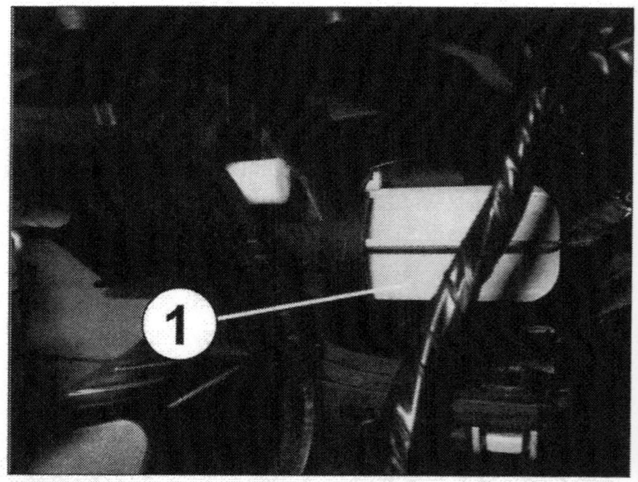

Mit Kabelanschluss aus dem Lampengehäuse dehen: die Blinklichtlampe.

Seitliche Blinkleuchte

[1] Schieben Sie die komplette Blinkleuchte, so weit in Richtung A-Säule, bis sie leicht vom Kotflügel »fällt«.

[2] Die alte Lampe drehen Sie mitsamt Sockel aus dem Gehäuse und tauschen Sie gegen eine neue.

[3] Beenden Sie die Montage in umgekehrter Reihenfolge. Achten Sie darauf, dass die Leuchte ordentlich im Kotflügel einrastet und fest sitzt.

Nebelscheinwerfer

Die Nebellampen sind zwar im Stoßfänger integriert, jedoch vom Radkasten aus zugänglich. Wenn Sie beispielsweise die linke Lampe wechseln müssen, schlagen Sie die Lenkung ganz nach rechts ein.

[1] Damit Sie an die Lampe kommen, lösen Sie gerademal so viel Schrauben im Radlauf, bis Sie die Kunststoffblende weit genug abbiegen können.

[2] Jetzt ziehen Sie den Kabelstecker (1) von der Lampe (2), ...

[3] ... drehen die Fassung (3) mit leichtem Druck in Pfeilrichtung nach links und ziehen die alte Birne aus dem Scheinwerfer.

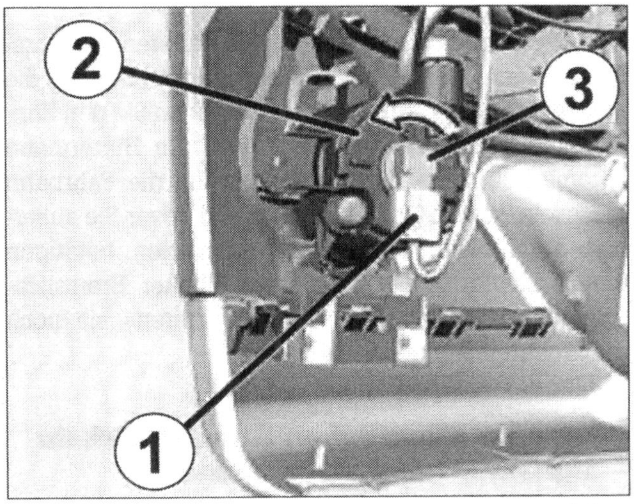

Kabelstecker abziehen und Nebellampenbirne nach links drehen: zum Lampentausch.

alle

[4] Tauschen Sie die schwarze Lampe und montieren die neue Lampe in umgekehrter Reihenfolge in das Lampengehäuse. Achten Sie darauf, dass die neue Lampe ordentlich im Gehäuse sitzt.

Gasentladungslampe (Xenon-Licht)

Technik-lexikon

Gegen Aufpreis strahlt der Einser auch mit Xenon-Scheinwerfern. Anstelle einer herkömmlichen Halogengaslampe leuchten in Xenon-Scheinwerfern aufwendige Gasentladungslampen, deren Gasfüllung erst ein »Funken« im Lampenkolben entzündet. Dadurch entsteht in der Xenon-Gasatmosphäre des Lampenkolbens ein ionisierter »Gasschlauch« der von einer herkömmlichen Spannung »erleuchtet« wird. Jeder Scheinwerfer arbeitet mit einem eigenen Hochspannungszünder.
Wegen der hohen Lichtintensität lässt der Gesetzgeber hierzulande Gasentladungslampen ausschließlich mit dynamischen Leuchtweitenreglern zu. Somit ist das hartnäckige Gerücht vom gleißend blendenden Xenon-Licht technisch unbegründet, gewöhnungsbedürftig ist allein die Lichtfärbung: Autos mit Xenon-Licht kommen leicht blauäugig daher ...

Abblendlicht (Xenonscheinwerfersystem)

»Erblindete« Xenonlampen sollten Sie, beim geringsten Selbstzweifel, besser in einer Fachwerkstatt tauschen lassen: Der unsachgemäße Umgang mit den Vorschaltgeräten kann lebensbedrohende Verletzungen verursachen. Doch keine Skepsis: Die Praxiserfahrungen belegen – Xenon-Licht funktioniert nahezu verschleißfrei, Gasentladungslampe unterliegen lediglich beim »Starten« einem geringen Verschleiß.

Der tatsächliche Arbeitsaufwand unterscheidet sich von dem der Halogenscheinwerfer. Sollten Sie freilich vergessen, vor der Montage das Licht auszuschalten, besteht Lebensgefahr! Grund: Xenon-Scheinwerfer arbeiten mit hoher elektrischer Spannung, deren Spannungsspitzen bei jedem Ladungswechsel lebensgefährliche Verletzungen herbeiführen können.

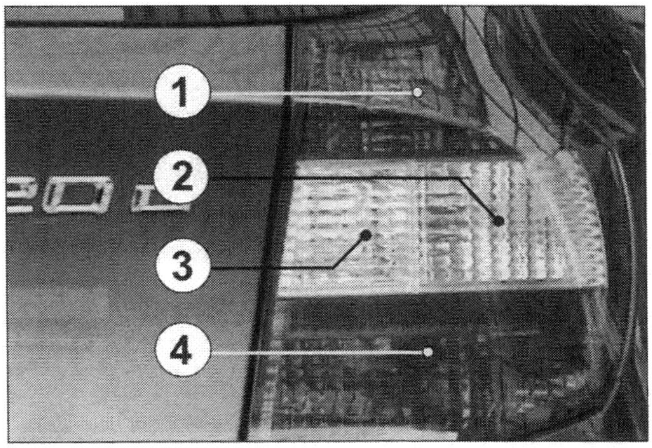

Eigenwillig konturiert: die Einserrückleuchten. (1) Brems-/Nebelschlussleuchte, (2) Blinker, (3) Rückfahrscheinwerfer, (4) zweistufige Brems-/Rückleuchte.

Rückleuchten

Sämtliche Lampen sind in einem zentralen Lampenhalter zusammengefasst. Sie erreichen den Halter, indem Sie die betreffende Seitenwandverkleidung vorsichtig von der Seiten-

Schnell demontiert: der Lampenträger des 1er.

wand abziehen. Der Arbeitsaufwand ist auf beiden Seiten nahezu identisch, wir beschreiben den Wechsel an der linken Rückleuchte.

[1] Öffnen Sie die Heckklappe, demontieren die betreffende Seitenwandverkleidung und ...

[2] ... pressen dann die Sperrzungen des Lampenträgers (Pfeile) zusammen. Das Chassis nehmen Sie jetzt komplett aus dem Lampengehäuse heraus.

[3] Tauschen Sie die Lampe aus und ...

[4] ... beenden die Montage in umgekehrter Reihenfolge.

Gefühlvoll ausclipsen: die Kennzeichenleuchte aus der Heckklappe.

Kennzeichenleuchte

[1] Hebeln Sie mit einem Lüsterklemmenschraubendreher den »schwarzen« Lampenhalter aus der Heckklappe und wechseln die Lampe.

[2] Tauschen Sie die alte gegen eine neue Glühlampe und ...

[3] ... setzen den Lampenhalter wieder in die Ladeklappe ein. Achten Sie darauf, dass er hörbar einrastet.

Mittlere Bremsleuchte

Die mittlere Bremsleuchte ist ein LED-Leuchtenband oberhalb der Heckscheibe. Wir raten Ihnen bei einem Defekt, Ihren BMW-Händler aufzusuchen.

Praxistipp

Glühlampen turnusmäßig wechseln

Glühfäden verschleißen mit der Zeit – sie verdampfen einfach. Beachten Sie das und erneuern alle Glühlampen, zumindest im Bereich der Außenbeleuchtung (außer Halogenlampen), spätestens nach zwei Jahren. Optisch erkennen Sie »gealterte« Glühlampen übrigens auch an leicht getrübten Lampenkolben.

Die Signaleinrichtungen

Selbstverständlich signalisieren Sie anderen Verkehrsteilnehmern Ihre Vorhaben: Wenn Sie zum Beispiel die Fahrtrichtung ändern möchten, betätigen Sie den Blinker, beim Tritt aufs Bremspedal sieht Ihr Hintermann automatisch dreimal »rot«. Sollten Sie die Fahrbahn wechseln, setzen Sie den Blinker und bevor Sie außerhalb geschlossener Ortschaften überholen, betätigen Sie die Lichthupe. Doch außer mit Blinker, Bremslichtern und Scheinwerfern »kommunizieren« sie noch mit weiteren Signaleinrichtungen.

Pflicht im öffentlichen Straßenverkehr – Signalhorn und Warnblinker

Im öffentlichen Straßenverkehr schreibt der Gesetzgeber in der StVZO allen Kraftfahrzeugen ein Signalhorn vor. Außerdem ist zweispurigen Kraftfahrzeugen eine ständig einsatzbereite Warnblinkanlage vorgeschrieben, sie »hängt« demzufolge direkt am Batteriestromkreis (Klemme 30). Den Richtungsblinkern liefert im 1er dagegen Klemme 15 (Zündstrom) den Saft an.

Übrigens: Bevor Sie eine Fahrt antreten, sollten Sie grundsätzlich alle Signaleinrichtungen Ihres Autos überprüfen.

Warnblinkanlage:

- Betätigen Sie bei ausgeschalteter Zündung die Warnblinkanlage. Alle Blinker – mitsamt der Schalterkontrollleuchte – leuchten im gleichen Rhythmus.

Blinker:

- Bei eingeschalteter Zündung und gesetztem Blinkerhebel müssen die Blinker der betreffenden Seite im gleichen Rhythmus blinken, ebenso die Blinkerkontrolle im Cockpit.

Bremsleuchten:

- Stellen Sie Ihren 1er mit dem Heck vor einer hellen Wand ab und treten dann das Bremspedal – die Wand reflektiert das Bremslicht. Das Gleiche funktioniert auch im Stand in einer Autoschlange. Kontrollieren Sie im Rückspiegel, ob Sie Ihre »brennenden« Bremsleuchten in den Scheinwerfern oder in der Lackierung des Hintermanns erkennen.

Warnblink- und Blinkanlage

Störungs-beistand

Störung	Ursache	Abhilfe
A Blinkerkontrolllampe leuchtet in kurzen Intervallen auf, Warnblinker funktioniert im normalen Rhythmus.	Blinkleuchte defekt oder Kontaktschwäche.	Auswechseln – Kontaktschwäche mit Kontaktspray beseitigen.
B Blink- und Kontrollleuchte brennen ungetaktet.	Elektronisch gesteuertes Blinkrelais defekt.	Auswechseln.
C Blinkleuchten o.k. – Warnblinker nicht.	1 Sicherung defekt.	Auswechseln.
	2 Kabel vom Steckkontakt des Warnblinkerschalters zur Sicherung bzw. Blinkerrelais unterbrochen.	Durchgang kontrollieren, evtl. instand setzen.
	3 Warnblinkschalter defekt.	Auswechseln (lassen).
D Warnblinkanlage o.k. – Richtungsblinker nicht.	Kabel zwischen Blinkerschalter und Blinkerrelais unterbrochen.	Durchgang prüfen, evtl. instand setzen.

Bremslicht

Störungs-beistand

Störung	Ursache	Abhilfe
A Eine Bremsleuchte brennt nicht.	1 Lampe defekt.	Austauschen.
	2 Masseverbindung unterbrochen. Brennen die übrigen Lampen in der Heckleuchte?	Masseanschluss erneuern (säubern).
	3 Zuleitung unterbrochen.	Kabel kontrollieren.
B Alle Bremslichter funktionieren nicht.	1 Sicherung defekt.	Ersetzen.
	2 Bremslichtschalter defekt.	Überprüfen, ggf. ersetzen.
C Bremslicht brennt dauernd.	1 Bremspedal hängt.	Gangbar machen.
	2 Bremslichtschalter defekt.	Bremslichtschalter und Zuleitungen kontrollieren.

Bremslichtschalter prüfen

Sollten alle drei Bremslichter abrupt nicht mehr funktionieren, checken Sie zunächst die entsprechende Sicherung und dann erst den Bremslichtschalter. Der Schalter sitzt direkt am Lagerbock des Bremspedals. Zum Check schalten Sie die Zündung ein, ziehen beide Kabelstecker vom Schalter ab und halten ihre »blanken« Enden zusammen. Sollten die Bremsleuchten daraufhin funktionieren, ist der Schalter defekt, ansonsten kreisen Sie den »Kabelwurm« systematisch ein.

Signalhorn prüfen

Wenn Signalhörner nicht ständig von Dreck und Spritzwasser geduscht werden, überleben sie mittlerweile ein »Autoleben«: Ihr 1er »versteckt« seine Hupe unterhalb des Vorderwagens. Sollte das Horn »stumm« bleiben, checken Sie am Gehäuse beide Hupenkontakte mit der Prüflampe. Kommt Strom an? Dann streikt im Lenkrad meistens der Hupenschleifring. In dem Fall ist der Profi gefragt, denn dann kommt der Airbag mit ins Spiel. Von Airbags lassen Sie, auch als versierter Do it yourselfer, besser die »Finger«. Auch in Fachwerkstätten sind Airbags nicht die »Spielwiese« eines jeden Schraubers: Nur speziell unterwiesener Monteure »trauen« sich an die »Luftsäcke« heran.

Instrumente und Bedienungselemente

Sobald der »Zündschlüssel« im Schloss steckt, setzt er diverse technische Komponenten zwischen den Vorder- und Hinterrädern unter Strom: unter Strom ist gleich bedeutend mit unter Aufsicht. Das ist ganz in Ihrem Sinn, denn Sie können sich derweil voll auf den Tacho und den Verkehr konzentrieren. Und sollte ein Kontrolllämpchen dann plötzlich »strahlen«, unterschätzen Sie das Signal bitte nicht: Meistens hat das einen ernsten Hintergrund.

Verlöschen kurz nach dem Start – Sicherheitsgurt-, CBC-, Motorelektronik- und ABS-Kontrollleuchten

Bleiben die Lämpchen jedoch immer »dunkel« oder flackern gar während der Fahrt auf, gehen Sie »zielgerichtet« von einem Systemdefekt aus. Um teure Folgeschäden und unnötige Gefahrenmomente zu umgehen, vertrauen Sie Ihren 1er einem BMW-Händler an.

Nichts ist unmöglich – Fehlinformationen aus dem Cockpit

Allerdings stehen sich elektronische On-Bordsysteme mitunter »selbst im Weg«: Dann »spinnt« nämlich nicht das System, sondern seine Peripherie. Wie das? Defekte Schalter, Sensoren, Kabel oder die Anschlussstecker provozieren durchaus auch Fehlinformationen. Bewahren Sie im Zweifelsfall also kühlen Kopf und folgen der Logik – so zum Beispiel, wenn Anzeigen unterschiedlicher Systeme gleichzeitig aus dem Tritt sind. Mitunter verantwortet den optischen Informationssalat nämlich »nur« ein schadhafter Spannungsregler. Sei's drum – Sie sind auf jeden Fall gut beraten, der Ursache umgehend auf den Grund zu gehen und das Manko zu beseitigen.

Routine für Profis – Sichtkontrollen vor der Fahrt

Bevor Sie losfahren, gönnen Sie dem Cockpit einen aufmerksamen Blick. Weil sich Ihrem Unterbewusstsein das normale Erscheinungsbild längst »eingebrannt« hat, fallen Ihnen selbst kleinere Abweichungen sofort ins Auge.

- Mit eingeschalteter Zündung leuchten Ladekontroll-, Sicherheitsgurtkontroll-, Motorkontroll-, die Handbremskontrollleuchte (bei angezogener Handbremse), die ABS-/CBC-Funktionsanzeige auf. Im Diesel 1er brennt vor dem Start für wenige Sekunden auch die Vorglühkontrollleuchte.
- Vergessen Sie auch nicht kurz den Warnblinker, die beheizbare Heckscheibe, Nebelscheinwerfer und die Nebelschlussleuchte zu bedienen. Kontrollieren Sie, ob die entsprechenden Kontrollleuchten funktionieren.
- Sind die Schalter und das Cockpit beleuchtet? Schalten Sie zum Check das Fahrlicht ein.
- Schalten Sie den linken Kombihebel durch. Funktioniert die Blinker- und Fernlichtkontrolle?
- Achten Sie während der Fahrt auf den Tacho und Drehzahlmesser.

Warnleuchten funktionieren nicht: Überprüfen Sie zunächst die zuständige Sicherung, dann die Kabelanschlüsse, Zuleitungskabel und Geberelemente auf Funktion. Hier ist übrigens das Multimeter eine wertvolle Hilfe. Sobald der Fehler lokalisiert ist, bereitet Ihnen der Austausch von Geberelementen oder Kontrolllämpchen keine großen Schwierigkeiten mehr. Von Reparaturen der Schaltplatine des Kombiinstruments sehen Sie jedoch besser ab: Betrauen Sie damit Ihren Vertragshändler. Er hält sich meistens übrigens auch nicht mit »Netzwerkreparaturen« auf, sondern tauscht die Platine komplett.

Schalter - Funktionsprüfung

Manchmal bringen nur defekte Schalter die »Ströme« durcheinander. Im 1er kommen übrigens die unterschiedlichsten Schaltertypen »zu Ehren«. Die Funktionsprüfung erledigen Sie am besten mithilfe einer Prüflampe – dazu muss der Nadelkontakt an der Lampenspitze allerdings noch spitz sein. Tauschen Sie defekte Schalter ausschließlich gegen original Ersatzteile.

Arbeits-schritte

1 Besorgen Sie sich den aktuellen Schaltplan zu Ihrem Auto.

2 Zuerst machen Sie das (die) spannungsführende(n) Kabel aus. Dazu legen Sie eine Prüflampe an und stechen die Kabelisolation mit der Nadelspitze an.

3 Prüfen Sie mit eingeschaltetem Zündstrom, bzw. bei »brennender« Beleuchtung, ob am Schalter Spannung anliegt.

4 Die Schalterfunktion leiten Sie an der Ein- und Ausgangsspannung ab. Denn »was reingeht, muss am Schalterausgang auch wieder herauskommen«.

Alles gut »im Griff«: der Arbeitsplatz am Beispiel des 130i.

Wichtig – NUR zusammenhängende Systeme auf Funktion prüfen

Prüfen Sie stets zusammenhängende Systeme, das bringt Sie mitunter schneller ans Ziel. In Ihrem Auto beziehen die meisten Instrumente und Kontrollleuchten ihre »Lebensgeister« nicht über Kabel, sondern über eine Folie (Platine) mit aufgedampften Leiterbahnen. Je nach Ausstattungsumfang sind unterschiedliche Platinen montiert. Beachten Sie das bitte bei Reparaturen und beim Ersatzteilkauf. Denn die richtige Platine entziffert Ihr BMW-Händler anhand der Schlüsselnummer aus dem Kfz-Brief bzw. aus ihrem Fahrzeugschein. Das klingt nach »vielen Euro«, doch bleiben Sie ganz locker – eine neue Platine ist selten erforderlich: Mitunter sind nur Lämpchen defekt oder der Anschlussstecker leidet unter Kontaktschwäche. Zur Diagnose demontieren Sie das komplette Instrument.

Kombiinstrument aus- und einbauen

Im Kombiinstrument Ihres 1er sind die wichtigsten Fahrzeugsysteme mit Anzeigeinstrumenten und Kontrollleuchten präsent. Da in modernen Cockpits die Leuchten erfahrungsgemäß ein Autoleben lang halten, gehen wir in diesem Kapitel nicht mehr weiter auf die Beleuchtungseinrichtungen ein. Abhängig von der gewählten Ausstattung zieren den 1er unterschiedliche Cockpitlayouts. Anzeigen- und Warnanzeigensysteme reagieren generell auf Sensorensignale – berücksichtigen Sie das bitte, wenn Sie Systemfehlern auf die Schliche kommen möchten.

Arbeits-schritte

1 Klemmen Sie das Batteriemassekabel ab, ziehen die Lenksäule heraus, schwenken sie in dieser Stellung nach unten weg und ...

2 ... lösen oberhalb des Kombiinstrumentes dann beide Befestigungsschrauben (1).

3 Das entriegelte Cockpit ziehen Sie zunächst nur so weit aus der Halterung, bis Sie die Kombistecker bequem abziehen können. Halten Sie das Kombiinstrument derweil unbedingt aufrecht, ansonsten läuft die Silikonbefüllung aus – das Instrument wäre dann nur noch Schrott.

[4] Sollte eine Leiterbahn unterbrochen sein, füllen Sie den Sprung vorsichtig mit Leitsilber (Elektronikzubehör) aus. Geschickterweise tragen Sie die Paste mit einem feinen, wasserfeuchten Malpinsel oder einem angespitzten Streichholz auf.

[5] Zur Montage richten Sie das Paneel in der Halterung aus, ziehen beide Schrauben fest und beenden die Arbeit in umgekehrter Reihenfolge. Bevor Sie die Blende aufsetzen, checken Sie alle Cockpitfunktionen ab.

Mit zwei Schrauben montiert: das Kombiinstrument.

Verschlungen – die Wege des Stroms

Auf Laien wirken »Ströme« häufig sehr geheimnisvoll – manchmal sind ihre Wege doch recht sonderbar.
In Ihrem Auto »kontakten« die meisten konventionellen Stromverbraucher mit Doppelklemmen. Doch durchgängig bis zur Batterie oder zum Generator lässt sich häufig nur ein Kabel zurückverfolgen. Das andere endet »unterwegs« im IRGENDWO an einem Massekontakt der Karosserie, des Motors, am Getriebe oder, in den meisten Fällen, an irgendeinem »toten« Kontakt eines »dicken Steckers«. Der Mehrfachstecker vor dem Sicherungs-/Relaiskasten ist beispielsweise ein häufiger »Kontaktkiller«.

Leiten Masse – Metalle

Innerhalb der Bordelektrik setzen BMW-Ingenieure gekonnt auf ein uraltes physikalisches Prinzip: Metalle, Mechatroniker bezeichnen sie als Masse, leiten elektrischen Strom. Diese simple Erkenntnis erspart – völlig legitim – lange Kabel zur Spannungsableitung an den Batterieminuspol. Wenn ein Verbraucher also nicht funktioniert, liegt das häufig nicht etwa an der Zuleitung, sondern an einer unzureichenden Masseverbindung. Der »Wackelkanditat« sucht dann beharrlich fremden Beistand, das bringt letztlich die Bordelektrik völlig aus dem Takt: Sie setzen beispielsweise den Blinker und eine Rückleuchte glimmt »taktvoll« mit. Der Laie steht dann meistens staunend vor dem »Lichterfest« – erst recht, wenn der passende Stromlaufplan fehlt.

Systematisch geordnet – Kabel und Klemmen

Trotzt rationeller Bauweise und Multiplextechnik misst der hintereinander gelegte 1er-Kabelbaum locker einen Kilometer. Das scheinbar bunte Gewirr ist akribisch geordnet – die Kabelfarben weisen den Weg. Zudem sind die meisten Anschlüsse der Mehrfachstecker und Relais nummeriert. Bei der Wahl der Kabelfarben bedient sich die »1er-Norm« gängiger Vorbilder.

Wissenswert – häufige Kabel und Klemmenbezeichnungen

Klemme 15: Erhält nur bei eingeschalteter Zündung Spannung ab Zündschloss, wobei außer der Zündung auch jene Stromverbraucher mit Strom versorgt werden, die nur bei Betrieb des Wagens Strom erhalten sollen. Die vielfach schwarzen Kabel besitzen im 1er bisweilen auch farbige Zusatzstreifen.
Klemme 30: Erhält dauernd Strom vom Pluspol der Batterie bzw. bei laufendem Motor von der Lichtmaschine. Das kann bei unvorsichtigem Umgang mit Werkzeug zu Kurzschlüssen und Funkenregen führen, zumindest dann, wenn Sie nicht vorher das Minuskabel der Batterie abgenommen haben. Strom führende Kabel sind im 1er rot ummantelt, ggf. »schmücken« sie auch zusätzliche Farbstreifen.
Klemme 49: Setzt die Blink- und Warnblinkanlage unter Strom.
Klemme 53: Speist den Scheibenwischer. Die Kabel sind überwiegend grün und mit weiteren Zusatzfarben (z. B. gelb) gekennzeichnet.
Klemme 56: Mit gelb/schwarzen Farben versorgt sie das Abblendlicht und mit weiß/schwarzen Farben das Fernlicht mit Strom.
Klemme 58: Speist das Standlicht. Die Kabelgrundfarbe ist grau, jeweils mit zusätzlichen Farbstreifen.
Klemme 31: Masseklemme, die jeden Bordverbraucher mit Fahrzeugmasse verbinden muss. Im Bordnetz sind Massekabel meistens braun »eingewickelt«.

Überlastungsschutz – die Sicherungen

Die Bordelektrik Ihres 1er schützen zahlreiche Sicherungen vor Überlastung. Die Schutzfunktion jeder einzelnen Sicherung entspricht der theoretischen Maximalbelastung des Stromkreises, den sie sichert: Sicherungen trennen den Stromfluss, wenn beispielsweise ein Kurzschluss (defekter Verbraucher, beschädigte Stromkabel) die Bordspannung unkoordiniert an Masse ableitet.

Der 1er hat **Flachstecksicherungen**, deren Schmelzdraht im Überlastungsfall durchglüht. Für eine Sicherung ist der »Tatbestand« des Überlastungsfalls übrigens auch dann erfüllt, wenn voll ausgelastete Stromkreise nachträglich noch mit zusätzlichen Verbrauchern (Hi-Fi-Anlagen, Boostern oder unzulässigen Hochleistungsleuchten) »aufgemotzt« werden. Auch profane Autostaubsauger und Kühlboxen, die Sie einfach mit Strom aus der Steckdose abspeisen, lassen ab und an die Sicherung »dahin schmelzen«. Spendieren Sie zusätzlichen Verbrauchern also im Bedarfsfall einen genügend »stabilen« Stromkreis. Um alle Eventualitäten auszuschließen, lassen Sie besser einen Kfz-Elektriker ans Werk, der verlegt Ihnen die richtigen Kabelquerschnitte (min. 1,5 mm²) und sichert den Stromkreis ausreichend ab.

Verteilt auf diverse Stromkreise – Bordsicherungen

Das Motormanagement und die meisten leistungsstarken Aggregate sind separat abgesichert. Damit Ihr Auto bei einem elektrischen Defekt nun nicht gänzlich ohne Strom da steht, sind die Bordverbraucher auf mehrere Stromkreise verteilt. Nebenverbraucher mit weniger wichtigen Aufgaben arbeiten in gemeinsamen Stromkreisen – jeweils von einer Sicherung geschützt. Nicht so die Stromkreise zwischen Anlasser, Batterie, Lichtmaschine und Zündschloss: Hier liegt ständig die volle Batteriekapazität an. Klemmen Sie zu Arbeiten an diesem Trio also **IMMER** zuerst die Batterie ab! Andernfalls provozieren Sie kapitale Schäden – bis hin zu Fahrzeugbränden.

Schnell erledigt – Sicherungen erneuern

Der 1er-BMW »bündelt« seine Sicherungen, gut versteckt, in einem Sicherungskasten hinter dem Handschuhfach. Dort sitzt auch ein Großteil der Relais. Bevor Sie Sicherungen oder Relais wechseln, schalten Sie besser die Zündung und alle Stromverbraucher (z. B. Radio) aus.

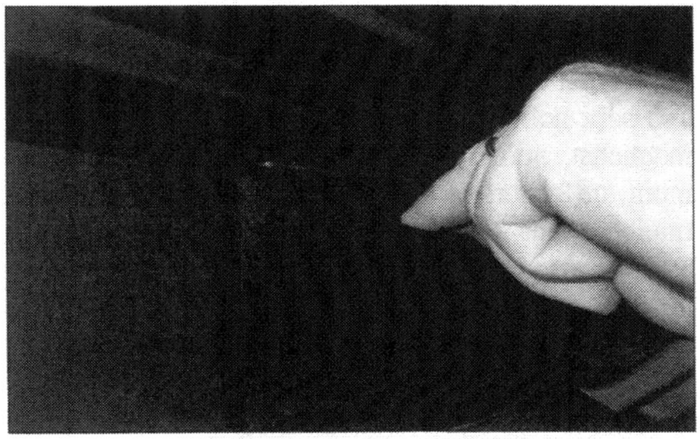

Aufklappen: den Sicherungskastendeckel innerhalb des Handschuhfachs.

Arbeitsschritte

1 Öffnen Sie das Handschuhfach und klappen Sie den Sicherungskastendeckel nach unten.

2 Die verschmorte Sicherung ziehen Sie vorsichtig mit der »Sicherungskralle« (Pfeil) oder einer passenden Flachzange aus der Kontaktbrücke.

Sinnvollerweise mit einer Klammer oder passender Flachzange aus der Kontaktbrücke ziehen: defekte Sicherungen.

[3] Drücken Sie beide Flachstecker möglichst gleichmäßig in die Kontaktbrücke ein. Achten Sie darauf, dass neue Sicherungen generell die gleiche Amperestärke wie ihre verschmorten Vorgänger haben.

[4] Sollte ihnen die neue Sicherung sofort wieder »dahinschmelzen«, prüfen Sie, ob der Stromkreis eventuell einen Masseschluss hat (Verbraucher defekt, Kabelisolation gegen Masse durchgescheuert, etc.).

Verteilen hohe Arbeitsströme – Schaltrelais

Ihr Wagen hat eine Reihe von Verbrauchern, die zum Teil sehr hohe Arbeitsströme erfordern. Um dort, mit möglichst geringen Kabeldurchmessern, ein Maximum an Sicherheit zu gewährleisten, sind jene Verbraucher aus der Zentralelektrikbox über separate Schaltrelais angesteuert. Über den Ein- und Ausschalter fließt dann lediglich ein geringer Schaltstrom, der im Relais den Arbeitsstrom zum Verbraucher schaltet.

Unterschiedliche Aufgaben – Schaltstrom und Arbeitsstrom

Beim Einschalten des betreffenden Verbrauchers wirkt im Relais der Schaltstrom auf eine Magnetspule. Die Magnetspule zieht einen kräftigen Kontakt gegen Federdruck an und öffnet so den Arbeitsstromkreis zum Verbraucher. Um den Verbraucher mit möglichst hoher Spannung zu bedienen, gelangt der Arbeitsstrom auf direktem Weg durch das Relais an sein Ziel. Die Relaiskontakte sind so stabil ausgelegt, dass sie »hohe« Ströme auch langfristig gut vertragen. Außerdem kürzt der vermeintliche »Umweg« durchs Relais den Weg des Arbeitsstroms ab. Vorteil: je kürzer die Wege, um so geringer die Spannungsverluste zwischen Schalter und Verbraucher.

Erfüllen unterschiedliche Aufgaben – spezielle Relaistypen

Um die Übersichtlichkeit und Fehlersuche zu verbessern, stecken im 1er-BMW die meisten Relais auf speziellen Trägerplatten. Darüber hinaus arbeiten im Bordnetz auch Relais, die bestimmte Funktionen, ganz in Nähe ihres »Arbeitsplatzes« erfüllen.

Die Sicherungen

Technik-lexikon

Im Bordsicherungskasten stecken Flachsicherungen (Minisicherungen), deren transparenter »Kunststoffkörper« zwei mit einem Schmelzdraht verbundene Flachstecker fixiert oder so genannte A1-Sicherungen. Eine durchgebrannte Sicherung erkennen Sie am unterbrochenen Schmelzdraht. Oft ist auch der Rücken der Plastikumhüllung herausgebrochen oder geschmolzen.

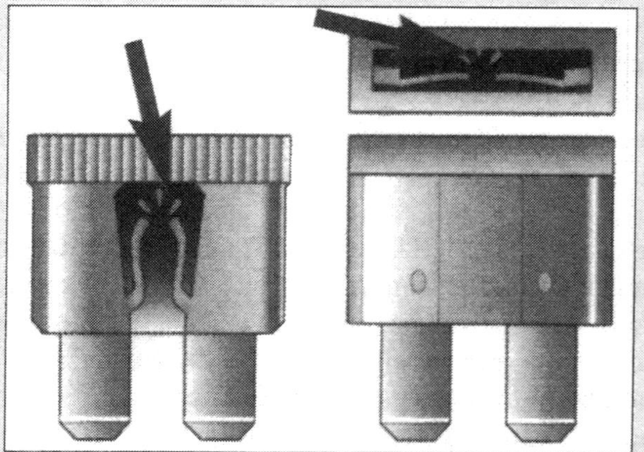

Durchgebrannt – am geschmolzenen Draht (Pfeil) zu erkennen. Mitunter ist dann auch die Plastikumhüllung gebrochen oder verschmort.

Beschreibt die Stärke – Amperezahl

Zur besseren Differenzierung der Maximalbelastung (Amperezahl) sind Sicherungen, zusätzlich zu ihrer Beschriftung, farbig markiert. Die Minisicherungen im 1er vertragen:

Kennfarbe:	Stromstärke in Ampere
Grau	2
Hellbraun	5
Dunkelbraun	7,5
Rot	10
Hellblau	15
Gelb	20
Hellgrün	30
Orange	40

Zusätzlich schützen A1-Sicherungen die »kräftigeren« Stromkreise.

Kennfarbe:	Stromstärke in Ampere
Pink	30
Rot	50
Gelb	60
Schwarz	80

DER INNENRAUM

Ein Fall für Fünf: der kompakte Einser-BMW und sein Innenraum. Zwischen den weit auseinander stehenden Achsen gibt es weder einen ernsthaften Engpass, noch üppige Platzverhältnisse. Die BMW-Macher setzten eher auf Premiumverarbeitungsniveau, solide Detaillösungen und behagliches Ambiente.

Wartung

Reparatur

Verglichen mit seinen Klassenkameraden bietet der 1er mit 2.660 Millimetern zwar einen sehr langen Radstand, nicht jedoch den größten Wohn- oder Kofferraum. Seine Innenarchitekten setzten ihre Prioritäten eher auf geschmackvolle Funktionsbereiche, hochwertige Materialien oder kreative Gestaltungsfreiräume. Verglichen mit dem Gros der Kompaktklasse kommen die aktuellen 1er-Derivate eine gehörige Portion luxuriöser und »fahraktiver« daher: Das eher negative Image von austauschbarer Großserienkonfektion passt auf sie ebenso wenig wie der Kölner Dom nach Düsseldorf: Der Einser-BMW strahlt Selbstbewusstsein und elegante Dynamik aus – opulenter Serientrimm oder schrilles Make-up sind seine Sache freilich nicht.

Anders als andere – die BMW-Innenarchitektur

Auch beim Einser setzten die Designer gleichermaßen auf alternative Linien und traditionellen BMW-Habitus – auch im Innenraum. Er nimmt mit geometrischen Formen und klaren Linien gekonnt die technisch orientierte Formensprache seiner größeren Markengenossen auf. Die vielfältigen Farbkombinationen des Textil- bzw. Lederinterieurs überzeugen optisch auch auf den zweiten Blick: Der 1er vermittelt seinen Mitfahrern ein gerüttelt Maß an Solidität.
Gefühlsprägend für das schnell »Zuhause sein« ist im kleinen BMW eindeutig das Cockpit mit seinen zwei übersichtlichen Rundinstrumenten und den Flüssigkristallanzeigen »zwischen den Uhren«. Alle wichtigen Bedienungs- und Informationspaneels sind – BMW-typisch – dem »Chauffeur« zugewandt. Während die in der Mittelkonsole platzierten Schalter und Anzeigen, zum Beispiel das Infodisplay, der iDrive-Controller, das Heizungs- und Klimasystem, oder der Aschenbecher gleichermaßen von Fahrer und Beifahrer erreichbar sind.

Da passt jeder Schalter: Das 1er Cockpit ist nahezu »selbsterklärend«. Wichtige Informations- und Bedienungsfunktionen sind um oder gegen Cash auch im Lenkrad positioniert. Gleichermaßen aufpreispflichtig ist der iDrive-Controller auf der Mittelkonsole. Er aktiviert programmgesteuert einen Großteil von Zusatzfunktionen, die oberhalb der mittleren Luftmischer ein Kontrolldisplay anzeigt.

Verzehren einen Großteil der Aufprallenergie – sechs Airbags

Einen weiteren »Wohlfühlfaktor« bekommt der Fahrer schon beim ersten Lenkradkontakt mit: Die Lenkradposition ist über einen großen Verstellbereich sowohl horizontal als auch vertikal verstellbar. Eine bequem positionierte und stabile Fußstütze entlastet in »Ruhezeiten« zudem den Kupplungsfuß. Stichwort Füße: Die Gas-, Brems- und Kupplungspedale sind übrigens symmetrisch zum Fahrersitz angeordnet – bei den Mitbewerbern innerhalb der Kompaktklasse keineswegs selbstverständlich.
Die Fußpedalerie ist nicht immer auf direkten Weg erreichbar, sie klappt bei Frontalkollisionen automatisch aufs Bodeblech und gibt den Fahrerfüßen damit eine »faire Chance«, den Unfall unbeschadet zu überstehen. Zumal die Kupplungsfußstütze eine ähnliche Funktion erfüllt. Selbstverständlich schränkt im Crashfall auch die Lenksäule den Rotationsraum des Oberkörpers nicht ein. Sie verformt sich nach fest definierten Kriterien.
Zudem kommen je nach Unfallhergang bis zu sechs Airbags mit ins gefährliche Spiel. Jeder 1er-BMW fängt Fahrer und Beifahrer mit zweistufig auslösenden Frontairbags, über Seitenairbags sowie über seitliche Kopfairbags ab. Letztere sind längsseits oberhalb der Seitenscheiben im Dachhimmel untergebracht. Bei einem Seitenaufprall polstern sie den Scheibenbereich

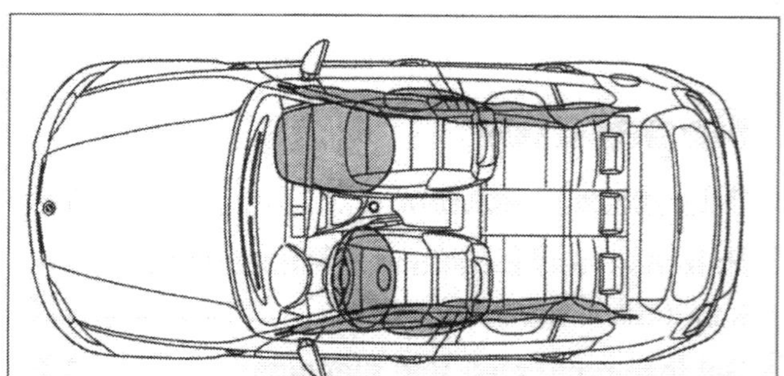

»Luftig« gepolstert: der Kopf- und Oberkörperbereich im 1er-BMW.

wie aufblasbare Vorhänge ab und schützen somit auch die Hinterbänkler vor Kopf- und Schulterblessuren.
Bei all den erfreulichen Sicherheitsvorkehrungen gilt im 1er das Prinzip, dass weniger oft mehr ist. Deshalb entfalten sich die Frontairbags – je nach Schwere des Unfalls – in zwei Stufen. Solange der Beifahrersitz unbenutzt ist, bleibt sein Airbag ungenutzt in der »Verpackung«. Das minimiert die Unfallfolgekosten.
Doch ohne Sicherheitsgurte kommt auch der 1er nicht aus: BMW verweist vielmehr auf ein Gurtsystem, das Anschnallen zum Vergnügen macht. Die mit Gurtstrammern und Gurtkraftbegrenzern ausgerüsteten Rückhaltesysteme der Vordersitze bieten hohen Tragekomfort und große Funktionalität. Damit die Gurtführung im Beckenbereich auch bei unterschiedlichen Sitzhöhen konstant bleibt, sind die Gurtbefestigungen direkt am Sitzrahmen montiert.
Auch für den Nachwuchs wird gesorgt: Der 1er bietet auf beiden äußeren Fondsitzen sowie als Sonderausstattung auf dem Beifahrersitz ISOFIX-Kindersitzhalterungen. Für den Fall, dass eine Baby-Schale entgegen der Fahrtrichtung Halt finden soll, lässt sich der Beifahrerairbag deaktivieren.
Ob und wo sich bei so viel Crash-Hightech der traditionelle Do it yourselfer im Innenraum letztlich noch verwirklichen kann, erfahren Sie auf den folgenden Seiten. Wir empfehlen Ihnen bewusst nur jene Wartungs- und Reparaturarbeiten, die versierte Schrauber nicht überfordern und von denen die Sicherheitssensorik unbeeinflusst bleibt.
Warum setzen wir uns mit der »Innenarchitektur« überhaupt noch relativ detailliert auseinander? Besserwisser behaupten ja ohnehin: » Da passiert doch eh nichts mehr«.
Denkste! Ein elektrisch betätigter Fensterheber zum Beispiel überdauert selten ein ganzes Autoleben. Und eine »blinde« Innenleuchte oder ein abgefahrener Außenspiegel konfrontiert Sie mitunter häufiger mit Ihrer Werkzeugkiste als es Ihnen lieb sein mag. Dennoch sagen wir Ihnen auf den folgenden Seiten klipp und klar, wann und wo der Profi die erste Adresse ist. Arbeitsmangel wird es für Sie freilich nicht geben. Nicht etwa, weil Ihr 1er ein »zickiges« Auto wäre, sondern weil Selbsthilfe generell den Geldbeutel schont – nicht nur bei Störungen oder Reparaturen. Ein regelmäßig gepflegtes Auto steigert beispielsweise Ihr eigenes und das Wohlbefinden aller Beifahrer. Und spätestens beim Wiederverkauf macht ein gut gepflegter Innenraum beim Käufer leicht auch ein paar zusätzliche »Scheinchen« locker.

Heizung und Lüftung

Die Frischluft durchströmt das unterhalb der Motorhaube, unmittelbar vor der Frontscheibe »versteckte« Lüftungsgitter. Von hier aus gelangt der Fahrtwind dann zu den teilweise justierbaren Frischluftausströmern im Innenraum. Bevor sich freilich die Luft im Innenraum verteilt, passiert sie einen Staub- und Pollenfilter sowie ein mehrstufiges Luftgebläse. Der »Dreckfänger« bindet alle Partikel größer als drei Mikron, also auch Pollen, Staub und Dieselruß. Seine Aktivkohle beschichteten Filterlamellen neutralisieren zudem unangenehme Gerüche und binden Ozon.

Sorgt ständig für frische Luft – Zwangsbe- und -entlüftungssystem

Sollte Ihr BMW seinen Innenraum per AC (Sonderausstattung) klimatisieren, sind Sie von Witterungs- und Umwelteinflüssen weitgehend unabhängig. Zum Beispiel wenn Ihnen die Vordermänner, lästige Industrieabgase oder frisch gedüngte Felder »stinken« sollten, verbannen Sie kurzerhand den Außenmief mit der Umlufttaste aus Ihrer Nase.

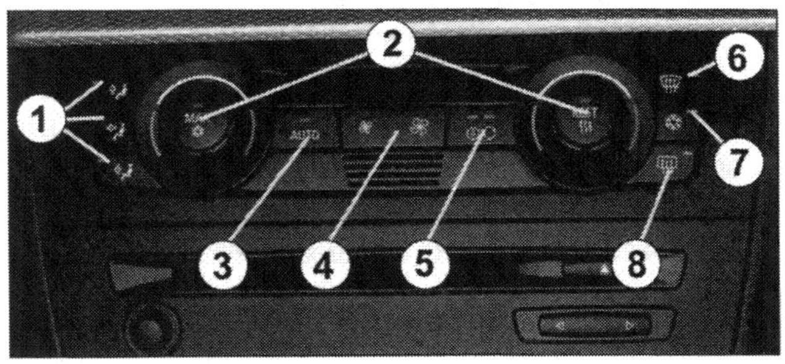

Managen das Innenraumklima: Drehregler und Druckschalter in der Mittelkonsole. (1) Luftverteilung, (2) Temperaturdrehregler, (3) AC-Automatik, (4) Gebläseregler, (5) Umlufttaste, (6) Frontscheibendefroster, (7) AC-Schalter, (8) beheizbare Heckscheibe.

Aktivieren Sie die Umluftfunktion besser nur kurzzeitig, ansonsten »schmoren« Sie, vornehmlich im Herbst und Winter, schnell im eigenen Saft. Spätestens, wenn die Scheiben beschlagen, wird es Zeit, frische Luft direkt auf die Scheiben zu lenken. Damit Ihnen im 1er der »Durchblick« grundsätzlich nicht abhanden kommt, lüftet während der Fahrt ein zugfreier Luftstrom (Zwangsbe- und -entlüftung) die Scheiben ab.
Auch bei geschlossenen Düsen und Fenstern sorgt die Brise für einen ständigen Luftaustausch im Innen-

raum. Je nach Stellung der Luftklappen temperieren Sie den Innenraum unterschiedlich. Ein Teil der Außenluft erwärmt sich im Heizungswärmetauscher auf Motortemperatur und wird dann mit Kaltluft auf das gewünschte Temperaturniveau vermischt. Generell arbeitet der Luftstrom geschwindigkeitsabhängig – mitunter also zu lau, um überall wirkungsvoll zu sein. Lassen Sie auf Kurzstrecken und im Stadtverkehr darum das Frischluftgebläse immer auf Stufe 1 oder 2 an Ihrem Wohlbefinden mitarbeiten. Im 1er sitzt der Gebläsemotor vor dem Wärmetauscher. Vorteil: Das Gebläse kühlt den Innenraum auch an kälteren Tagen nicht aus.

Ab und an checken – Heizung und Lüftung

Checken Sie ab und an den Luftdurchsatz in Ihrem BMW. Schließlich könnten Staubpartikel, Straßenschmutz, Insekten oder Herbstlaub die Luftkanäle und den Pollenfilter verdrecken oder verstopfen. Prüfen Sie also von Zeit zu Zeit, ob …

- …an allen Düsen die Luft noch gleichmäßig austritt.
- …der Umluftregler funktioniert.
- …das Frischluftgebläse in allen Stufen arbeitet.
- …bei betriebswarmem Motor und geöffnetem Heizungsregler die Warmluft gleichmäßig aus allen Düsen austritt.
- …wenige Kilometer, nachdem Sie den Heizungsregler geschlossen haben, nur noch kalte Luft aus den Düsen austritt.
- …bei verschlossenem Luftregler alle Luftklappen dicht riegeln.

Reinluftfilter wechseln

Im Einser sitzt der Reinluftfilter unterhalb des Lüftungsgitters im Motorraum zwischen Spritz- und Pedalwand. Seine Filterlebensdauer ist weniger von den gefahrenen Kilometern denn vom Zeitraum und der Außenluftqualität abhängig. Erfahrungsgemäß bleibt die »Pollenbremse« rund 12 Monate aktiv, ansonsten erinnert Sie der 1er per CBS (Condition Based Service) an den Wechsel. »Vergreifen« Sie sich dann nicht an einem vermeintlichen Wühltischschnäppchen, sondern bleiben bei einem original Ersatzteil.

Signalisiert den Filterwechsel im Infodisplay – CBS Anzeige.

Arbeitsschritte

[1] Lösen Sie unterhalb der Motorhaube am Filterstativ (1) die sechs Schrauben 2 und bugsieren Sie den »Deckel« inklusive Filter aus dem Motorraum.

Heizung — Störungsbeistand

Störung	Ursache	Abhilfe
A Schwache Heizleistung.	**1** Luftklappe schließt nicht völlig.	Seilzüge kontrollieren; Klappe gängig machen, ggf. Fremdkörper entfernen.
	2 Wärmetauscher verdreckt oder Zuleitungen gequetscht.	Wärmetauscher reinigen bzw. ersetzen (lassen); Zuleitungen kontrollieren.
	3 Potenziometer der Heizungsbetätigung defekt.	Erneuern.
	4 Vor- und Rücklauf des Wärmetauschers verstopft oder geknickt.	Kontrollieren, ggf. Schläuche ersetzen.
B Heizung fällt während der Fahrt aus.	Kühlmittelverlust (Luft im Kühlsystem/Wärmetauscher).	Leckage beheben und Kühlmittel ergänzen, Anlage entlüften.

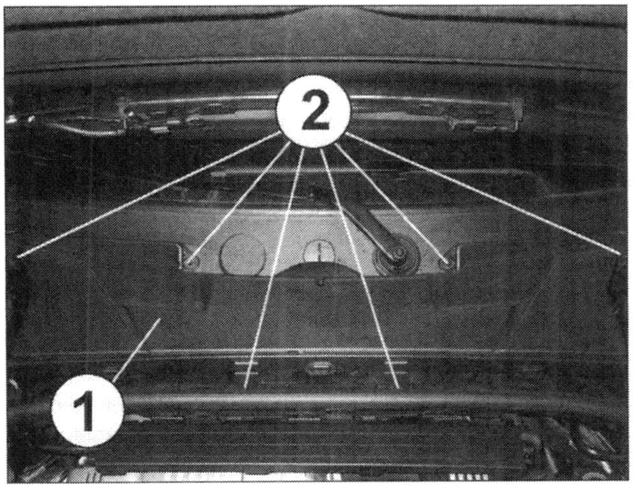

Mit sechs Schrauben befestigt: das Reinluftfilterstativ im Motorraum.

[2] Um den verdreckten Einsatz zu demontieren, hebeln Sie mit einem Schlitzschraubendreher die drei Klammern (1) auf und schwenken den Filter dann einfach nach unten weg.

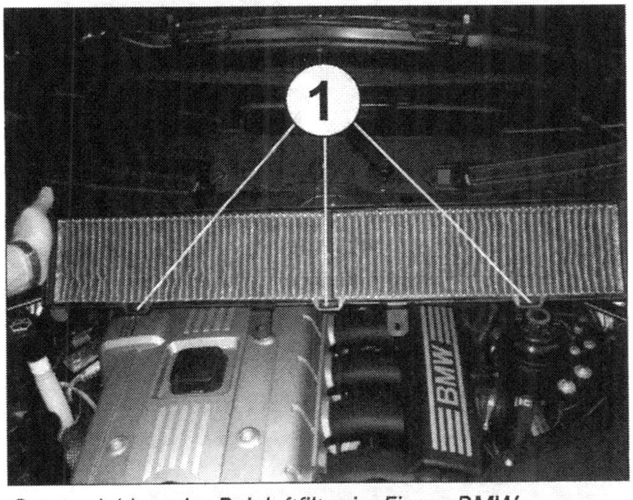

Gut erreichbar: der Reinluftfilter im Einser-BMW.

[3] Versuchen Sie nicht das alte Filterelement mit Druckluft zu reinigen. Es wäre nach der Prozedur allenfalls noch als »Fliegenfänger« brauchbar. Entsorgen Sie es darum besser gleich als Sondermüll und greifen Sie auf einen neuen Einsatz zurück.

[4] Beenden Sie die Montage in umgekehrter Reihenfolge.

Die Bedienungselemente

In Ihrem BMW steuern Sie das Innenraumklima von der Mittelkonsole aus mit – je nach Ausstattung – zwei bzw. drei Drehschaltern und maximal elf Druckschaltern. Die Temperatur- und Luftverteilungsklappen rücken Stellmotoren in die gewünschte Position.

Heizungs- und Lüftungsbedieneinheit aus- und einbauen

Arbeitsschritte

[1] Klemmen Sie das Batteriemassekabel ab und ...

[2] ... hebeln Sie die komplette Schalterleiste (Sitzheizung, Parkpilot usw.) unterhalb der Heizungsbedieneinheit aus den vier Haltestiften. Wenn Sie das Prozedere mit einem breiten Schlitzschraubendreher von der Leistenunterseite her beginnen, klappt das erfahrungsgemäß ohne Blessuren.

Von unten aushebeln: die Schalterleiste unterhalb der Heizungsbedieneinheit.

[3] Jetzt müssen Sie die Heizungs- und Lüftungsbedieneinheit aus beiden Haltenasen (Pfeile) aushebeln und so weit vorziehen, ...

[4] ... bis Sie die elektrischen Anschlüsse auf der Geräterückseite bequem erreichen.

Erst entriegeln und dann abziehen: die Mehrfachstecker hinter dem Bedienteil.

[5] Ziehen Sie nun den Flachstecker (1) der Leiterbahn auseinander und legen Sie die komplette Schalterleiste beiseite.

[6] Wenn Sie jetzt noch die Rasternasen an den Mehrfachsteckern (2) entsperren, können Sie die Stecker abziehen und das Bedienteil beiseite legen.

[7] Beenden Sie die Montage in umgekehrter Reihenfolge.

Das Gebläse

Den Luftaustausch im Wageninnern beschleunigt ein mehrstufiges Radialgebläse. Sinnvollerweise sitzt das Lüfterrad vor dem Heizungswärmetauscher bzw. vor dem Lufttrockner – das Gebläse kühlt somit auch wintertags nicht den Innenraum aus. Den Gebläsemotor regeln vorgeschaltete Widerstände stufenweise ein. Seine Kapazität ist so bemessen, dass, unabhängig von der momentanen Fahrgeschwindigkeit, immer genügend Luft umgewälzt wird. Das gilt bei der AC für wenige Minuten übrigens auch in Stellung »Umluft«. Der Gebläsemotor sitzt unterhalb des Armaturenbretts.

Störungssuche am Gebläse

Arbeitsschritte

[1] Arbeitet das Gebläse in keiner Stellung, kontrollieren Sie zunächst die Sicherung im Sicherungskasten.

[2] Sollten Sie da nicht fündig werden, überprüfen Sie den Gebläseschalter. Dazu demontieren Sie – wie beschrieben – die Bedieneinheit.

[3] Checken Sie per Multimeter (Prüflampe) ob Spannung am Mehrfachstecker anliegt. Falls nicht, inspizieren Sie, ausgehend vom Sicherungskasten, die Zuleitung.

[4] Im nächsten Schritt checken Sie den Schalter in allen Stellungen auf »Durchgang«. Nutzen Sie ein Multimeter.

[5] Sollte der Schalter o. k. sein, kontrollieren Sie den Massekontakt am Gebläsemotor.

[6] Fehlerfrei? Dann hat mit großer Gewissheit der Gebläsemotor eine Macke (Kohlen abgenutzt, Ankerwicklungen »verschmort«). Lassen Sie den alten Motor dann besser sofort »links« liegen und freunden sich mit einem Neu- oder funktionstüchtigen Gebrauchtmotor (Autoverwerter) an.

Gebläsemotor aus- und einbauen

Mit etwas handwerklichem Geschick können Sie den Gebläsemotor in Eigenregie aus- und einbauen.

Arbeitsschritte

[1] Um Kurzschlüsse zu vermeiden, lösen Sie zunächst das Batteriemassekabel, ...

[2] ... und demontieren dann die untere Fußraumverkleidung auf der Beifahrerseite. Um Platz zu schaffen, schieben Sie den Sitz ganz nach hinten, lösen die Befestigungsschrauben (1) und den Spreizniet (2). Die gelöste Verkleidung drücken Sie nach unten aus den Halterungen.

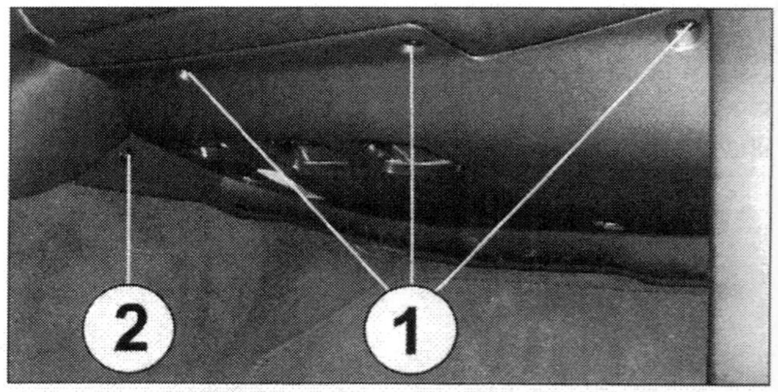

Schnell zu demontieren: die Fußraumverkleidung auf der Beifahrerseite.

[3] Jetzt reicht der Platz, um die Luftführung (1) aus der Klammer (2) zu drücken

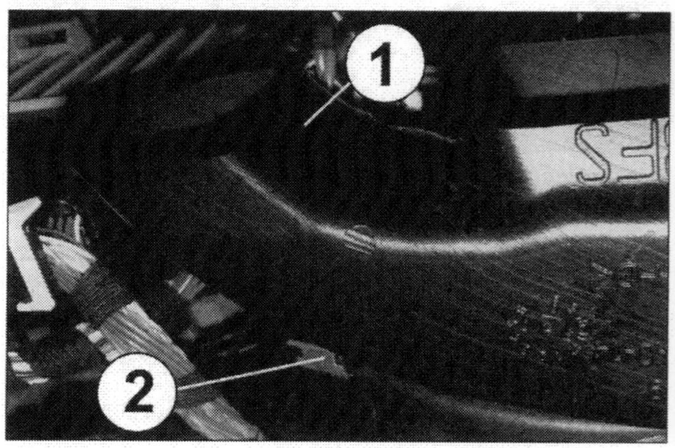

Aus der Halteklammer clipsen: den Luftführungskanal.

[4] Anschließend können Sie den Kabelstecker (1) vom Gebläsemotor abziehen

[5] Heben Sie dazu mit einem kleinen Schlitzschraubendreher die Lasche (2) etwas an und ...

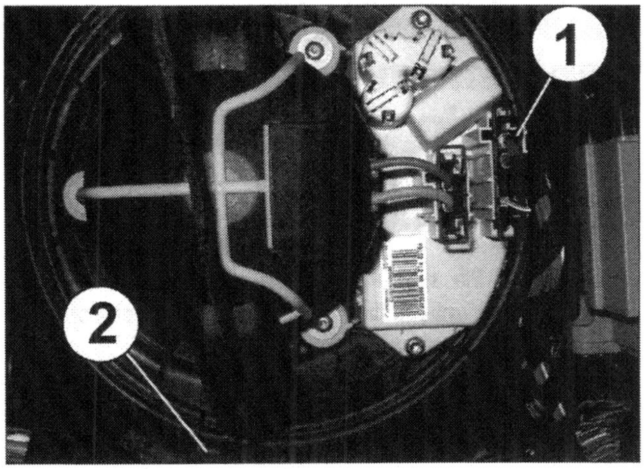

Gegen den Uhrzeigersinn aus dem Gehäuse drehen: den Gebläsemotor.

[6] ... drehen Sie den Gebläsemotor gegen den Uhrzeigersinn aus dem Gehäuse heraus.

[7] Es lohnt erfahrungsgemäß übrigens nicht, den Motor reparieren zu wollen. Beschaffen Sie sich einen »jungen« gebrauchten oder neuen Motor und beenden damit die Montage in umgekehrter Reihenfolge.

Praxistipp

So funktioniert die Klimaanlage

Der »Kühlkreislauf« des zunächst gasförmigen Kältemittels, z. B. R 134a, beginnt im Verdichter (Kühlkompressor). Dort wird es, ähnlich wie die Frischgase in Hubkolbenmotoren, auf eine Verdichtungstemperatur zwischen 60° bis 100 °C. komprimiert. Den Kompressor treibt übrigens ein Flachrippenriemen direkt von der Kurbelwelle aus an.

Aus dem Verdichter strömt das Kältemittel in den Verflüssiger, auch Kondensator genannt. Er sitzt meistens direkt im Fahrtwind vor dem Wasserkühler. Ein geradezu prädestinierter Platz. Denn der kühlende Wind entzieht dem Kältemittel so viel Überschusswärme, dass es seinen Aggregatzustand von gasförmig auf flüssig ändert.

Ein ähnliches Symptom beobachten Brillenträger übrigens auch in der kalten Jahreszeit: Wenn Sie aus geheizten Räumen in die Kälte kommen, kondensiert die kalte Luft an den noch warmen Brillengläsern – die Brillengläser fungieren dann gewissermaßen als Kondensator.

Aus dem AC-Kondensator fließt das Kältemittel unter hohem Druck und mit relativ hoher Fließgeschwindigkeit in den Verdampfer. Hier findet der gleiche Prozess mit anderen Vorzeichen statt: Die Flüssigkeit dehnt sich im Verdampfer aus, kommt kurzzeitig zur »Ruhe« und wechselt derweil erneut ihren Aggregatzustand – jetzt von flüssig auf gasförmig. Warum? Die zur Expansion erforderliche Verdampfungswärme »besorgt« sich das Kältemittel aus der an den Verdampferlamellen vorbeiströmenden Außen- oder Umluft. Das hat übrigens den angenehmen Nebeneffekt, dass die Luft im Verdampfer nicht nur gekühlt, sondern zwangsläufig auch »getrocknet« wird (Brilleneffekt). Aus dem Verdampfer gelangt das Kältemittel dann wieder in den Verdichter, der Kreislauf ist damit geschlossen.

Die getrocknete Luft kühlt sommertags den Innenraum und hält in der kalten Jahreszeit, entsprechend temperiert, die Scheiben beschlagfrei. Das Kondensat verlässt das Verdampfergehäuse derweil als Kondenswasser ins Freie. Sollte Ihr Auto also, kurz nachdem Sie es geparkt haben, unterhalb des Motors nässen, bleiben Sie cool – der AC-Verdampfer »lässt unter sich«. Übrigens, in neueren Klimaanlagen tragen AC-Verdampfer eine Wasser abweisende und antibakterielle Beschichtung, sie trocknet die Kühllamellen sehr schnell ab und mindert wirkungsvoll unangenehme Gerüche, die weiland vornehmlich ältere Klimaanlagen verbreitet haben.

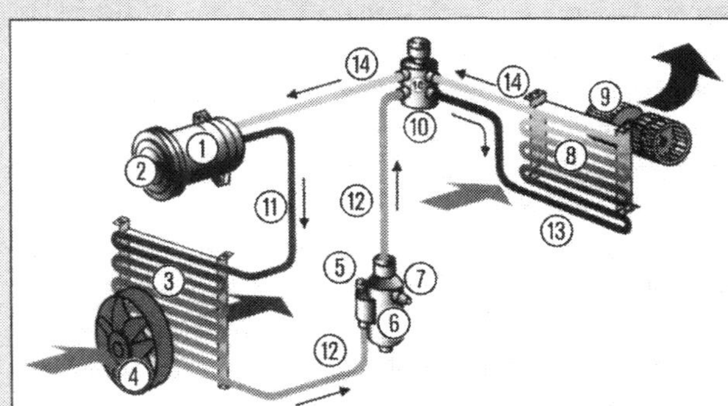

Im Vorderwagen und Innenraum verteilt: die AC-Komponenten. (1) Kompressor, (2) Elektrokupplung (Verdichter ein/aus), (3) Kondensator, (4) Zusatzgebläse, (5) Hochdruckschalter, (6) Flüssigkeitsbehälter inklusive Trocknereinsatz, (7) Niederdruckschalter, (8) Verdampfer, (9) Verdampfergebläse (Innenraumgebläse), (10) Expansionsventil, (11) Hochdruck gasförmig, (12) Hochdruck flüssig, (13) Saugdruck flüssig, (14) Saugdruck gasförmig.

Wirkungsvoll und standfest – die Klimaanlage (AC)

Was der Heizung billig, ist der AC recht: Sie arbeitet zuverlässig im Untergrund – und das ohne besondere Pflege und Wartung. Zumindest dann, wenn Sie mindestens alle 24 Monate einen Grundcheck bei Ihrem BMW-Händler oder in einem Bosch-Car-Service-Stützpunkt vornehmen lassen. Die Betonung liegt auf »lassen«, denn um Klimaanlagen zu warten oder instand zu setzen, benötigen Sie Spezialwerkzeug, das nicht unbedingt auf Ihrer Do-it-yourself-Werkbank herumliegt. Dennoch beschreiben wir Ihnen im Praxistipp »So funktioniert die Klimaanlage« global den AC-Kühlkreislauf – zumal der 1er mehrheitlich mit Klimaanlage geordert wird. Als technisch interessierter Hobbyschrauber bekommen Sie dann zumindest einen ersten Funktionseindruck von der AC und wissen fortan auch um ihre »segensreiche« Wirkung, nicht nur während der warmen Jahreszeit.

Damit Sie Ihren BMW möglichst schnell und energieschonend temperieren, geben wir Ihnen im Praxistipp »Klimaanlage – sommer- und wintertags ein Komfortgewinn« ein paar nützliche Hinweise.

Innen-, Lese-, Fuß- und Gepäckraumleuchten wechseln

Arbeitsschritte

[1] Schließen Sie alle Türen, damit an den Leuchten keine Spannung mehr anliegt. Natürlich können Sie auch vorab die betreffende Sicherung ziehen.

[2] Das Abdeckglas vor der dunklen Leuchte hebeln Sie mit einem flachen Schraubendreher aus seiner Halterung und ...

[3] ... ziehen dann die defekte Lampe vorsichtig aus der Fassung.

[4] Die neue Leuchte drücken Sie einfach in die Fassung und setzen das Glas wieder davor.

Praxistipp

Klimaanlage – sommer- und wintertags ein Komfortgewinn

Keine Frage, je größer und flacher die Fensterflächen an modernen Autos, umso eher gerät die herkömmliche Innenraumbe- und -entlüftungsanlage an die Grenzen ihrer Leistungsfähigkeit – sommer- und wintertags. Moderne Motoren produzieren nur noch wenig »Abwärme« und das Luftgebläse ist auch in der höchsten Stufe maßlos überfordert.

Einen komfortablen Ausweg aus dem »individuellen« Temperaturstau schaffen Klimaanlagen: Bei starker Sonneneinstrahlung kühlen sie heiße Luft und im Winter »trocknen« sie feuchte Frischluft ab.

Der Komfortgewinn hat freilich seinen Preis – zum Nulltarif arbeitet keine Klimaanlage: Wenn Sie Ihre AC als Kühlschrank missverstehen, kostet Sie der »Irrtum« stündlich bis zu einen Liter Kraftstoff. Falls nicht, investieren Sie in Ihre Wohlfühltemperatur allenfalls die Hälfte.

Techniker differenzieren zwischen der manuellen AC – dabei wählen Sie die momentane Kühlleistung an einem Dreh- oder Schiebeschalter – sowie der Klimaautomatik mit elektronischer Temperaturvorwahl und einem so genannten »Luftgütesensor«.

Einmal programmiert, agieren leistungsfähige Klimaautomaten, bevor das Innenraumklima »kippt«. Zudem erkennt der Luftgütesensor, ob der Vordermann zu viele Abgase in Ihren Innenraum »pustet« oder ob Sie bald im »eigenen Saft baden«. Der »Schnüffler« vergleicht dazu die Luftqualität – innen wie außen und variiert zielsicher zwischen Frisch- und Umluft.

Als beste Temperatur – egal ob mit manueller AC oder Klimaautomatik – empfehlen wir Ihnen ganzjährig den Bereich zwischen 20° – 24° Celsius. Beherzigen Sie unseren Vorschlag, bleibt der Mehrverbrauch moderat und Sie riskieren keine »Erkältung« zu viel.

Und wie klimatisieren Sie einen brütend heißen Innenraum? Öffnen Sie als Erstes alle Fenster und, falls vorhanden, auch das Schiebedach. Natürlich stellen Sie auch die AC und das Heizungsgebläse auf maximale Leistung. Ihre Maßnahmen bewirken, dass die Luftführungskanäle mitsamt der Innenraumtemperatur binnen weniger Kilometer von etwa 70 °C um rund 30 °C abkühlen. Nach etwa fünf Minuten schließen Sie dann alle Fenster – vergessen Sie nicht das Schiebedach – und wählen dann die Umluftstellung.

Sobald Ihre Wohlfühltemperatur erreicht ist, justieren Sie den AC-Regler auf 20 – 24 °C, stellen das Gebläse in Stellung II und schalten von Um- auf Frischluft. Das war's. Sollten Sie eine Klimaautomatik an Bord haben, regelt das der Automat für Sie.

Schaltknaufmanschette aus- und einbauen

Arbeits-schritte

(Schaltgetriebe)

[1] Ziehen Sie mit einem energischen »Ruck« den Schaltknauf vom Schaltstock ab. Achten Sie bitte darauf, dass Sie dabei den Knauf nicht verdrehen, das würde die Verdrehsicherung im Gehäuse nämlich nicht »überleben«.

[2] Hernach hebeln Sie die Blende (1) mit einem breiten Schlitzschraubendreher ringsum aus der Mittelkonsole und ...

[3] ... ziehen sie dann von der Schaltmanschette (2) ab.

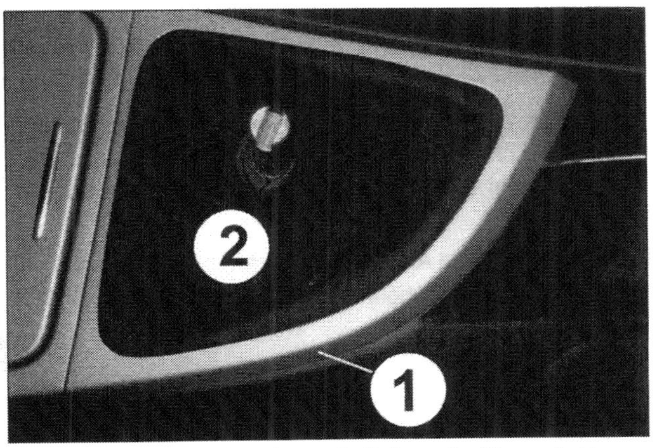

Mit Clipsen in der Mittelkonsole fixiert: die Manschettenblende.

Automatikgetriebe

[4] Ziehen Sie jetzt noch von der Schaltstufenanzeige den Anschlussstecker ab und stülpen dann die Verblendung über den Wählhebel.

alle

[5] »Fädeln« Sie den Schaltsack vom Schalhebel ab und ...

[6] ... beenden die Demontage in umgekehrter Reihenfolge.

Die Schalter

Im 1er sind die unterschiedlichsten Schaltertypen verbaut. Rechts und links der Lenksäule reichen die Betätigungshebel des Lenkstockschalters aus der Verkleidung. Je nach »Geldbeutel« tragen Dreispeichenvolants praktische Druckschalter für die Geschwindigkeitsregelanlage, das Radio oder das Mobiltelefon in den Speichen. Das Heizgebläse, die Innenraumluftverteilung sowie die beheizbare Heckscheibe aktivieren Dreh- bzw. Druckschalter von der Mittelkonsole aus. Mit etwas Geschick wechseln Sie defekte Schalter in eigener Regie. Die Demontage des Lenkstockschalters sowie der Lenkradschalter überlassen Sie dagegen besser Ihrem BMW-Händler – der Umgang mit einem Airbag-Lenkrad ist eine Sache für Profis..

Funkschlüssel und Aufnahmeschacht sind integrale Bestandteile der elektronischen Wegfahrsperre. Sollte Ihr Auto partout nicht starten, lasten Sie das nicht unbedingt dem Starterknopf oder dem Anlasser an: Ab und an legt sich nämlich auch die elektronische Wegfahrsperre »quer«. Erst einmal aktiviert, beurlaubt die Sperre den Anlasser so lange, bis sie einen ihr bekannten Funkschlüssel ortet. Klingt geheimnisvoll, funktioniert jedoch meistens sehr zuverlässig: Denn der 1er-Türschlüssel führt ein elektronisches Bauteil in seinem Griff, dessen Code nur die Wegfahrsperre erkennt. Langfinger haben da schlechte Karten – mit dem falschen Schlüssel bleibt Ihr BMW stumm.

Stoppt den Datenfluss – abgeschirmter Funkschlüssel

Erfahrungsgemäß verstehen sich Funkschlüssel und Wegfahrsperre nicht bedingungslos. Zum Beispiel dann nicht mehr, wenn der Schlüssel irgendwann von Ihnen als Flaschenöffner oder provisorisches Schlagwerkzeug missbraucht wurde. Zudem verstimmen den Hightech-Schlüssel mitunter andere Schlüssel oder sonstige Metallanhängsel. Beispielsweise dann, wenn er Mitglied eines umfangreichen Schlüsselbunds ist. Was bringt Sie dann weiter? Zunächst ziehen Sie den Schlüssel aus dem Aufnahmeschacht, warten rund 5 Sekunden und versuchen dann erneut Ihr Glück.

Bringt nichts? Dann haben Sie hoffentlich den Ersatzschlüssel dabei... Den »verstimmten« Schlüssel lassen Sie bei Ihrem BMW-Händler neu codieren oder tauschen ihn gegen einen Ersatzschlüssel aus.

Fahrlichtschalter aus- und einbauen

Arbeits-schritte

[1] Klemmen Sie das Batteriemassekabel ab und ...

[2] ... hebeln Sie dann mit einem breiten Schraubendreher die linke Armaturenbrettverkleidung (1) aus den fünf Clipsen.

[3] Der »Freiraum« reicht nun allemal, um den Lichtschalter (2) zu entriegeln und nach hinten aus dem Armaturenbrett zu drücken.

[4] Jetzt ziehen Sie noch den Zentralstecker ab.

[5] Montiert wird in umgekehrter Reihenfolge. Vergessen Sie nicht, anschließend das Licht zu checken.

Schafft »Arbeitsplatz«: die demontierte Armaturenbrettverkleidung.

Radio aus- und einbauen

Da die Tage des guten alten »Dampfautoradios« ohnehin passee sind, liefern Audiosysteme das perfekte Hi-Fi-Klangerlebnis mit »LOGIC 7« Studiotechnik. Wir berücksichtigen hier nur das werkseitige Radioprogramm. Beziehen auch Sie beim nachträglichen Einbau nur Geräte in die engere Wahl, die bereits auf den »MOST-Datenbus« reagieren. MOST ist ein speziell für Audio-Anwendungen im Auto entwickelter optischer Datenbus, ohne den der Anschluss zum Puzzlespiel wird. Wenn Sie dennoch der eigenen Lösung den Vorzug geben möchten, nutzen Sie unbedingt einen hochwertigen Montagesatz, der die übrigen Bordsysteme, wie beispielsweise Freisprecheinrichtung, Bluetooth-Handy-Schnittstelle, CD-Wechsler oder das Control Display aktiv unterstützt.

Arbeitsschritte

[1] Bevor Sie das Batterieminuskabel abklemmen, notieren Sie den Radiocode.

[2] Danach demontieren Sie die Heizungs- und Lüftungsbedieneinheit so weit, bis beide Befestigungsschrauben (1) »auftauchen«.

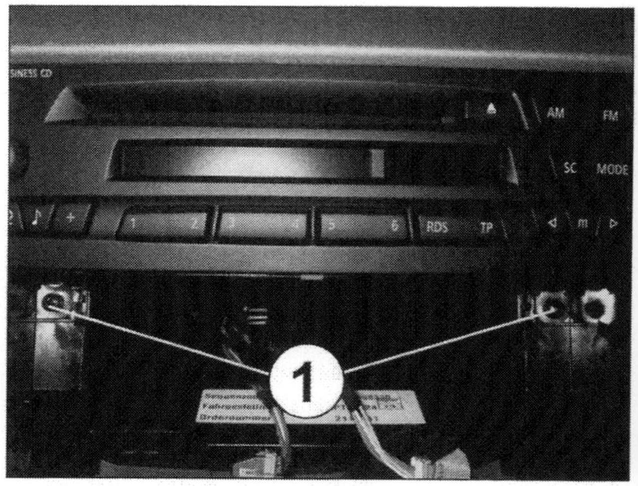

Mit zwei Schrauben befestigt: das Radio.

[3] Lösen Sie die Schrauben und ziehen Sie das Radio so weit aus der Montageöffnung, ...

[4] ... bis Sie die Anschlüsse auf der Geräterückseite bequem erreichen. Lösen Sie den Kabelhalter und ziehen Sie das Antennenkabel mitsamt dem Stromanschluss aus den Anschlüssen.

[5] Beenden Sie die Arbeit in umgekehrter Reihenfolge. Damit das Radio wieder funktioniert, müssen Sie den Antidiebstahlcode eingeben.

CD-Wechsler aus- und einbauen

Arbeitsschritte

[1] Bevor Sie im Kofferraum den Wechsler demontieren, ziehen Sie Ihre CD-Schätze aus der »Musikbox«.

[2] Klemmen Sie das Batterieminuskabel ab und demontieren, Sie wie später noch beschrieben, die linke Kofferraumverkleidung.

[3] Jetzt lösen Sie vier Befestigungsschrauben (1), ziehen den Wechsler (2) aus dem Halter (3) und ...

[4] ... trennen die Anschlussstecker auf der Geräterückseite. Vorsicht: Der Lichtwellenleiter bricht sehr schnell – gehen Sie vorsichtig damit um.

[5] Falls erforderlich demontieren Sie an vier Schrauben (4) den Halterahmen und bugsieren ihn aus dem Kofferraum.

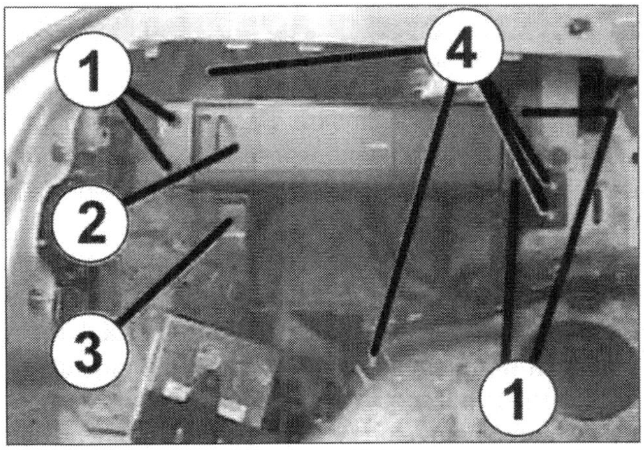

Hinter der linken Kofferraumverkleidung verborgen: der CD-Wechsler.

[6] Beenden Sie die Montage in umgekehrter Reihenfolge.

Lautsprecher aus- und einbauen

Je nach Ausstattung und Modellvariante sind im Einser verschiedene Lautsprechertypen montiert. Übrigens, Originalkabelsätze haben immer Formstecker. Wenn Sie in Eigenregie Zwillingsleitungen verlegen möchten, markieren Sie sich vorher die Anschlüsse. Damit vermeiden Sie unterschiedliche Polaritäten und stellen sicher, dass die Lautsprecher nicht wie »Blecheimer« klingen.

Arbeitsschritte

Vordertüren, Breitbandlautsprecher

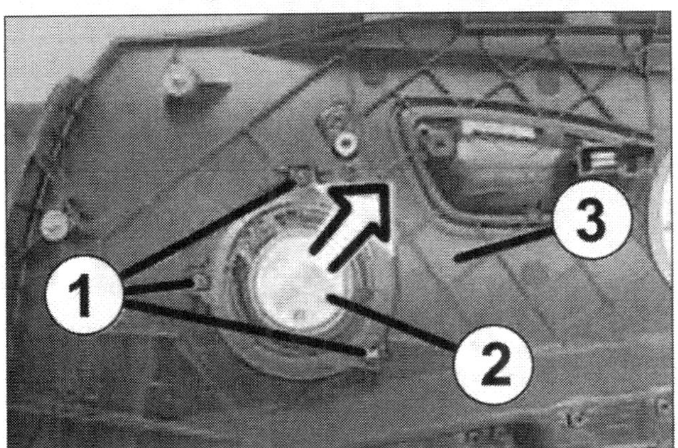

An der Türverkleidung montiert: der Breitbandlautsprecher.

[1] Stellen Sie das Radio ab und ...

[2] ... demontieren die entsprechende Türverkleidung.

[3] Drehen Sie die drei Lautsprecher-Schrauben (1) los und ...

[4] ... drücken Sie den Lautsprecher (2) in Pfeilrichtung aus der Türverkleidung (3).

[5] Beenden Sie die Montage in umgekehrter Reihenfolge.

Hochtonlautsprecher, Spiegelverkleidung

[6] Stellen Sie das Radio ab, ...

[7] ... ziehen Sie die Spiegelverkleidung 1 vorsichtig vom Türblatt ab und »fädeln« Sie das Teil an der Türverkleidung vorbei. Die Lautsprecherkabel sind etwas »kurz« geraten, reißen Sie die Leitungen nicht ab.

[8] Jetzt quetschen Sie den Schaumstoffkeil aus dem Dreieck, clipsen den Hochtonlautsprecher (2) aus den Haltenasen (3) und ziehen den Stecker vom Lautsprecherchassis ab. Ziehen Sie wirklich nur an den Steckern und nicht etwa unachtsam an den Kabeln – Sie ersparen sich mit der Vorsichtsmaßname »plärrende« oder gar stumme Lautsprecher.

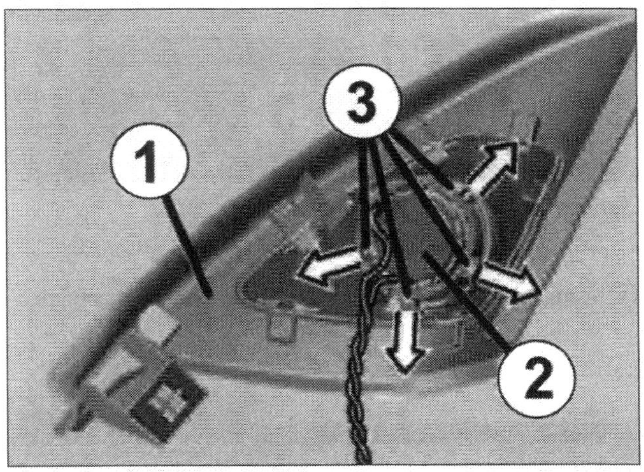

Hinter der Spiegelverkleidung montiert: der Hochtonlautsprecher.

[9] Beenden Sie die Montage in umgekehrter Reihenfolge.

hinten

[1] Stellen Sie das Radio ab und ...

[2] ... demontieren Sie die entsprechende seitliche Kofferraumverkleidung.

[3] Ist Ihr Einser mit einem CD-Wechsler ausgestattet und möchten Sie dem linken Lautsprecher auf die »Pelle« rücken, muss vorab die »Musikbox« inklusive Halterahmen weichen.

Breitbandlautsprecher

4 Drehen Sie die Lautsprecher-Schrauben (1) los, ...

5 ... ziehen Sie den Stecker (2) vom Lautsprecherchassis (3) ab und ...

6 ... nehmen Sie den Breitbandlautsprecher aus der Verkleidung.

Hochtonlautsprecher

7 Entriegeln Sie die Rastnasen des Hochtonlautsprechers (4) und drücken Sie das Chassis in Pfeilrichtung aus der Gepäckraumbrüstung.

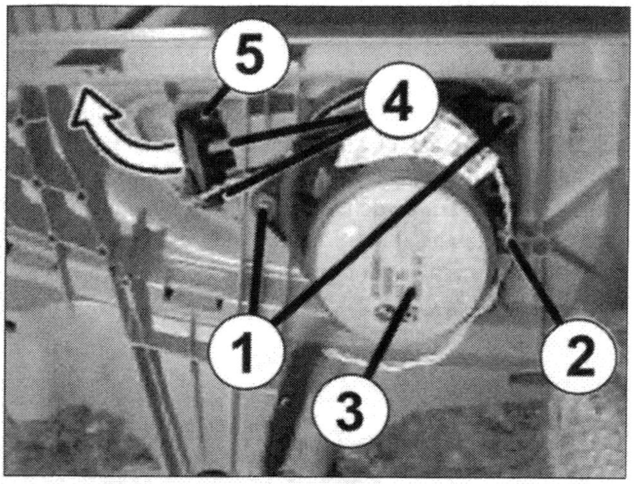

Schnell zu erneuern: beide Hecklautsprecher.

8 Beenden Sie die Montage in umgekehrter Reihenfolge.

Praxistipp

Hecklautsprecher – die Größe muss stimmen

Aktuelle Hits aus dem Radioprogramm oder der »CD-Ohrwurm« – die Soundanlage im Einser klingt von Hause aus nicht schlecht. Doch wem die Qualität der Lautsprecher nicht genügt, kann selbstverständlich nachrüsten. Sollten allerdings übergroße Hecklautsprecher dazu gehören, könnte das die hinteren Automatikgurte irritieren. Die Magnetwirkung der gewaltigen Boxen beeinträchtigt nämlich die Sperrwirkung der Gurtaufroller: Die »Bänder« blockieren dann völlig unmotiviert. Unter anderem darum montiert BMW zwei relativ großvolumige »Zentralbässe« direkt unter die Vordersitze. Vorteil: Die Boxen nutzen den sonst ungenutzten Hohlraum der Türschweller als zusätzliches Gehäusevolumen.

Dachantenne auswechseln

Werkseitig montierte 1er-Radios empfangen per Dachantenne aus der Atmosphäre. Dachantennen sind nahezu unverwüstlich – vorausgesetzt Sie konfrontieren den Stab nicht mit rotierenden Waschbürsten. Falls doch, knickt der Antennenstab irgendwann.
Die Folgekosten sind beträchtlich. Zumindest dann, wenn der Antennenfuß mit beschädigt wurde. Es sei denn, Sie kaufen eine passende Antenne und »sparen« sich die Montagekosten flugs in die eigene Tasche. Grundsätzlich ist die Antennendemontage relativ zeitaufwendig – unser Vorschlag vereinfacht den Job.

Arbeitsschritte

1 Bevor Sie loslegen, klemmen Sie grundsätzlich das Batteriemassekabel ab und schrauben den Antennenstab vom Sockel.

2 Öffnen Sie dann die Heckklappe und lösen Sie den hinteren Dachhimmel. Ziehen Sie im Dachbereich zunächst das Dichtgummi vorsichtig ab und ...

3 ... »knibbeln« Sie dann den Himmel auf dem Falz so weit los, dass Sie die Antennenanschlüsse erreichen.

4 Sobald der Freiraum reicht, ziehen Sie die Anschlusskabel (1) vom Zentralstecker (2), »fädeln« die Kabelenden aus dem Halter( )3 und ...

5 ... drehen die Mutter (4) los. Übrigens, sie ist »ein Teil« mit dem Zentralstecker, versuchen Sie also nicht, diese Verbindung zu lösen.

6 Dann können Sie den Antennenfuß von der Dachhaut abziehen.

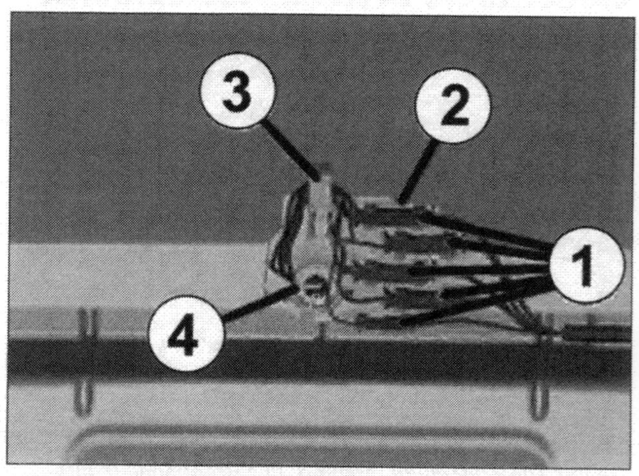

Nacheinander lösen bzw. abziehen: Antennenanschluss und Befestigungsmutter.

[7] Beenden Sie die Montage in umgekehrter Reihenfolge.

[8] Achten Sie bei der Montage darauf, dass die Nase des neuen Antennenfußes exakt in die Fixiernut der Dachhaut passt. Erst, dann ziehen Sie die Befestigungsmutter nur leicht mit sieben Nm fest.

Nicht zu empfehlen – Vordersitze in Eigenregie demontieren

Fahrer und Beifahrer sitzen im 1er-BMW auf »Sicherheitsstühlen«. Die Sitzmöbel sind integraler Bestandteil des passiven Insassenschutzes. Unsachgemäßen Umgang mit den Einzelsitzen könnten die im Umfeld installierten Unfallsensoren als Crash missinterpretieren. Folge: Die Gurtstraffer, mitunter auch der Airbag, »zünden« unnötig und haben dann ihr »Pulver« für den Ernstfall bereits verschossen. Ganz abgesehen von den erheblichen Kosten für eine Wiederherstellung des Sicherheitssytems. Falls Sie sich dennoch selbst an die Sitze herantrauen, befragen Sie vorher unbedingt Ihren BMW-Händler über bestehende Sicherheitsvorschriften.

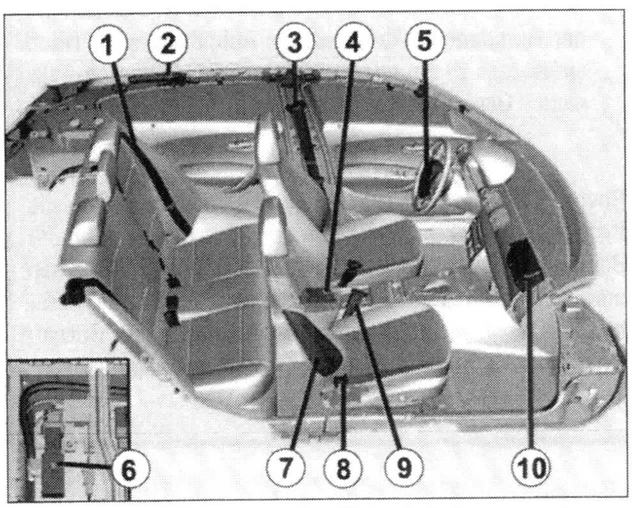

Generell in jedem 1er: passive Sicherheitskomponenten. (1) hintere Sicherheitsgurte, (2) Kopfairbags, (3) vordere Sicherheitsgurte, (4) Airbagsteuergerät, (5) Airbag Fahrerseite, (6) Sicherheitsbatterieklemme in Kofferraum, (7) Seitenairbags, (8) Seitenaufprallsensor, (9) Gurtschloss mit Gurtstrammer, (10) Beifahrerairbag.

Türverkleidung vorne aus- und einbauen

Klemmen Sie zunächst das Batteriemassekabel ab. Achten Sie außerdem darauf, dass ihnen die Türdichtfolie/ Schallisolierung nicht einreißt. Falls doch, »betten« Sie eine neue Folie auf dem gereinigten Türrahmen in eine satte Silikonraupe. Falls Sie »gereinigt« und »satt« nicht ernst genug nehmen, steht fortan nach jedem Regenguss und jeder Wagenwäsche der Fußraum unter Wasser.

Arbeits-schritte

[1] Klemmen Sie das Batterieminuskabel ab und versenken Sie das entsprechende Fenster.

[2] Hebeln Sie mit einem breiten Schlitzschraubendreher den Schalterblock (1) und die »Öffnerblende« (2) aus der Tür. Ziehen Sie sämtliche Stecker von den Schaltern ab und ...

[3] ... lösen Sie die Befestigungsschraube in der Griffblende (3). Dazu müssen Sie vorab allerdings den Blindstopfen (4) demontieren. Sinnvollerweise hebeln Sie das zerbrechliche Stück vorsichtig mit einem passenden Schlitzschraubendreher aus der Bohrung.

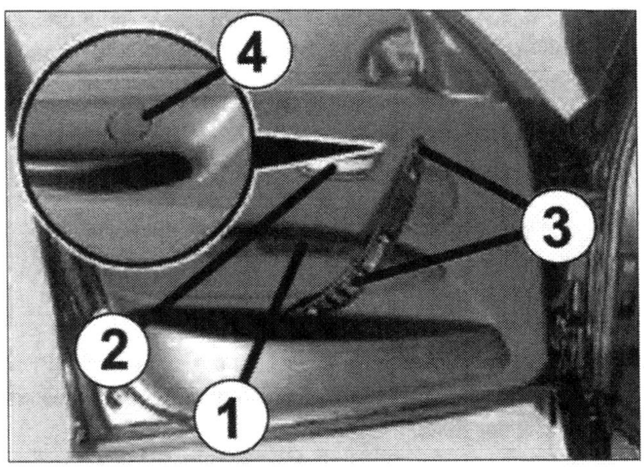

Zunächst mit einem breiten Schlitzschraubendreher aushebeln: Schalterblock, Türgriffblende und Blindstopfen.

[4] Lösen Sie nun mit einem breiten Holzspatel oder Fleischwender ringsum die Türinnenverkleidung vom Türrahmen ab. Beginnen Sie dabei an der Unterkante und ...

[5] ... arbeiten Sie sich dann vorsichtig bis zur oberen Türkante vor. Erfahrungsgemäß ist es nicht sinnvoll an der Kartentasche zu ziehen, sie reißt leicht aus.

Praxistipp

Sicherheitsgurt-Check

Sicherheitsgurte haben ein »Innenleben« und bei jedem Gebrauchtwagen auch eine meist anonyme Vergangenheit. Wir raten Ihnen darum, alte Bänder mit unbekannter Historie zu erneuern. Machen Sie Ihren Entschluss bitte nicht allein von der scheinbar properen Optik oder einem leidlich funktionierendem Aufrollmechanismus abhängig: Bereits nach einem »mittleren« Crash sind die Textilfasern gedehnt und unbrauchbar.

Mit einem »Sehtest« sind Sie längst noch nicht auf der sicheren Seite. Checken Sie ab und an die Funktionsfähigkeit – selbst wenn Ihnen die Vita »alter« Sicherheitsgurte bestens bekannt ist. Ihr 1er hat vorn und hinten Automatiksicherheitsgurte – auf den vorderen Sitzen mit pyrotechnischen Gurtschlossstraffern und Gurtkraftbegrenzern. Etwaige Fehler im Sicherheitsrückhaltesystem signalisiert Ihnen die Airbagkontrollleuchte im Cockpit. »Nervt« das Lämpchen unaufhörlich, lassen den Fehler in einer BMW-Werkstatt auslesen und vor Ort beheben. Übrigens: Gurtschlossstraffer- und Airbagkomponenten dürfen Sie in Eigenregie nicht zerlegen oder reparieren.

Dreipunkt-Automatikgurte »disziplinieren« zwei Sensoren: ein Bewegungs- und ein Gurtsensor. Der Bewegungssensor blockiert während des Bremsens, in Kurven, steilen Bergaufpassagen und bei ungünstiger Fahrzeuglage, zum Beispiel bei Überschlägen. Dahingegen bremst der Gurtsensor das »Band« nur dann ein, wenn es ruckartig abrollt. Beide Systeme ergänzen sich in ihrer Funktion und müssen unabhängig voneinander arbeiten.

Bevor Sie den Gurten mit einem Beifahrer in Teamwork »dynamisch« auf den Zahn fühlen, mustern Sie ihr Outfit: sobald Sie

- wellige Gurtbänder,
- ausgefranste Kanten,
- aufgeriebenes Gewebe oder gar
- angerissene Nähte

entdecken, ersparen Sie sich getrost die dynamische Prüfung und hängen neue Bänder in Ihrem 1er auf. Ansonsten gehen Sie der Reihe nach vor.

Bremsprüfung

- Legen Sie den Gurt korrekt an (Ihr Beifahrer tut es Ihnen gleich), ...
- ... starten den Motor und fahren im ersten Gang zehn km/h (nicht schneller).
- Bremsen Sie dann möglichst »scharf«. Beide Gurte müssen sofort blockieren. Andernfalls sind die Bewegungssensoren nicht mehr einwandfrei, tauschen Sie den/die defekten Gurte aus.
- Wiederholen Sie die Prüfung auf allen Plätzen.

Zusatzprüfung (Kurvenfahren)

Suchen Sie einen genügend großen Parkplatz, um mit voll eingeschlagenen Vorderrädern fahren zu können. Denken Sie daran, Ihr Wagen hat einen Wendekreis von gut elf Metern.

- Fahren Sie mit ganz eingeschlagener Lenkung und max. 16 km/h (nicht schneller) im Kreis.
- Derweil versucht Ihr Beifahrer, alle Automatikgurte langsam aus der Aufrollautomatik herauszuziehen. Schafft er das, verschrotten Sie den betreffenden Gurt.

Gurtsensor prüfen

- Halten Sie auf ebener Fläche und im stehenden Auto den Gurt nahe der oberen Verankerung fest. Ziehen Sie den Gurt dann ruckartig aus der Aufrollautomatik. Nach spätestens 25 cm muss die Automatik blockieren. Falls nicht – Gurt verschrotten.

Bevor Ihr Wagen neue Gurte bekommt, untersuchen Sie die Befestigungspunkte an den B- und C-Säulen sowie an der Bodengruppe. Treibt dort der Rost bereits sein Unwesen oder ist das Blech etwa schon angerissen, seien Sie misstrauisch: Unsicher befestigt bietet auch der beste Gurt allenfalls das Sicherheitspotenzial eines Hosenträgers.

[6] Ziehen Sie die Türfüllung nur so weit vom Türblatt, bis Sie den Bowdenzug vom Türgriff aushängen können. Dazu öffnen Sie den Griff (1) und hebeln auf der Rückseite die Klammer (2) vom Widerlager (3). Jetzt können Sie den Bowdenzug (4) problemlos in Pfeilrichtung aushängen.

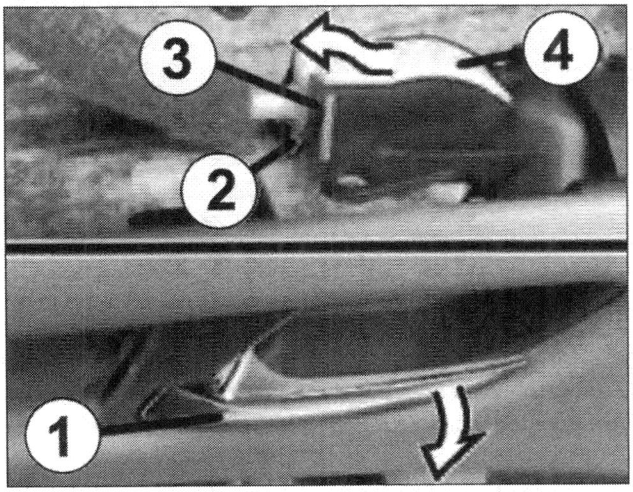

Klammer aushebeln und vom Türöffner aushängen: den Bowdenzug.

[7] Anschließend ziehen Sie den Anschlussstecker vom Lautsprecher und ...

[8] ... nehmen ihn von der Türverkleidung ab.

[9] Um an die Türinnereien zu kommen, ziehen Sie die Schallisolierung punktuell ab. Den Folienklebestreifen trennen Sie sinnvollerweise mit einem Kunststoffmesser (Einwegbesteck). Fassen Sie möglichst nicht auf die Kontaktränder bzw. die Klebeflächen. Sie würden damit die Klebe- und Dichtwirkung herabsetzen.

[10] Beenden Sie die Arbeit in umgekehrter Reihenfolge. Achten Sie rundum auf dichten Sitz der Folie. Falls Sie der Dichtfläche misstrauen, tragen Sie besser sofort eine »satte« Silikonraupe auf.

Seitliche Kofferraumverkleidung demontieren

Arbeitsschritte

[1] Klemmen Sie das Batterieminuskabel ab und demontieren Sie die Hutablage sowie den Kofferraumteppich..

[2] Ziehen Sie beide Spreiznieten (1) aus der Verkleidung, hebeln Sie mit einem breiten Schlitzschraubendreher die Abdeckleiste (2) von der Rückwandverkleidung (3) und legen Sie das Teil beiseite.

[3] Lösen Sie die nun sichtbar gewordenen Schrauben und ...

[4] ... und »fädeln« die »Platte« aus dem Kofferraum.

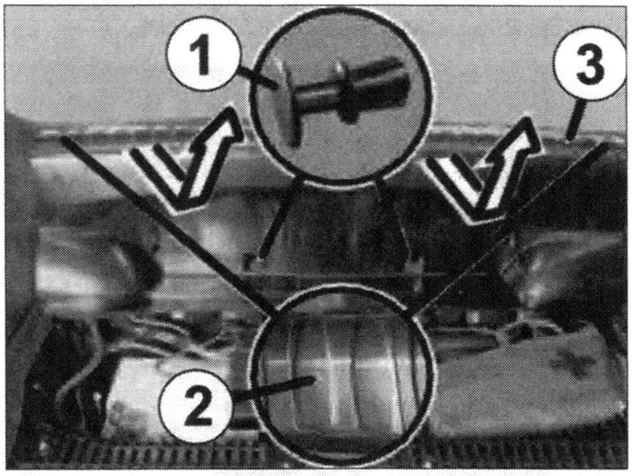

Spreiznieten ziehen, Abdeckleiste demontieren und die darunter liegenden Schrauben lösen: zur Demontage der Rückwandverkleidung.

[5] Erledigt? Dann öffnen Sie die entsprechende hintere Seitentür und demontieren die Lehne. Klappen Sie dazu die Rücksitzlehne nach vorn und ziehen Sie die Lehne im oberen Teil (1) aus der Fixierung.

[6] Jetzt nehmen Sie das »gute Stück« noch schnell aus der unteren Arretierung (2) und legen das Polster beiseite.

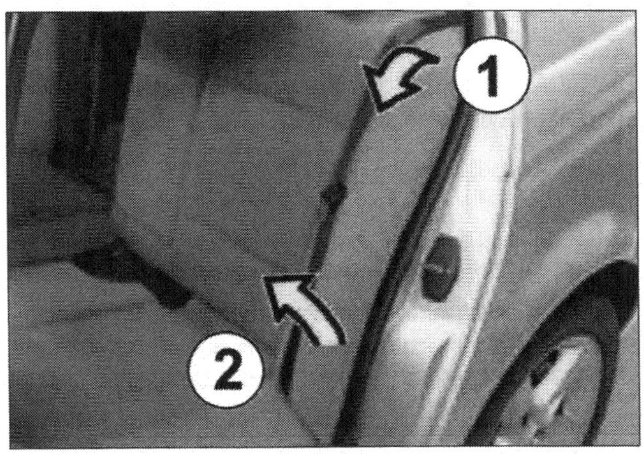

Lehne vorklappen und am besten ausbauen: zur Demontage der Rückwandverkleidung.

rechte Seite

[7] Demontieren Sie die 12-Volt-Steckdose aus der Verkleidung. Drücken Sie die Dose einfach nach oben und ziehen sie zeitgleich so weit von der Verkleidung ab, bis Sie auch den Anschlussstecker trennen können.

beide Seiten

[8] Dann hebeln Sie die Blende vom Verriegelungshaken (1), lösen die Schraube (2) am Haken (3) und nehmen die komplette Seitenverkleidung (4) aus dem Kofferraum.

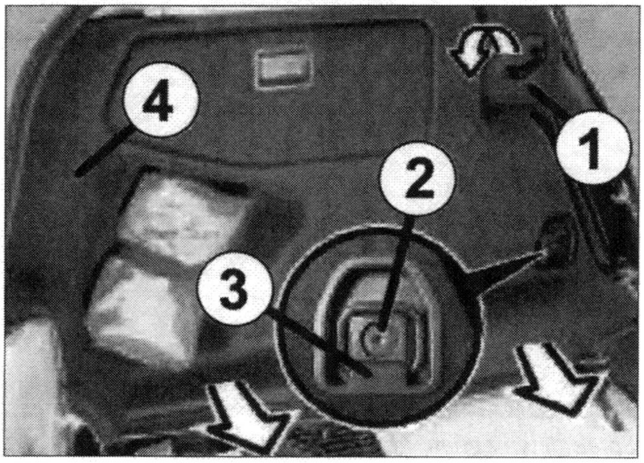

Ohne »Fingerübungen« möglich: Demontage der Kofferraumverkleidung.

[9] Beenden Sie die Arbeit in umgekehrter Reihenfolge.

Seitenscheibe/Fensterheber aus- und einbauen

Da die Arbeitsschritte weitgehend identisch sind, beschränken wir uns auf die Fahrertür.

Arbeitsschritte

[1] Demontieren Sie die Türverkleidung wie beschrieben.

[2] Ziehen Sie die Türdichtfolie vorsichtig ab. Den Folienklebestreifen trennen Sie sinnvollerweise mit einem Kunststoffmesser (Einwegbesteck). Vermeiden Sie die Klebefläche unnötig zu berühren – darunter leidet die Klebewirkung.

[3] Dann ziehen Sie die äußere Fensterschachtabdichtung in Pfeilrichtung aus dem Türfalz. Beginnen Sie damit von hinten nach vorn. Wenn Sie am Außenspiegel angekommen sind, ziehen Sie die Dichtung einfach unter dem Spiegel her. Vergessen Sie nicht, vorher das Türblatt mit Klebeband vor Kratzern zu schützen.

[4] Anschließend lassen Sie die Scheibe (1) soweit ab, bis Sie gut an die Befestigungspunkte des Fensterhebers (2) kommen. Erfahrungsgemäß haben Sie den größten »Aktionsraum«, wenn die Scheibe rund 10 Zentimeter im Fensterlauf (3) steht.

[5] Passt? Dann ziehen Sie den Anschlussstecker (4) vom Fensterhebermotor (5) und clipsen das Fenster mit einem kleinen Schlitzschraubendreher(6) an beiden Klammern (7) los.

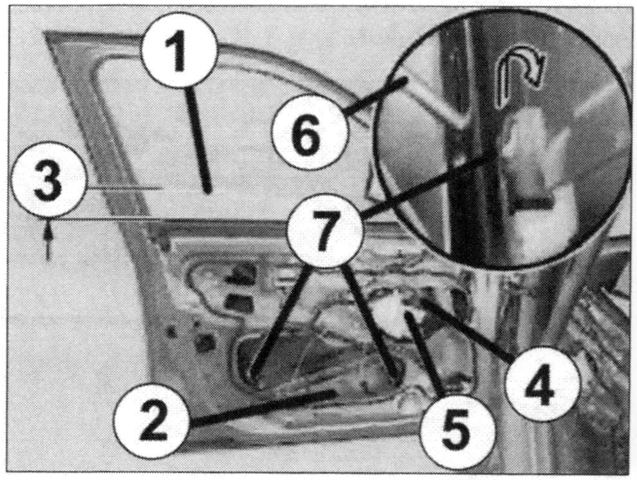

Auf Höhe bringen: die Seitenscheibe im Fensterlauf.

[6] Jonglieren Sie das Fenster von außen aus der Tür – der gebotene Platz reicht aus. Zumindest dann, wenn Sie die Scheibe derweil leicht nach vorne schwenken.

[7] Beenden Sie die Montage in umgekehrter Reihenfolge.

Fensterhebermotor aus- und einbauen

Arbeitsschritte

[1] Klemmen Sie das Batteriemassekabel ab, demontieren Sie die Seitenscheibe und ...

[2] ... lösen Sie fünf Muttern (1) am Fensterheber.

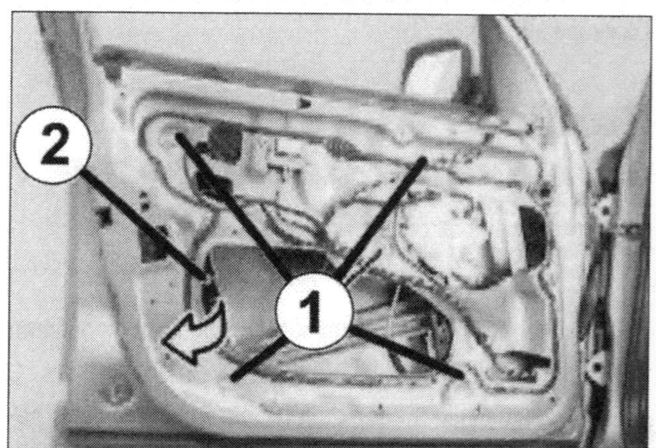

Alles der Reihe nach: Zunächst den hinteren Fensterheber ausbauen.

3 Das in der Tür »versteckte« Fensterheberteil (2) fädeln Sie in Pfeilrichtung aus der Tür. Lassen Sie es danach einfach an den Seilen »baumeln«.

4 Die lose vordere Fensterführungsschiene (1) »ziehen« Sie einfach in Pfeilrichtung nach hinten weg und bugsieren den Heber inklusive Motor (2) aus der Tür.

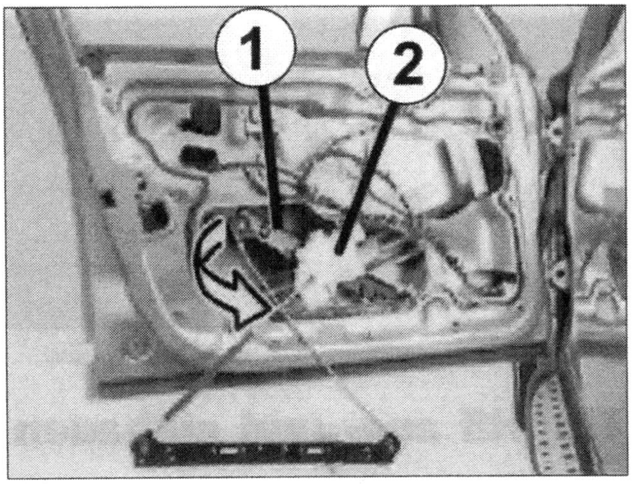

Das Finale: Fensterheber inklusive Flachmotor aus der Tür bugsieren.

5 Falls erforderlich demontieren Sie drei Schrauben (1) vom Fensterhebermotor (2) und beenden die Montage in umgekehrter Reihenfolge. Vergessen Sie nicht, den Fensterhebermotor neu zu initialisieren.

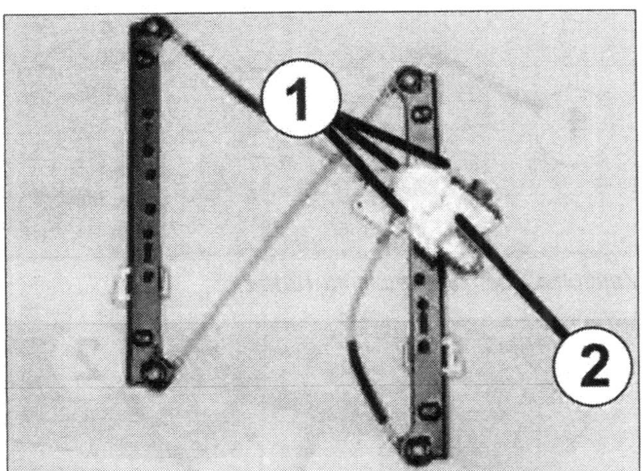

Mit drei Schrauben am Fensterheber fixiert: der Fensterhebermotor.

Fensterhebermotor initialisieren

Arbeits-schritte

1 Immer wenn die Batterie abgeklemmt war, müssen Sie die Fensterheber einzeln initialisieren.

2 Schließen Sie dazu alle Türen und schalten Sie die Zündung ein.

3 Drücken Sie gleichzeitig dann beide Fensterheberschalter und lassen Sie die Scheiben vollständig nach oben fahren.

4 Bei geschlossenen Seitenscheiben halten Sie beide Schalter noch gut eine Sekunde in dieser Stellung fest.

5 Die Fensterheber sind jetzt initialisiert. Falls nicht, wiederholen Sie das Prozedere.

Die Zentralverriegelung

Die Zentralverriegelung öffnet und schließt mit kompakten Stellmotoren alle Türen sowie die Heck- und Tankklappe – vorausgesetzt, die Türen und Klappen sind tatsächlich geschlossen. 1er-Türschlösser reagieren auf Funkbefehl oder an der Fahrerseite auf »ihren« Schlüssel. Der Sender sitzt direkt im Funkschlüssel – er trägt ab Werk übrigens einen Akku, den das Zündschloss regelmäßig speist. Vorteil: Sie müssen keine Batterien mehr wechseln.

Schlüsselbatterie aufladen

Sollten Sie mehrere Zentralschlüssel in unregelmäßigem Gebrauch haben, achten Sie darauf, dass die Schlüsselbatterie mindestens alle sechs Monate während einer längeren Fahrt auflädt. Ansonsten gehen die gespeicherten Daten verloren.

Von einer »Knopfzelle« abhängig – der Komfortschaltungsschlüssel

Sollte die Komfortschaltung auf »stur« stellen, halten Sie den Grund dafür meistens schon in der Hand: eine leere Batterie im Schlüsselgriff. Erfahrungsgemäß lässt sich die Schließanlage mit einer neuen Batterie schnell wieder »motivieren«.

Batterie wechseln

Arbeitsschritte

[1] Ziehen Sie den mechanischen Ersatzschlüssel aus dem Gehäuse.

[2] Von der Ösenseite her hebeln Sie den Schlüssel mit einem kleinen Schlitzschraubendreher (1) auf.

[3] Dann klappen Sie den Griff auf, nehmen die alte Batterie heraus und …

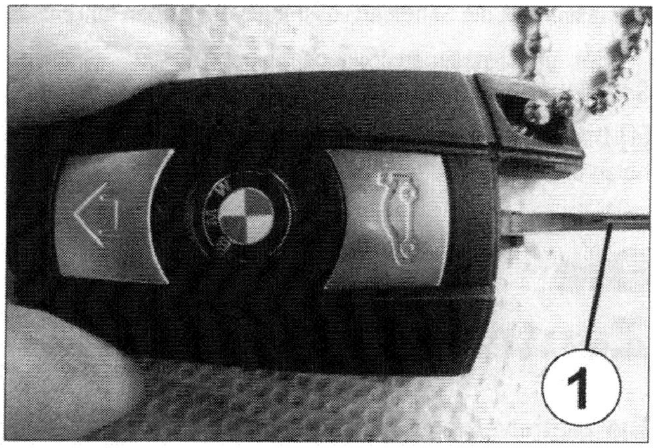

Selten erforderlich: Batteriewechsel am »Komfortschlüssel«.

[4] … setzen die neue Batterie ein. Den »schlappen« Stromspeicher entsorgen Sie bitte umweltgerecht, alle Supermärkte haben Batterierücknahmeboxen aufgestellt.

Mechanischen Notverriegelungen

Bei Funktionsstörungen der Zentralverriegelung können Sie ihren Einser noch mechanisch öffnen. Wie? Ihr elektronischer Schlüssel »beherbergt« noch einen mechanischer Schlüssel. Sobald Sie die Taste (1) drücken und zeitgleich am Schlüssel

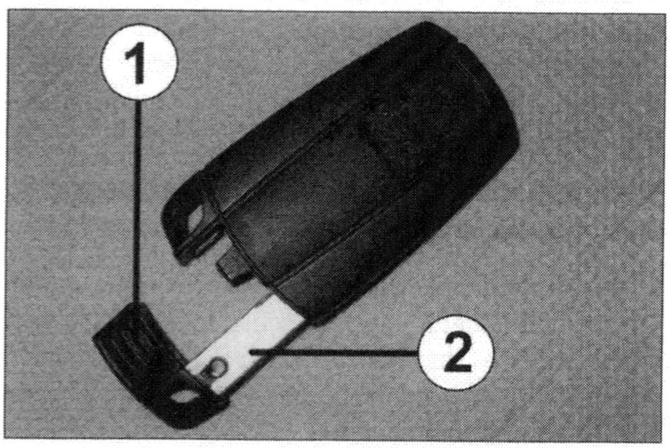

Im »Ernstfall« zusammendrücken und herausziehen: den Ersatzschlüssel aus dem elektronischen Zündschlüssel.

(2) ziehen, wird »das gute Stück« ruckzuck sichtbar. Er passt allerdings nur auf der Fahrerseite ins Schloss!

Übrigens, wenn die Verriegelung der Kofferraumklappe streiken sollte, können Sie das Schloss von innen öffnen: Klappen Sie die Rückbank um und »arbeiten« SIe sich bis zur Heckklappenverkleidung vor. Sobald Sie am Hebel (Pfeil) ziehen, öffnet die Klappe.

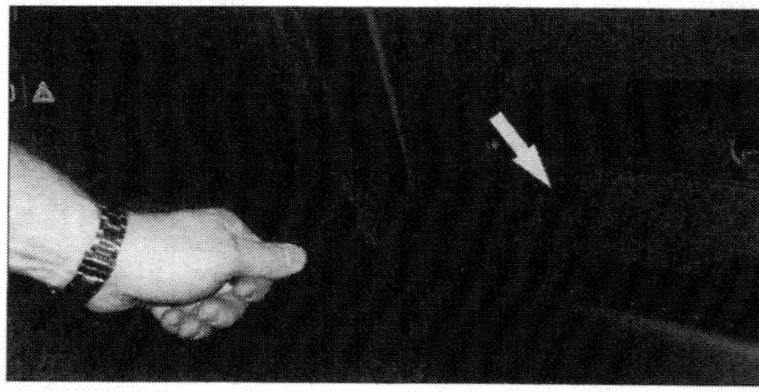

Nur von innen zu erreichen: Kofferraumnotentriegelung.

Türgriff aus- und einbauen

Arbeitsschritte

[1] Öffnen Sie die entsprechende Tür, …

[2] … hebeln vorsichtig die Abdeckkappe (1) mit einem Schlitzschraubendreher aus dem Seitenprofil und lösen die dahinter liegende Schraube.

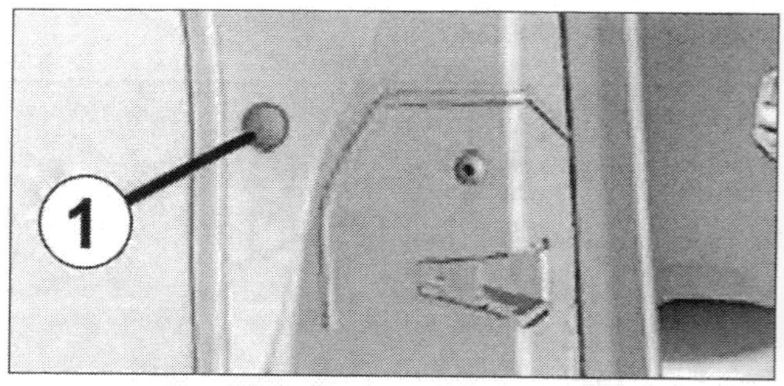

Zunächst lösen: Schraube im Türfalz.

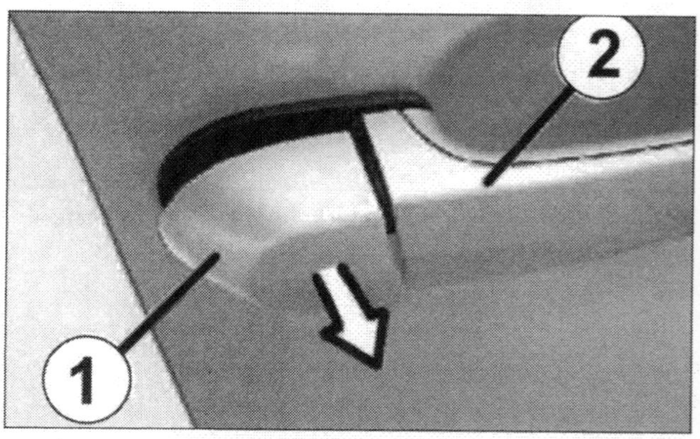

Vorsichtig vom Türblatt abziehen: die hintere Türgriffblende.

3 Jetzt können Sie problemlos den hinteren Teil (1) des Türgriffs in Pfeilrichtung vom Türblatt abziehen. Erfahrungsgemäß klappt das leichter, wenn Sie den Türgriff (2) derweil soweit anziehen, ...

4 ... bis Sie genügend »Platz« haben, das bewegliche Griffstück (1) in Pfeilrichtung nach hinten zu drücken und ...

5 ... vorsichtig von der Türaußenhaut abzuziehen. Falls vorhanden, ziehen Sie den Anschlussstecker der Komfortschaltung vom Türgriff.

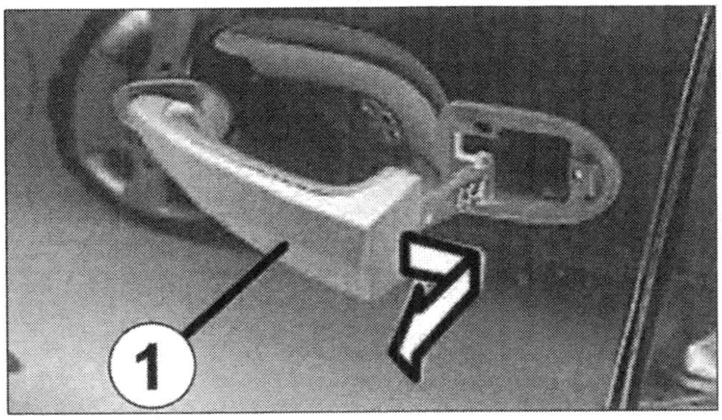

Nach hinten ziehen und aushebeln: den Türgriff.

6 Beenden Sie die Montage in umgekehrter Reihenfolge.

Türschloss aus- und einbauen

Arbeits-schritte

1 Gehen Sie zunächst bis Schritt 3 – Fensterhebermotor aus- und einbauen – vor und demontieren Sie dann den hinteren Teil des Türgriffs.

2 Sie schaffen damit Platz, um die Steckverbindung (1) an den Laschen (2) zu entriegeln und abzuziehen.

3 Hängen Sie nun den Bowdenzug (3) am Widerlager (4) aus und hebeln ihn aus dem Kugelkopf (5).

4 Jetzt clipsen Sie die »Schaltstange« (6) aus dem Schloss und ...

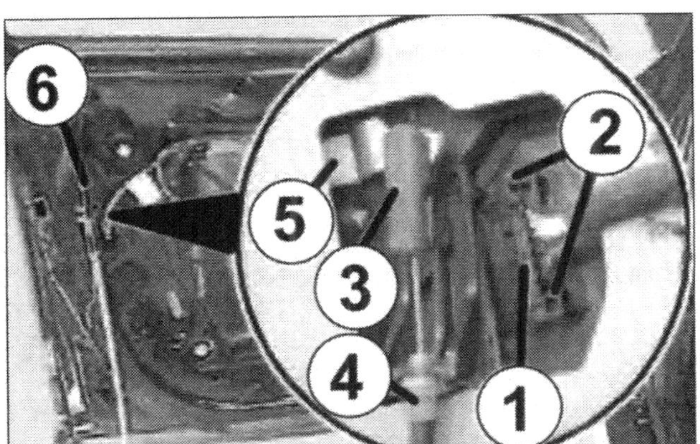

Alles der Reihe nach: Türschloss »strippen«.

5 ... ziehen den Bowdenzug (Pfeil) aus beiden Fixierungen (1) des Türschlosses (2).

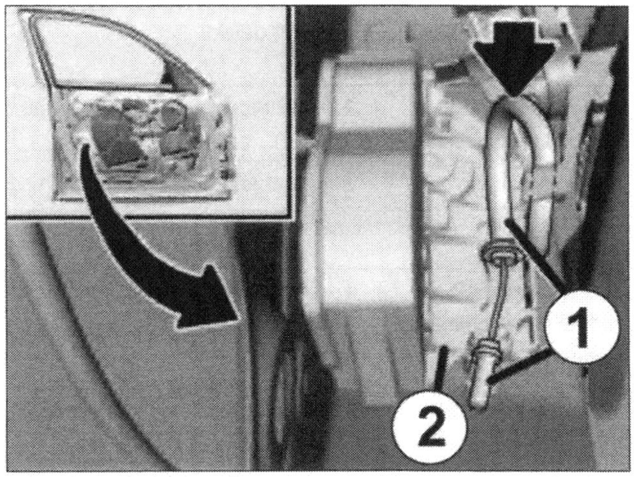

Aus dem Türschloss ziehen: den Bowdenzug.

6 Anschließend lösen Sie drei Schrauben (1) des Türschlosses (2) und bugsieren es aus der Tür (3).

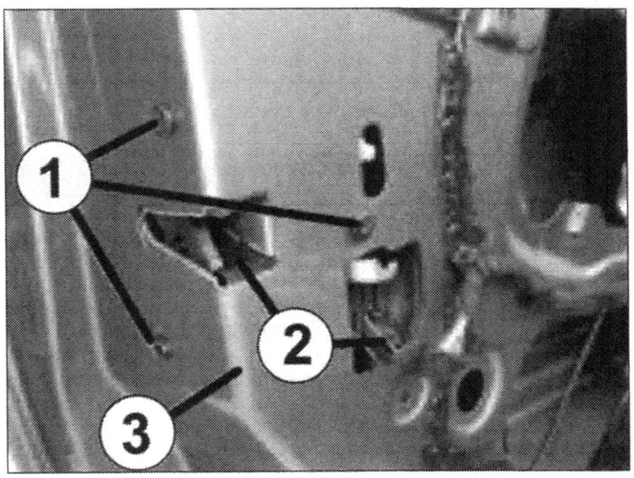

Aus der Tür heben: das Türschloss.

7 Beenden Sie die Montage in umgekehrter Reihenfolge.

Elektrische Fensterheber*

Störungs-beistand

Störung	Ursache	Abhilfe
A Seitenscheibe »läuft« nur in eine Richtung.	Schalter defekt.	Schalter auswechseln.
B Seitenscheibe blockiert.	1 Passungen zu eng – Sicherung durchgebrannt.	Seitenscheibe in den Führungen gängig machen – Sicherung erneuern.
	2 Motor läuft nicht an – Sicherung o. k.	Provisorisch Spannung an Motor legen. Falls der Motor »läuft«, ist die Zuleitung defekt. Andernfalls Motor auswechseln.
C Seitenscheibe öffnet oder schließt zu langsam.	1 Seitenscheibe in den Führungen verklemmt.	Spiel der Scheibe prüfen und ggf. korrigieren.
	2 Zu starke Reibung in der gesamten Mechanik.	Mechanik ohne Seitenscheibe auf Reibungsverluste überprüfen, ggf. erneuern
	3 Kabelverbindungen defekt oder oxidiert.	Überprüfen, reinigen, ggf. auswechseln.
	4 Schalter defekt oder oxidiert.	Überprüfen, ggf. auswechseln.
D Seitenscheibe öffnet oder schließt im oberen Bereich zu langsam.	Siehe C1.	

*Die Fensterheber arbeiten nur bei eingeschalteter Zündung.

Zentralverriegelung

Störungs-beistand

Störung	Ursache	Abhilfe
A Verriegelung funktioniert nicht.	1 Sicherung durchgebrannt.	Erneuern.
	2 Servomotor(en) defekt.	Funktion überprüfen, ggf. auswechseln.
	3 Verkabelung unterbrochen.	Überprüfen, ggf. erneuern (lassen).
B Schlösser werden entriegelt, aber nicht verriegelt.	1 Siehe A2.	
	2 Mehrfachstecker an Motor oder Türkasten locker oder oxidiert.	Festen Sitz kontrollieren, ggf. reinigen.
	3 Schalter im Servomotor defekt.	Durchgangsprüfung an den entsprechenden Motorklemmen durchführen.
C Schlösser werden verriegelt, aber nicht entriegelt.	1 Siehe A2.	
	2 Siehe B2 und 3.	
D Eines der Schlösser funktioniert nicht.	1 Siehe B2.	
	2 Kabel- bzw. Steckverbindung am Servomotor oder Türkasten fehlerhaft.	Überprüfen, ggf. instand setzen.
	3 Mechanische Übertragungsteile klemmen.	Teile auf Funktion überprüfen und festen Sitz kontrollieren. Ggf. Teile etwas fetten, verschlissene Teile auswechseln.

DIE KAROSSERIE

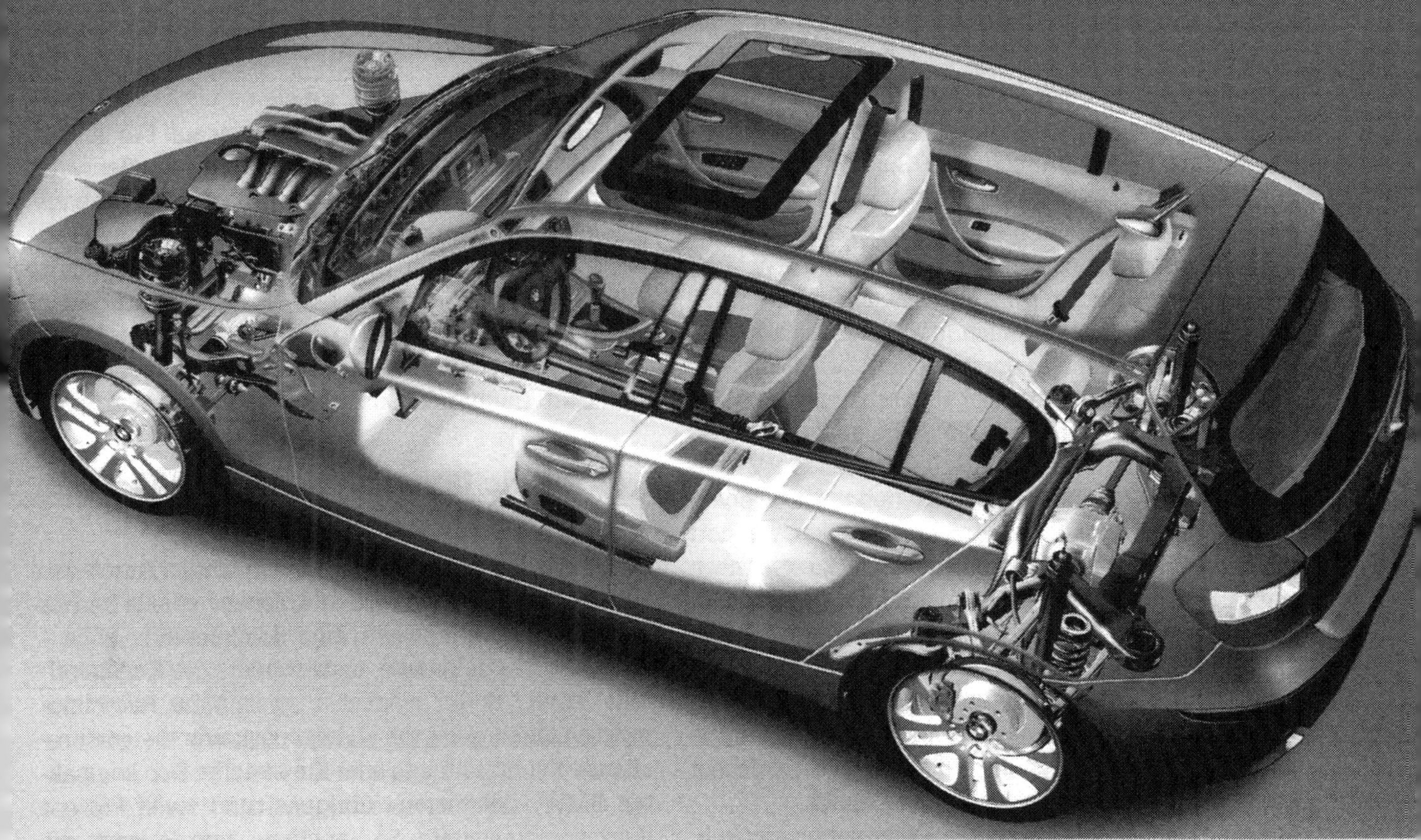

Elastisch und dennoch stabil: Modernste Entwicklungsmethoden – beispielsweise die virtuelle Crashsimulation – machten den 1er auf Anhieb zu einem Auto, das den Euro-NCAP-Crashtest mit der Höchstwertung (5 Sterne) abschloss. Kollege Computer und das gesamte 1er-Team haben da ganze Arbeit geleistet. Der 1er absorbiert einen Großteil möglicher Verformungskräfte in Computer strukturierten Lastenpfaden. Die Karosseriebleche bestehen größtenteils aus hochfesten und zäh elastischen Stählen. Techniker titulieren den Aufbau als »ein Finite-Element-Produkt mit modernem Materialmix«.

Wartung

Reparatur

Arbeiten an der Karosserie

Praxistipp

Die meisten in diesem Kapitel beschriebenen Reparaturen setzen zwar eine solide Werkzeuggrundausstattung, nicht jedoch unbedingt fremde Hilfe voraus. Doch größere Blechteile wie Motorhaube, Heckklappe und Türen sind ziemlich sperrig, erfahrungsgemäß ist da ein Assistent bei der Montage oder Demontage Gold wert. Und noch ein Tipp zu Arbeiten an Motorhaube und Heckklappe: Sie erleichtern sich deren Montage, wenn Sie mit einem wasserfesten Filzschreiber den ursprünglichen Sitz der Scharniere vor der Demontage anzeichnen.

Ein mitentscheidender Faktor für den relativ hohen Sicherheitsstandard des 1er-BMW ist der moderne Materialmix seines Aufbaus: Im Zusammenspiel mit großvolumigen Trägerstrukturen und gezielt konzipierten Verstärkungen »verfestigen« hochfeste Stahlbleche die Rohkarosserie des kompakten BMW. Eine Tatsache, die den Fahrgästen nicht nur im Crashfall zugute kommt, sondern auch in kritischen Fahrsituationen die Fahrstabilität entscheidend stabilisiert.

Anlässlich eines Frontalaufpralls vernichten der Vorbau, mitsamt längs montiertem Reihenmotor und Vorderachse den größten Teil der einwirkenden Verformungsenergie. Im oberen Karosseriebereich »verzetteln« sich die Kräfte in Richtung der A-Säulen, von dort aus geht's weiter über Türschachtverstärkungen nach hinten. Anlässlich eines Seitenaufpralls trotzen dem »Gegner« solide Türen mit hochfesten Seitenaufprallträgern und Sicherheitsverhakung sowie verstärkte B-Säulen und der Instrumententräger zwischen den A-Säulen. Auch der Dachrahmen und die Bodengruppe sind so profiliert, dass die Fahrgastzelle möglichst lange und möglichst effektiv erhalten bleibt.

Ähnliches gilt für den hinteren Deformationsbereich. Dort schlucken längs verlaufende Trägerprofile, die Seitenwände und der Gepäckraumboden mitsamt diverser Verstärkungen die Aufprallenergie, um sie dann gezielt in den Aufbau abzuleiten. Und sollte der 1er die Bodenhaftung gänzlich verlieren, halten extrem verstärkte Säulen und Querträger die Dachhaut auf gebührliche Distanz zu den Insassen.

Serienmäßig mit an Bord – pyrotechnische Gurtstraffer, Smartbags, Seitenairbags und seitliche Kopfairbags für Fahrer und Beifahrer

Darüber hinaus sind diverse passive Sicherheitssysteme mit an Bord. Fahrer und Beifahrer bewahren bei frontalen und seitlichen Kollisionen beispielsweise zwei »Smartbags«, zwei Seitenairbags und seitliche Kopfairbags vor schweren Blessuren. Smartbags blähen, abhängig von den auf sie einwirkenden Kräften, ihren »Balg« millisekundenschnell auf. Die beiden Seitenairbags harren ihrem Einsatz in den Außenwangen der vorderen Sitze entgegen und die Kopfairbags sind oberhalb der Seitenscheiben im Dachhimmel verpackt. Sie fallen breitseits wie aufblasbare Vorhänge herunter und geben auch den Hinterbänklern einen gewissen Schutz. Natürlich geht auch im 1er nichts ohne Dreipunktsicherheitsgurte. Auf den Frontsitzen sind Gurtstraffer und Gurtkraftbegrenzer mit im Spiel.

Gut für die Umwelt und den Geldbeutel – recyclinggerechte Konstruktion

Grundsätzlich wurde der 1er auf ein langes Autoleben vorbereitet. Sein »geordnetes Ableben« spielte bereits in der »Bildschirmphase« eine dominierende Rolle – die einfache Demontage, insbesondere der Kunststoffteile, sowie deren möglichst sortenreine Recyclingmöglichkeiten gehörten ebenso dazu wie die entsprechende Kennzeichnung aller Kunststoffe. Den kompakten BMW »dekorieren« übrigens rund zwölf Prozent Recyclingkunststoffe. So »erleben« zum Beispiel die inneren Radläufe in jedem 1er einen zweiten Frühling.

Geklebte Frontscheibe – ein Fall für den Profi

Bevor wir uns den Karosseriearbeiten zuwenden, noch ein Rat an alle Do it yourselfer: An die Frontscheibe lassen Sie besser nur Profis heran. Sie ist nämlich mit der Karosserie verklebt und somit ein stabilisierendes Element. Ihre unsachgemäße Montage rächt sich ernsthaft bei jedem Crash und nervt fortlaufend nach jedem Regen- oder Waschwasserguss: Ihr 1er wird mit schlecht geklebter Frontscheibe mitunter zu einer mobilen Sitzbadewanne.

Anlässlich der Karosseriearbeiten, denen wir uns auf den folgenden Seiten widmen, haben Sie dergleichen nicht zu befürchten – sie sind durchaus in Eigenregie zu bewältigen.

Gefahren-hinweis

Gurtstraffer und Do it yourself

Bei einem Crash fixieren binnen fünf Millisekunden pyrotechnische Gurtstraffer und Gurtkraftbegrenzer Fahrer und Beifahrer automatisch gegen die Vordersitzrückenlehnen: Sobald ein festprogrammierter Verzögerungswert überschritten wird, zünden Gasgeneratoren und straffen die gesamte Mechanik – mitsamt Gurtschloss – um »die oftmals entscheidenden« Zentimeter.

Übrigens: Arbeiten an automatischen Rückhaltesystemen sind **grundsätzlich** kein Fall für Do it yourselfer. Selbst Profis trainieren in speziellen Lehrgängen den sachgerechten Umgang mit Gurtstraffer & Co. Machen Sie sich also die Erfahrungen geschulter »Blaumänner« zu Eigen und verkneifen sich Ihre Schraublust. Das sollte Ihnen die eigene und die Sicherheit Ihrer Mitfahrer allemal wert sein.

Wichtig VOR Karosseriearbeiten unter dem Auto – »Entschärfen« Sie die Pyrotechnik

Klemmen Sie vor **ALLEN** nennenswerten Karosseriearbeiten die Batterie ab und geben Airbag- und Gurtstrafferkondensatoren hernach noch mindestens zehn Minuten Zeit, um sich zu »entladen«. Ansonsten könnten die Crashsensoren leichte Hammerschläge oder Schlagschraubervibrationen irrtümlich als Unfall interpretieren. Folge: Sie »zünden« grundlos.

Tür aus- und einbauen

Da der Arbeitsaufwand an allen Türen nahezu identisch ist, greifen wir die Fahrertür als Arbeitsbeispiel auf. Zur schnellen Demontage verbleiben die Scharnierhälften jeweils an der A-Säule, bzw. an der Tür. Sie »teilen« die Scharniere lediglich an beiden Schraubbolzen. Die vorher gelösten Bolzen treiben Sie mit einem entsprechenden Durchschlag nur so weit aus dem Scharnier, dass sie jeweils in der unteren Scharnierhälfte »hängen« bleiben. Der Tipp bringt Ihnen Montagevorteile: Sie können die Tür dann nämlich schon mit ein paar leichten Hammerschlägen unter die Bolzen fixieren um sie dann endgültig zu »dübeln«. Sollten nach der Montage die Spaltmaße nicht mehr stimmen, korrigieren Sie die »Angelegenheit« an den übergroßen Scharnierbohrungen in der Tür. Zusätzlich gleichen BMW-Monteure die Türen an der A- und B-Säule mit Ausgleichscheiben ans Karosseriegefüge an. Lassen Sie sich von einem Assistenten unterstützen.

Arbeits-schritte

[1] Zunächst klemmen Sie das Batteriemassekabel ab und lösen im Türschacht die Schraube (1) an der Kabelbaummanschette (2).

[2] Im nächsten Schritt schrauben Sie das Türfangband (3) von der A-Säule und lösen beide Scharnierbolzen (4).

[3] Bevor Sie die Schraubbolzen per Hammer und einem geeigneten Durchschlag aus den Scharnierhälften treiben, lassen Sie die Tür von einem Helfer stützen. Machen Sie sich zunächst an dem oberen und erst dann an dem unteren Bolzen zu schaffen. Sollten die Bolzen allzu stark klemmen, bitten Sie den Helfer leicht an der Tür zu »wackeln« – wenn er das gefühlvoll macht, entspannt er damit die Bolzen in den Scharnierhälften.

[4] Bugsieren Sie die Tür jetzt seitlich aus den Scharnieren und stellen sie kippsicher auf einer geeigneten Unterlage ab.

[5] Vor der Montage fetten Sie die Schraubbolzen mitsamt Fangband leicht ein. Dann ...

[6] ... bugsieren Sie die Tür in den Karosserieausschnitt und »verkuppeln« beide Scharnierhälften mit den in der unteren Scharnierhälfte steckenden Schraubbolzen mit. Ein satt sitzender Bolzen wird mit 25 Nm gesichert.

[7] Beenden Sie die Montage in umgekehrter Reihenfolge. Achten Sie darauf, dass auch die Verschraubung der Kabelbaummanschette fest sitzt.

Unkompliziert und haltbar: Die Türscharniere des 1er fixieren jeweils zwei Schraubbolzen. Bevor Sie die Scharniere teilen, haben Sie bereits das Türfangband von der A-Säule abgeschraubt und den Mehrfachstecker im Türschacht auseinander gezogen.

Außenspiegel ab- und anbauen

Arbeitsschritte

[1] Klemmen Sie das Batteriemassekabel ab und demontieren, wie beschrieben, die Außenspiegelverkleidung.

[2] Ziehen Sie dann den Mehrfachstecker (1) auseinander und …

[3] … drücken das Gummi (2) nach vorn.

[4] Erst jetzt lösen Sie die Schrauben (3) am Spiegelstativ und …

[5] … ziehen den kompletten Spiegel vom Türrahmen ab.

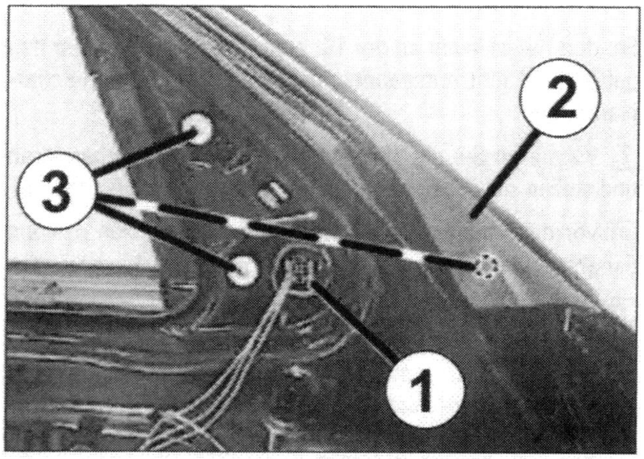

Schnell erledigt: die Außenspiegeldemontage.

[6] Beenden Sie die Montage in umgekehrter Reihenfolge.

Spiegelglas ersetzen

Erfahrungsgemäß brechen bei der Glasdemontage gerne die Haltenasen ab. Sie werden im Laufe der Zeit einfach spröde. Wenn Sie das Glas allerdings mit einem Fön temperieren, bleiben die Nasen meistens am Platz.

Arbeitsschritte

[1] Stülpen Sie sich zur Demontage zunächst ein paar Arbeitshandschuhe über. Sie wären nämlich nicht der Erste, dem Scherben nicht unbedingt »Glück« bringen …

[2] Drücken Sie das Glas an der inneren Seite vorsichtig nach innen und knippen es auf der gegenüberliegenden Seite gleichzeitig aus der Fassung. Wenn Sie das mit etwas »Fingerspitzengefühl« bewerkstelligen, bleibt das Glas heil.

[3] Sobald Sie das Spiegelglas in Händen halten, ziehen Sie im Gehäuse beide Anschlussstecker ab und …

[4] … vergessen sie zur Montage auch nicht wieder anzuschließen. Achten Sie zudem darauf, dass die Haltenasen unter Ihrem leichten Druck hörbar einrasten. Ansonsten »baumelt« Ihnen das Glas beim nächstbesten Schlagloch unvermittelt an der Tür …

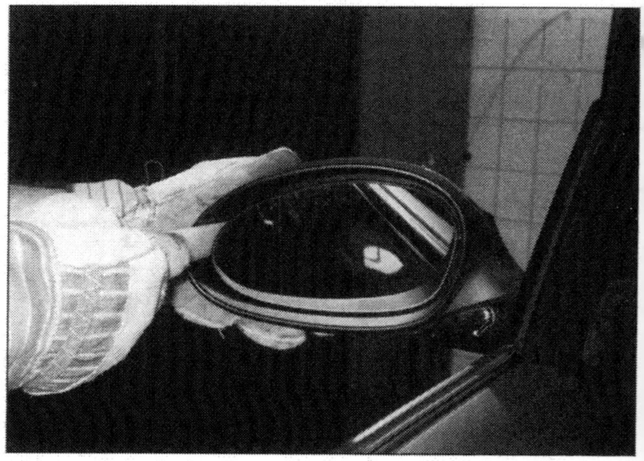

Mit einem Spachtel oder Holzspatel aushebeln: das Spiegelglas.

Scheinwerfer aus- und einbauen

Arbeitsschritte

[1] Schalten Sie das Licht aus und demontieren, wie beschrieben, die Stoßfängerverkleidung.

[2] Anschließend lösen Sie den betreffenden Hauptscheinwerfer (1) an fünf Schrauben (2), …

[3] … ziehen das »Auge« in Pfeilrichtung soweit aus der Karosserie, …

Zunächst an fünf Schrauben lösen: den Hauptscheinwerfer.

4 ... bis Sie die Anschlussstecker (1) vom Scheinwerfergehäuse (2) lösen können.

5 Nachdem Sie jetzt noch schnell das Anschlusskabel aus den Ösen (3), (4) »gefädelt« haben, können Sie den kompletten Scheinwerfer aus dem Frontblech ziehen.

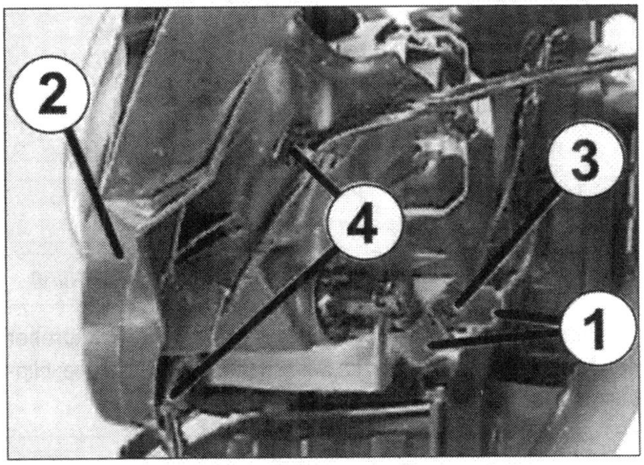

Nach dem Lösen aller Verbindungen aus dem Frontblech ziehen: die komplette Scheinwerfereinheit.

6 Beenden Sie die Montage in umgekehrter Reihenfolge. Vergessen Sie danach freilich nicht, die Scheinwerfereinstellung zu überprüfen. Erfahrungsgemäß »schielt« Ihr 1er nämlich nach dem Eingriff.

Motorhaube aus und einbauen

Damit Ihnen die relativ ausladende Haube nicht auf die Kotflügel bzw. den Kopf »knallt«, lassen Sie sich von einem Helfer assistieren. Die Scharnierhälften sind jeweils geschraubt.

Arbeits-schritte

1 Stützen Sie zunächst die geöffnete Motorhaube (z. B. mit einem Besenstiel) ab und ...

2 ... markieren mit einem Filzstift auf dem Stehblech die ursprünglichen Haubenscharnierstellungen. Das erleichtert Ihnen die spätere Montage.

3 Jetzt »fädeln« Sie die Halteklammern (1) aus den Haubenaufstellern und pressen im nächsten Schritt die Kugelpfannen von den Kugelbolzen ab.

4 Passiert? Dann lösen Sie die Schrauben (2) an den Haubenscharnieren mitsamt dem Haubensteller, demontieren das Masseband (3) und heben die Haube ab.

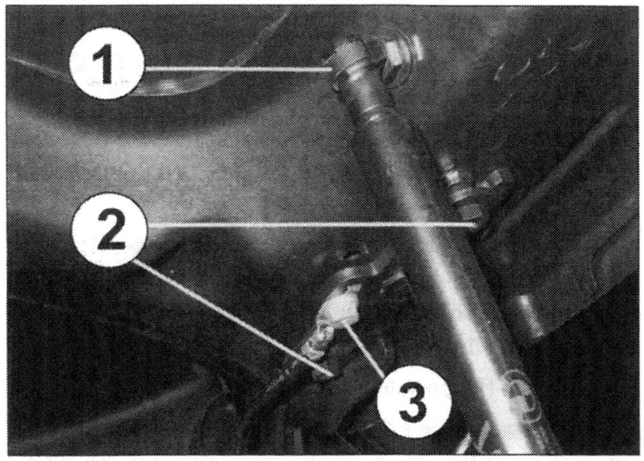

Schrauben und Haubenaufsteller lösen: von der Motorhaube.

5 Bevor Sie die neue Motorhaube montieren, komplettieren Sie das »nackte Blech« besser schon mit den Anbauteilen der alten Haube.

6 Gemacht? Dann legen Sie die Haube, zusammen mit einem Helfer, vorsichtig auf die Scharnieraufnahmen auf und richten sie darauf – anhand der vorgezeichneten Scharnierflächen – grob aus.

7 Die Scharnierschrauben ziehen Sie zunächst nur handfest vor und ...

8 ... stellen hernach die Motorhaube mit Augenmaß ein.

9 Im nächsten Schritt passen Sie die geschlossene Haube so »in« den Vorderwagen ein, dass zu beiden Seitenteilen der A-Säulen ein möglichst gleichmäßiges Spaltmaß entsteht. Danach justieren Sie die Haubenvorderkante zum Stoßfänger hin aus. Im Idealfall stimmt bei geschlossener Haube auf Anhieb dann auch schon die Höhe zur Karosserie. Falls nicht, wiederholen Sie den Vorgang so lange, bis Sie mit Ihrem Ergebnis zufrieden sind.

Motorhaube justieren

Arbeits-schritte

1 Richten Sie die aufgelegte Haube mit leicht vorgezogenen Scharnierschrauben so aus, dass sie mit dem Kühlergrill, den Radläufen fluchtet und die Spaltmaße gleich sind.

2 Achten Sie auch auf die Haubenhöhe im Scharnierbereich. Falls die Flucht nicht stimmt, lösen Sie die Scharnierschrauben und ...

3 ... ziehen die Haube mit entsprechenden Distanzstücken »hoch« oder »senken« sie im Umkehrschluss ab.

4 Schließen Sie die voreingestellte Haube und pressen mit beiden Händen die Haubenfläche bündig an den Karosserieverlauf. Hernach öffnen Sie vorsichtig die Haube und ...

[5] ... ziehen auf beiden Seiten die Scharnierschrauben fest.

[6] Bevor Sie die Haube wieder schließen, drehen Sie die seitlichen Haubenanschlagpuffer ein.

[7] Jetzt lassen Sie die Haube ins Schloss fallen, checken die Haubenstellung und korrigieren eventuell noch die Haubenschlosshöhe.

[8] Dazu lösen Sie am Haubenschloss den Haken (1). Vorab drehen Sie die Schraube 2 los und ziehen die Abdeckkappe (3) ab. Je nach Erfordernis drehen Sie den Schließhaken jetzt soweit »herein« oder »heraus«, ...

[9] ... bis die Haube satt ins Schloss fällt.

[10] Wenn Sie nun die Haubenanschlagpuffer noch so einstellen, dass die geschlossene Haube unter leichter Vorspannung steht, haben Sie einen guten Job gemacht.

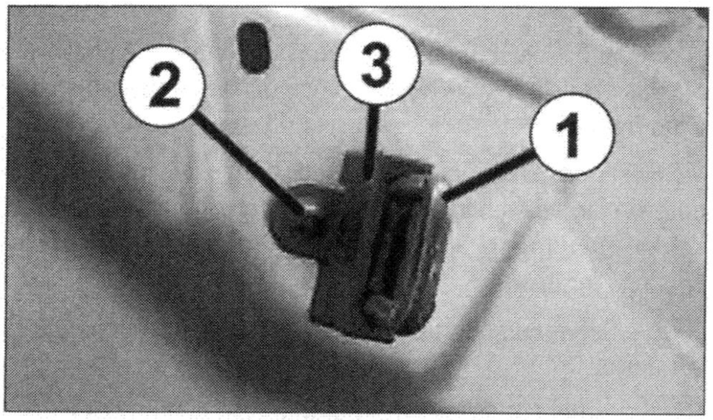

Geduldig einstellen: das Motorhaubenspaltmaß.

Motorhaubenzug auswechseln

Die Motorhaube entriegelt ein zweiteiliger Seilzug. Er verläuft vom Haubenschloss über den linken Radlauf durch die Stirnwand ins Wageninnere. Das Widerlager sitzt im Fahrerfußraum an der linken Seitenwand. Die »Kuppelstelle« beider Seilzüge liegt neben dem Motoransaugstutzen.

Arbeitsschritte

Kupplungsstelle – Haubenschloss

[1] Öffnen Sie die Motorhaube und demontieren den Motoransaugstutzen.

[2] Hernach fädeln Sie den Haubenzug aus der Seilkupplung. Clipsen Sie die Abdeckung (1) mit einem Schraubendreher ab und hebeln den Zug (2) aus dem Lager (3).

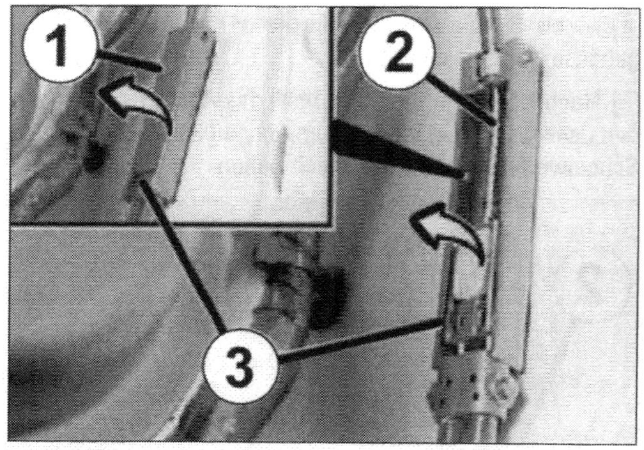

Beide Seilzüge voneinander trennen: in der Seilkupplung.

[3] Jetzt hebeln Sie mit einem breiten Schlitzschraubendreher das Kupplungsstück inklusive Seilzug aus der Karosserie, clipsen das Seil (1) aus beiden Halteklammern (2) und ...

Mit zwei Klammern am Frontblech arretiert: Motorhaubenzug.

[4] ... ziehen es aus dem Motorhaubenschloss (1). Erfahrungsgemäß gelingt das besser, wenn Sie das Schloss am Frontblech demontieren. Es ist lediglich mit zwei Schrauben (2) verschraubt.

Am Frontblech verschraubt: das Haubenschloss mit zwei Schrauben.

Kupplungsstelle – Fußraum

[5] Öffnen Sie die Motorhaube und demontieren anschließend die linke Fußraumverkleidung. Dazu lösen Sie am vorderen Rahmenprofil die Türdichtung (1), die Halteschraube (2) am Hebel (3) und die darunter liegende Schraube. Erst jetzt ziehen die Verkleidung (4) aus den Halteclipsen und legen sie einstweilen beiseite.

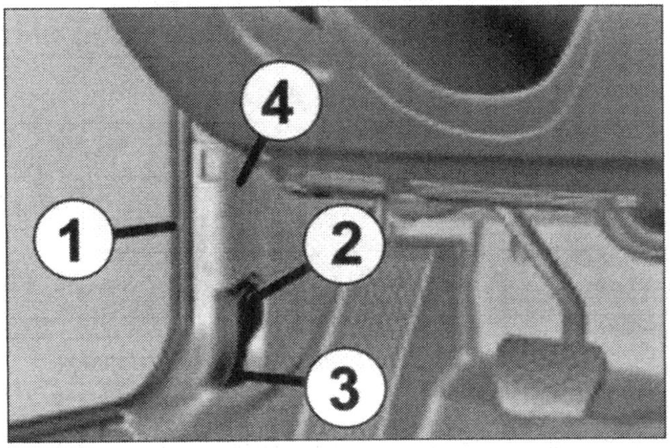

Zunächst im Fahrerfußraum demontieren: die Kunststoffverkleidung.

[6] Hängen Sie im Fußraum den Bowdenzug am Widerlager aus und ...

[7] ... demontieren Sie dann in der linken Motorraumhälfte den Wasserkanal (1). Lösen Sie dazu die Mutter (2), den Spreizniet (3).

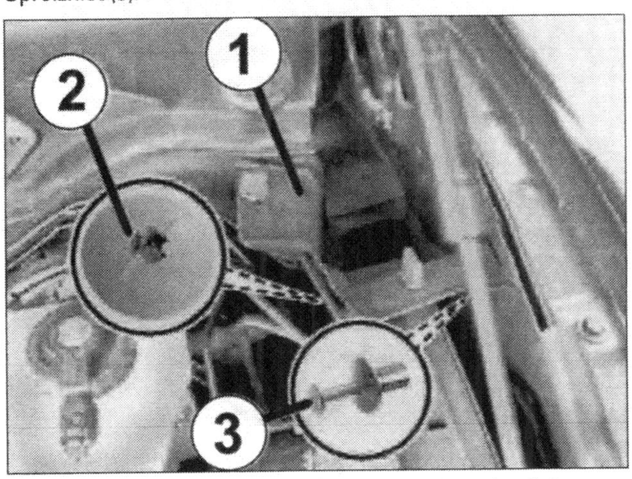

An zwei Punkten fixiert: der Wasserkanal an der linken Spritzwand im Motorraum.

[8] Wie beschrieben trennen Sie jetzt noch beide Bowdenzüge im Kupplungsgehäuse und ziehen den alten Zug aus der Spritzwand.

beide

[9] Beenden Sie die Demontage in umgekehrter Reihenfolge und prüfen Sie mehrmals die Funktion.

Stoßfängerverkleidung aus- und einbauen (vorne)

Arbeitsschritte

[1] Bocken Sie den Vorderwagen rüttelsicher auf, öffnen die Motorhaube und hebeln das Lüftungsgitter aus dem Stoßfänger.

[2] Jetzt kommt der Kühlergrill an die Reihe. Wenn Sie die vier Schrauben (1) gelöst haben, »wippen« Sie den oberen Grillteil (2) über die Führung (3).

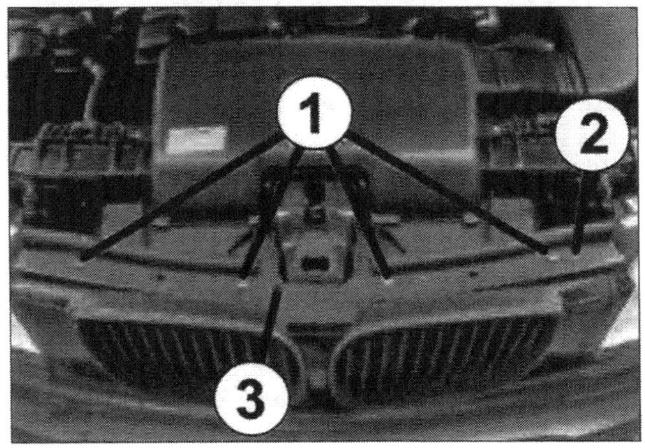

Schrauben lösen: oberhalb des Kühlergrills.

[3] Hernach demontieren Sie in beiden Radläufen (1) insgesamt sechs Schrauben (2) und ...

[4] ... hebeln die Radhausabdeckung seitlich aus der Stoßstange.

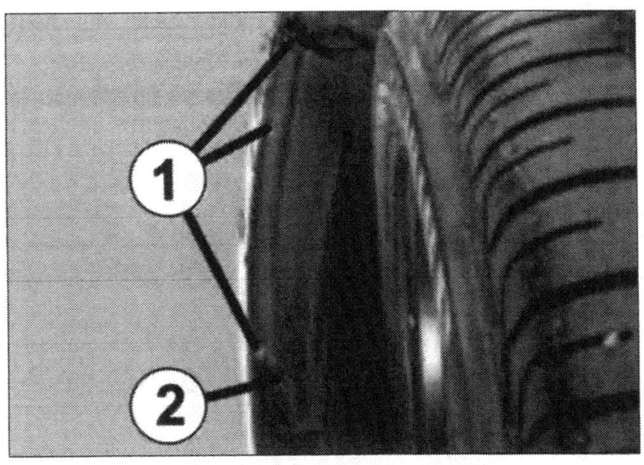

In den Radhäusern lösen: drei Schrauben links und rechts.

[5] Jetzt drehen Sie noch die verbleibenden drei (sieben – je nach Motortyp) Schrauben (1) unterhalb des Stoßfängers (2) los.

6 Der Stoßfänger hängt jetzt nur noch an zwei Rasten in den Kotflügeln. Ziehen Sie ihn, gemeinsam mit einem Helfer, vorsichtig so weit ab, bis Sie die Anschlussstecker der Nebellampen und den Wasserschlauch der Scheinwerferreinigungsanlage gut abziehen können.

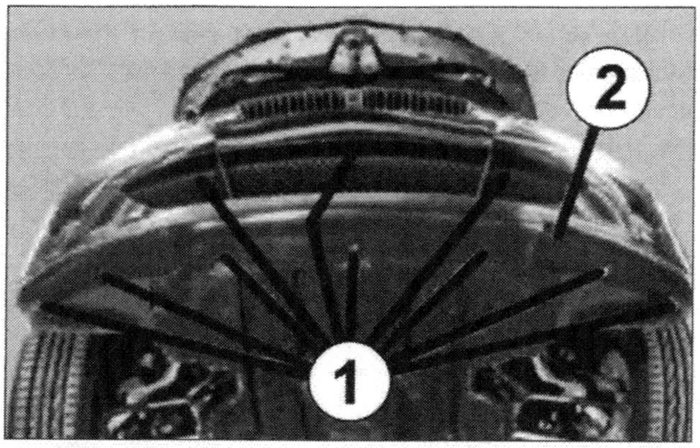

An drei oder sieben Schrauben befestigt: der Stoßfänger je nach Motortyp.

7 Der Stoßfänger ist jetzt »frei«, ziehen Sie ihn mit einem Helfer vorsichtig aus dem Vorderwagen.

8 Zur Montage setzen Sie den Stoßfänger zunächst nur locker im Vorderwagen an und richten ihn akkurat aus. Beenden Sie dann die Arbeit in umgekehrter Reihenfolge.

Stoßfänger aus- und einbauen (hinten)

Arbeits-schritte

1 Öffnen Sie die Heckklappe und lösen beide Nummernschildschrauben.

2 Jetzt demontieren Sie den unteren Teil des Stoßfängers an vier Schrauben (1) in den Radläufen (2),

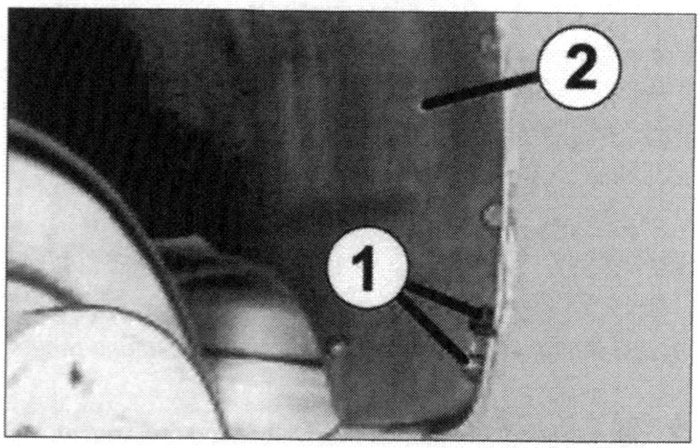

Beginnt in den Radläufen: die Demontage des Heckstoßfängers.

3 schrauben sechs Schrauben (1) unterhalb des Stoßfängers los und ziehen den unteren Teil dann aus den Halteklammern der oberen Stoßfängerhälfte (2). Lassen Sie sich dabei besser von einem Helfer assistieren.

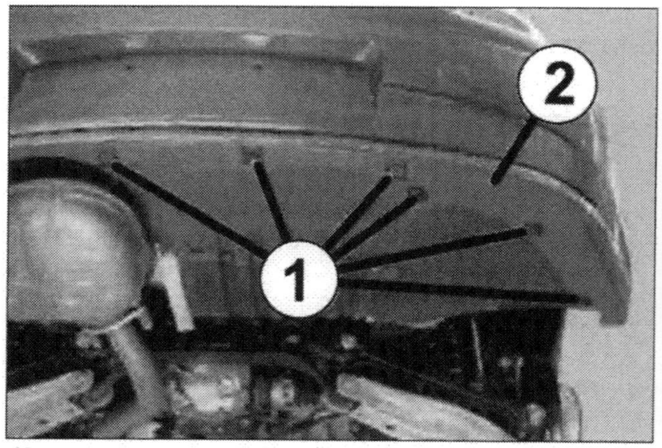

Sitzen unterhalb des Stoßfängers: sechs Befestigungsschrauben.

4 Demontieren Sie noch die Kennzeichenleuchte und ...

5 ... vier Schrauben (1) sowie zwei Spreizniete (2) unterhalb des Stoßfängers (3). Die Niete lockern Sie mit einem kleinen Schraubendreher: Hebeln Sie den Spannstift heraus und ziehen anschließend den Außenkäfig mit einer Kombizange aus dem Stoßfänger.

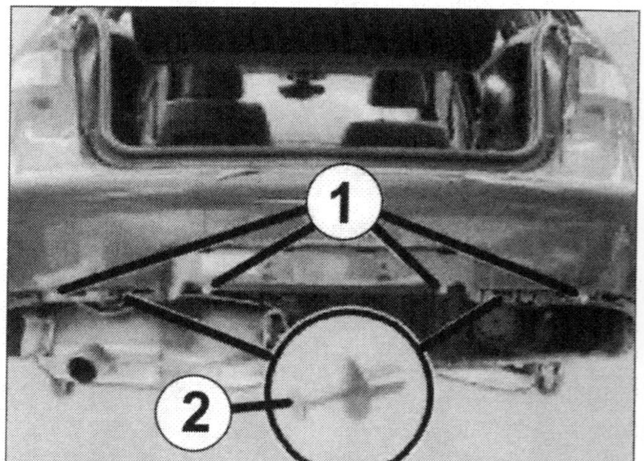

Vier Schrauben und zwei Nieten: halten den Stoßfänger.

6 Jetzt sind noch die restlichen Clipse an der Ladekante fällig. Sobald sie gelöst sind, ...

7 ... rasten den Stoßfänger mit einem Helfer zunächst an den beiden Radhäusern aus und ...

8 ziehen ihn dann so weit von der Karosserie, ...

9 ... bis Sie den Mehrfachstecker des »Parkpiloten« (Option) abziehen können.

[10] Zur Montage hängen Sie den Stoßfänger zunächst nur provisorisch im Hinterwagen auf, richten ihn dann »grob« an der Karosserie aus und ziehen ihn Schritt für Schritt fest. Gleichen Sie die Flucht und Spaltmaße während der Montage regelmäßig aus.

[11] Beenden Sie die Arbeit in umgekehrter Reihenfolge.

Heckklappenverkleidung aus- und einbauen

Arbeitsschritte

[1] Öffnen Sie die Heckklappe und klemmen erst dann das Batteriemassekabel ab.

Oberteil

[2] Hebeln Sie die obere Blende mit einem breiten Schlitzschraubendreher aus den vier Befestigungsclipsen (Pfeile) und legen sie beiseite.

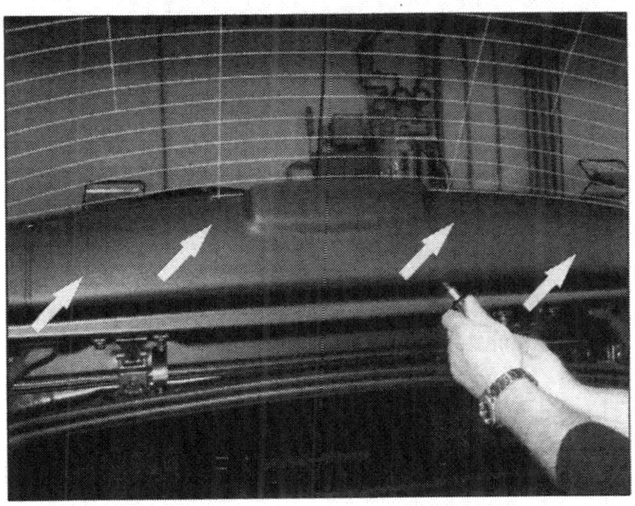

Vom Türprofil abhebeln: obere Verkleidung.

Seitenteile

[3] Im nächsten Schritt demontieren Sie Laderaumabdeckung inklusive der Heckklappenfangbänder und …

[4] … schrauben den Kugelbolzen (1) aus der Klappe.

[5] Hernach können Sie die Verkleidung aus beiden Clipsen (Pfeile) ziehen.

[6] Wiederholen Sie den Arbeitsschritt auf der gegenüberliegenden Seite.

Kugelkopf losschrauben und von der Heckklappe clipsen: seitliche Blende.

Unterteil

[7] Lösen Sie beide Schrauben (1) und ziehen Sie die Verkleidung vorsichtig von der Heckklappe ab. Jetzt »hindert« noch der Notentriegelungsgriff (2), wenn Sie den aus der Blende gezogen haben, ist der Job getan.

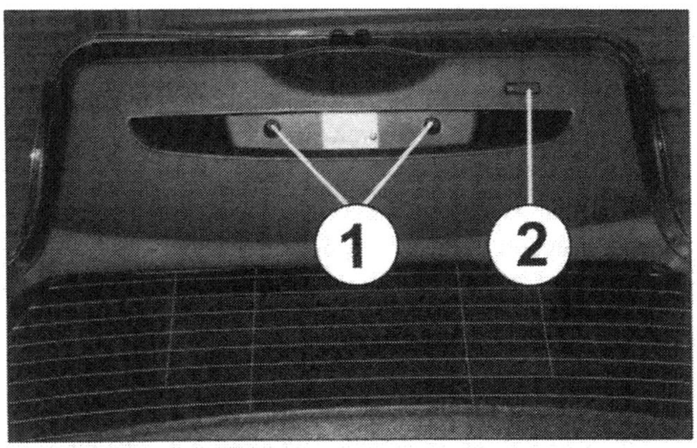

Kein Problem für einen geübten Do it yourselfer: Heckklappenverkleidung demontieren.

[8] Beenden Sie die Demontage in umgekehrter Reihenfolge. Damit die Blenden während der Fahrt nicht »rappeln«, verwenden Sie zur Montage nur intakte Befestigungsclipse.

Heckklappe aus- und einbauen

Arbeitsschritte

[1] Klemmen Sie das Batteriemassekabel ab.

[2] Um die die Elektroanschlüsse an der beheizbaren Heckscheibe, der dritten Bremsleuchte, des Heckscheibenwischers und der Zentralverriegelung abzuziehen, muss zunächst die Heckklappenverkleidung weichen.

[3] Passiert? Stützen Sie hernach Sie die Heckklappe mit einem passenden Kantholz oder Besenstiel ab und …

[4] … quetschen in Pfeilrichtung aus den Kugelpfannen die Halteklammern (1) der Gasdruckaufsteller (2) heraus.

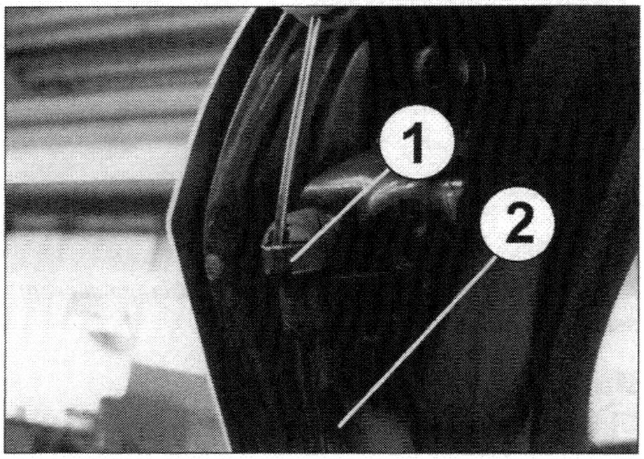

Mit einem schmalen Schlitzschraubendreher lösen: Halteklammer der Kugelpfanne.

[5] Ziehen Sie jetzt die entsicherten Kugelpfannen mit der Hand von der Klappe ab.

[6] Bevor Sie die Heckklappenscharniere abschrauben, kennzeichnen Sie deren Sitz mit einem Filzstift (siehe »Motorhaube aus- und einbauen«).

[7] Lösen Sie die Scharnierschrauben mitsamt dem Massekabel und heben mit einem Helfer den Deckel ab. Nicht jedoch, bevor Sie die Haltebänder der Kofferraumabdeckung aus der Haube ausgehängt haben.

[8] Nehmen Sie nun die Klappe ab und »parken« sie kippsicher auf einer Unterlage.

[9] Beenden Sie die Montage in umgekehrter Reihenfolge. Falls Sie die alte Heckklappe nicht wieder montieren, komplettieren Sie vor der Montage das Neuteil mit den Innereien des ausgemusterten Deckels.

Heckklappenschloss aus- und einbauen

Arbeitsschritte

[1] Klemmen Sie das Batteriemassekabel ab, öffnen die Heckklappe und …

[2] … demontieren die untere Heckklappenverkleidung.

[3] Dann demontieren Sie den »Propeller«. Dazu ziehen Sie den Anschlussstecker (1) ab, lösen drei Schrauben (2) und drehen den Sicherungsring (3) nach links los. Danach heben Sie das Emblem (4) von der Klappe und legen es beiseite.

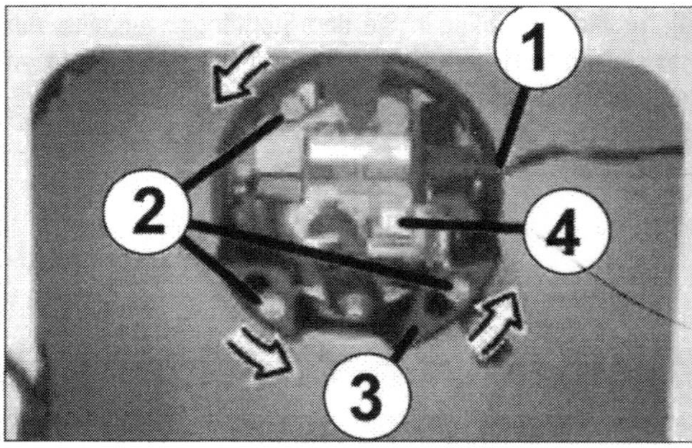

Mit drei Schrauben und einem Sicherungsring befestigt: der Heckklappengriff.

[4] Jetzt lösen Sie drei Schrauben (1) vom Schloss (2) und …

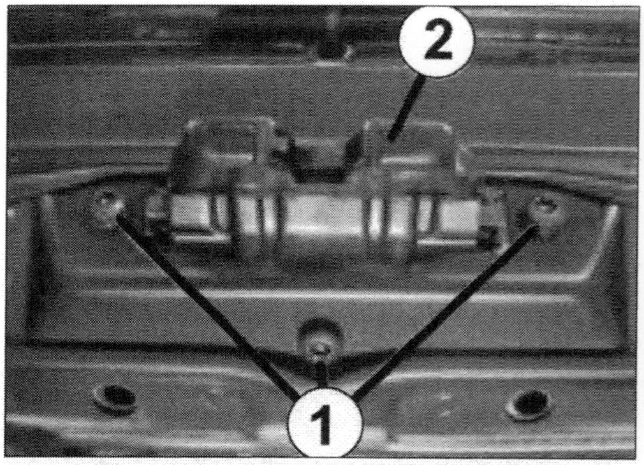

Mit drei Schrauben von der Kofferraumklappe zu demontieren: Heckklappenschloss.

[5] … ziehen das Schloss soweit aus der Heckklappe, bis Sie den Mehrfachstecker (1) des Kontaktschalters abziehen können.

[6] Hängen Sie den Bowdenzug (2) aus dem Schließzylinder und bugsieren das komplette Schloss (3) aus der Heckklappe.

Alles der »Reihe« nach: Heckklappenschlossdemontage.

[7] Beenden Sie die Montage in umgekehrter Reihenfolge.

Technische Daten BMW 1er

Motor		116i	118i	120i	130i	118d	120d
Bauart		Reihe (DOHC)	Reihe (DOHC)	Reihe (DOHC)	Reihe (DOHC)	Reihe (DOHC)	Reihe (DOHC)
Motortyp		N45	N46B18	N46B20	N52	M47TÜ2	M47TÜ2OL
Zylinder		4	4	4	6	4	4
Bohrung	mm	84,0	84,0	84,0	85,0	84,0	84,0
Hub	mm	72,0	90,0	90,0	88,0	90,0	90,0
Hubraum	cm^3	1596	1995	1995	2996	1995	1995
Kurbelwellenlager		5	5	5	7	5	5
Verdichtungsverhältnis		10,2:1	10,5:1	10,5:1	10,7:1	17,0:1	17,0:1
Höchstleistung	kW/PS	85/115	95/129	110/150	195/265	90/122	120/163
bei	1/min	6000	5750	6200	6600	4000	4000
Maximales Drehmoment	Nm	150	180	200	315	280	340
bei	1/min	4300	3250	3600	2500	2000	2000
mittlere Kolbengeschw. bei Nenndrehzahl	(m/s)	14,4	17,3	18,6	19,4	12,0	12,0
max. Ladedruck	bar	-	-	-	-	0,8	0,8
Ventilspiel		hydraulisch	hydraulisch	hydraulisch	hydraulisch	hydraulisch	hydraulisch
Öldruck bei 80 °C*							
im Leerlauf	bar	1,0	1,0	1,0	1,5	1,0	1,0
bei 2500 U/min	bar	4,0-6,0	4,0-6,0	4,0-6,0	4,0-6,0	4,6	4,6

* bei Leerlaufdrehzahl und betriebswarmen Motor.

Ventilsteuerung

DOHC-Motor (N45, N46, N521)	zwei oben liegende Nockenwellen; variable Nockenwellenverstellung; Antrieb über Rollenkette; hydraulische Stützlager; Rollenschlepphebel; vier Ventile pro Zylinder; automatischer Ventilspielausgleich.
DOHC-Motor (N47T2)	zwei oben liegende Nockenwellen; Antrieb über Rollenkette; hydraulische Stützlager; Rollenschlepphebel; vier Ventile pro Zylinder; automatischer Ventilspielausgleich.

Schmiersystem

Druckumlaufschmierung, Ölfilter im Hauptstrom.

Kühlsystem

Modell	**116i**	**118i**	**120i**	**130i**	**118d**	**120d**
Kühlung	Wasserumlauf mit Kreiselpumpe					
Ventilator	thermostatisch geregelter Elektrolüfter					
Antrieb der Wasserpumpe	Mehrrippenantriebsriemen			Elektrisch angetrieben	Mehrrippenantriebsriemen	
Thermostat	Bypasssteuerung					
beginnt zu öffnen °C	Je nach Motorversion und Kühlsystemsteuerung 81 - 112					
Kühlsystemüberdruck bar	je nach Motorversion 0,85 - 1,2					

Kraftstoffanlage

Typ	116i	118i	120i	130i	118d	120d
Gemischaufbereitung	Sequenzielle Kraftstoffeinspritzung	Sequenzielle Kraftstoffeinspritzung	Sequenzielle Kraftstoffeinspritzung mit VALVETRONIC	Sequenzielle Kraftstoffeinspritzung mit VALVETRONIC	Common-Rail Direkteinspritzung der zweiten Generation	Common-Rail Direkteinspritzung der zweiten Generation
Katalysator	Dreiwegekatalysator, zwei Lambdasonden, Abgasrückführung	Dreiwegekatalysator, zwei Lambdasonden, Abgasrückführung	Dreiwegekatalysator, zwei Lambdasonden, Abgasrückführung	Dreiwegekatalysator, zwei Lambdasonden, Abgasrückführung	Oxidationskatalysator, Abgasrückführung, Lambdasonde	Oxidationskatalysator, Abgasrückführung, Lambdasonde
Kraftstoff	91-98 ROZ	91-98 ROZ	91-98 ROZ	91-100 ROZ	Diesel	Diesel
Abgasnorm	EU 4	EU 4	EU 4	EU 4	EU 4	EU 4

Kraftübertragung

Kraftübertragung	Heckantrieb
Kupplung	hydraulisch betätigte, selbst nachstellende Einscheiben-Trockenkupplung mit Tellerfederdruckplatte, asbestfreier Belag.
Hydraulikflüssigkeit	DOT4 – SAE J 1703

Schaltgetriebe

(S5D)*	manuelles 5-Gang Schaltgetriebe; Schaltgestänge; Mittelschaltung; Hinterachsdifferenzial; homokinetische Antriebswellen.
(S6S)	manuelles 6-Gang Schaltgetriebe; Schaltgestänge; Mittelschaltung; Hinterachsdifferenzial; homokinetische Antriebswellen.

Automatik

(GA6HP)**	hydraulisch, adaptive elektronisch gesteuerte Sechsstufen-Automatik mit Steptronic-Funktion und adaptiver Getriebesteuerung; Wandlerüberbrückungskupplung; Hinterachsdifferenzial; homokinetische Antriebswellen.

* nur 116i und 118i; * * nur 118i, 120i, 130i und 120d.

Übersetzungsverhältnisse

	116i	118i / *	120i / *	130i / *	118d	120d / *
1. Gang	4,23	4,23 / 4,17	4,32 / 4,17	4,35 / 4,17	5,14	5,14 / 4,17
2. Gang	2,52	2,52 / 2,34	2,46 / 2,34	2,50 / 2,34	2,83	2,83 / 2,34
3. Gang	1,67	1,67 / 1,52	1,66 / 1,52	1,67 / 1,52	1,80	1,80 / 1,52
4. Gang	1,22	1,22 / 1,14	1,23 / 1,14	1,23 / 1,14	1,26	1,26 / 1,14
5. Gang	1,00	1,00 / 0,87	1,00 / 0,87	1,00 / 0,87	1,00	1,00 / 0,87
6. Gang	-	- / 0,69	0,85 / 0,69	0,85 / 0,69	0,83	0,83 / 0,69
Rückwärtsgang	4,04	4,04 / 3,40	3,94 / 3,40	3,93 / 3,40	4,64	4,64 / 3,40
Achsübersetzung	3,64	3,23 / 3,91	3,45 / 3,91	3,46 / 3,64	2,47	2,56 / 3,07

* Automatikversion.

Elektrische Anlage

Modell		116i	118i	120i	130i	118d	120d
Bordspannung	V	12	12	12	12	12	12
Batterie	Ah	46	46	46	70	80	80
Generator	A	110	110	110	155	150	150
Zündsystem		ruhende Zündverteilung; digitale Motor-Elektronik				automatische Vorglühanlage, (Schnellglühkerzen)	

Füllmengen (Liter)

Modell	116i	118i	120i	130i	118d	120d
Motoröl mit Filter	4,25	4,25	4,25		5,5	5,5
Kühlsystem inkl. Heizung	7,0	7,0	7,3		7,2	7,2
Kraftstoff	53	53	53	53	51	51
Schaltgetriebe	1,0	1,0	1,7	1,7	1,7	1,7
Lenkhilfe	ca. 0,6	ca. 0,6	ca. 0,6	ca. 0,6	ca. 0,6	ca. 0,6

Karosserie

Länge (mm)	4227
Breite exkl. Außenspiegel (mm)	1751
Höhe (mm)	1430
Luftwiderstandsbeiwert c_W	0,29

*Basismodell

Fahrwerk

Vorderachse	Einzelradaufhängung an McPherson-Federbeinen; Doppelgelenk-Zugstreben; Gasdruckstoßdämpfer, Stabilisator.
Spurweite (mm)*	1494
Hinterachse	Fünf-Lenker-Achse in Stahlleichtbauweise; Schraubenfedern; Gasdruckstoßdämpfer.
Spurweite (mm)*	1507
Radstand (mm)	2660

*je nach Rad-/Reifenkombination

Gewichte (kg)*

	Leistung kW	Leergewicht	Zuladung	zuläss. Gesamtgew.	Zulässige Achslast (kg) vorne	hinten
116i	85	1320	500	1745	840	990
118i	95	1325	500	1750	840	990
118i Automatik	95	1335	500	1760	840	990
120i	110	1335	500	1760	850	995
120i Automatik	110	1350	500	1775	850	995
130i	195	1450	500	1875	910	1035
130i Automatik	195	1460	500	1885	910	1035
118d	90	1385	500	1810	875	1005
120d	120	1415	500	1840	895	1025
120d Automatik	120	1425	500	1850	895	1025

*Leergewicht mit 75 kg Zuladung; 90 % Tankinhalt; Basisausstattung.

Räder

Felgen	Modell	Serie		auf Wunsch	
	116i	6½ J x 16	Stahl	6½ J x 16, 7J x 16, 7 J x 17, 7½ J x 17*, 7½ J x 18**, 8 J x 18*	Leichtmetall
	118i	6½ J x 16	Stahl	6½ J x 16, 7J x 16, 7 J x 17, 7½ J x 17*, 7½ J x 18**, 8 J x 18*	Leichtmetall
	120i	6½ J x 16	Stahl	6½ J x 16, 7J x 16, 7 J x 17, 7½ J x 17*, 7½ J x 18**, 8 J x 18*	Leichtmetall
	130i	7 J x 17	Leichtmetall	7½ J x 17*, 7½ J x 18**, 8 J x 18*	Leichtmetall
	118d	6½ J x 16	Stahl	6½ J x 16, 7J x 16, 7 J x 17, 7½ J x 17*, 7½ J x 18**, 8 J x 18*	Leichtmetall
	120d	6½ J x 16	Stahl	6½ J x 16, 7J x 16, 7 J x 17, 7½ J x 17*, 7½ J x 18**, 8 J x 18*	Leichtmetall

* Mischbereifung hinten; ** Mischbereifung vorn.

Reifen	Modell	Serie	auf Wunsch
	116i	195/55 R 16 H Runflat	205/55 R 16, 205/50 R 17, 225/45 R 17*, 225/40 R 18*
	118i	195/55 R 16 H Runflat	205/55 R 16, 205/50 R 17, 225/45 R 17*, 225/40 R 18*
	120i	195/55 R 16 H Runflat	205/55 R 16, 205/50 R 17, 225/45 R 17*, 225/40 R 18*
	130i	205/50 R 17 W Runflat	225/45 R 17*, 225/40 R 18*
	118d	195/55 R 16 H Runflat	205/55 R 16, 205/50 R 17, 225/45 R 17*, 225/40 R 18*
	120d	195/55 R 16 V Runflat	205/55 R 16, 205/50 R 17, 225/45 R 17*, 225/40 R 18*

* Mischbereifung hinten.

Lenkung

hydraulische Zahnstangenlenkung; höhen/längs verstellbare Sicherheitslenksäule; Sicherheitslenkrad mit Airbag; Wendekreis 10,7 m; drei Lenkradumdrehungen von Anschlag zu Anschlag.

Bremsanlage

diagonal geteiltes ABS-Bremssystem mit elektronischer Bremskraftverteilung (EBV) und Kurvenbremskontrolle (CBC); pneumatischer Bremskraftverstärker mit Bremsassistent; Handbremse mechanisch auf die Hinterräder wirkend; vorne / hinten innen belüftete Bremsscheiben*; Handbrems-/Bremskreis-Kontrollleuchte; asbestfreie Bremsbeläge mit Bremsbelag-Verschleißanzeige.

* hinten nur 130i und 120d.

Vorderachse

Bremsscheibendurchmesser	mm	284 / 292*/** / 300***
Scheibenstärke (neu)	mm	22 / 24***
Verschleißgrenze	mm	20,4 / 22,4***

Hinterachse

Bremsscheibendurchmesser	mm	280 / 296* / 300**/***
Scheibenstärke (neu)	mm	10 / 20**/***
Verschleißgrenze	mm	8,4 / 18,4**/***

*120i, **120d; ***130i.

Fahrleistungen*

Modell	Leistung kW	Reifen	V-max. km/h	Beschleunigung 0 –100 km/h	Verbrauch gemäß NEFZ Liter/100 km städt.	außerstädtisch	gesamt	CO_2-Emission g/km
116i	85	195/55 R 16	200	10,9	10,5	5,9	7,5	181
118i	95	195/55 R 16	208	9,4	10,1	5,7	7,3	176
118i Automatik	95	195/55 R 16	204	10,1	10,7	6,1	7,8	188
120i	110	195/55 R 16	217	8,7	10,5	5,9	7,5	181
120i Automatik	110	195/55 R 16	213	9,2	11,0	6,2	7,9	190
130i	195	205/50 R 17	250**	6,1	13,7	6,6	9,2	221
130i Automatik	195	205/50 R 17	250**	6,6	14,2	7,1	9,7	233
118d	90	195/55 R 16	201	10,0	7,7	4,5	5,6	150
120d	120	195/55 R 16	220	7,9	7,7	4,6	5,7	152
120d Automatik	120	195/55 R 16	217	8,2	8,7	5,5	6,6	176

*Fahrleistungen und Verbrauchswerte gelten für Fahrzeuge mit angegebener Bereifung. Verbrauchswerte sind in der Praxis gewichtsabhängig zu sehen. Die hier genannten Werte sind nach einheitlichen Prüfvorschriften ermittelt worden.

** Elektronisch abgeregelt.

Diebstahlschutz

Elektronische Wegfahrsperre (EWS); Zentralverriegelung mit Funkfernbedienung und Crash-Sensor; Diebstahlalarmanlage (Option).

Sicherheit

Fahrer-/Beifahrer-/Kopf- und Seitenairbags; elektronisch geregeltes Antiblockiersystem mit integrierter Bremskraftverteilung (EBV); Kurvenbremskontrolle (CBC) und Bremsassistent; automatisches Stabilitätsprogramm (DSC); Räder und Reifen mit Notlaufeigenschaften; Sicherheitspedalerie; Seitenaufprallschutz in den Türen; Sicherheitslenksäule; Dreipunkt-Automatikgurte auf allen Plätzen (vorn höhenverstellbar mit pyrotechnischen Gurtstraffern und Gurtkraftbegrenzern); zweistufige Bremsleuchten. Option: Xenon Scheinwerfer; Einparkhilfe (PDC); Regensensor; Aktivlenkung*; ISOFIX-Kindersitzbefestigung.

* nur 130i.

Wartung

Die 1er-Serviceintervalle sind abhängig von den Einsatzbedingungen (bedarfgerechtes Servicesystem). Erfahrungsgemäß strecken Ottomotoren die Servicedistanz auf 30.000 Kilometer (Diesel - 50.000 km). Wenigfahrer müssen binnen zwei Jahren zum Servicecheck in die Vertragswerkstatt.

Garantie

Neuwagengarantie: 24 Monate ohne Kilometerbegrenzung auf Basis der zweijährigen gesetzlichen Sachmängelhaftung.

Karosserie: 12 Jahre auf Durchrostungen.

Lackierung: 3 Jahre.

Mobilservice: Kostenlos während der ersten 24 Monate. Regelmäßige Vertragswerkstattchecks verlängern den Mobilservice auf maximal sieben Jahre bzw. 120.000 Kilometer.

Stichwortverzeichnis

FSC
www.fsc.org
MIX
Papier | Fördert gute Waldnutzung
FSC® C083411

Kolibri 360 GmbH
Ferdinand-Jühlke-Straße 7
99095 Erfurt, Deutschland
produktsicherheit@kolibri360.de

Thieme